Das Große Buch der

Oldtimer

Das Große Buch der

Oldtimer

Ingo Seiff

Bechtermünz Verlag

Der Autor dankt Herrn Hans-Otto Neubauer für die fachliche Beratung

IMPRESSUM

Projektleitung: Hans-Helmut Röhring

Redaktion Bild: Peter Albers, Ingo Seiff

Lektorat: Christian v. Ditfurth, Regine Stützner

Übersetzung der Originalbeiträge von Peter Hull (S. 170), Cyril Posthumus (S. 273) und D. B. Tubbs (S. 174) und aus dem Guinness Book of Car (S. 260) aus dem Englischen von Karl A. Klewer

Gestaltung: Peter Albers

Umschlaggestaltung: grafik-house Kuchenbauer, Donauwörth

Satzherstellung: Alfred Utesch GmbH, Hamburg

Lithographie: Otterbach Repro KG, Rastatt

Gesamtherstellung: Egedsa S.A., Sabadell
Printed in Spain

Genehmigte Lizenzausgabe für Weltbild Verlag GmbH, Augsburg 1999

ISBN 3-8289-5362-X

VORWORT

Die Vorgeschichte zu diesem Buch ist nicht sensationell, überhaupt nicht zünftig und fast sentimental. Sie begann im Mai 1971, als ich in Schottland auf den Spuren des Komponisten Felix Mendelssohn-Bartholdy wandelte. Der Künstler war im Jahr 1829, als Zwanzigjähriger, mit einem Freund durch Schottland gereist, eine Reise, die ihre bleibenden Spuren in seinem Werk hinterlassen hat. Ein Schiffsausflug zur Hebrideninsel Staffa hatte ihn zu seiner Hebriden-Ouvertüre und zur »Schottischen Sinfonie« a-moll inspiriert. Ich hielt mich streng an die Stationen der Reiseroute des jungen Komponisten und geriet dabei auf der Fahrt zur Isle of Mull in die Scottish Six Day Rally des Veteran Car Club of Great Britain. Da die schottischen Straßen ein Ausweichen nicht zuließen, machte der Journalist in mir aus der Not eine Tugend: ich fotografierte die behäbig zuckelnden Fossilien auf vier Rädern. An diesem Tag, dem 15. Mai 1971, wurde ich vom Oldtimer-Bazillus infiziert.

Auf Anhieb faszinierend fand ich die Namen der Automarken, die mir wie die Bezeichnungen ferner Gestirne in den Ohren klangen: Brillié, Calcott, Darracq, Donnet-Zédel, De Dion-Bouton, Swift, Züst, Panhard-Levassor, Belsize, Argyll – um nur einige zu nennen. Dann die Begegnungen mit ihren Besitzern – als Erzählern herrlicher, skurriler Autogeschichten. Plötzlich tat sich für mich eine neue journalistische Dimension auf: interessante Phasen aus der Geschichte des Automobils an den Schicksalen von Marken, Konstrukteuren, Firmen, berühmten Fahrern, extravaganten Eignern und dem historischen Umfeld aufzuzeigen. Auf langen Spaziergängen in den Hochmooren der Isle of Mull kam mir die Idee, aus dieser zufälligen Begegnung mit Oldtimern eines Tages das Konzept für ein Buch zu entwickeln. Bei vielen Oldtimerklub-Treffen, Renntagen und Rallyes, vor allem im Ausland, war ich nun mit Kameras, Notizblock und Tonbandgerät dabei. Viele Oldtimerbesitzer haben mir ihre oft kuriosen vierrädrigen Kostbarkeiten aus Schuppen und Garagen gerollt, damit ich sie fotografieren konnte, und mir darüber hinaus auch wichtige Informationen gegeben. So wuchs nicht nur das Dia-Archiv auf annähernd 12000 Motive an, sondern auch das Textarchiv umfaßt inzwischen einige Meter Gedrucktes. Bei meinen Recherchen entdeckte ich eine technische Subkultur, in der »Amateure« mit leidenschaftlicher Hingabe wertvolle Zeugnisse aus der Entwicklungsgeschichte des Automobils für die Nachwelt erhalten. Die großen Oldtimerklubs haben heute längst die Funktionen moderner mobiler Museen übernommen, die ihre Objekte und das technisch-historische Know how an die nachwachsenden Generationen weitergeben.

»Nur Verrückte können Bücher wie diese machen!« – mit dieser Erkenntnis eines erfahrenen Verlagsmanns will ich mich gern identifizieren, denn wenn ich in England nach manchen Renntagen am Sonntagabend quer über die Insel zur nächsten Kontinentfähre raste, ertappte ich mich bei der Frage: »Warum das alles?« Das ist nicht allein mit der Begeisterung über den infernalischen Klang der Bugatti-Kompressorwagen zu erklären oder mit dem heiseren Bellen der E.R.A.-Motoren oder etwa mit dem atemberaubenden Anblick des 24-Liter-Lion-Napier-Flugzeugmotors aus dem Jahr 1924, der in ein Bentley-Chassis eingebaut wurde und dort tollwütig zur Sache kommt . . .

Es ist wohl vor allem auch das kaum beschreibliche Ambiente der Oldtimerszene, in dem sich die großen Pionierjahre der Automobiltechnik ab Ende des 19. Jahrhunderts widerspiegeln. Automobilgeschichte ist ja längst nicht mehr nur eine Frage der Technik von gestern, sondern auch eine Frage der Ästhetik. Ein Genie wie Ettore Bugatti entwickelte den Automobilbau zur Kunstform. Modelle wie zum Beispiel der Bugatti 35 erfüllen alle Voraussetzungen des Funktionalismus.

Als ich vor über zehn Jahren die ersten Oldtimerfotos schoß, war ich in Sachen Automobiltechnik und -geschichte ein blutiger Anfänger. Problem Nummer eins bestand in der Schwierigkeit, die Motive zu identifizieren. Handelte es sich um eine Rallye, bei der ich fotografierte, dann konnte das gedruckte Veranstaltungsprogramm hilfreich sein. Allerdings halten sich die britischen Oldtimerbesitzer mit technischen Angaben zu ihren Wagen sehr zurück. Markenname, Baujahr, wenn man Glück hat auch noch die ominöse h.p.-Zahl (horse power) – damit muß man sich leider in der Regel zufriedengeben.

Kopfschmerzen bereiteten vor allem die RAC-horse powers, die nichts mit unseren deutschen PS-Bemessungen zu tun haben. Die britischen h.p.-Angaben stehen für Steuer-PS, im Gegensatz zu den b.h.p., den Brems-PS. Nach Halwart Schraders »Oldtimer-Lexikon« errechnen sich die h.p. nach der Formel: Größe der Zylinderbohrung multipliziert mit der Zylinderzahl, geteilt durch 1613. Dieses »RAC-Rating« zieht sich durch die gesamte englischsprachige Oldtimerliteratur und macht Recherchen zu einem Puzzlespiel. So ist es auch nicht verwunderlich, daß britische Oldtimerbesitzer auf die Frage nach »deutschen« PS meistens irritiert reagieren und vornehmlich Zirkawerte angeben. Ich habe versucht, in den Bildlegenden die uns geläufigen

PS-Zahlen so genau wie möglich anzuführen. Verblüffenderweise interessiert sich der Oldtimerbesitzer auf den Britischen Inseln herzlich wenig gerade für diesen Wert. Viel wichtiger ist für ihn der »Stammbaum« seines Wagens: Wann von wem gekauft, wo wie lange unentdeckt in irgendwelchen verstaubten Remisen gestanden, in welchen Rennen auf welchen Plätzen gelandet, wie oft restauriert, von wem und in welcher Zeit? – Die Geschichtsträchtigkeit eines »Oldies« wird höher bewertet als das detaillierte Wissen um seine Technik.

Der Brite sieht die Oldtimer vor allem als Teil des »Heritage«, des Erbes, welches vom einstmals glanzvollen Empire übriggeblieben ist und das es zu erhalten gilt. Vom Detailfetischismus einiger Oldtimerfans hierzulande hält er nicht sehr viel. Allerdings: wenn ein Bugatti 59 auf Ferrari-Rädern daherkommt – sie stehen ihm übrigens vortrefflich –, dann ist das auch für einen Briten »shocking«. Da hört denn doch der Spaß auf!

Eine schier unerschöpfliche Informationsquelle waren für mich die mehr als 170 britischen Oldtimerklubs, von denen allein 160 sich der Pflege einzelner Marken widmen, darunter ein so elitärer wie »Les Amis de Panhard et Levassor« oder ein so burschikoser wie der »Volkswagen Split-Window Club«, bei dem sich das Klubleben ausschließlich um frühe »Käfer« mit geteilter Heckscheibe dreht. Vom Feinsten sind zweifellos der Rolls-Royce Enthusiasts Club, der Bentley Drivers Club wie auch der Bugatti Owners Club. Letzterer besitzt sogar eine eigene Rennstrecke, Prescott Hill in der Grafschaft Gloucestershire. Sie schlängelt sich unter Apfelbäumen und Eichen bergauf. Das Ziel ist eingebettet in ein Meer von Ginsterbüschen. Zum zünftigen Ritual auf Prescott Hill zählt es, daß die Fahrer die Nächte vor den Trainings- und Renntagen auf den feuchten Wiesen in unmittelbarer Nachbarschaft des Rennkurses verbringen. Da kriechen dann Gentlemen, die sonst nur im Ritz oder Waldorf-Astoria abzusteigen pflegen, in ihre Einmannzelte. Ein früher Sommermorgen unter den Obstbäumen an dieser Rennstrecke hätte einen Maler wie William Turner zu einem eindrucksvollen Gemälde inspirieren können. Tau perlt auf den Abdeckplanen, unter denen sich Bugattis, Alfa Romeos und Ferraris verbergen. Morgendunst hüllt die Idylle in einen grauen Schleier, und ein Frühaufsteher bietet sich an, mit seinem Maserati im nächsten Dorf frische »Rolls«, Rundstücke, zu holen. Da kann er von Glück sagen, daß sein Renner anspringt, denn die Feuchtigkeit von Prescott Hill, die in alle Kabel kriecht, ist sprichwörtlich. Auf Prescott Hill steckt der Snob-Appeal im Detail: Neben »Ettore's Field« liegen die sehr rustikalen Toiletten, aus deren Spülung bugattiblaues Wasser strömt …

Wenn allerdings der Vintage Sports Car Club of Great Britain auf die Rennstrecke von Silverstone einlädt, ist von Romantik nichts zu spüren. Auf dem ehemaligen Militärflughafen kommt sehr schnell zünftige Hektik auf, was man übrigens auch der Piste in Oulton Park bestätigen muß. Britische Oldtimerfreunde schwärmen hingegen enthusiastisch von der unvergleichlichen Rennatmosphäre, die auf dem Nürburgring herrscht, wo der AvD jedes Jahr im August Oldtimerrennen veranstaltet.

Die Fahrten zu den vielen Oldtimerrallyes und -renntagen auf den Britischen Inseln warfen eine Reihe von organisatorischen Problemen auf, weil sie immer mit ganz anders gelagerten beruflichen Aktivitäten zu vereinbaren waren. So diktierten die Fahrpläne der Kanalfähren letzten Endes meinen Lebensrhythmus. In der Praxis sah solch ein Wochenende beispielsweise so aus: Sonnabendmorgen drei Uhr Abfahrt von Hamburg mit dem Auto nach Arnheim. Bugatti-Treffen auf einem abgesperrten Militärflughafen. Keine Sehleute zugelassen, daher Ruhe und Muße zum Fotografieren. Seltenen Bugatti 44 vor dem Objektiv. Nachmittags Weiterfahrt nach Rotterdam zur Nachtfähre nach Hull. Ankunft frühmorgens. Dann auf den Motorways 62 und 6 Fahrt zur Rennstrecke im Oulton Park zwischen Chester und Manchester. Abends von dort zurück bis Leicester. Montags Besuch im Automuseum in Donington Park, abends wieder zurück via Hull nach Rotterdam. Fotografieren war die eine Seite der Medaille; die andere war das Archivieren und Beschriften der Dias, dem in der Regel erst einmal ausführliches, penibles Nachforschen vorausging. Unerläßlich für diese Sysiphusarbeit war, in das dichte Informationsnetz der diversen Clubs einbezogen gewesen zu sein, deren Mitglieder stellvertretend für mich in England recherchierten. Unzählige Briefe wurden geschrieben, und in vielen Telefonaten erfragte ich technische Details, wobei es durchaus möglich ist, daß ich mit dem mir eigenen penetranten Informationshunger meine englischen wie auch deutschen Freunde gelegentlich genervt habe.

Die benutzte Literatur, wie sie im Anhang aufgeführt wird, ist bezeichnenderweise überwiegend in Englisch erschienen. Aber der Trend geht eindeutig dahin, daß nun auch immer mehr fachlich sehr informative deutschsprachige Titel in den Buchhandlungen auftauchen. Darüber hinaus habe ich die Erfahrung gemacht, daß es in der Bundesrepublik eine Reihe exzellenter Fachleute gibt, zum Teil haben sie »Amateurstatus«, die sich in der Benzinwagen-Geschichte ganz hervorragend auskennen und ihre Studien und ihre Geschichtsschreibung ganz betont praxisnah betreiben.

Ich habe an anderer Stelle des Buches bereits betont, daß die Autohistorie weit davon entfernt ist, eine

Wissenschaft im klassischen Sinn des Begriffs zu sein. Mir fällt auf, daß in vielen Büchern über »alte Autos« die Beschreibung der Technik sich selbständig macht, ohne das Objekt im Kontext mit seinem historischen Umfeld zu sehen. Dieses Buch will versuchen, hier einiges wettzumachen. Das Auto als »Wunschkind unseres Jahrhunderts« hat die Möglichkeit des Menschen von Grund auf geändert und damit auch einen neuen, intensiveren Lebensstil geprägt, dessen Faszination sich in den Oldtimern widerspiegelt und auf einen Fotografen und Autor wie mich eine von der Umwelt oft in Frage gestellte Suggestion ausübt. Wäre es sonst zu erklären, daß mich ein Anruf in Aufregung versetzt, in einem kleinen Dorf in Ostfriesland sei ein Maybach-Zeppelin-Zwölfzylinder zu besichtigen – übrigens der Dienstwagen des ehemaligen Reichsaußenministers von Ribbentrop? Und trotz Grippe fahre ich los und fotografiere den Oldtimer zwischen zwei Wolkenbrüchen, der dann auf dem Dia aussieht wie ein finsterer, aus dem Hades aufgetauchter Götterwagen.

Wer auf solchen Spuren wandelt, muß sich mit Geduld wappnen. Bevor die Fotos (161) und (189) gemacht wurden, wieder bei strömendem Regen, hatte ich bereits die in einer riesigen Garage sorgfältig aufgereihten und unter Planen versteckten Einzelteile des zerlegten Opel Grand Prix 1914 zu Gesicht bekommen. Sein Besitzer, Noel Mavrogordato, sagte an jenem Tag: »Ich ruf dich an, wenn ich den Wagen wieder zusammengebaut habe. Dann kriegst du dein Foto!« So geschah es, zwei Jahre später. Unvergeßlich auch, wie am 7. April 1974 in London das Foto des legendären Rolls-Royce Silver Ghost AX 201 zustande kam. AX 201 ist für die Briten »the« Silver Ghost schlechthin, war er doch der erste Vorführwagen dieses wohl berühmtesten Rolls-Royce-Typs. Solch ein Auto fotografiert man nicht einfach, indem man auf den Auslöser drückt. Voran ging zunächst einmal ein Lunch im Casino, im Kreis von »Executives«. Mit einem Silver Shadow fuhren wir dann quer durch London zur Klimakammer, in der die mit einer Million Mark versicherte Kostbarkeit auf vier Rädern ihre alten Tage verbringt. Sorgfältig abgeschirmt vom ordinären Werkstattverkehr erstrahlte die versilberte Karosserie des Rolls-Royce Silver Ghost AX 201 in der fahlen Mittagssonne des Londoner Frühlings.

Ich hatte nicht die Absicht, mit diesem Buch eine weitere, möglichst vollständige Geschichte des Automobils zu schreiben. Manche wichtige Marke, manche interessanten Namen und Ereignisse sind bewußt ausgelassen worden. Es sollte das ganz persönliche Buch eines »Verrückten« werden, der so renommierten Fachleuten wie Hans-Otto Neubauer, Peter Hull (Vintage Sports Car Club), D. B. Tubbs, Cyril Posthumus und Karl A. Klewer für ihre Beiträge und Ratschläge dankt. In diesen Dank möchte ich auch all jene Informanten einbeziehen, deren Namen ich hier nicht alle nennen kann. Es sind weit mehr als hundert.

Bei den Recherchen bemühte ich mich um die größtmögliche Genauigkeit. Dennoch sollten gewisse Toleranzen zugestanden werden – aus den erwähnten Gründen. Jedes Kapitel habe ich von kompetenten Fachleuten zur Kontrolle gegenlesen lassen, so das Kapitel über Ferdinand Porsche von seinem Sohn Dr. Ing. h.c. »Ferry« Porsche, um ein Beispiel zu geben. Die Farbfotos sind im Reportage- und Schnappschußstil gehalten. Keines der Motive wurde in langen Fotosessions gestellt oder inszeniert. Zur Abrundung des optischen Gesamteindrucks habe ich einige wenige Farbaufnahmen anderer Fotografen einbezogen. Die Schwarzweißfotos stöberte ich in europäischen und amerikanischen Archiven auf. Sie sind eine Reverenz vor jenen überwiegend unbekannten Kollegen, die schon vor Jahrzehnten faszinierende Bilder gemacht haben.

Im Text verweisen die Ziffer im Kreis auf die Bildziffern.

Ich würde mich freuen, wenn der Leser mein Arbeitsmotto für das Buch auch für sich übernehmen könnte: »Dies sind Bilder und Geschichten, die nach Benzin riechen – aus der großen, verrückten Zeit des Automobils, als Autobauen und Autofahren noch ein herrlich aufregendes Abenteuer für Individualisten war.«

Seit der Erstauflage dieses Buches sind fast 18 Jahre vergangen. Es hat einige Neuauflagen gegeben, in Englisch und auch Japanisch, und es erfüllt mich mit einem gewissen Stolz, daß DAS GROSSE BUCH DER OLDTIMER mittlerweile als ein Standardwerk gilt. Ich habe mich deswegen entschieden, den Begriff »Oldtimer« beizubehalten, obwohl er unter Intimkennern der Szene als zu »populistisch« bezeichnet wird. Aber nicht jeder Autofreund, der sich für schöne alte Autos interessiert, möchte sich mit Definitionen wie »Veteran Cars«, »Edwardian Cars«, »Antique Cars«, »Vintage Cars«, »Post Vintage Thoroughbreds«, »Classic Car« oder gar »Youngtimer«(!) usw. belasten und sich die Freude an den automobilistischen Kostbarkeiten trüben lassen.

Das Wort »Oldtimer« steht für eine umfassende, auch dem Laien zugängliche Begriffsbestimmung. Nach Beratung unter gleichgesinnten »Autohistorikern« lassen wir die Oldtimer-Ära mit den fünfziger Jahren enden. Diese Neu-Edition ist um 14 Farbseiten erweitert, die bewußt auch eine Reihe von Oldtimern aus der Nachkriegszeit zeigen.

Echzell 1999 *Ingo Seiff*

DEUTSCHER PIONIERGEIST UND FRANZÖSISCHER ESPRIT

Im Jahr 1893 schenkte der französische Autokonstrukteur René Panhard seinem Sohn Hippolyte zu dessen 20. Geburtstag einen 3,5-Liter-Panhard. Das hatte auch praktische Gründe. Er kannte seinen Junior sehr gut und wußte, daß der sich als Autofachmann profilieren wollte. Auf einer 770 Kilometer langen Testfahrt von Paris nach Marseille schlug sich Hippolyte mit seinem Geburtstagsgeschenk recht wacker und kam auf einen Reisedurchschnitt von 19 km/h. Übermütig geworden, wollte er den Rückweg über die Alpen nehmen. Aber da hatte er die Rechnung ohne die Berggeister gemacht. Die eigenwillige »Drahtborstenkupplung« des Wagens war den Strapazen nicht gewachsen, und Hippolyte trat mitsamt Auto die Rückreise nach Paris per Bahn an. Vater René war's trotzdem zufrieden, denn er hatte die Schwachstelle seines Wagens entdeckt.

DIE AUTOMOBILREVOLUTION ZWISCHEN NECKAR UND SEINE

Paris 1889. Millionen Besucher bewunderten die Sensation der Weltausstellung, den 300 Meter hohen Turm des französischen Ingenieurs Gustave Eiffel, diesen Koloß aus Stahl, auch »das letzte Weltwunder« genannt. Die anderen Exponate – zumal die Verbrennungsmotoren der Deutschen Karl Benz (12) und Gottlieb Daimler, die in der Halle »Machines et Moteurs« ein Mauerblümchendasein fristeten – taten sich dagegen sehr schwer. Dafür gab es auch noch andere Gründe: Die Beziehungen zwischen Frankreich und Deutschland waren nach dem Krieg von 1870/71 immer noch gespannt.

Auf beiden Seiten des Rheins wurde die »Erbfeindschaft« kultiviert, begleitet von furchterregendem Säbelrasseln. Frankreich war immer noch von dem Wunsch beseelt, Revanche für den verlorenen Krieg zu nehmen – und für den Verlust von Elsaß-Lothringen. Aus diesem Grund verwandte die III. Republik viel Eifer auf die Modernisierung des Heeres und die Ausbildung der Soldaten. Zwar mußte die deutschfeindliche Stimmung in Frankreich zeitweise hinter die machtbesessene Überseepolitik der Franzosen zurücktreten, aber noch zwei Jahre vor der Eröffnung der Weltausstellung, die in sechs Monaten von 28 Millionen Menschen besucht wurde, sprach Frankreichs Kriegsminister General Boulanger von der unmittelbar bevorstehenden Gefahr eines neuen deutsch-französischen Kriegs.

Es war daher kein Wunder, daß Deutschland nicht offiziell bei diesem gewaltigen Spektakel an der Seine vertreten war. Karl Benz überließ die Repräsentation seinem Agenten Emile Roger, und Gottlieb Daimler vertraute auf den Charme und das Verhandlungsgeschick seiner Agentin Madame Louise Sarazin, die von einigen Chronisten die »Jungfrau von Orleans« der französischen Automobilindustrie genannt wurde. Sie war die Witwe von Edouard Sarazin, der in Paris jahrelang die Interessen der deutschen Firma Otto & Langen vertreten hatte.

Louise Sarazin, Daimlers Generalvertreterin in Frankreich

Im Jahr 1886 schon hatte der weitsichtige Belgier die Daimler-Lizenzen für Belgien und Frankreich erworben. Mit seinem Freund René Panhard sprach er sehr oft über die Zukunft der Technik, über »selbstfahrende« Fahrzeuge und darüber, daß der Dampf als Antriebskraft seine Grenzen erreicht hatte. Sie machten sich ebenso Gedanken, wie man die genialen Tüfteleien des Nikolaus Otto und von Karl Benz und Gottlieb Daimler »zum Ruhme Frankreichs« nutzen könne. René Panhard entwickelte einen Plan: Zunächst kaufte er 1886 zusammen mit seinem Partner Emile Levassor die 1845 gegründete Firma Périn & Pauwels, die Holzbearbeitungsmaschinen herstellte. Den beiden Jungunternehmern ging es vor allem um deren Maschinenpark und Fabrikhallen. Als nächstes erlaubte ihnen Sarazin, den Daimler-Motor in Lizenz zu bauen. Damit war der Grundstein für die französische Automobilindustrie gelegt – und das mit einer Erfindung aus dem Lande des »Erbfeinds«!

Zu einer Zusammenarbeit mit Karl Benz kam es nicht, denn dessen französischer Vertreter Emile Roger hatte einen der ersten Wagen von Benz gekauft und ihn bei Panhard & Levassor untergestellt, »zum Angewöhnen«. Trotz einiger Ausfahrten mit Karl Benz im Jahr 1888 konnten sich Panhard und Levassor nicht mit dessen Produkt anfreunden. Sie hatten schon längst mit Daimler Vereinbarungen getroffen, was Benz allerdings nicht wußte.

Sarazins Tod im Jahr 1887 schien den steilen Aufstieg des Daimler-Motors in Frankreich zunächst zu stoppen, aber die Befürchtungen von René Panhard und Emile Levassor erwiesen sich als grundlos. Madame Sarazin wurde eine würdige Nachfolgerin ihres unternehmerisch denkenden Gatten. Noch in seinen letzten Stunden, am Heiligabend 1887, beschwor er seine Frau: »Halte dich an Daimler, auch im Interesse und zum Wohle unserer Kinder! Laß die Verbindung nicht abreißen! Arbeite weiter mit ihm und Panhard und Levassor zusammen. Nur ihr könnt aus Daimlers Patenten das Beste herausholen.« Louise Sarazin erfüllte den Wunsch ihres Mannes. Sie reiste zu Daimler nach Cannstatt und bewarb sich um den Posten als neue Generalvertreterin in Frankreich. Der wackere Schwabe war entzückt und verwirrt zugleich. Daß eine so resolute und geschäftstüchtige Frau seine Entwicklungsarbeiten auf dem französischen Markt durchboxen wollte, hielt er für ein aufregendes Abenteuer, auf das er sich gern einließ.

Louise Sarazin machte keine halben Sachen: Bei ihrer Rückreise befand sich in ihrem Gepäck, neben einem Vertrag über die Lizenzrechte für Belgien und Frankreich, auch ein neuer Daimler-Motor, den sie nur mit Hilfe der Fürsprache eines Ministers durch den Zoll brachte. Bei Panhard & Levassor wurde das wertvolle Stück aus Cannstatt auseinandergenommen und bis ins letzte Detail studiert. Der Daimler-Motor avancierte zu einem Prototyp für den späteren Panhard-Motor, der als Einbauag-

gregat für »pferdelose« Wagen, Boote, Schienenfahrzeuge oder als stationäre Antriebsquelle gedacht war. Auf der Pariser Weltausstellung machte Madame Sarazin für Daimler die Honneurs. Ohne viel Aufsehen zu erregen, standen die Benz- und Daimler-Motoren ziemlich unauffällig zwischen diversen stationären Dampf- und Gasmotoren.
Erst als ein Daimler-Motor zu Schauzwecken einen Dynamo antrieb, der wiederum 30 elektrische Glühbirnen zum Leuchten brachte, wurden die Menschen angezogen wie die Motten vom Licht. Daimlers Aggregat hatte das Zeug, eine Jahrmarktsattraktion zu werden. Gottlieb Daimler fiel es wie Schuppen von den Augen: Nicht die Erfindung dieses Verbrennungsmotors »an sich« war nach Meinung der Besucher das Sensationelle, sondern ihre Folgewirkungen. Es wurden viele Fragen gestellt: Was kann man mit diesem Motor alles anfangen, in Bewegung setzen, welches technische Neuland erschließen? Werden die Pferde arbeitslos? Hat die letzte Stunde des Dampfantriebs geschlagen? Antwort darauf gab es in der sogenannten Charronage-Halle, wo sich zwischen herrlich herausgeputzten Pferdekutschen zwei mickrige »Voitures à pétrole« versteckten. Einer davon war der neueste Dreiradwagen von Karl Benz, der andere Daimlers zweites Auto, das grazil wirkende »Stahlrad«, ein vierrädriges Gefährt mit einem Zweizylindermotor in V-Anordnung, der 1,6 PS leistete. Paul Daimler, Gottliebs Sohn, kutschierte damit gelegentlich Interessenten auf Probefahrten an der Seine entlang, darunter auch René Panhard. Vater Daimler aber traute seinem Auto so wenig zu, daß er zu Demonstrationszwecken zwei Boote in einem eigens dafür angelegten Hafen am Seineufer bereithielt, um die Leistung seines »moteur« unter Beweis zu stellen. Gemeinsam mit seinem Freund und Mitarbeiter Wilhelm Maybach steuerte er seine Benzinboote »Violette« und »Passe-Partout« auf der Seine bis St. Cloud und Suresnes. Emile Levassor und Louise Sarazin waren bevorzugte Fahrgäste. Dem französischen Journalisten Pierre Giffard fiel damals auf, wie wenig Aufsehen Paul Daimlers Probe- und Emile Levassors und Madame Sarazins Testfahrten mit den motorgetriebenen Booten erregten: »Niemand dachte daran, daß sich in diesem verlorenen Winkel des Weltjahrmarktes der Keim der technischen Revolution von heute befindet.«
Hatte sich Daimlers großer Aufwand für die Pariser Weltausstellung gelohnt? Das öffentliche Interesse war gering, und er hatte es nicht erreicht, seinem benzingetriebenen Motor den großen Durchbruch zu verschaffen. Auch Karl Benz war ziemlich enttäuscht. Daimler aber dachte schon weiter. Millionen von Besuchern hatten zwar von seiner Erfindung keine Notiz genommen, aber da gab es drei Menschen in Frankreich, die auf seinen Verbrennungsmotor setzten und bereit waren, die »Grande Nation« ins Zeitalter des Autos zu führen: Louise Sarazin, René Panhard und Emile Levassor. Madame Sarazin wurde von Daimler schriftlich bestätigt, daß er ihr »die Verwertung seiner französischen und belgischen Patente für Gas- und Petroleummotoren« überließ, »zahlbar, wenn Sie damit verdient haben, aber spätestens innerhalb drei Jahren«. Daimler stellte die folgenden zwei Bedingungen: »Alle Verbesserungen und Vervollkommnungen, welche von beiden Seiten zustande gebracht werden, alle Erzeugnisse müssen meinen Namen tragen, und Sie werden mir keine Konkurrenz in anderen Ländern machen.«
Bevor Panhard und Levassor das Abenteuer wagten, ihr erstes eigenes Auto zu bauen, heiratete Emile Levassor am 17. Mai 1890 zunächst einmal Louise Sarazin, und ein vierter, heute legendärer Name tauchte in der kleinen Gesellschaft vorausschauender französischer Autopioniere auf: Armand Peugeot.
Die Peugeots konnten 1890 schon auf eine lange Tradition als Fabrikanten zurückblicken. Mit Stolz wiesen sie darauf hin, daß ihre Firma ihren Ursprung im 15. Jahrhundert hat. Eine Heiratsurkunde aus dem Dorf Vaudencourt erwähnt 1435 erstmals einen Hans Peugeot als Handwerker und Hersteller von Pech. Aber es dauerte dennoch einige Generationen, bis ein aus dieser Linie stammender Jean-Pierre Peugeot (1768 bis 1852) sich anschickte, »Industrieller« zu werden. Einige Peugeots gingen in die Textilbranche, andere in die Metallurgie. Jean-Pierre gründete am 26. September 1810 mit seinem Bruder Jean-Frédéric bei Montbéliard eine Stahlgießerei. (Das heutige Autounternehmen beruft sich zwar immer wieder voller Stolz auf dieses Datum, mit dem Vermerk »im Jahre 1810 gegründetes Haus«, aber in Wirklichkeit entstand erst 1896 mit der Aktiengesellschaft S.A. des Automobiles Peugeot die Gründungsfirma für den Autobau.)

Peugeot und Panhard & Levassor

Als Armand Peugeot sich entschloß, selber ein von einem Benzinmotor bewegtes Automobil zu bauen, hatten die Peugeots schon jahrzehntelange Erfahrungen mit der Herstellung von landwirtschaftlichen Geräten, Werkzeugen, Stahl- und Sägebändern, groben Blechwaren und Metallfedern gesammelt. Sogar von der 1850 im zweiten französischen Kaiserreich aufgekommenen Krinolinenmode hatten sie profitiert: Sie produzierten über Dekaden tonnenweise Stahlgerippe für die großräumigen Glockenröcke und für Schnürkorsetts. Auch Kaffeemühlen standen auf ihrem Programm. Peugeot erfand nicht nur ein Scherinstrument für Pferde, sondern lieferte im Krieg 1870/71 auch von ihm entwickelte

Haarschneidemaschinen an die Armee. Als das Fahrrad in Mode kam, zählte er bald zu den größten Drahteselherstellern Frankreichs.

Armand Peugeots Versuche mit einem dampfgetriebenen Dreiradwagen blieben jedoch ebenso unbefriedigend wie das Experiment mit einer Serpollet-Dampfmaschine als Antriebsaggregat für ein Dampfauto. Er gewann die Erkenntnis, daß das Zeitalter des Dampfantriebs nach dem Auftauchen der Benz- und Daimler-Motoren vorbei war, vor allem deswegen, weil der niedrige Wirkungsgrad und die große Eigenmasse eine weite Verbreitung des Dampfantriebs gestoppt hatten. Armand Peugeot sprach ein ernstes Wort mit seinem Freund Levassor, der seit Jahren schon ein guter Kunde der Peugeot-Stahlwerke war. Im Jahr 1890 erhielt er die Erlaubnis, einen Daimler-Benzinmotor in ein Peugeot-Chassis einzubauen.

Der erste Peugeot-Wagen war eine Entwicklung des Ingenieurs Rigoulot und stellte eine überarbeitete Version des Daimler-»Stahlrades« dar. Bemerkenswertestes Konstruktionsmerkmal des französischen Wagens war die neuartige Vorderachse, die nach ihrem Initiator Ackermann benannt wurde. Rudolph Ackermann, ein Londoner Buchhändler und Verleger, war ein Kutschwagen-Fan und knobelte seit langem schon an einer technischen Vorrichtung, die die verschiedenen Radien, die ein Radpaar in einer Kurve beschreibt, ausgleicht. Ackermann hörte von einem Münchner Wagenbauer Georg Lankensperger, der dieses Problem schon 1818 gelöst, aber bei den damaligen konservativen Wagenbauern keine Resonanz gefunden hatte. Bei dem von Lankensperger entwickelten System, der Achsschenkellenkung, drehte sich nicht mehr die ganze Achse in die Kurve, sondern lediglich die Räder schwenkten ein. Dieses europäische »joint venture« ist ganz in Vergessenheit geraten.

Als Fahrradproduzent hatte Peugeot große Erfahrungen mit der Verarbeitung von Stahlrohren und deren sauberen Verschweißung an kritischen Punkten. Wie es schon beim Daimler-»Stahlrad« praktiziert wurde, benutzte Peugeot das Stahlrohrchassis gleichzeitig als Kühlwassersystem, als Verbindung zwischen dem Motor und dem Kühler. Der zweizylindrige Daimler-Motor in V-Form war über der Hinterachse angebracht. Die im Vergleich zum »Stahlrad« verkleinerten Räder liefen auf Kugellagern, anstelle der noch bei Daimler üblichen einfachen Lagerbuchsen.

Die Herren Panhard und Levassor hinkten nun hinter den Peugeots ein wenig her, weil die Verfeinerungsarbeiten am Daimler-Motor ihre Zeit in Anspruch genommen hatte. Ihr im Jahr 1890 vorgestelltes Auto war noch eng an die Bauprinzipien des Kutschwagens angelehnt, mit einem Chassis aus Holz und der sehr altmodischen Drehschemellenkung. Der Panhard-&-Levassor-Wagen war robuster und größer als der Peugeot-Wagen, was durch einen etwas stärkeren 2-PS-Motor wettgemacht wurde, der ebenfalls über der Hinterachse angebracht war. Vom Peugeot unterschied sich das Panhard & Levassor-Gefährt zudem durch die Art der Kraftübertragung. Levassor war kein Freund des Riemenantriebs und auch sehr skeptisch, was Daimlers riesige Gleitwalzen anbetraf. Er baute den Motor mit seinem Zweiganggetriebe quer ein und entschied sich für den Kettenantrieb.

1890 – Beginn der Autoindustrie

In der Geschichte des Automobils mit Benzinmotor sollten wir also das Jahr 1890 als den Beginn der Auto-»Industrie« festhalten. Jetzt gab es fünf Säulen, auf denen die notwendige Weiterentwicklung des Autos ruhte: Karl Benz, Gottlieb Daimler, Panhard & Levassor, Louise Levassor verw. Sarazin und die Peugeots. Im heutigen Jargon würde man sagen: Die Deutschen Benz und Daimler waren der »Braintrust« und die Franzosen die »Macher«, die »Marketingleute«, die Methode in die professionelle Vermarktung des Benzinautos brachten. Es spricht übrigens nicht gerade für die Fairness vieler Autohistoriker, daß sie die wichtige Rolle, die Madame Levassor/Sarazin in der Geschichte des Automobils gespielt hat, entweder kaum oder gar überhaupt nicht würdigen.

Im nachhinein kann man feststellen, daß sich der Verbrennungsmotor mit seinen damals noch unbekannten Folgeerscheinungen nur ganz langsam ins Bewußtsein der Menschen eingeschlichen hat. Von einer Berge versetzenden technischen Revolution kann nicht die Rede sein. Sicherlich reagierten die Franzosen, vom faszinierenden Ambiente des Impressionismus in Hochstimmung versetzt, sensibler auf die ersten Automobile als die Deutschen. Sie ahnten schon, daß diese geniale Erfindung ihrem Savoir vivre eine neue Dimension geben könnte und eine ganz neue Art der persönlichen Freiheit schaffen würde. Dem Team René Panhard, Ehepaar Levassor und Armand Peugeot hatten die Deutschen nichts Gleichwertiges entgegenzusetzen.

Der Badener Karl Benz und der Schwabe Gottlieb Daimler sind sich nie begegnet, was uns heute unvorstellbar erscheint. Jeder arbeitete eigenbrötlerisch vor sich hin. Es hätte doch im nationalen Interesse gelegen, wenn sich diese beiden Konstrukteure zusammengetan hätten, um zu verhindern, daß Frankreich den großen »Reibach« machen konnte. Auch die heutige Geschichtsschreibung ignoriert immer noch die ersten Ansätze der Automobilindustrie und ihre Folgewirkungen im Jahr 1890, einer wichtigen Wendemarke in der Frühzeit der Industrialisierung. Den Geschichtsbüchern scheint wichtiger zu sein, daß 1890 Kaiser Wilhelm II. den Kanzler Bismarck mit dem Titel eines Herzogs von Lauenburg entließ, Großbritannien die Insel Helgoland im Austausch gegen Wituland und Sansibar an Deutschland abtrat, die Sozialistengesetze endeten und die Sozialistische Arbeiterpartei zur Sozialdemokratischen Partei umgebildet wurde, Gerhart Hauptmann sein Schauspiel »Das Friedensfest« veröffentlichte, Wilhelmina Königin der Niederlande wurde, Robert Koch das Tuberkulin erzeugte, Ernst von Behring das Diphtherieserum entdeckte, der Kunstdünger fortan systematisch angewendet wurde, der Maler Max Liebermann sein Gemälde »Frau mit Ziegen« malte, Paul Cézanne sein Gemälde »Landschaft bei Aix« und Auguste Rodin seine Skulptur »Danaide« präsentierte, die Arbeiter zum erstenmal den 1. Mai als internationalen Tag der Arbeit feierten und die ersten Arbeitgeberverbände gegründet wurden.

Weitsicht, Krach und gute Straßen

Wie man sieht: »Geschichte« gab's genug, doch die ersten Automobile spielten als historische Meilensteine keine Rolle. Benz und Daimler hatten es in Deutschland sehr schwer. In der Zukunftsforschung auf technologischem Gebiet – wenn es so etwas überhaupt schon gab – kamen ihre ersten Automobile nicht vor. Daimlers Geschäftspartner hielten nichts vom leichten, schnelldrehenden Motor für Straßenfahrzeuge. Sie setzten auf das stationäre Aggregat. Vom Automobil, diesem stinkenden, qualmenden »Pferdewagenersatz« wollten die Deutschen um 1890 nichts wissen. Benz und Daimler ernteten mit ihren ersten Motorwagen zu Hause nur Hohn und Spott. Es waren die Franzosen, die mit fliegender Trikolore ins Daimler- und Benz-Lager überliefen. Erbfeind hin, Erbfeind her – die deutschen »moteurs« wurden die große Liebe der fortschrittsgläubigen Franzosen.

Aber es gab auch starken Widerstand gegen die ersten Automobile. Das Auftauchen der Benzinkutschen rief scharfe Proteste in den Kreisen der Handwerker, der Kleinunternehmer, der Schmiede und Wagenbauer, der Fuhrwerksbesitzer, Droschkenkutscher und Pferdezüchter hervor. Sie alle bangten angesichts der neuen »Selbstfahrmaschinen« um ihre Existenz. Dann gab es auch schon massive Klagen der ersten Umweltschützer: konservative Kreise, die vor der rapiden technischen Entwicklung warnten, dann die philosophisch motivierten Maschinenstürmer, die eine Unterjochung des Menschen durch lärmende Maschinen befürchteten, die Landbevölkerung, die mit Barrikaden gegen die Landpartien der Städter mit stinkenden Benzinwagen protestierte und die reichen Autler mit Steinen bewarf.

Die Autogegner malten ein wahres Schreckensbild von Staub, Gestank, Lärm und Explosionsgefahr durch Benzin an die Wand. Das Auto war in ihren Augen ein gefährliches Instrument des Teufels. Die Einsichtigen mahnten jedoch zu Vernunft und wohlwollender Betrachtung. Einer der Großen des französischen Geisteslebens, Anatole France, schrieb in »L'Île des pingouins«: »Damit der Motor aufhört, schädlich zu sein, und damit er Nutzen bringt, müssen wir Straßen bauen, die seiner Geschwindigkeit angepaßt sind. Straßen, die nicht durch die schnell drehenden Reifen zerstört werden können, Straßen, deren Staub sich nicht wie schreckliches Gift in unseren Lungen festsetzt.« Anatole France hatte guten Grund, mäßigend auf die Kritiker einzuwirken, denn Frankreich war mit seinem für damalige Verhältnisse vorbildlichen Straßennetz ein ideales Testgelände für die junge französische Automobilindustrie.

Frankreich rühmt sich mit Recht, als erstes europäisches Land schon vor Jahrhunderten ein modernes Straßensystem entwickelt zu haben. Gegen Ende des 16. Jahrhunderts kurbelte der Herzog von Sully im Auftrag seines Königs Heinrich IV. ein weitsichtiges Straßenbauprogramm an. Frankreichs Superminister Mitte des 17. Jahrhunderts, Jean-Baptiste Colbert, war als Oberintendant verantwortlich für Finanzen, Fabriken und Bauwerke und ab 1669 auch für die Marine. Er setzte Sullys Straßenbauprogramm zügig fort und konnte seinem König Ludwig XIV. stolz melden, er habe binnen kurzem 24 000 Kilometer wichtiger Straßen mit einem neuen Belag versehen. Aber das fortschrittlichste Straßenbauprogramm brachte der französische Politiker Anne Robert Jacques Turgot in Gang. Als Finanzminister Ludwigs XVI. entwarf er ein Reformprogramm für die Finanzen und befreite den Getreidehandel von den inneren Zollschranken. Davon profitierte auch die Freizügigkeit des Verkehrs auf den guten Straßen Frankreichs. Turgot löste die staatlichen Frondienste ab, bei denen Landarbeiter unentgeltlich die Straßen in Ordnung halten mußten.

Napoleon hätte Autos geliebt

Als Napoleon Bonaparte an die Macht kam, konnte er dank der Streckenplanung von Turgot ein Straßennetz übernehmen, das seinen strategischen Plänen wie auch seinem Sinn für durchdachte Logistik sehr weit entgegenkam. Napoleon vertrat den Grundsatz, daß eine große Beweglichkeit der Truppen den Erfolg garantiert, und berief sich dabei auf die Erfolge der römischen Okkupationstruppen, die gleichfalls auf einem hervorragenden Straßennetz hatten operieren können.

Man darf ruhig spekulieren, was passiert wäre, wenn es zu Napoleons Zeiten das Auto für die Grande Armée gegeben hätte. Er wäre sicherlich einer der ungeduldigsten Schrittmacher dieser Selbstfahrmaschine geworden, schon aus strategischen

Gründen. Man weiß, daß Napoleon sich den Dampfwagen von Nicolas Joseph Cugnot aus dem Jahr 1771 vorführen ließ, das erste »selbstfahrende« Fahrzeug der Welt. Sein Verdikt soll gewesen sein: »Zu schwer im Vergleich zu seiner Leistung.« Heute würden wir sagen: »Miserables Leistungsgewicht...« In der Mitte des 19. Jahrhunderts verfügte Frankreich über ein Straßennetz von 74 000 Kilometern, eine »Erbmasse«, die den Franzosen einen großen Vorsprung gegenüber den anderen Industrienationen gab und Frankreich geradezu für seine Rolle als erstes Land mit einer entwickelten Automobilindustrie prädestinierte.

Zu neuen Ufern

An einem kalten Januartag des Jahres 1891 fuhr ein vierrädriges Automobil fauchend und knallend durch Vorortstraßen im Süden von Paris. Emile Levassor war mit einem Panhard auf der ersten Testfahrt. Er hatte sich und der Firma das Ziel gesetzt, mit dem Wagen zehn Kilometer zu schaffen. Viele Pannen brachten ihn fast zur Verzweiflung. Aber als er dann auf den Fabrikhof zurückkehrte, wurde er jubelnd begrüßt. Zwei Wochen später wagte sich Levassor schon bis Versailles, was 55 Kilometern entsprach.
Ende Juli 1891 startete das große Abenteuer: eine Fahrt mit einem weiterentwickelten Panhard-Zweisitzer zum Badeort Etretat an der Kanalküste, 25 Kilometer nördlich von Le Havre. Madame Levassor war diesmal mit von der Partie. Für die 220 Kilometer lange Strecke hatte das unternehmungslustige Paar zwei Tage vorgesehen. Am 31. Juli war Start in Paris. Am Tage wurden nur kurze Stopps für die Mahlzeiten eingelegt. Übernachtet wurde in Rouen. Unfreiwillige Unterbrechungen gab es wegen einiger Probleme mit der Glührohrzündung. Levassor führte diese Pannen auf den schlechten Treibstoff zurück, den die Apotheken verkauften. Als er in Etretat seine Durchschnittsgeschwindigkeit ausrechnete, kam er auf 10 km/h.
Diese Pioniertat Levassors ließ Armand Peugeot nicht ruhen. Er hatte bisher drei Wagen gebaut. Der vierte, der nun in Angriff genommen wurde, sollte »Panhard & Levassor und Frankreich in Aufregung versetzen«. Er unterschied sich von seinen Vorgängern vor allem dadurch, daß die Räder an der Vorder- und Hinterachse gleich groß waren. Der Peugeot Nr. 4 hatte Vollgummireifen und eine halbelliptische Hinterradfederung. Der Zweizylinder-Panhard-Motor (eine Daimler-Lizenz) leistete 2,5 PS und war quer als »Mittelmotor« eingebaut, mit Kraftübertragung auf die Hinterräder. Im Gegensatz zum zweisitzigen, schwereren Panhard-Wagen, mit dem Levassor nach Etretat kutschiert war, hatten im Peugeot vier Personen Platz, und Chefingenieur Rigoulot holte aus dem Motörchen eine Geschwindigkeit von 20 km/h heraus.
Levassor und Peugeot waren nun zu Konkurrenten geworden, was aber ihre Freundschaft nicht weiter trübte. Armand Peugeot entschied schon sehr früh die Frage für sich, ob eine Beteiligung an Zuverlässigkeitsfahrten und Rennen neue Erkenntnisse für die Entwicklung des Automobils bringen könnte. 1891 schrieb die französische Zeitung »Le petit journal« eine Langstreckenfahrt für Radfahrer von Paris nach Brest und zurück aus. Peugeot mogelte sich mit seinem Auto unter die Teilnehmer. Keiner nahm ihm das übel, weil viele Peugeot-Fahrräder an diesem Wettbewerb über 1200 Kilometer teilnahmen. Peugeot kam als einer der letzten ins Ziel. Abgesehen von einem kaputten Differential war er mit seinem Auto zufrieden. Levassor erlebte den Erfolg seines Konkurrenten mit einem lachenden und einem weinenden Auge: Der Daimler-Motor in Peugeots Wagen war zwar in einer Panhard & Levassor-Werkstatt für die Langstreckenfahrt präpariert worden, aber den Ruhm steckte sich Armand Peugeot an den Hut.

Der Motor kommt nach vorn

Emile Levassor war von Peugeots Husarenstreich aufgeschreckt worden. Er wußte nun, daß der harte Kampf um die Gunst der Autokäufer begonnen hatte. Levassor baute vier Experimentierwagen – heute würde man so etwas Prototypen nennen. Sein Problem war es, vier Passagiere gut unterzubringen. Das Auto war im Begriff, ein Familiengefährt zu werden. Vater, Mutter und mindestens zwei Kinder sollten bequem Platz haben. Beliebt war vor allem die Sitzweise »dos-à-dos«: zwei Passagiere vorn mit dem Blick in Fahrtrichtung, zwei Passagiere auf der Hinterbank, mit dem Blick nach hinten, also »Rükken an Rücken«.
»Was können wir Neues machen, um Peugeot auszustechen?« Das war im Jahr 1891 die heißeste Frage im Chefbüro und in den Werkstätten der Firma Panhard & Levassor. René und Emile trennten sich von ihrem Grundsatz, daß der Motor in einem Automobil »hinten« sein müsse, damit er nicht mit seinem Lärm und seinem Gestank die Passagiere belästigte. Der Motor kam nun nach vorn! Und diese Neuerung ging in die Automobilgeschichte als das legendäre Panhard-System ein und gab dem Automobil die bis heute gültige Form. Geht man aber der Sache ein wenig auf den Grund, so bröckelt von dieser epochalen Ingenieurtat doch einiges ab, denn in Wirklichkeit ging Levassor die ständige Quengelei seiner Frau Louise auf die Nerven, die sich darüber beschwerte, daß der »moteur« ihr Hinterteil gar unschicklich erwärme...
Den Dampfmaschinen-Freunden gehört unser ganzes Mitgefühl, wenn sie sich mit Recht darüber beklagen, daß die Chronisten die Rolle des

Dampfantriebs in der Geschichte des Automobils immer herunterzuspielen versuchen. Gerade in Frankreich gibt es gute Beispiele dafür, wie logisch der Übergang vom Dampf- zum Benzinmotor vonstatten ging. Amédée Bollées Dampfwagen »La Mancelle« (»Das Mädchen von Le Mans«) war in vielen Details den bescheiden wirkenden Wagen von Benz und Daimler voraus: Maschine vorn unter der »Motor«haube, Antrieb der Hinterräder durch Ketten. Bollée gab mit seinen Ideen den späteren Autobauern wichtige Anknüpfungspunkte. Ein Dampfwagen mit Karosserieaufbau nach Wunsch kostete etwa 12 000 Francs. Ein deutscher Bankier erwarb die Lizenz zum Nachbau der Bolléeschen Dampfwagen. Er plante die Einrichtung eines weiträumigen Buslinien-Netzes in Deutschland, Rußland, Österreich und Schweden. Unglücklicherweise ging die Maschinen- und Lokomotivfabrik Wöhlert, die die Dampfbusse bauen sollte, 1883 pleite. Damit waren die phantasiereichen Pläne des Bankiers Makulatur, und Bollée verlor auch noch hohe Lizenzeinnahmen. Seine Firma geriet ins Wanken.

Doch die »Idee vom Dampf« wurde zunächst von einem Mann gerettet, der später einer über Jahrzehnte hinweg modern gebliebenen Hinterachsenkonstruktion seinen Namen geben sollte, die er 1895 zum Patent anmeldete: Comte Albert de Dion. In einem Spielwarengeschäft in Paris entdeckte er das funktionierende Modell einer Dampfmaschine, das von zwei geschickten Bastlern, Bouton und Trépardoux mit Namen, in vielen Arbeitsstunden gebaut worden war. De Dion nahm Verbindung mit Bouton auf und fragte ihn: »Wollen wir zusammenarbeiten? Ich möchte gern Dampfautos bauen!« Georges Bouton schlug ein, und schon 1883 rollten die ersten De-Dion-Dampfautos (Automobiles à vapeur) über Frankreichs Straßen. Aber Comte de Dion war ein fortschrittlicher Mann, und elf Jahre später erkannte er, daß die Zeit des Dampfantriebs für Straßenfahrzeuge allmählich zu Ende ging. Er »stieg« auf Automobile mit Benzinmotoren um. 1895 stellten de Dion und sein Partner Bouton ihre erste Voiturette mit Benzinmotor vor.

Seien wir also fair: Der Übergang vom dampfgetriebenen Automobil zum Benzinwagen war – zumindest, was Frankreich anbetrifft – »fließend«, und Pioniere wie Panhard, Levassor und Peugeot haben vom Know how der Dampfmaschinenbauer viel profitieren können.

Die ersten Wettbewerbe und Rennen

Während sich Karl Benz und Gottlieb Daimler in Deutschland mit kleinlichen Querelen und Schwierigkeiten in ihren Firmen herumschlagen mußten, planten die Franzosen schon zielstrebig die ersten Rallyes und Rennen, die sie bewußt als Werbekampagnen für ihre Produkte konzipierten. Wieder trat »Le petit journal« als Förderer auf und veranstaltete am 22. Juli 1894 die Zuverlässigkeitsfahrt Paris–Rouen. Die Meldeliste umfaßte 102 Fahrzeuge, von denen viele nur auf dem Papier existierten und sich skurrilster Antriebsarten rühmten, wie zum Beispiel »Schwerkraftwagen«, »Druckluftautos«, »Hebelwagen« usw. Am Start waren dann schließlich nur 21 Wagen, entweder von Benzinmotoren oder von Dampfmaschinen angetrieben.

Fünf Panhards und fünf Peugeots machten das Rennen unter sich aus – ein Triumph für Gottlieb Daimler, der zusammen mit seinem Sohn Paul den Start der Teilnehmer in Paris beobachtet hatte. Ein von Wilhelm Maybach entwickelter neuer Vergaser hatte den Siegerwagen von Panhard & Levassor und Peugeot neue Kräfte eingepustet. Emile Roger erreichte das Ziel in Rouen am Steuer eines Benz »Viktoria« (12). Seine Durchschnittsgeschwindigkeit dabei betrug 12,6 km/h. Obwohl es bei dieser Zuverlässigkeitsfahrt nur ums Ankommen ging, war der Erfolg der Benzinautomobile à la Daimler eine Sensation für die Franzosen.

Die Fachzeitschrift »Le Génie Civil« schrieb: »Das Rennen Paris–Rouen hat die breite Öffentlichkeit mit einem Paukenschlag auf die Möglichkeiten des von einem Verbrennungsmotor angetriebenen Automobils aufmerksam gemacht. Richtig und sinnvoll angewendet, wird das Auto unsere Mobilität und unser gesamtes Transportwesen von Grund auf ändern.« Die Zuverlässigkeitsfahrt von Paris nach Rouen hatte zwar die Dampf- und Pferdewagenhersteller noch nicht in Panik versetzt, aber das Benzinauto hatte unübersehbar seine ersten unauslöschlichen Spuren in der Geschichte hinterlassen.

Das erste echte Automobilrennen der Welt, Paris–Bordeaux–Paris, fand vom 11. bis 13. Juni 1895 statt. Es führte vom Place d'Armes in Versailles durch das Tal von Chevreuse, über Limours, Etampes, Orléans, Tours, und dann auf der Route Nationale 10 nach Bordeaux und zurück. Emile Levassor beteiligte sich mit einem Zweisitzer, in den er den neuen Daimler-Motor eingebaut hatte. Wilhelm Maybach hatte dieses Antriebsaggregat im idyllischen Gartenhaus des Hotels »Hermann« in Cannstatt gebaut, einen Reihen-Zweizylinder, der noch leistungsfähiger und leichter als der vorherige V-2-Motor ausgefallen war. Das Motörchen wog nur 80 kg, machte 800 Touren und holte aus 2400 ccm Hubraum mehr als 4 PS heraus.

Das Rennen ging über eine Distanz von 1200 Kilometer und mußte »in einem Stück« gefahren werden, »so schnell wie möglich«. Levassors Wagen mit dem neuen Daimler-Motor verfügte über eine per Pedal zu bedienende Reibkupplung und über eine Gangschaltung, die er wie folgt beschreibt: »C'est brutal, mais ça marche!« – »Brutal, aber sie funktioniert!« Auf dem Beifahrersitz hockte sein Mechaniker d'Hostingue, den Kopf mit einer Melone bedeckt. Levassors Zweisitzer entsprach nicht dem Reglement, das nur Viersitzer zuließ, aber der fortschrittliche Autopionier fuhr dennoch mit, um seinen Wagen bei dieser Tortur zu testen. Levassor war so schnell, daß er das Etappenziel Ruffec drei Stunden vor der vorgeschriebenen Zeit erreichte. Es war geplant, daß er dort von einem anderen Team abgelöst werden sollte. Aber diese Fahrer hatten nicht so früh mit dem Eintreffen ihres Chefs gerechnet und schliefen noch. Außerdem konnte Levassor ihr Quartier nicht finden. Also setzte er sich wieder ans Steuer und war dabei so hellwach, daß er sich nicht einmal von seinem Beifahrer ablösen ließ. Es muß ein faszinierender Anblick gewesen sein, wie der von zwei Kutschwagenlaternen kümmerlich beleuchtete Wagen durch die Nacht zuckelte: Seine vollgummibereiften Räder gaben jedes Schlagloch unbarmherzig an die beiden Insassen weiter. Der damals 53 Jahre alte Levassor hatte längst alle Mitbewerber hinter sich gelassen. Als er im Morgengrauen in Bordeaux eintraf, standen Zehntausende an der Strecke und jubelten ihm zu. Schon damals gab es eine Art Sportberichterstattung. Per Telegraf wurden die Positionen der Fahrer ans nächste Etappenziel durchgegeben.

Levassor erfrischte sich nur kurz mit kühlem Leitungswasser, nahm ein bescheidenes Frühstück zu sich und machte sich auf die Rückfahrt nach Paris. Unterwegs stuckerte der brave Daimler-Motor einige Male. D'Hostingue fand heraus, daß der Fliehkraftregler klemmte, und reparierte den Schaden. Levassor nutzte den kurzen Zwangsaufenthalt, um ein Nickerchen zu machen. Während er bereits auf der Rückfahrt in Richtung Ruffec war, kamen ihm Mitbewerber entgegen, die sich noch auf der Hinfahrt in Richtung Bordeaux befanden! Darunter ein mächtiger Dampfwagen der Marke Bollée. Zur raffinierten Innenausstattung des Ungeheuers gehörte auch eine Toilette, die von den sieben Insassen sehr häufig frequentiert wurde. Grund: Das Rukkeln und Schaukeln ihres Dampfwagens kehrte ihr Innerstes nach außen, und so gab es an menschlichen Abgängen keinen Mangel.

Es gab noch eine andere Kuriosität bei diesem Rennen: ein kleiner Peugeot-Wagen, »L'Eclair« (10) mit Namen, mit André und Edouard Michelin am Steuer. Sie probierten zum erstenmal »pneumatische Reifen« bei einem Rennen aus und mußten über 50mal Reifenpannen beheben. Sie verschlissen dabei 22 Schläuche und gaben nach 90 Stunden schließlich das Rennen auf. Levassor, sonst mit einem siebten Sinn für alles Neue und Fortschrittliche ausgestattet, gab luftgefüllten Reifen keine Chance für die Zukunft...

Als Levassor wieder in Ruffec eintraf, bestand die Ablösemannschaft darauf, nun den Rest der Strecke bis Paris zu fahren. Aber er blieb stur – den sich anbahnenden Sieg wollte er ganz allein genießen. Er traf am nächsten Tag um 13 Uhr in Paris ein und hatte 48 Stunden und 47,5 Minuten am Steuer gesessen – »an einem Stück«. Seine durchschnittliche Geschwindigkeit betrug 24 km/h, alle die freiwilligen und unfreiwilligen Stopps abgerechnet. Levassor war längst geschniegelt und gebügelt auf dem Weg zum Champagnerumtrunk, als – erst fünf Stunden später – der zweite Wagen eintraf, ein Peugeot, mit Ingenieur Rigoulot am Steuer. Weil Levassors Zweisitzer nicht dem Reglement entsprach, wurde er auf den dritten Platz zurückgestuft, und zwei Peugeots lagen bei der Siegerehrung vor ihm. Er kam aber dennoch auf seine Kosten. Er gewann immerhin 12 000 Francs, und an der Porte Maillot in Paris wurde ihm zu Ehren ein Denkmal errichtet. Levassor hatte erreicht, was er wollte: Er bewies, daß schon 1895 Automobile mit Verbrennungsmotoren durchaus den für damalige Verhältnisse unvorstellbaren Strapazen solcher Mammutrennen gewachsen waren.

Dieses legendäre Langstreckenrennen Paris–Bordeaux–Paris von 1895 war der Auftakt zu vielen ähnlichen Spektakeln. Beim Rennen Paris–Marseille–Paris ein Jahr später über 1728 Kilometer war zum erstenmal ein Wagen mit einem Vierzylindermotor (mit einer Leistung von 8 PS) dabei, gebaut von Panhard & Levassor und mit Emile Levassor am Steuer. Leider verunglückte der große französische Automobilpionier bei dieser Wettfahrt tödlich.

Ende des 19. Jahrhunderts war die Firma Panhard & Levassor die unangefochtene Nummer eins unter den Automobilmarken der Welt und führte auch in den meisten Fällen die Siegerlisten der großen Überlandrennen an. Für diese Monsterrennen wurden in der Regel mindestens zehn Tage angesetzt. Bei der 2500 Kilometer langen »Tour de France« für Automobile im Jahr 1899, von »Le Matin« gesponsert, erschienen in Paris 19 Wagen am Start, davon acht Panhards. Der Kurs ging über Cabourg, Nantes, Périgueux, Vichy, Aix-les-Bains und Nancy – und zurück nach Paris. Streunende Hunde, an diese fauchenden, pfeilschnellen Konkurrenten auf der Straße noch nicht gewöhnt, verursachten viele Unfälle. Außerdem gab es Pannen »en masse«. Der führende 16-PS-Panhard von Chevalier René de Knyff fuhr einen Start-Ziel-Sieg nach Hause.

Frankreich blieb bis 1906 der bedeutendste Automobilproduzent der Welt. Erst danach übernahmen die USA die Führung. Aber die Franzosen waren bis zum Jahr 1913 das Land mit den höchsten Autoexporten. Die Saat, die Karl Benz, Gottlieb Daimler, Louise und Emile Levassor, René Panhard und Armand Peugeot gesät hatten, war aufgegangen. Das 20. Jahrhundert begann, sein Wunschkind zu verhätscheln.

EXK-6

③ Rolls-Royce 1933

④ Rolls-Royce 1929 Vorhergehende Seiten: ① Dufaux 1905, ② Bugatti 1938

Rolls-Royce 1936 bis 1938

Rolls-Royce 1929 bis 1935 Folgende Seiten: (7) S.S. 100 1938, (8) Dufaux 1905

RAC
FGC

674

MÄNNER UND MARKEN

Die Träger ihrer Namen haben Automobilgeschichte gemacht. Sie führten den Dampfantrieb wegen seines niedrigen Wirkungsgrads sowie seiner großen Eigenmasse ad absurdum und schickten die unrentablen Pferde aufs Altenteil. Aber dennoch – kaum einer von ihnen wurde in die Lexika aufgenommen. René Panhard, der unseren Autos ihre heutige Gestalt gab, ist fast vergessen. Marc Birkigt blieb immer ein Nobody, obwohl seine Hispano-Suiza-Wagen in ihrer Zeit zu den besten der Welt zählten. Es blieb nur sein Ruhm als Waffenfabrikant. Wer hat je von den Gebrüdern Duryea gehört oder von Henry M. Leland, dessen profunden Geschichtskenntnissen die Prestigemarke Cadillac ihren Namen verdankt? Und können die Schweizer nicht stolz sein auf die Gebrüder Charles und Frédéric Dufaux, die ganz formidable Rennwagen kreierten?

DIE RENAULTS - DIE BRÜDER MIT DEM KARDANANTRIEB

Im Jahr 1891 beklagte die französische Modeindustrie den Tod eines ihrer wichtigsten Zulieferer: Alfred Renault, der reputierte Knopffabrikant, hatte das Zeitliche gesegnet. Seine drei aufgeweckten Söhne Fernand, Marcel und Louis erbten den florierenden Betrieb an der Place des Victoires. Die beiden Ältesten hielten es für selbstverständlich, ihn im Sinne des Verblichenen weiterzuführen, ohne sich auf irgendwelche unternehmerischen Experimente einzulassen. Louis war 14 Jahre alt, als sein Vater starb. Er war ein mittelmäßiger Schüler, tanzte ein wenig aus der Reihe und hatte nichts als »technische Flausen« im Kopf. Während seine Brüder vom strengen Vater aufs Kaufmännische gedrillt worden waren, interessierte er sich vor allem für die ersten Autos, die damals durch Paris tuckerten.

1890 hatte Louis zum erstenmal die von Daimler-Motoren angetriebenen Wagen der Herren Peugeot sowie Panhard und Levassor gesehen und ein Jahr später mit vor Eifer gerötetem Gesicht gelesen, daß ein Peugeot eine phantastische Leistung vollbracht hatte: eine Langstreckenfahrt über 2048 Kilometer, die in die Automobilgeschichte einging. Auf den Generalstabskarten seines Vaters hatte Louis die Route des Autos Kilometer um Kilometer verfolgt: von Beaulieu-Valentigney nach Paris, dann weiter nach Brest und auf derselben Route zurück! Das entfachte Louis' Phantasie aufs schönste. Mit allerlei Gerätschaft zu basteln wurde zur Manie, was den Vater schon einmal zu dem Stoßseufzer veranlaßte: »Aus diesem Tölpel mit seinen schwarzen Fingern wird niemals ein Geschäftsmann!«

Die Brüder Fernand und Marcel wachten streng über die Entwicklung des jüngsten Renault, der so ganz aus der Art schlug. Als der 16jährige Louis als Lehrling in die Firma eintreten sollte, protestierte er und lehnte sich gegen den Familienrat auf. Sein Geld mit Knöpfen zu verdienen und ein Leben lang mit diesen, wie er meinte, ziemlich langweiligen Accessoires umgehen zu müssen, ging ihm gegen den Strich. Außerdem kam im Jahr 1893 die Kunde über den Rhein, daß Karl Benz einen vierrädrigen Wagen konstruiert hatte, den er »Viktoria« (12) nannte. Und weil Louis wußte, daß seine Landsleute wie gebannt auf die Deutschen Daimler und Benz – die »Weisen aus dem Schwabenland« – blickten, stand für ihn fest, daß er möglichst bald in die Autobranche eintreten wollte.

Bei De Dion-Bouton bewarb er sich ohne Erfolg. Gerade diese Firma hätte ihn besonders interessiert, weil sie nahtlos den Übergang vom Dampfwagen zum Benzinauto vollzogen hatte. Ein Verwandter vermittelte ihm eine Lehrstelle bei der Lokomotiven- und Schiffskesselfabrik Delaunay-Belleville. Ab 1904 baute sie auch Autos, die zum Feinsten vom Feinen zählten. Aber lange konnte Louis nicht von der Pike auf lernen: Er erhielt den Gestellungsbefehl.

Beim Militär glänzte er sofort mit seinen großen technischen Kenntnissen. Den Kameraden imponierte dieser Fabrikantensohn, welcher mit schwieligen und immer dreckigen Händen zum Dienst erschien. Jetzt zahlte es sich aus, daß der Vater den 13jährigen schon ans Steuer eines Dampfwagens gelassen und ihm ein Jahr später einen gebrauchten Panhard-Motor geschenkt hatte, mit dem Louis auf dem elterlichen Besitz in Billancourt bei Paris in einem Schuppen herumexperimentierte. Der Soldat stellte ein selbstfahrendes Stromerzeugungsaggregat her und sparte sich jeden Centime vom Mund ab, um nach der Entlassung aus dem Militär »aufs Ganze gehen« zu können.

1898 wird Louis wieder Zivilist und kauft sich ein gebrauchtes De-Dion-Bouton-Dreirad. Ein kleines »Nähmaschinen-Motörchen« mit 1,75 PS Leistung treibt mehr schlecht als recht diesen Zwitter – halb Auto, halb Fahrrad – an. Was kann man auch von einem Motor erwarten, in dessen einzigem Zylinder mit 273 ccm Inhalt sich ein Kolben abmühen muß! Aber dem geschulten Auge von Louis Renault gefällt das nur 18 Kilogramm schwere Aggregat.

Entscheidung für den Kardanantrieb

Louis modelte den De Dion-Bouton in ein Vierradgefährt um. Im November 1898 war es dann soweit: Unter den Platanen von Billancourt wurde das Boule-Spiel für eine Weile eingestellt, weil der jüngste Renault-Sohn einige Male auf- und abtuckerte, kurioserweise in feierliches Schwarz gehüllt. Auf dem Kopf thronte eine Melone, unter der der Schweiß perlte, und seine schwieligen, vom vielen Schrauben und Zusammenbauen zerkratzten Hände verbargen sich in eleganten Handschuhen. Am Ufer der Seine erreicht Louis Renault immerhin eine Höchstgeschwindigkeit von 50 km/h. Schon Weihnachten konnte er diesen »Prototyp« für 40 Louisdor verkaufen, und die Anfragen von Interessenten häuften sich. Was war zu tun? Daß er mit seinem technischen Konzept richtig lag, war ihm nun klar: Vier Räder, zwei Sitze nebeneinander, den Motor nach dem Panhard-Vorbild vorn – und Getriebe und Kraftübertragung fortschrittlich. Denn im Gegensatz zu den noch üblichen »schlabberigen« Flachriemen und der Kette als »dernier cri« des Antriebs entschied sich Louis Renault von Anfang an für den Kardanantrieb und erfand als weitere technische Neuheit »la prise directe«, den direkten Gang. Renaults Dreiganggetriebe mit Klauenschaltung und direktem dritten Gang war für Jahrzehnte die Standardlösung dieses automobiltechnischen Dollpunktes.

Louis Renault entwickelte nach diesem ersten Erfolg die unternehmerische Weitsicht, die ihm sein Vater ja immer abgesprochen hatte. Er hatte für den Bau des Wagens nicht nur zwei Arbeiter eingestellt (außer den Zahnrädern bauten sie alle Teile des Wagens selber), sondern er ließ sich auch ab seiner Kardanwelle alles patentieren, was nach Geld »roch«. Die beiden älteren Brüder hatten Louis' Entwicklung zunächst mit Wohlwollen, dann mit Staunen verfolgt. Der »Kleine« hatte die Zeichen der Zeit erkannt! Mutter Renault und ihre drei Söhne beschlossen zu diversifizieren und gründeten 1899 die Firma Renault Frères. Auf dem Pariser Autosalon desselben Jahres waren in den Orderbüchern immerhin schon 60 Bestellungen für ihr Serienmodell mit dem 273-ccm-De-Dion-Bouton-Einzylinder zu konstatieren. Es soll Mama Renault gewesen sein, die ihre Söhne energisch drängte, ein Auto zu bauen, das »dicht zu sein hat wie ein Haus«.

Sie hatte recht: Der Fortschritt, den das Auto brachte, mußte teuer bezahlt werden. Es waren Jahre des Straßenstaubs und -lärms. Wer mit dem Benzinwagen über Land reiste, mußte sich bis zur Unkenntlichkeit verkleiden und einmummeln, nicht nur wegen des Drecks, sondern auch wegen des Regens und des Luftzugs. Es kam auch oft vor, daß aufgescheuchte Hunde wütend aufs Trittbrett sprangen, daß verärgerte Passanten mit Steinen warfen – kurz: Autofahren war noch längst nicht comme il faut. So stülpten Marcel und Louis Renault – Bruder Fernand kümmerte sich ausschließlich um die Knopffabrik – ein Gehäuse auf das Fahrgestell, das uns noch heute zu Lachkrämpfen reizt: »Maurerklo auf Rädern«, »Telefonzelle auf Rädern« und ähnliche despektierliche Titulierungen machten die Runde (73). Aber die Renaults lachten sich eins ins Fäustchen. Sie hatten den ersten Stadtwagen und den ersten Innenlenker der Automobilgeschichte konstruiert. Die Pariser Bürger, die in der Lage waren, einen Benzinwagen zu bezahlen, erreichten nun ohne Molesten die Große Oper. Jetzt konnte der guterzogene Franzose so würdevoll im Auto sitzen wie zu Hause in seinem Eßzimmer. Mit zwei PS in der hochgestellten Schuhschachtel in den Bois de Boulogne tuckern zu können – das war den Renaults zu verdanken. Die cleveren Brüder hatten eine Marktnische entdeckt. Kaum zu glauben, daß es dann fast 25 Jahre gedauert hat, bis sich die Limousine als Karosserieform durchsetzte!

Louis Renault, der »Manager« der Société Renault Frères, machte sich sehr früh Gedanken, wie für die Autos der Firma zu werben sei. Er entschied sich, an den nervenzehrenden Langstreckenrennen teilzunehmen, welche in der Regel in Paris gestartet wurden (60). Gemeinsam mit Marcel konnte er einige spektakuläre Siege an die Fahnen des Familienunternehmens heften. Auf diese Erfolge wies er dann in großen Anzeigen hin und hämmerte seinen Kunden ein, sie seien erzielt worden durch »les Voiturettes Renault en toutes les courses importantes«.

»Mörderrennen« Paris–Madrid

1903 beschäftigten die Renault-Werke auf einer Fläche von 13 000 Quadratmetern 600 Arbeiter und stellten bereits 3000 Wagen her. Dieser große unternehmerische Erfolg wurde von einem tragischen Ereignis überschattet: Marcel Renault verunglückte beim Langstreckenrennen Paris–Madrid tödlich. Dieser makabre Wettbewerb ist unter der Bezeichnung »Mörderrennen« in die Geschichte des Automobilsports eingegangen. Die französischen und spanischen Automobilklubs hatten ihn gemeinsam organisiert. Er sollte über drei Etappen führen: Von Paris bis Bordeaux (79), von Bordeaux bis Vitoria und von Vitoria bis Madrid. Das Organisationskomitee versuchte erstmalig, ein Reglement zum Schutz der Fahrer und Zuschauer einzuführen. Außerdem wollte man die Zeitmessung verbessern. Traf ein Teilnehmer in einer Stadt ein, so wurde er gestoppt, seine Ankunftszeit notiert – und dann leitete ein Radfahrer das Fahrzeug bis zum Stadtausgang, wo die Abfahrtszeit des Wagens festgehalten wurde.

Aber diese Neutralisierung hatte wenig Sinn, denn die größten Gefahren drohten Fahrern und Zuschauern auf offener Strecke, wo man bis zu 150 km/h fuhr – und das auf nicht gesperrten, staubigen Schotterstraßen! Chronisten haben berichtet, daß annähernd drei Millionen Menschen an dem Streckenabschnitt Paris–Bordeaux auf den Beinen waren, um den 275 in der Hauptstadt gestarteten Teilnehmern zuzujubeln. Neben vielen Privatfahrern gab es schon einige Werkteams, so von Panhard mit 15 (41), Mors mit 14, De Dietrich mit 12 und Renault mit 4 Autos. Die Renaults lenkten je einen ihrer Wagen (mit 6,3-Liter-30-PS-Motor).

Am Start in Paris wimmelte es von skurrilsten Fahrzeugen. 70 PS starke Boliden neben einigen Dampfmobilen, die längst hätten ausrangiert werden müssen. Die erste Morgendämmerung kam über dem Place d'Eau Suisse auf, als am 24. Mai 1903 um 3.30 Uhr der erste Wagen auf die Reise geschickt wurde. Charles Jarrott auf einem De Dietrich war der Glückliche. Auf ihn war das Los gefallen. Sein Wagen wartete mit einer Neuerung auf, die den Kennern das Wasser im Munde zusammenlaufen ließ: er besaß einen elektrischen Scheinwerfer. Louis Renault mit Startnummer 3 »bolzte« mit einer Geschwindigkeit von gleichbleibend 110 km/h und hatte Jarrott schon überholt, als er in Chartres ankam. Von Reportern befragt, äußerte er sich entsetzt über die Verhältnisse auf der Strecke: Der von den voranfahrenden Fahrzeugen aufgewirbelte Staub beeinträchtige die Sicht desto schlimmer, je weiter hinten man im Feld liege. Darum sei es wichtig, meinte Louis, so schnell wie möglich an die Spitze zu gelangen. Das zweite große Hindernis waren die Zuschauer, die unkontrolliert die Straße überquerten, ihre Hunde und Kinder laufen ließen – und das dritte Handikap: die schlechten Bremsen.

Ein Opfer dieses tückischen Staubs wurde am 24. Mai Marcel Renault. Bei der Einfahrt in das kleine Dorf Couche-Vérac nahm ihm in einer Rechtskurve eine dichte Staubwolke die Sicht. Er verlor die Beherrschung über den Wagen, kam von der Straße ab und stürzte eine Böschung hinab. Er war sofort tot. Sein Beifahrer und Mechaniker Vautier wurde schwer am Kopf verletzt. Louis Renault kam als Sieger der ersten Etappe in Bordeaux an. Als er vom Tod seines geliebten Bruders erfuhr (42), nahm er die Renault-Mannschaft aus dem Rennen. Er hat selber nie wieder an Wettbewerben teilgenommen. Das Rennen Paris–Madrid wurde durch ministeriellen Erlaß abgebrochen, weil es schon auf der ersten Etappe zehn Tote und viele Verwundete gegeben hatte. Die Wagen durften nicht mit eigener Kraft nach Paris zurückkehren, sondern wurden auf Eisenbahnwaggons verladen.

Faszinierend waren Renaults Experimente, bei denen er die ideale Motorhaubenform finden wollte. Dabei kam schließlich eine Art »umgedrehte Kohlenschaufel« heraus. Und wohin mit dem Kühler? 1900 montierte ihn Louis Renault seitlich an der Motorhaube (42). Später dann rückte das wichtige Teil zwischen Motor und Spritzwand, ein unverwechselbares Design, das drei Jahrzehnte lang für Renault typisch war. Der clevere Franzose ließ sich diese unorthodoxe Anordnung des Wasserkühlers mit Thermosyphon-Umlauf (ohne Pumpe!) natürlich patentieren.

Ab 1903 zeichnete sich ein marktorientiertes Modellprogramm ab: Fünf verschiedene Modelle buhlten um die Gunst der Käufer. Louis hatte sich zwar geschworen, nie wieder hinter dem Steuer eines Renault ein Rennen zu fahren, aber die Rennaktivitäten der Firma wurden deswegen nicht eingeschränkt. So gewann 1906 ein Vierzylinderwagen mit einem Hubraum von 12,8 Liter und einer Leistung von 90 PS den Großen Preis von Frankreich. Dem ungarischen Renault-Werksfahrer Ferenc Szisz kam dabei zugute, daß sein Wagen mit besonders schnell zu wechselnden Felgen ausgerüstet war.

Louis Renault ruhte sich auf den Lorbeeren seiner Verkaufs- und Rennerfolge nicht aus. Im Gegenteil: Er suchte nach immer neuen Marktsegmenten. Schon im Jahr 1905 begann er mit dem Bau der Modelle AX (158) und AG – 1205 ccm Hubraum und zwei Zylinder –, die wohl etwa acht PS geleistet haben. Aus ihnen entwickelte Louis eine für die Pariser Verkehrsverhältnisse geeignete Taxe, die übrigens auch bald das Londoner Straßenbild bestimmte. Um sie rankt sich eine Geschichte, die im Lauf der Jahrzehnte zum Heldenepos wurde: »Les Taxis de la Marne«.

So soll es sich zugetragen haben: Der Erste Weltkrieg war kaum einen Monat alt, als die deutsche Erste Armee unter dem Befehl von Generaloberst von Kluck vor Paris lag. Nur ein schneller Entlastungsangriff konnte die französische Hauptstadt davor bewahren, von den deutschen Truppen erobert zu werden. Mit dem Heldenmut der Verzweiflung gab General Gallieni den Befehl, 600 Renault-Taxen zu requirieren, um fünf Infanterie-Bataillone – 6000 Soldaten – an die Front zu bringen. Das kühne Unternehmen gelang, und so konnte der Angriff der Franzosen von Nanteuil aus geführt werden. Er überraschte das deutsche Oberkommando, dessen Truppen weichen mußten.

1907 hatte die Firma Renault auch ihren ersten Flugzeugmotor entwikkelt und mit der Auslieferung der ersten Renault-Omnibusse begonnen. Als Fernand Renault 1908 starb, organisierte Louis die Firma um. Sie wurde 1909 eine Aktiengesellschaft, die nun allein auf sein Kommando hörte: Société Anonyme des Usines Renault. Louis Renault hat über Jahrzehnte hinweg seine Firma souverän durch stürmische, aber auch durch Zeiten des Booms gesteuert. Immer war er darauf bedacht, daß neben der Produktion von soliden Gebrauchswagen auch der Rennsport nicht zu kurz kam. So holte sich im Jahr 1926 ein Renault 40 CV, ein Sechszylinderwagen mit 9123 ccm Hubraum (177), den Weltrekord über die 24-Stunden-Distanz auf der Rennstrecke von Montlhéry (Durchschnittsgeschwindigkeit: 173,6 km/h).

Bis zum Zweiten Weltkrieg war Louis Renault der unumschränkte Herrscher in seinem Imperium. In den Jahren 1942/43 wurden zwei Drittel der Werke durch Bomben zerstört und danach notdürftig ausgebessert. Obwohl er sich im Krieg immer um den Bau von Kriegsmaterial herumgedrückt hatte – es wurden Lastwagen hergestellt –, hielt ihn das durch die Alliierten befreite Frankreich für einen Kollaborateur und sperrte ihn ein. Wahrscheinlich ist er von Gefängniswärtern geprügelt worden, was er seelisch nicht verkraftet hat. Louis Renault, der Mann »mit dem Gesicht eines Poeten« (André Maurois), starb 1944 im Alter von 67 Jahren.

Am 16. Januar 1945 unterzeichnete Charles de Gaulle die Urkunde, mit der Frankreichs größte Automobilfabrik verstaatlicht wurde.

MARC BIRKIGT - HISPANO-SUIZA, MON AMOUR

Manche Automarken ziehen Snobs an wie das Licht die Motten. Da wird für viele das bedingungslose Bekenntnis zu einer Marke eine Ersatzreligion, und die Rolls-Royce, Ferrari, Porsche werden göttergleich verehrt. Aber es gibt unter Oldtimer-Freunden einen Geheimtip, der wohlweislich auf Sparflamme gekocht wird, damit er nicht auch noch »modisch« wird: Hispano-Suiza. Eine Nobelmarke, hinter der sich ein biederer Schweizer Konstrukteur verbirgt, welcher seit Beginn unseres Jahrhunderts im spanischen und französischen Automobilbau unauslöschliche Spuren hinterlassen hat – Marc Birkigt. Er hat so sehr das Licht der Öffentlichkeit gescheut und sich so selbstlos hinter seiner Arbeit versteckt, daß bis zum heutigen Tag in der einschlägigen Literatur unverzeihlich stark unterbewertet wird, was er leistete. So ist es auch nur ein kleiner Kreis von Auto-Gourmets, der dem Hispano-Suiza-Kult anhängt und die Wagen dieser Marke schlicht für die besten der Welt hält, ungeachtet, daß Rolls-Royce den gleichen Anspruch erhebt.

Die Hispano-Suiza-Freunde weisen nicht ohne Schadenfreude auf eine wichtige Begebenheit am Anfang der zwanziger Jahre hin: Rolls-Royce war beim Silver Ghost (156) mit seinem Bremsenlatein am Ende. Die vorsintflutlichen Hinterradbremsen des Luxusgefährts waren dem Tempo auf Europas Straßen nicht mehr gewachsen. Zu den fortschrittlichsten Autoproduzenten hatte Rolls-Royce ohnehin nie gezählt, und daß britische Firmen wie Argyll und Arrol-Johnston schon vor dem Ersten Weltkrieg erfolgreich Vierradbremsen getestet hatten, registrierte man in Derby lediglich mit steifer Oberlippe. Und doch war die Stunde des neuen Bremssystems gekommen. Aber konnte es Seiner Lordschaft zugemutet werden, mit ordinärer Kraftentfaltung auf ein Pedal zu treten, an dem vier Bremsen hingen? Diese Überlegung führte die RR-Ingenieure zwangsläufig zu einem Servo-Bremssystem, das dem Rolls-Royce-Kunden die Hauptlast des Verzögerungsvorgangs abnehmen sollte. Auf der Suche nach einem geeigneten »Servo«-Mechanismus entschieden sich die Techniker schließlich für Marc Birkigts geniales Konzept, das er 1919 für sein Modell Hispano-Suiza H 6 (154) entwickelt hatte. (Der Typ H 6 B stellte eine Verbesserung dar, die Mitte der zwanziger Jahre vorgestellt wurde.)

Ein Sechszylinder und eine Bremse begründen Birkigts Ruf

Der Sechszylindermotor des H 6 war übrigens »die Hälfte« eines V-12-Aggregats, welches Birkigt in der Zeit des Ersten Weltkriegs konstruiert hatte. Er hatte einen Hubraum von 6597 ccm und leistete 135 PS bei 3000 U/min. Die Kurbelwelle war siebenfach gelagert, die obenliegende Nockenwelle betätigte zwei Ventile pro Zylinder. Der Motor war ein Langhuber mit einer Bohrung von 100 mm und einem Hub von 140 mm. Und er erwies sich als ungewöhnlich elastisch: Von 10 auf 80 km/h brachte er den Wagen in 21 Sekunden. Glanzstück des H 6, der den Ruf von Rolls-Royce, die besten Autos der Welt herzustellen, ins Wanken brachte, war sein Vierrad-Servobremssystem – das erste, das in der Welt in ein Auto eingebaut wurde.

Daß die Marke Hispano-Suiza gleich nach Kriegsende eine wahre Hausse erlebte und auf einer gewaltigen Woge des Goodwill schwamm, hat vor allem patriotische und militärische Gründe. Birkigts wassergekühlter V-8-Flugzeugmotor mit obenliegender zweifacher Nockenwelle und einer Leistung von 200 PS wurde in den Jahren des Ersten Weltkriegs 50 000mal gebaut. Das waren mehr als alle sonstigen Flugzeugmotoren der Alliierten zusammen. 21 Firmen in Frankreich, England und den USA stellten den Hispano-Suiza-Motor in Lizenz her. Er bewährte sich vor allem in 8500 Jagdflugzeugen vom Typ S.P.A.D. S 13 (Frankreich) und S.E. 5a (England). Dieses legendäre Triebwerk half den Alliierten, den Krieg zu gewinnen. Auf diese Weise wurde Marc Birkigt Mitglied in einem elitären Klub von Automobilfabrikanten, die mit Flugzeugmotoren einen wichtigen Beitrag zum Luftkrieg auf beiden Seiten geleistet haben: Benz, Maybach, Austro-Daimler (Porsche), Renault, Liberty (Leland), Farman, Stoewer, Rumpler, Rolls-Royce, Bentley, Napier usw. Andere Firmen gingen nach dem Versailler Friedensschluß den umgekehrten Weg – aus Flugzeugkonstrukteuren wurden Autoproduzenten wie Voisin, Salmson und Gnome et Rhône.

Aus dieser Zeit Marc Birkigts stammt auch die Kühlerfigur der Hispano-Suiza-Wagen, der »cigogne volante«, der »fliegende Storch«. Er war während des Kriegs das Maskottchen der Escadrille des französischen Capitain Georges Guynemer gewesen, die S.P.A.D.-Jagdflugzeuge geflogen hatte.

Waffenfabriken als Exerzierfelder für Autokonstrukteure

Der im Jahr 1878 geborene Marc Birkigt heuerte 1899 in Barcelona bei einer Fabrik für Elektrobusse an.

Während seiner Militärzeit hatte der tüchtige junge Schweizer bei der Artillerie Studien über Materialuntersuchungen erarbeitet, die in der Rüstungsindustrie stark beachtet wurden. Um die Jahrhundertwende waren die Waffenfabriken mit ihren riesigen Arsenalen die »Hohe Schule« der Ingenieurkunst. Aus jenen Tagen stammt auch die Erkenntnis, daß gute Ballistiker ebenso gute Fachleute für Aerodynamik sein sollten. Die Waffenproduktion mit ihrem Zwang zu höchster Präzision war ein hervorragendes Exerzierfeld für angehende Autokonstrukteure, was wir ja schon bei Henry M. Leland (Cadillac) feststellen konnten. Marc Birkigt hat nie geleugnet, daß er die Produktionsmethoden der Rüstungsindustrie bewunderte. So ist es wohl zu erklären, daß er neben dem Bau von Touren- und Luxuswagen auch Flugzeugmotoren entwarf und darüber hinaus verantwortlich zeichnete für die H.S.-404-Kanone, Kaliber 20 mm, die in den Luftschlachten des Zweiten Weltkriegs eine der wirkungsvollsten Waffen der Alliierten war.

Im Jahr 1901 folgte er dem Ruf des spanischen Industriellen Castro, der anläßlich der Reorganisation des La-Cuarda-Konzerns einen begabten Autokonstrukteur suchte. Die ersten Castro-Autos waren noch eng an das 4,5-PS-Modell »La Cuarda« mit Kettenantrieb angelehnt, aber in den Jahren 1902 bis 1904 wurden Zwei- und Vierzylindermodelle der Marke Castro produziert, die bis zu 14 PS starke Motoren und Kardanantrieb besaßen. Streiks legten die Autoproduktion zeitweilig lahm, und im Jahr 1904 übernahm eine Gruppe von Geschäftsleuten – unter ihnen einige Schweizer – die Autofirma Castro. So entstand das Unternehmen Hispano-Suiza, und der Schweizer Birkigt war ihr technischer Chefdenker.

Der erste Hispano-Suiza aus dem Jahr 1904 war in Wirklichkeit nur ein 20-PS-Castro mit neuem Namen. Aber die nachfolgenden Modelle trugen schon Marc Birkigts unverwechselbare Handschrift. So waren die wassergekühlten Bremsen des Castro mit hohlen Aluminium-Bremsschuhen, die mit dem Kühlsystem durch flexible Schläuche verbunden waren, viel raffinierter als die der Mercedes-Wagen aus den Jahren 1902 bis 1904, bei denen Wasser auf die Bremstrommeln tröpfelte, sobald sie betätigt wurden.

Auch der König ist begeistert

Das technische Raffinement der Wagen vom Reißbrett des Wahlspaniers Marc Birkigt machte einen großen Eindruck auch auf den jungen spanischen König Alfons XIII., der es im Lauf seines Lebens auf über 30 Exemplare der Luxusmarke brachte und sich zum größten Autoenthusiasten unter Europas Herrschern entwickelte. Er freundete sich mit dem genialen Konstrukteur an, und der stellte im Jahr 1912 einen sportlichen Tourenwagen vor, der in die Genealogie der Autotypen als Hispano-Suiza »Alfonso« eingegangen ist. Der Vierzylinder-Reihenmotor hatte einen Hubraum von 3620 ccm. Durch seinen ungewöhnlich langen Hub von 180 mm gegenüber einer Bohrung von 80 mm war er außerordentlich elastisch. Das Aggregat brachte es auf 65 PS bei 2300 U/min. Die Kraft wurde über ein Dreiganggetriebe vom Typ Hotchkiss und über eine Kardanwelle auf die starre Hinterachse übertragen. Der Hispano-Suiza »Alfonso« hatte Hinterradbremsen und war mit Whitworth-Drahtspeichenrädern ausgestattet, welche an der Zentralnabe abnehmbar befestigt wurden.

Ein Exemplar dieses Typs 15T war ein Geschenk der spanischen Königin an ihren »Erlauchten Gemahl«. Der »Alfonso« war Birkigts erster großer Wurf und zudem ein Exporterfolg. Als Vorgänger und Basismodell des »Alfonso« firmierte ein Vierzylinderwagen mit 2,6 Liter Hubraum, der 1910, von Paul Zuccarelli gesteuert, den Coupe de l'Auto gewonnen hatte. Mit diesem Sieg war es Birkigt gelungen, in den überwiegend von französischen Wagen beherrschten »Voiturettes«-Rennen Fuß zu fassen.

Im Jahr 1911 errichtete Hispano-Suiza auch in Frankreich Produktionsstätten. Man wollte auf dem lukrativen französischen Markt präsent sein, auf dem Wagen der oberen Preisklassen zweifellos mehr Käufer fanden als in Spanien. Außerdem registrierte man mit großer Besorgnis, daß die sozialen Spannungen in Spanien zunahmen. Die Niederlassung in der katalonischen Hauptstadt wurde beibehalten, aber man richtete sich außerdem noch in Levallois-Perret an der Seine ein und bezog im Jahr 1914 eine neue Fabrik in Bois-Colombes. Hier begann Marc Birkigt mit der Konstruktion jenes legendären V-8-Flugzeugmotors, von dem schon die Rede war.

Geräusche zu dämpfen ist wichtiger, als zu siegen

Hispano-Suizas sportliche Aktivitäten hielten sich zwar in Grenzen, aber der Sieg von André Dubonnet im Georges-Boillot-Cup 1921 in Boulogne ermutigte Birkigt, das Basismodell H 6 für sportliche Einsätze zu modifizieren. Dubonnet fuhr 1922 in Monza mit einem auf 6,9 Liter Hubraum aufgebohrten H 6, und ein Jahr später tauchte sogar ein 8-Liter-Wagen (H 6 C) in Boulogne auf, den man seitdem auch »Boulogne« nennt.

Danach aber hat die spanisch-französische Autofirma keine Werkteams mehr gesponsert, so daß die Beteiligung an sportlichen Wettbewerben der privaten Initiative überlassen blieb. So wurde im Jahr 1928 die berühmte »Indianapolis-Wette« abgeschlossen. Stutz-Präsident Frederick E. Moskovics behauptete, er könne mit einem Achtzylindermodell seiner Firma, das 4,9 Liter Hubraum aufwies, einen Hispano-Suiza H 6 C

in einem 24-Stunden-Rennen auf der holprigen Indianapolis-Piste schlagen. Die französische Karosseriefirma Weymann nahm die Herausforderung an und rüstete ein H 6 C-Chassis mit einem leichten Zweisitzeraufbau aus. C. T. Weymann gewann Privatrennen und Wette und reiste mit einem 25 000-Dollar-Scheck über den Atlantik nach Hause zurück.
Marc Birkigt genoß zwar im stillen die Erfolge seiner Wagen, aber wichtiger war ihm noch, das Motorgeräusch der Typenklasse H 6 zu dämpfen, an dem »Überläufer« von Rolls-Royce ständig herummäkelten. Deshalb entwarf er 1928 ein anderes Nockenwellenprofil. Die Leistung des 8-Liter-Autos wurde auf 144 PS gesenkt und war damit nur noch neun PS stärker als der 6,5-Liter-Wagen aus dem Jahr 1919. Ende der zwanziger Jahre wurden die 6,5- und 8-Liter-Typen in 46bis beziehungsweise 56bis umbenannt; der Grund hierfür bleibt rätselhaft.
Die dreißiger Jahre eröffnete Hispano-Suiza mit zwei starken Paukenschlägen. 1930 wurde die Pariser Automobilfirma Etablissement Ballot aufgekauft, die nach dem Krieg mit leistungsstarken Sport- und Tourenwagen bei vielen Rennen in Frankreich und im Ausland Aufsehen erregt hatte. Birkigt konzipierte einen kleineren Sechszylinder mit 4,6 Liter Hubraum, baute ihn in ein Ballot-Chassis ein und gab diesem Modell den Namen Hispano-Suiza »Junior«. Die Übernahme von Ballot dokumentiert eine moderne Unternehmensstrategie, die konsequent auf Multinationalität und Diversifikation setzte. Produktionsstätten in Spanien und Frankreich, Übernahme einer sehr renommierten französischen Marke mit sportlichem Image und Vergabe von Lizenzen an die Skoda-Werke in der Tschechoslowakei zum Nachbau des H 6 – dies alles summierte sich zu einem Konzept, das im späteren internationalen Rüstungskonzern Hispano-Suiza zur größten Perfektion weiterentwickelt wurde. Sein Meisterstück lieferte Marc Birkigt mit dem Hispano-Suiza V-12, einem 9,5-Liter-Zwölfzylinder, dessen diverse Karosserien bis zu drei Tonnen schwer waren und der – je nach Verdichtung – 190 oder 220 PS leistete. Der eidgenössische Konstrukteur, der ständig mit Hubraumdimensionen experimentierte, legte den Motor des V-12 »quadratisch« an, mit 100 mm Bohrung und ebensoviel Hub. Wie wir sehen, hat er sich also nicht nur stur an seine Philosophie vom »Segen des langen Hubs« gehalten, sondern er war auch bereit, Entwicklungen voranzutreiben, die für ihn technisches Neuland bedeuteten. So nahm er beim V-12 mit der Typenbezeichnung »68« Abschied von der obenliegenden Nockenwelle und ging zum Stoßstangen-Prinzip über. So renommierte Karosserieschneider wie die Firmen Saoutchik und Weymann drängten sich darum, dem Hispano-Suiza-Flaggschiff maßgeschneiderte Kleider anzupassen. Während vor allem britische Autohistoriker den V-12 mit seinen 220 PS für »das beste Auto, das jemals gebaut wurde«, halten, machen Sammler, die diesen Wagen besitzen, doch einige Einschränkungen. Sie meinen, daß das Modell noch nicht ausgereift gewesen sei, als die Produktion eingestellt wurde. Die Kupplung sei der Leistung des Motors nicht gewachsen und das Getriebe unterdimensioniert ausgefallen.
1934 variierte Birkigt sein Meisterstück und bot unter der Typenbezeichnung »68« eine 11,3-Liter-Version an, wobei er den Hub auf 120 mm vergrößerte. Der Motor leistete nun 250 PS. Was aber nicht heißen soll, daß der in Spanien wie in Frankreich gleichermaßen bewunderte Schweizer Chefingenieur sich jetzt ganz aufs Gigantische verlegt gehabt hätte. Im Gegenteil: Anfang der dreißiger Jahre hat er auch einen sogenannten Regierungs-, Verwaltungs- und Armeewagen bescheidenen Zuschnitts produziert, den er mit einem Vierzylindermotor von 2,5 Liter Hubraum ausrüstete. Gleichfalls einfach angelegt war ein Sechszylinder-Stoßstangenmotor, der für die amerikanische Firma Hudson entworfen und in Spanien in den Hispano-Suiza 60 von 1932 bis zum Ende der Autoproduktion 1943 eingebaut wurde.
Marc Birkigt kannte seine Grenzen, die er bei einem Festbankett – veranlaßt durch die Vorstellung eines neuen Modells – offen in einem Satz umriß: »Ich bin nur ein Motorenkonstrukteur.« Die von ihm eingeleiteten Innovationen beschränkten sich auf den Motor, sieht man einmal von der Servobremse ab, die allein ihm schon einen Ehrenplatz in der Ruhmeshalle der Automobiltechnik gesichert hätte. In seinem berühmten V-8-Flugzeugmotor entwickelte er das System der obenliegenden doppelten Nockenwelle, was dann, einmal kopiert, weltweit die Motorentechnik beeinflußt hat. 1928 verwendete er für Zylinderlaufbuchsen eine besondere Metall-Legierung, heute als Nitralloy bekannt, bereits lange, bevor die meisten Metallurgie-Fachleute auf diese Idee kamen. Beim Hispano-Suiza-Modell K 6 (1937), wie es im Verkehrshaus Luzern zu besichtigen ist, regeln Thermostaten die Stellung der Kühlerjalousien. Auf Birkigt wird auch die Doppelzündanlage zurückgeführt, gleichfalls eine Zylinderkopfform, bei der der Ventiltrieb der obenliegenden Nockenwelle von einem Gehäuse umgeben ist.
Alles in allem wurden in Spanien 6000 und in Frankreich 2600 Hispano-Suiza-Wagen hergestellt.
Marc Birkigt, der in Würdigung seiner Verdienste um die Rüstungsindustrie schon im Jahr 1928 zum Großoffizier der Ehrenlegion ernannt worden war und 1945 mit dem Titel eines Ehrendoktors der Eidgenössischen Technischen Hochschule geehrt wurde, starb am 15. März 1953 im Alter von 75 Jahren. Er ruht auf dem Friedhof von Versoix (Schweiz).

CHARLES UND FRÉDÉRIC DUFAUX - DIE STILLEN VOM SCHLOSS BALEXERT

Wenn wir Mitteleuropäer an die Schweiz denken, geraten uns Begriffe in den Sinn wie Bankgeheimnis, Alpenglühen, Schweizer Käse, Rütlischwur, Milchschokolade, Bergbahnen. Nur wenige kämen auf den Gedanken, in der Historie der Alpenrepublik eine Automobilindustrie zu suchen. Und doch hat es bis zum heutigen Tag etwa 70 schweizerische Automobilmarken gegeben!

Da lebte im 18. Jahrhundert ein Schweizer Pfarrer namens J. H. Genevois, der 1725 Versuche mit einem Fahrzeug unternahm, das sowohl von Segeln als auch von einem Federwerk bewegt werden sollte. Oder da tauchte zwanzig Jahre später ein Schweizer Offizier mit dem Namen Planta auf, der mit einem »von Feuer angetriebenen« Wagen experimentierte und dieses Vehikel französischen Militärs vorführte. Als Planta erkannte, daß der Franzose Cugnot mit seinem Dampfwagen konstruktiv viel weiter fortgeschritten war, gab er auf. Ein anderer Schweizer hatte mehr Stehvermögen: Isaac de Rivaz (1752 bis 1828), dessen in den Jahren 1784 bis 1814 gebaute Dampffahrzeuge zu den Vorläufern des heutigen Automobils zählen, was ja wohl mit »selbstbeweglich« übersetzt werden muß. Isaac de Rivaz – Geometer, Notar und Verantwortlicher für das öffentliche Bauwesen im Kanton Wallis – konnte seine Forschungs- und Konstruktionsarbeiten nur in seiner spärlich bemessenen Freizeit vorantreiben. Er experimentierte auch mit einem Explosionsmotor, den er 1804 zum erstenmal ausprobierte – im wahrsten Sinn des Wortes mit durchschlagendem Erfolg. In einer zeitgenössischen Niederschrift heißt es: »Der Kolben wurde gegen die Mauer geschleudert, wo er den Verputz wegschlug. Der Zylinder schlug und zerkratzte die Türe des Geschirrschranks, neben dem ich versteckt war.« Einige Jahre später hat er in Evian vor Zeugen einen von einem Gasmotor angetriebenen Wagen mehrere Meter bewegt, was wie folgt kommentiert wurde: »Das Gefährt hat mehr als 100mal funktioniert, mit 14 oder 15 Stößen pro Minute, und dies ohne jede Störung.«

Parallel dazu strebt de Rivaz an, den Dampfantrieb zu vervollkommnen. Sein Adlatus Joseph Giroud baut ihm in den Jahren 1812 bis 1814 eine weitere Dampfmaschine, die er 1814 in Genf und 1815 in Lyon einem größerem Publikum vorführt. In den Jahren 1815 bis 1828 ist der experimentierfreudige de Rivaz Abgeordneter und Staatskanzler bei der eidgenössischen Tagsatzung, was ihn wohl daran hindert, den gleichmäßig arbeitenden Explosionsmotor weiterzuentwickeln. Er stirbt 1828. Der »große mechanische Wagen« des Isaac de Rivaz kam über 75 Jahre zu früh. Sein ruckartiges, holpriges Fahren auf den Straßen von Vevey im Jahr 1813 hatte in der Schweiz nicht das neue Zeitalter des Automobilismus eingeläutet. Es sollte noch 60 Jahre dauern, bis auf Schweizer Straßen Automobile – allerdings Dampfwagen – fuhren, die Konstrukteure wie Thury, Van Leisen, Nußberg, Henriod, Schmid und Leeger gebaut hatten.

Man kann also sagen, daß die Schweizer die Entwicklung des »selbstbeweglichen Fahrzeugs« hautnah miterlebt haben. Ab 1888 stellte die Firma Saurer in Arbon – bekannt geworden durch die Produktion hervorragender Textilmaschinen – stationäre Benzinmotoren her. Adolph Saurer baute 1896 einen dieser Motoren in ein Fahrzeug ein und konnte stolz vermelden, daß der Versuch gelungen war. Historiker bezeichnen die Jahre 1895 und 1896 als die Geburtsjahre der Schweizer Automobilindustrie. Der eidgenössische Autor Ernest Schmid nennt in seinem Buch »Schweizer Autos« nicht weniger als zwölf Firmen, vornehmlich kleine Hinterhofbetriebe, die zwischen 1895 und 1900 gegründet wurden, darunter so wohlklingende Namen wie Dufour-Ballabey (1897), Rudolf Egg (1893), Helvetia (1898), Henriod (1886), Hercules (1900) oder Kaufmann-Millot (1896) – um nur einige von ihnen aufzuzählen.

Technische Leckerbissen aus der Schweiz

Als Blütezeit der eidgenössischen Automobilindustrie gilt die Zeit von 1900 bis zum Ersten Weltkrieg. Über 30 weitere Firmen wurden in dieser Periode gegründet, u. a. Ajax (1906), Berna (1902), Ernst (1905), Fischer (1908), Gmür (1914), Garbaccio (1913), J. M. (1913), Lucerna (1907), Pic-Pic (1906), Safir (1906), Sigma (1909), Tribelhorn (1902), Turicum (1904) (160), Yaxa (1912). Die Schweizer machten nicht viel Aufhebens von ihren teilweise sehr bedeutenden technischen Innovationen. Fritz und Charles-Edouard Henriod bauten luftgekühlte Motoren und schon 1896 einen Wagen mit Frontantrieb. Als technischer Leckerbissen galt auch der Berna »Ideal« von 1902 mit seinem quadratischen Motor (100 mm Bohrung und 100 mm Hub) und einer De-Dion-Achse für die Kraftübertragung. Der »Turicum« von 1907 des Konstrukteurs Martin Fischer besaß ein sogenanntes Reibradgetriebe, was es ermöglichte, auf den Einbau von Zahnrädern zu verzichten. Einen guten Ruf genossen auch die Autos der Genfer Firma Piccard, Pictet & Cie., »Pic-Pic« genannt. Nachdem sie für die Gebrüder Dufaux Rennwagen gebaut hatte, begann sie 1906 mit der Produktion eigener Autos. Der damals noch unbekannte Ingenieur Marc Birkigt entwarf ihre ersten Autos, die wegen ihrer sorgfältigen Verarbeitung und der hohen Leistung und großen Laufruhe ihrer Motoren die »schweizerischen Rolls-Royce« genannt wurden. Pic-Pics zählten im Jahr 1914 beim Grand Prix von Frankreich zu den ersten Rennwagen mit Vierradbremsen. Lediglich Isotta-Fraschini hatte schon ein Jahr zuvor Rennen mit einem Vierradbremsenwagen bestritten. Die beiden Pic-Pic-Wagen, die in Lyon 1914 an den Start gingen, besaßen zudem bereits hydraulische Stoßdämpfer. Ihre ventillosen 4,5-Liter-Motoren leisteten 150 PS und brachten die Fahrzeuge auf eine Höchstgeschwindigkeit von 170 km/h.

Vor diesem hier beschriebenen Hintergrund der damaligen Autoszene wirkten die beiden Twens Charles (22) und Frédéric (24) Dufaux wie Paradiesvögel, als sie 1904 ihre Werkstatt in Genf eröffneten. Ihren Geschwindigkeitsrausch hatten sie in vielen Radrennen ausgetobt, bevor sie sich entschlossen, für das Gordon-Bennett-Rennen im Jahr 1904 einen Kraftwagen zu bauen, der dessen strengem Reglement genau entsprach, das sich der Verleger des »New York Herald«, Gordon-Bennett, für den von ihm ausgeschriebenen und gesponserten Wettbewerb ausgedacht hatte. Eine Nation konnte jeweils bis zu drei Wagen melden, die aber komplett im jeweiligen Land produziert sein mußten. Die Rennen fanden immer im Herstellungsland der im Vorjahr siegreichen Marke statt. Weil Camille Jenatzy 1903 in Irland auf Mercedes gewonnen hatte, fand die Gordon-Bennett-Fahrt 1904 im Taunus statt. Und Frédéric Dufaux wollte dabei sein.

Da sie selber nicht über die nötigen Werkstätten verfügten, gaben die Dufaux-Brüder ihre Motorblöcke bei der Firma Piccard & Pictet in Arbeit. Charles Dufaux tat es in seinem Entwurf nicht unter acht Zylindern. Die »Pötte« des Reihenmotors wurden paarweise gegossen und von Aluminium-Wassermänteln umgeben.

Der Hubraum betrug 12 756 ccm, der Koloß hatte 90 PS bei 1200 U/min. Aber kaum im Taunus angekommen, war der Traum von einem Sieg schon zerronnen. Am 16. Juni 1904 spürte Frédéric, daß ihm der Wagen aus dem Ruder lief. Ernest Schmid schreibt dazu: »Der Lenkhebel, der die Spurstange mit dem einen Vorderrad verband, war gebrochen, nachdem er offenbar mit einer Metallsäge bearbeitet worden war . . .« Irgendwo mußten die Dufaux ihre Wut über die »Sabotage« im Taunus abkühlen: Sie meldeten für den Coupe Monod, ein Flachrennen über einen Kilometer mit fliegendem Start. Die Strecke lag in Eaux-Mortes nahe Genf. Frédéric durchraste sie in 31,2 Sekunden und erreichte dabei einen Schnitt von 115 km/h, womit er einen neuen Schweizer Rekord aufstellte. Auch in Frankreich war er bei Geschwindigkeitsprüfungen sehr erfolgreich. Noch 1904 wurde er zweiter in einem Kilometer- und Meilenrennen bei Paris. Da passierte am 1. Dezember 1904 eine kuriose Geschichte. Die amerikanischen Zeitungen waren fasziniert von der Fülle rennsportlicher Ereignisse in der Alten Welt. Ihre Korrespondenten berichteten oft sogar auf den Titelseiten von den neuen Rekorden, neuen Rennwagen, deren Konstrukteuren und Fahrern. So auch »The New York Herald«. Unter der Überschrift »Success of Dufaux Brothers in Automobile Manufacture« wurden Fotos und Konstruktionszeichnungen der Dufaux-Wagen abgedruckt und die Brüder in ihrer in einem Nebengebäude des Schlosses Balexert untergebrachten Werkstatt gezeigt. Diesen Bericht las der amerikanische Milliardär John Pierpont Morgan jun. Als er 1905 in Genf weilte, wollte er die im stillen vor sich hinwerkelnden Auto-Brüder kennenlernen. Möglich, daß man zukünftig geschäftlich zusammenarbeitete . . . Aber die beiden hielten die Einladung nicht für so wichtig, daß sie sie hätten annehmen müssen. Ihnen war sicherlich entgangen, daß dieser Mr. Morgan der Repräsentant des gleichnamigen Bankhauses war, welches ein Riesenvermögen vor allem im Eisenbahnwesen, dann aber auch durch die Finanzierung des Stahltrusts (United States Steel Corporation, 1900) und des Schiffahrtstrusts (International Mercantile Marine Company, 1903) gemacht hatte. So mußten die beiden bei permanenter Geldknappheit weiterbasteln. Immerhin jedoch hatten sie nun nicht mehr nur in ihrem Heimatland einen Namen.

Die Giganten aus den Alpen

Genf rüstete sich im Jahr 1905 zur ersten Automobilausstellung der Schweiz. Als Clou ihres Ausstellungsstands wählten die Dufaux einen gewaltigen Motor, dessen milchkannengroße Zylinder einen Hubraum von 26 400 ccm für die Kolben bereithielten. Dem »Giganten« wurde eine Leistung von 150 PS zugetraut. Neben diesem Motor standen eine 35-PS-Limousine mit Vierzylindermotor und ein Rennwagen mit einem achtzylindrigen Reihenmotor, den die Konstrukteure als »Coupe Gordon-Bennett« bezeichneten und dem sie eine Leistung von 80 PS testierten (86).

Daß die Brüder Dufaux 1905 nicht am Gordon-Bennett-Rennen in der Auvergne teilnahmen, lag an Querelen im Automobilclub der Schweiz (A.C.S.). Mit drei Wagen hatten sie ins Rennen gehen wollen: mit dem 80-PS-Modell vom Vorjahr, mit einem neuen Achtzylinder mit 100 PS Leistung und mit dem oben erwähnten 26-Liter-Vierzylinder. Ihr Herz muß höher geschlagen haben, als The Honorable Charles Stewart Rolls bei ihnen höflich anfragen ließ, ob er ihren 150-PS-Giganten bei Speed Trials auf der schicken Promenade des Seebads Brighton fahren dürfe. Der kenntnisreiche adelige Herrenfahrer aus England, dessen Rolls-Royce-Wagen mit einem Donnerschlag in der internationalen Autoszene aufgetaucht waren, hatte Spaß am Dufaux-Koloß, von dem Kenner sagen, daß er mit einer Bohrung von 225 mm und einem Hub von 166 mm wahrscheinlich den ersten »unterquadratischen« Motor besaß. Aber in Brighton gab es viel Kummer mit Zündung und Kühlung.

Dicke Kühlwasserrohre aus Kupfer umschlangen die vier riesigen Zylinder, und englische Motorjournalisten wunderten sich sehr, daß man bei dem »car from Switzerland« glaubte, auf einen konventionellen Kühler sowie auch auf die übliche Motorhaube verzichten zu können. Nach den Pannen in Brighton aber verlor Charles Rolls das Interesse an Dufaux-Wagen. Außerdem begann die eigene Firma derartig zu florieren, daß er sich nicht verzetteln wollte. Frédéric Dufaux ließ den gewaltigen Vierzylinder in die Provence transportieren, um dort den Geschwindigkeitsweltrekord über einen Kilometer mit fliegendem Start zu unterbieten. 1904 hatte P. Baras in einem Darracq auf dem Strand von Ostende eine Durchschnittsgeschwindigkeit von 168,2 km/h erzielt. Frédéric Dufaux jagte am 15. November 1905 über den Streckenabschnitt zwischen Salon und Arles. Das Reglement erlaubte zwei Versuchsläufe. Danach legte der Schweizer den Kilometer in 23 Sekunden zurück, was einem Schnitt von 156,522 km/h entspricht. Der Weltrekordversuch war mißglückt. Victor Hémery erreichte im selben Jahr übrigens bereits eine Weltrekordgeschwindigkeit von 176,43 km/h – wieder auf Darracq.

Aber diese Enttäuschung auf der Weltrekordstrecke in der Provence entmutigte die Tüftel-Brüder nicht. Auf der Automobilausstellung in Genf 1906 präsentierten sie ihren Landsleuten stolz einige sehr reizvolle Modelle: einen Achtzylinder mit wahlweise 100 und 120 PS Leistung sowie auch eine Reiselimousine, deren Achtzylinder-Reihenmotor 90 PS stark war. Dieser äußerst bequeme Wagen bot ausreichend Platz für sechs Passagiere. Beim Bergrennen von Marchairuz tauchten zudem zwei Achtzylinder-Rennwagen aus dem Schloß Balexert auf – der eine mit 80 PS aus 12 760 ccm Hubraum, der andere mit 100 PS aus 14 449 ccm. Es gab Ärger mit der Jury, weil die Dufaux-Wagen ohne Schalldämpfer an den Start rollten und beim Anlassen der Motoren die gesamte Fauna an der Paßstraße panikartig die Flucht ergriff. Aber da die Dufaux das Rennen nur zum Spaß mitmachten, wurden sie nicht gewertet, und wer nicht gewertet wird, kann auch nicht disqualifiziert werden. »Privat«, für sich, hatten sie mit 9:34,4 Minuten alle bisherigen auf dieser Bergstrecke erzielten Rekordzeiten unterboten. Im Jahr 1907 mußten die Brüder Frédéric und Charles Dufaux einsehen, daß sie allein nicht stark genug waren, um beim Grand Prix 1907, den der Automobile Club de France in Dieppe ausgeschrieben hatte, erfolgreich mithalten zu können. Es war sowieso ein Wunder, daß die »Stillen von Schloß Balexert« überhaupt noch Geld für irgendwelche Innovationen aufbrachten. Sie taten sich mit der italienischen Automobilfabrik Marchand in Piacenza zusammen, um einen neuen Rennwagen mit 14 700 ccm Hubraum und einer Leistung von 120 PS zu entwikkeln. Übrigens wieder mit einem Achtzylinder-Reihenmotor. Die Wagen dieser beiden Firmen (Marchand war aus einer Fahrrad- und Nähmaschinenfabrik hervorgegangen) hießen ab 1907 Marchand & Dufaux. Beim Großen Preis von Frankreich auf dem Rundkurs von Dieppe kam bereits in der siebten Runde das Aus für die italienisch-schweizerische Koproduktion. Frédéric lag mit dem Achtzylinder an 24. Stelle, als er in der siebten Runde wegen Motorschadens aufgeben mußte. Das war das Ende zweier Brüder aus der Schweiz, die ausgezogen waren, um als kleine, wackere Handwerksmeister die Welt des Motorsports zu erobern.

Probleme der Automobil-Geschichtsschreibung

Die Geschichte der Brüder Dufaux und ihrer faszinierenden Autos ist übrigens ein Musterbeispiel dafür, wie indifferent – um nicht zu sagen, wie wenig korrekt – die Automobilhistorie über die Jahrzehnte hin geschrieben worden ist. Selbst wenn man drei Fachbücher von drei qualifizierten Autoren zu Rate zieht, muß man mit drei unterschiedlichen Detailangaben rechnen. Wir wissen, daß es noch zwei dieser berühmten Dufaux-Rennwagen gibt. Autor A schreibt, daß das Modell mit wahlweise 100 oder 120 PS jetzt im Verkehrshaus der Schweiz in Luzern steht. Im selben Buch wird dieses Auto fünf Seiten weiter dagegen als ein 80-PS-Wagen bezeichnet (86). Das Fahrzeug, das am Gordon-Bennett-Rennen 1904 teilnahm, ereilte in der Geschichtsschreibung genau das gleiche Schicksal. Autor B gesteht ihm 80 PS zu, Autor C in einem Bericht über das legendäre Schlumpf-Museum in Mühlhausen, wo dieser Dufaux-Rennwagen jetzt steht, 90 PS.

Solche Diskrepanzen – es gibt noch gravierendere – ziehen sich kontinuierlich durch die gesamte Automobil-Geschichtsschreibung und können einen Autor zur Verzweiflung bringen. Es liegt sicherlich daran, daß Automobilgeschichte keine wissenschaftliche Disziplin im klassischen akademischen Sinn ist und von Jahrzehnt zu Jahrzehnt von besessenen Amateuren am Leben gehalten wird, die eben jeweils auf die Recherchen ihrer Confratres angewiesen sind...

GEBRÜDER DURYEA - DIE AUTOVÄTER AMERIKAS

Amerikas erstes Autorennen am Erntedanktag, 28. November 1895, wäre beinahe im Schnee erstickt. Die Zeitung »Chicago Times Herald« hatte diesen Wettbewerb ausgeschrieben, um das neue technische Phänomen »Automobil« in den USA populär zu machen. Außerdem war aus Europa die Nachricht gekommen, ein gewisser Emile Levassor habe auf einem Panhard-Levassor das erste Autorennen der Welt gewonnen, das von Paris nach Bordeaux und zurück führte. Da wollten die Amerikaner nicht zurückstehen. Aber während sich in Europa bereits die ersten Konturen einer Autoindustrie abzeichneten, waren die Konstrukteure in den USA immer noch im Experimentierstadium, und einfach nachahmen konnten sie ein derartiges Spektakel nicht, denn Überlandstraßen wie in Europa gab es noch nicht. Schon 30 Kilometer vom Stadtkern New Yorks entfernt begannen staubige Feldwege und mühsam planierte Schotterstraßen.

Die Amerikaner hatten konsequent auf die Eisenbahn gesetzt, als dem Verkehrsmittel, das am besten für die Weiten ihres Landes geeignet war. So blieb denn auch die Strecke für das erste Autorennen in der Neuen Welt bescheiden. Sie führte von Chicago nach Evanston und zurück, was insgesamt 86,4 Kilometern entspricht. Am Vortag hatte es heftig geschneit, so daß von den 80 gemeldeten Wagen nur sechs am Start erschienen: zwei Elektrowagen, drei Benzinwagen der Marke Benz und ein Duryea, als einziger amerikanischer Wagen mit Verbrennungsmotor im Starterfeld. Nur zwei Autos beendeten das Rennen. Sieger wurde Frank Duryea am Steuer seines Eigenbaus, einem Zweizylinder – bereits mit pneumatischen Reifen! Zweiter wurde ein Benz, den Oscar Mueller steuerte. Neben beiden Fahrern saß ein »Kampfrichter« – Duryea fuhr mit Arthur Whitte aus Toronto und Oscar Mueller mit Charles B. King (der ein Jahr später in Detroit selber Autos baute).

Frank Duryeas Fahrzeit betrug nach seinen eigenen Angaben 7:53 Stunden. Er erreichte das Ziel in Chicago eine Stunde und 35 Minuten vor dem Benz und konnte eine Siegprämie von 2000 Dollar einstreichen. Neugierige Reporter wies Frank Duryea darauf hin, daß er in seinen Wagen viele neue technische Komponenten eingebaut hatte: Motor mit elektrischer Zündung, Wasserpumpe, Düsenvergaser, Kraftübertragung mit drei Vorwärtsgängen und einem Rückwärtsgang, Benzinpumpe, kugelgelagerte Transmissionswelle, kugelgelagerte Hinterachswellen, Motorverkleidung und Luftreifen. (Die Michelin-Brüder waren beim Rennen Paris–Bordeaux–Paris zum erstenmal »auf Luft« gefahren.) Damit war ein Duryea-Wagen das erste Automobil, das auf pneumatischen Reifen ein Autorennen gewann. Um seine Innovationen auch ins richtige Licht zu rücken, verglich Frank Duryea seinen Wagen mit dem Benz, der beim Rennen am Thanksgiving Day 1895 zweiter geworden war: Jener wies nur drei der aufgezählten modernen Komponenten auf, nämlich die elektrische Zündung, die kugelgelagerte Transmissionswelle und teilweise eine Motorverkleidung.

Die Autohistoriker haben sich inzwischen darauf geeinigt, daß ein Duryea von 1893 das erste erfolgreiche amerikanische Auto gewesen ist und damit die Brüder Charles und Frank Duryea zu Recht als die Autoväter Amerikas gelten. Dieser Erstling, ein Einzylinder, hätte schon im Herbst 1892 fertig sein können, aber da wurde Frank schwer krank und mußte die Entwicklungsarbeiten an seinem Modell zunächst einstellen. An dieser Stelle könnte man jetzt den Spielverderber spielen und die Frage stellen: »Und was war mit John William Lambert, der schon 1891 in den Vereinigten Staaten ein Dreiradauto baute?« In der Autohistorie kommt dieser Konstrukteur aus Anderson, Indiana, jedoch nur sporadisch vor, so daß wir bei den Duryeas bleiben wollen. In diesem Zusammenhang wird auch gern auf Henry Ford (56) hingewiesen, dem Gottvater der amerikanischen Autoindustrie. Er lebte 1893 zwar schon in Detroit und galt dort als ein begnadeter Mechaniker, der sich gut auf Ottomotoren verstand, aber Versuche mit seinem ersten Motor unternahm er erst, als die Duryeas schon ein fahrfertiges Auto vorführen konnten.

Ein Patentanwalt will die Geschichte aufhalten

Jetzt müssen wir aber zunächst auf das Problem eingehen, warum in einem Land, das den Pioniergeist auf sein Sternenbanner geschrieben hat, der Siegeszug des Automobils im Gegensatz zur Alten Welt nicht so recht in Gang kommen wollte. Die Innovationen der Brüder Duryea und der Erfolg der Daimler-Motoren, die ab 1891 vom Klavierfabrikanten William Steinway eingeführt wurden, hätten doch eine gute Ausgangsbasis sein können. Überrascht hört man, daß es 1895 höchstens 100 mechanisch angetriebene Straßenfahrzeuge in den USA gab, von denen die eine Hälfte mit Benzinmotor, die andere mit Dampf- und Elektroantrieb ausgestattet war. Geht man diesen verblüffenden Zahlen auf den Grund, dann

stößt man auf einen Mann, den die Kenner »den Bremser der amerikanischen Automobilindustrie« nennen: Patentanwalt George Baldwin Selden aus Rochester, New York.
Dieser Advocatus diaboli kam auf eine geniale, wenn auch perfide Idee. Schon sehr früh hatte er sich mit den Vorteilen und Zukunftsaussichten des Ottomotors befaßt. Selden war einer der ganz wenigen Menschen seiner Zeit, die hinsichtlich des Ottomotors und der Motorisierung Jahrzehnte im voraus dachten. Als Anwalt kannte er sich im patentrechtlichen Gestrüpp gut aus und rechnete sich dank seiner Weitsicht vor, daß von Ottomotoren angetriebene Fahrzeuge ein nie versiegender Quell für Lizenzgebühren sein müßten, was ihm ein sorgloses Leben bescheren könnte... 1877, ein Jahr nachdem sich Nikolaus Otto sein Viertaktprinzip hatte patentieren lassen, zeichnete Selden pro forma Pläne für einen »pferdelosen Wagen«, in den ein Motor einzubauen möglich war. Er reichte sie zum Patent ein, das auch am 5. November 1895 unter der Nummer 549 160 registriert wurde. Schlitzohrig wie er war, gab er als vorgesehenes Aggregat einen stationären Brayton-»Ready«-Zweitaktmotor aus dem Jahr 1871 (!) an, der, so die Patentschrift, mit flüssigem Kohlenwasserstoff angetrieben werden solle. Dieser Selden-Buggy wurde zunächst nicht einmal gebaut, aber auf dem Papier nahm er die Entwicklungen von Daimler und Benz um Jahrzehnte vorweg!
Nach dem damaligen amerikanischen Patentrecht blieb eine zum Patent angemeldete Erfindung zwei Jahre geschützt. Durch ständig nachgereichte Änderungsanträge war sie über diesen Zeitraum hinaus für die Konkurrenz praktisch unantastbar. Kurz und schlimm: Selden hielt sich laut seines Patents für den Erfinder des Automobils, was ihm im Jahr 1895 auch offiziell bestätigt wurde. Er hat nach 1879 jahrzehntelang wohl an die 30 amerikanische Automobilfirmen mit Lizenzgebühren erpreßt. Es war Henry Ford, der nach langem, aufwendigem Rechtsstreit in Zusammenarbeit mit anderen amerikanischen Autoherstellern 1911 vor dem Supreme Court in New York erreichte, daß das Selden-Patent annulliert wurde.
Dieser Einschub war wichtig, um aufzuzeigen, wie juristische Spitzfindigkeiten es ermöglichten, eine vom Prinzip her nicht mehr zu bremsende technische Entwicklung in den USA zeitweilig aufzuhalten. Fairerweise muß man allerdings als weitere Ursachen dafür hinzufügen, daß weite Kreise der puritanischen Bevölkerung am Ende des 19. Jahrhunderts Neuerungen wie Dampfmaschinen, dann auch Benzinautos, als »Werkzeuge des Teufels« bekämpft haben.

Streit, Bankrott, ein rachitisches Auto und dann der Erfolg

Die Gebrüder Charles und Frank Duryea kamen, wie viele andere Autopioniere auch, aus der Fahrradbranche; sie steckten voller Ideen und standen sich mit ihren vielen technischen Einfällen manchmal selber im Wege. Auch waren sie nicht immer ein harmonisch arbeitendes Team. Man könnte beide als »unstet und flüchtig« bezeichnen, die aber bei aller Hektik, die sie verbreiteten, einige interessante Verbesserungen am technischen Grundkonzept des Fahrrads vornahmen, so beispielsweise eine gefederte Vorderradgabel, einen »Hängematten-Sattel«, einen für lange Damenröcke geeigneten Rahmen usw. Auf einer ihrer Verkaufsreisen beschlossen sie, selber ein Auto zu bauen. Charles, der als Sales Promotor fungierte, beschaffte 1000 Dollar, und sie starteten die ersten Versuche.
Ihr erstes und damit auch Amerikas erstes Auto war ein ziemlich rachitisches Vehikel, das von einem 4-PS-Einzylindermotor bewegte »Horse Buggy« mit Reibradantrieb. Zwar war es ein Auto im Sinn des berüchtigten Seldenschen Patents, aber weder verläßlich noch ernsthaft fahrtüchtig. Nachdem sich ihr Auto als Fehlgeburt erwiesen hatte, stieg Charles aus und bereitete sich mit seinen Fahrrädern auf die Weltausstellung in Chicago 1893 vor. Viele Jahre später erinnerte er sich in einem Zeitungsinterview daran, daß er nach der Weltausstellung in seine Heimatstadt Peoria zurückkehrte, wo er sich als Grundstücksmakler betätigte. Immerhin kamen dabei 8000 Dollar zusammen – und er fand auch einen Partner namens Monroe Seiberling, mit dem er die Duryea-Seiberling Company in Peoria gründete. Autos wollten sie bauen – aber bevor es richtig losging, kollabierte die Firma. In Charles Duryeas Kopf spukte die Idee vom »Unicontrol System«, von der »Ein-Hand-Kontrolle« des Wagens durch den Fahrer. Seine Wunschvorstellung war, mit einem einzigen Hebel lenken, Gas geben und schalten zu können. Sein Argument: »Dann kann ich mit der anderen Hand den Regenschirm halten...« Nach dem Reinfall mit seinem Partner Seiberling verließ Charles Peoria. Aber einer wie er fällt immer wieder auf die Beine, und selbstbewußt schrieb er seinem Bruder Frank: »Tue Dich mit mir zusammen, und Du wirst Dich mit Diamanten schmücken können!«
Frank hatte mittlerweile einen Geschäftspartner gefunden, Erwin F. Markham, mit dessen Geld er den zweiten Duryea baute. Amerikanische Enzyklopädien geben den 20. oder 21. September 1893 als den Geburtstag des ersten amerikanischen Autos an. Frank Duryea erinnerte sich Jahrzehnte später noch genau daran, wie der Jubel über dieses Ereignis durch viele Pannen getrübt wurde. Der Motor machte zwar keine Schwierigkeiten, aber wegen seines Reibradantriebs war das Auto prak-

tisch nicht zu bewegen. Es war gar nicht daran zu denken, einem möglichen Geldgeber ein solches Investitionsobjekt vorzuführen. War bei ihrem allerersten und dann mißglückten Versuch Charles' Motorenentwurf ein Flop gewesen, so war es dieses Mal der Reibradantrieb, der ebenfalls vom Bruder stammte. Nach einigen Testwochen verlor der Sponsor Mr. Markham die Geduld. Frank aber gab noch nicht auf und bat um eine letzte Chance. Auf eigene Kosten wollte er ein neues Getriebe bauen, eine neue Reibungskupplung einsetzen, und Mr. Markham sollte nur das Material besorgen. So geschah es schließlich auch.

»The Springfield Union« berichtete am 19. Januar 1894, ein gewisser Mr. Frank Duryea mit selbstgebautem Motor und neuem Antrieb habe eine erfolgreiche Probefahrt gemacht. Der Wagen steht im Nationalmuseum in Washington, D.C. Frank erinnerte sich auch gern daran: »Während so mein erster Wagen fertig wurde, machte ich mich schon im selben Monat, Januar 1894, daran, einen zweiten Wagen zu bauen. Weil Mr. Markham nicht in der Lage war, noch weiter Geld zuzuschießen, und ich selber keinen Pfennig mehr hatte, mußte ich Geldgeber suchen.«

Mit Plänen für einen Zweizylinder-Zweitaktwagen machte Frank im März 1894 einen Besuch bei dem Finanzier Henry W. Clapp. Dieser war von Franks Ideen angetan und gab sein Okay. Die Arbeit konnte im April 1894 aufgenommen werden. Der erste fertige Wagen wurde im Dezember 1894 im obersten Stockwerk der Fabrik ausprobiert. Der Motor lief »unrund«. Frank Duryea führte das auf eine fehlerhafte elektrische Zündung zurück. Aber um sicherzugehen, machte er aus dem Zwei- einen Viertakter, der im Februar 1895 ins Chassis eingebaut werden konnte. Im März 1895 fanden die ersten Testfahrten auf der Straße statt, es gab nach vielen Probefahrten auch weitere Geldgeber, so daß im September 1895 The Duryea Motor Wagon Company in Springfield, Mass., gegründet wurde. Mit dem »Basiswagen« der Company siegte Frank im ersten Autorennen auf amerikanischem Boden. So schließt sich der Ring dieses Kapitels.

Die Benz-Wagen haben keine Chance

In Franks Statistik war der Siegerwagen von Chicago das zweite Duryea-Auto. Nach der Gründung der Company entwarf er noch ein drittes, von dem bis 1896 13 Exemplare gebaut wurden. Jetzt besaßen die Duryeas – Charles war inzwischen reumütig zurückgekehrt – die erste Autofabrik der USA. Um auf Nummer Sicher zu gehen, machten sie konstruktionsmäßig bei diesen 13 Automobilen einen Schritt zurück – zum Riemenantrieb à la Benz, »weil sie der deutsche Wagen mit Oscar Mueller als Pilot tief beeindruckt hatte...«

Das war ein taktischer Fehler, denn im Jahr 1896 tauchten nun auch andere Autobauer auf, wie Elwood Haynes, Charles B. King, Ransom E. Olds, Henry Ford und Alexander Winton, deren Respekt vor der Firma Benz nicht ganz so groß war.

Der 30. Mai 1896 war sicherlich einer der glücklichsten Tage im Leben von Charles und Frank Duryea. Es war das einzige Mal, daß sie ein Wettrennen gemeinsam bestritten: von New York City Hall nach Irvington-on-Hudson und zurück, was einer Streckenlänge von 83 Kilometern entspricht. Es wurde vom »Cosmopolitan«-Magazin veranstaltet und war gewissermaßen eine Neuauflage des Chicago-Rennens, welches ein halbes Jahr zuvor stattgefunden hatte. Bessere Straßenverhältnisse und kein Schnee – aber wieder einige Benz-Wagen als Konkurrenten. Um den Zehntausenden von Zuschauern vor Augen zu führen, daß die Duryea-Werke wirklich produzierten, wurden vier Wagen gemeldet. Frank siegte vor seinem Bruder und kassierte 3000 Dollar Siegprämie.

Nach diesem Triumph wagte sich Frank Duryea in die Höhle des Löwen. Am 14. November 1896 startete er beim »Emancipation run« London–Brighton, mit dem die Streichung des »Red Flag Act« und die Aufhebung der Geschwindigkeitsbeschränkung für englische Straßen auf 8 km/h gefeiert wurde. (Auf dieses Ereignis geht die jährlich im November gefeierte Oldtimer-Rallye London–Brighton zurück.) Einen anderen »1896«-Wagen aus der Duryea-Fabrik mietete der amerikanische Zirkus Barnum & Bailey (The Greatest Show On Earth) und führte ihn zwischen seinen Braunbären, fliegenden Menschen, Clowns und Araberhengsten als große Sensation vor.

Aber all diese Aktivitäten nützten nicht viel. 1898 war The Duryea Motor Wagon Company am Ende. Die Wege der Brüder trennten sich wieder. Frank landete nach mehrfachem Jobhopping als Chef der Entwicklungsabteilung bei der Stevens Arms And Tool Company in Chicopee Falls, Mass., wo ab 1902 der erste Stevens-Duryea aus der Werkshalle rollte. Er machte Karriere, wurde Vizepräsident und Chefingenieur und sorgte für Modellkonstanz, indem er schnelle und luxuriöse Tourenwagen baute. 1906 wurde ein Sechszylinder vorgestellt, der 9600 ccm Hubraum hatte und über eine Kardanwelle angetrieben wurde. 1915 verkauften die Eigner die Firma mit enormem Gewinn. Sie produzierte noch bis 1924, nach anderen Quellen bis 1927.

Und was machte Charles, der »Aufreißer«? Nachdem Frank weggegangen war, produzierte er Autos, die um einiges kleiner ausfielen als die von seinem Bruder konzipierten Tourenwagen. Er hielt so die Marke Duryea im Bewußtsein der Amerikaner – bis 1908. Charles Duryea starb als 78jähriger 1939. Frank Duryea wurde 97 Jahre alt. Er starb 1967.

HENRY M. LELAND - »MR. CADILLAC«

Im März des Jahres 1901 zerstörte ein Brand die Detroiter Werkstätten des amerikanischen Autopioniers Ransom E. Olds. Menschen wurden nicht verletzt, aber die Ergebnisse jahrelanger Entwicklungsarbeiten, Elektro- und Benzinmotoren, Zubehörteile, Zeichnungen sowie Präzisionswerkzeuge waren vernichtet. Lediglich ein Prototyp des »Curved Dash Runabout« konnte noch rechtzeitig in Sicherheit gebracht werden – ein auf wackeligen Fahrradrädern stehender Einzylinderwagen.

Ransom E. Olds ließ sich durch diesen Schicksalsschlag aber nicht entmutigen. Nachdem er die Aufräumungsarbeiten beendet hatte, ließ er den kleinen Wagen zerlegen und neue Konstruktionszeichnungen anhand der inzwischen vermessenen Einzelteile anfertigen. Er nahm Verbindung zu einigen Detroiter Spezialwerkstätten auf, die ihm jene Teile liefern sollten, auf die sie spezialisiert waren und die wieder herzustellen zuviel Zeit und Geld gekostet hätte. Die Firma Leland & Faulconer wurde beauftragt, den Motor zu liefern. John und Horace Dodge fertigten die Getriebezahnräder, Benjamin und Frank Briscoe die Kühlvorrichtung, C. R. Wilson, Fred J. und Charles T. Fisher die Aufbauten. Ransom E. Olds blieb in seiner prekären Situation, wollte er die Produktion wieder ankurbeln, nichts anderes übrig, als sich mit Partnerfirmen einzulassen. Somit war er der erste Automobilhersteller, der das Prinzip der Arbeitsteilung und der Zulieferindustrie durchsetzte. Gemeinsam mit seinen Geschäftspartnern gab Olds den Anstoß zur ersten versuchsweisen Massen- und Fließbandproduktion, die Henry Ford (56) sieben Jahre später zur Perfektion entwickelte. Olds konnte dank seiner unternehmerischen Weitsicht die Produktionszahlen seines Typs »Curved Dash Runabout« sehr schnell steigern: 425 im Jahr 1901, 2500 Stück 1902, und zwei Jahre später waren es schon doppelt so viele. Unter den Zulieferern taucht ein Name auf, der zu Unrecht in Vergessenheit geraten ist: Henry M. Leland, der sich später als Gründer der Automarke Cadillac Ehre und Verdienst erworben hat.

Die Idee der höchsten Präzision

Als Olds bei der Firma Leland & Faulconer Motoren bestellte, hatte sich Leland in den USA bereits einen großen Namen gemacht – er verfocht auf dem Maschinenbausektor die Idee der »höchsten Präzision und strengsten Qualitätskontrolle«. Gedrillt worden war Leland als Büchsenmacher in der Waffenfabrik Springfield & Colt. Später wechselte er zum Werkzeugmaschinenhersteller Brown & Sharp, wo er die Arbeiter zu einer verschworenen Gemeinschaft zusammenschweißte, um die Toleranzen auf die Größenordnung von einem »einmillionstel Zoll« herunterzudrücken. Waren bis dahin Maschinenteile aller Art nach der »Über-den-Daumen-Methode« zusammengehauen worden, so zog nun in die Werkstätten und Fabriken der amerikanischen Automobilbauer der Kampf um die hundertstel Millimeter ein, und Henry M. Leland trieb ihn mit missionarischem Eifer voran. Er entwickelte beispielsweise Drehbänke, auf denen selbst ungelernte Arbeiter Teile mit höchster Genauigkeit bearbeiten konnten. (Auch ein anderer oft unterschätzter Autokonstrukteur, Marc Birkigt, konnte ja auf eine ähnliche Laufbahn in der Feuerwaffenindustrie zurückblicken, bevor er seine Hispano-Suiza-Autos baute.)

Henry Martyn Leland war am Ziel seiner Wünsche, als er 1890 in Detroit im Alter von 47 Jahren zusammen mit dem reichen Holzhändler Faulconer eine Werkzeugmaschinenfabrik gründete. Letzterer brachte von dem 50 000-Dollar-Startkapital vier Fünftel auf. Hauptattraktionen der Stadt am Detroit River, der den Huron- mit dem Eriesee verbindet – sie zählte im Jahr 1901 200 000 Einwohner –, waren zehnstöckige Wolkenkratzer und die Belle Isle Bridge. Autos gab es damals natürlich noch nicht. Als die Geschäfte zu florieren begannen, gelang es Leland, seinen Sohn Wilfred zu überreden, das Medizinstudium aufzugeben und in die Firma einzutreten. Beide ergänzten sich auf kongeniale Weise. Wilfred hat mit seiner sehr sensitiven Art viel dazu beigetragen, daß einige Zeit später die Idee der höchsten Präzision in die amerikanische Automobilindustrie Einzug hielt.

Bereits Ende 1890 beschäftigte die Firma Leland & Faulconer 60 Arbeiter, die sich oft sehr schwer taten mit Lelands Präzisionsmasche. Als eine Graugießerei gegründet worden war, prüfte Leland die Qualität der Gußteile, indem er sie den Arbeitern vor die Füße knallte. Blieben sie ganz, dann sparte er nicht mit Lob. Leland & Faulconer galten bald als führende Maschinenfabrik der USA, bei der es als geradezu selbstverständlich erschien, daß sie sich zunehmend mit Benzinmotoren befaßte. Man kann getrost von einer Sternstunde in der Geschichte der amerikanischen Automobilindustrie sprechen, als im Jahr 1901 der Autopionier Olds den besten und renommiertesten Präzisionsmaschinen-Produzenten der Vereinigten Staaten aufforderte, Motoren für die ersten in Serie hergestellten Autos der USA zu liefern.

Leland besaß selber einen der ersten »Curved Dash Runabouts«, den er aber noch einmal einer Kur unterzog: Er hatte darauf bestanden, daß Olds den störrischen Motor doch mal selber anwerfen solle, was dem aber nicht auf Anhieb gelungen war. Olds hatte einige entschuldigende Worte gemurmelt über den eigenen Charakter, den jedes Auto nun mal besitze ... Nachdem Leland einen von seiner Firma hergestellten Motor in das Olds-Chassis eingebaut hatte, war der »engine trouble« vorbei. Der modifizierte Olds-Wagen war praktisch der Prototyp und Experimentierwagen für den ersten Cadillac.

Im Jahr 1903 kam es zur Gründung einer der ruhmreichsten amerikanischen Automarken – Lelands ureigenstem Kind. Vorausgegangen war eine heftige Auseinandersetzung in der 1899 gegründeten Detroit Automobile Company, in der sich eine Anzahl reicher, prominenter und fachkundiger Herren zusammengefunden hatte, so William C. Maybury, Bürgermeister der jungen Autostadt, der reiche Schrotthändler William H. Murphy, Ellery I. Garfield von der Fort Wayne Electrical Company und zehn andere, darunter auch Leland. Henry Ford fungierte als leitender Manager. Sehr bald gab es Unstimmigkeiten über die Modellpolitik. Vor allem Henry Ford und Henry M. Leland gerieten heftig aneinander, so daß schließlich beide nach dem Motto »Macht euren Dreck alleine« eigene Wege gingen. Leland verschmolz die Detroit Automobile Company mit der eigenen Firma – es entstand die Cadillac Motor Company. Ihr erstes Modell A wurde 1903 mit großem Erfolg auf der New Yorker Automobile Show vorgestellt.

Die Besucher staunten über den elegant und fremdartig klingenden Markennamen Cadillac. Leland, seines Aussehens und seiner fundierten Bildung wegen auch »der Professor« genannt, gab seinen Landsleuten ein wenig Nachhilfe im Fach Geschichte: Im Jahr 1701 leitete ein französischer Offizier und Forscher, Antoine de la Mothe Cadillac, eine Expedition in den Nordosten Amerikas. Einige Pelztierhändler gewährten den Männern von der anderen Seite des großen Meeres Quartier, was die Franzosen dankbar quittierten. Diese provisorische Bleibe lag an einer Meerenge zwischen Huron- und Eriesee. Der französische Adelige erwarb später für die Siedlung Stadtrechte und gab ihr den Namen Detroit, zu deutsch »Meerenge«. Antoine de la Mothe Cadillac wurde Gouverneur des französischen Gebiets am Michigansee. Nach ihm benannte Leland seine Autofirma; er wollte auf diese Weise einen bedeutenden Mann aus der Entwicklungsgeschichte seines Vaterlands ehren.

Im Teamwork wird das beste Auto der USA produziert

Das Cadillac-Modell A kostete 750 Dollar und wurde in dem der New Yorker Automobilausstellung folgenden Jahr 1895mal verkauft. Es vereinigte in sich alles, was gut an Olds »Curved Dash Runabout« gewesen war – und an den Wagen der Konkurrenz. Leland hatte die wichtigsten Zubehörfirmen Amerikas in die Produktion des Modells einbezogen. Die Konstruktion war in bestem Teamwork konzipiert worden, denn er hat nie den autokratischen Firmenboß gespielt, sondern bewußt vom Know how seiner Mitarbeiter profitiert. Der 1,5-Liter-Motor mit nur einem Zylinder war horizontal unter dem Sitz angebracht, bei idealer Gewichtsverteilung in der Mitte des Chassis. Der Antrieb erfolgte über eine zentral angebrachte Kette mit Zweigang-Planetengetriebe. Sechs Schrauben hatten genügt, die Karosserie mit dem Chassis zu verbinden. Der luftgekühlte Motor leistete 6,5 PS, und anstelle des damals noch üblichen Steuerschwengels gab es sogar schon ein Lenkrad.

Leland führte bereits 1903 die bis heute noch immer nicht ausgerottete Unsitte der Aufpreislisten ein. Das Modell A kam ziemlich nackt auf die Welt, es hatte keine Trittbretter, kein aufklappbares Verdeck, keine Scheinwerfer, kein Signalhorn. All das mußte als »Extra« gegen Aufpreis bestellt werden. Da Leland nicht nur zuverlässige Autos bauen wollte, sondern auch beabsichtigte, sie zu verkaufen, verpflichtete er als Sales Promotor William E. Metzger, der in der Fahrradindustrie bereits erfolgreich gewesen war und schon 1898 in Detroit einen schwunghaften Autohandel betrieben hatte. Metzger, der sich im Motorenangebot der amerikanischen Hersteller gut auskannte, wußte, daß Leland über den damals besten Motor verfügte. So war es für ihn ein leichtes, eine funktionierende Händlerorganisation von Maine bis Colorado aufzubauen. Er ließ sich zudem spektakuläre Werbeaktionen einfallen: Ein Modell A wurde vor ein vollbeladenes Pferdefuhrwerk gespannt, um seine Zugkraft zu beweisen, es mußte Treppen befahren, und es tuckerte mit 16 Studenten beladen ohne Halt den steilen Shelby Hill in Detroit hinauf.

Im Februar 1903 las der englische Importeur Frederick Bennett zum erstenmal den Namen Cadillac und war erstaunt, bis dahin noch nie etwas von dieser Marke gehört zu haben. Im Fachblatt »Cycle and Automobile Trade Journal« entdeckte er eine imponierend lange Liste amerikanischer Cadillac-Händler und äußerst informative Werbetexte. Das veranlaßte ihn, einen Cadillac zu bestellen. Sein Exemplar hatte die Motornummer 530. Mr. Bennett unterzog die Neuerwerbung einem scharfen Test, bei Bergprüfungen und auch bei der 1000-Meilen-Zuverlässigkeitsfahrt des Automobile Club of Great Britain and Ireland, in deren Verlauf Cadillac Nr. 530 in einen Verkehrsunfall verwickelt wurde. Bennett behob den Schaden mit hausge-

machten Mitteln und provisorisch zurechtgefeilten Ersatzteilen anderer Marken, denn noch war Nr. 530 das einzige Cadillac-Auto östlich des Atlantik! Die Engländer waren von der Widerstandsfähigkeit des bis dahin unbekannten Wagens sehr beeindruckt, und die Verkaufszahlen auf den Britischen Inseln stiegen. Bennett wurde Exklusivhändler für Cadillac und etablierte sich in 24–27 Orchard Street in London.
Jedoch im Unterbewußtsein vieler Engländer blieben Vorbehalte gegenüber technischen Produkten aus den USA, was der Imagebildung der Marke Cadillac Grenzen setzte. Bennett reiste daher im Jahr 1907 nach Detroit, um sich vor Ort in Lelands Produktionsphilosophie einweihen zu lassen. Da erfuhr er zum erstenmal, daß die Einzelteile des Cadillac unter einer beliebigen Anzahl von Wagen gleichen Typs beliebig austauschbar waren. Teile aus Wagen Nr. 530 würden also ohne weiteres in ein Modell A mit der Nummer 1324 passen – und so fort. Der Begriff Austauschteil war für ihn völlig neu, ebenso die Schnelligkeit, mit der in Detroit aus den vielen Bauteilen die Autos zusammengesetzt wurden. Leland gab Bennett eine tolle Idee mit auf den Rückweg, die der Brite mit Hilfe des RAC (Royal Automobile Club) auch in die Tat umsetzte. Im Januar 1908 kündigte der Automobilklub einen Standardisierungstest an, der für alle Marken der Welt offen war.
Aber alle Firmen drückten sich. Lediglich Cadillac ließ sich von den Experten auf Herz und Nieren prüfen. Offizielle des Klubs konnten aus dem Bestand beliebiger Cadillac-Händler drei Wagen auswählen und sie nach mehreren Runden auf Brooklands komplett zerlegen lassen. Sie sollten dann aus den Bestandteilen der drei Wagen beliebige Teile heraussuchen und sie durch neue Austauschteile ersetzen. Als nächstes würden sie dann die Wagenteile untereinander vertauschen und dann beginnen, daraus wieder drei komplette Cadillac zusammenzubauen. Bedingung bei der Remontage: Nur Schraubenzieher oder Schraubenschlüssel durften benutzt werden. Nachdem diese Arbeit beendet war, jagte man die Cadillac 800 Kilometer über die Brooklands-Piste. Resultat dieser spektakulären Aktion, die bei Eis und Schnee im Februar 1908 stattfand: Die durcheinandergewürfelten Einzylinder Henry M. Lelands funktionierten einwandfrei. Die These des genialen Konstrukteurs, daß standardisierte Teile eines Wagens bei allen Exemplaren des gleichen Typs verwendbar sein müssen, hatte sich in der Praxis hervorragend bewährt. Als Lohn für dieses unternehmerische Denken wurde ihm die erste Dewar Trophy für die herausragende automobiltechnische Leistung des Jahres verliehen.

Leland verkauft Cadillac an General Motors

16126 Einzylinder-Cadillac hatten die Fabrik verlassen, als 1908 die Produktion des Modells A eingestellt wurde. Allmählich war in den USA ein harter Wettbewerbswind aufgekommen. Henry Ford hatte im selben Jahr mit seinem Modell T zum Generalangriff auf den amerikanischen Käufermarkt angesetzt und William Durant die Holdinggesellschaft General Motors gegründet. Nunmehr waren die Fronten abgesteckt. Leland und viele andere bis dahin unabhängige Autoproduzenten gerieten zwischen die Mühlsteine der beiden Großen. Als 1909 General Motors Leland für seine Cadillac-Firma 4,5 Millionen Dollar bot, verkaufte er. Er war übrigens in guter Gesellschaft, denn in der Reihenfolge Buick, Oldsmobile, Oakland-Pontiac und Chevrolet flüchteten sich auch andere Firmen unter das Dach von General Motors, wobei den jeweiligen Firmeninhabern der Trennungsschmerz mit saftigen Schecks gelindert wurde. Leland, nun mit Millionen gut gepolstert, besaß weiterhin die Verantwortung für die Marke Cadillac.
Eine seiner besonderen Fähigkeiten hatte schon immer darin bestanden, daß er hervorragende Ingenieure für sein Team fand. Sie rüsteten unter anderem im Jahr 1912 die Cadillac-Modelle mit elektrischem Licht und elektrischem Anlasser aus. Damit waren sie die ersten Autos mit diesen Neuerungen, wofür es erneut eine Dewar Trophy gab. Charles Kettering, Ingenieur der National Cash Register Company, hatte diese Probleme in Lelands Auftrag gelöst.
Von Napier in England warb Leland im Jahr 1915 den englischen Konstrukteur McCall White ab. Er sollte einen V-8-Zylindermotor mit einem Hubraum von 5,1 Liter verfeinern, der auf einem De-Dion-Konzept aus dem Jahr 1910 beruhte. White machte daraus ein seidenweich laufendes Triebwerk. Der V-8-Motor bewegte den ersten Linkslenker der Marke Cadillac. Er wurde allein im ersten Jahr 13000mal verkauft und außerdem in hoher Stückzahl an die Army geliefert. V-8-Motoren waren nichts Neues mehr, aber es blieb Cadillac vorbehalten, diesen Motortyp für eine zuverlässige Anfertigung in Serie produktionsreif zu machen.
Im Ersten Weltkrieg waren Henry M. Leland und sein Sohn Wilfred am Bau der Liberty-Flugzeugmotoren beteiligt. 1917 gründeten sie, nachdem sie Cadillac verlassen hatten, ihre neue Marke Lincoln, benannt nach dem ermordeten amerikanischen Präsidenten Abraham Lincoln (1861 bis 1865). Aber schon 1921 gerieten sie in finanzielle Schwierigkeiten, und Henry Ford ersteigerte ihre notleidende Firma. Fortan waren die Lincoln die Luxuskarossen seines Konzerns – wie es schon die Cadillac General Motors geworden waren. Kaum ein Trost für die Lelands, die in der Geschichte der amerikanischen Automobilindustrie eine so bedeutende Rolle gespielt haben.

10

(9) Lorraine Barrow am Steuer eines De Dietrich, wie er 1903 beim Rennen Paris–Madrid eingesetzt wurde. Der Vierzylindermotor mit 10 Liter Hubraum leistete 45 PS.

(10) Das erste Auto der Welt mit luftgefüllten Reifen – »L'Eclair« von Peugeot, mit einem 4-PS-Daimler-Motor. Nahm 1895 am Rennen Paris–Bordeaux teil mit André und Edouard Michelin als Fahrern.

(11) Ein Peugeot »Bébé« aus dem Jahr 1905, schon mit Zahnstangenlenkung, angetrieben von einem Einzylindermotor mit bescheidenen 785 ccm Hubraum.

(12) Karl Benz mit Frau und Tochter und Freund Fritz Held bei einer Ausfahrt im Jahr 1894 in einem Benz »Viktoria«.

(13) Zwölf elegante Herren testen 1900 in London die Belastbarkeit eines Mors.

(14) Eröffnung der Postautolinie Bellinzona–Carena (Tessin) in Carena im Jahr 1927. Sämtliche Würdenträger des Orts sind auf dem Dorfplatz versammelt.

11

12

13

BELLINZONA
CARENA-MOLENO

7044

15

(15) Der deutsche Rennfahrer Karl Jörns am Steuer seines Opel, einen Tag vor dem Grand Prix von Lyon 1914. Jörns wurde zehnter.
(16) Grand Prix von Frankreich, Lyon 1914. Der spätere Sieger Lautenschlager auf der Schotterpiste – hier im Streckenabschnitt »Le piège de la mort«.
(17) Die Mitte der zwanziger Jahre erfolgreiche deutsche Rennfahrerin Ernes Merck in ihrem Mercedes-Benz S.
(18) Kay Petre, Englands weibliches Rennfahreridol der dreißiger Jahre, mit einem 750-ccm-Austin-Kompressorwagen auf dem berühmten Bergkurs von Shelsley Walsh.
(19) Die schnelle Elisabeth Junek 1926 in ihrem Bugatti 35 (1991 ccm, 8 Zylinder, 95 PS) auf der Ecce-Homo-Bergstrecke im romantischen Altvatergebirge (ČSR).
(20) Idylle auf Brooklands 1937 – mit dem Boot auf dem Weg zum Autorennen. Der Fluß Weyne durchfließt das berühmte Rennoval südwestlich von London.

16

17

18

19

DIE UNSTERBLICHEN

Auch als Schrittmacher des 20. Jahrhunderts hatten sie durchaus Sinn fürs Praktische. Als Gottlieb Daimler nach dem Tod seiner ersten Frau zum zweitenmal heiratete, führte ihn seine Hochzeitsreise mit Lina Hartmann 1893 nach New York zu den Steinways, die nicht nur Klaviere bauten, sondern auch den Vertrieb der Daimler-Produkte übernommen hatten. Technik und Muse reichten sich die Hand, man verband das Angenehme und das Private mit dem Geschäftlichen. Ein Auge für den Markt hatte auch Karl Benz. Schon 1888 hatte er in einer Annonce seinen Kunden mitgeteilt, sein Motorwagen sei »patentirt in allen Industriestaaten. Immer sogleich betriebsfähig! Bequem und gefahrlos! Vollständiger Ersatz für Wagen mit Pferd! Erspart den Kutscher, die theuere Ausstattung, Wartung und Unterhalt der Pferde. Keine besondere Bedienung nötig! Der Patent-Motorwagen mit Gasbetrieb durch Petroleum, Benzin, Naphtha etc. Mit abnehmbarem Halbverdeck und Spritzleder!«

KARL BENZ UND GOTTLIEB DAIMLER - DIE DICKSCHÄDEL VOM NECKAR

Am letzten Tag des Jahres 1879, als Millionen von Menschen zufrieden auf das im ausklingenden Jahr Erreichte zurückblickten und sich ein glückliches 1880 wünschten, herrschte im Haus des mittelständischen Unternehmers Karl Benz (12) in Mannheim große Niedergeschlagenheit. Schon vor einigen Jahren war er mit seiner Firma, der »Eisengießerei und mechanischen Werkstätte« gescheitert. Die Gläubiger hatten ihm so sehr im Nacken gesessen, daß er 1877 Bankrott gemacht hatte. Es konnte zwar verhindert werden, daß das Anwesen versteigert wurde, aber das gesamte Inventar büßte er ein. An dem kleinen Unternehmen war die blühende Konjunktur der nach Kriegsende 1871 einsetzenden »Gründerjahre« spurlos vorbeigegangen. Als Berta (12) und Karl Benz vor den Trümmern ihrer Existenz standen, wußten sie, daß nur noch etwas ganz Großes und Ausgefallenes ihnen eine gesicherte Lebensgrundlage schaffen konnte.

Und Karl Benz wagte den Vorgriff auf die Zukunft. Um an der nicht mehr aufzuhaltenden industriellen Revolution teilzuhaben, begann er, einen Motor zu entwickeln. Es war allerdings auch höchste Zeit, daß er sich zu diesem Schritt entschloß, denn mit der 1877 erfolgten Patentierung des Viertakt-Ottomotors aus dem Jahr 1876 (DRP Nr. 532) kam Bewegung in die Automobiltechnik. Dampf und Elektrizität hatten ihre große Zeit als Antriebsarten bereits hinter sich, was nicht zuletzt auf ihr außerordentlich schlechtes Aufwand-Nutzen-Verhältnis zurückzuführen ist. Wer allerdings nach dem Ottoprinzip verfahren wollte, war lizenzpflichtig, wovor der sparsame Benz zurückschreckte, und er wählte das Zweitaktverfahren.

So standen die Dinge, als sich Karl und Berta Benz in der Silvesternacht 1879 in ihre Werkstatt begaben, um den Zweitaktmotor, der noch voller Tücken steckte, zum wiederholten Mal in Augenschein zu nehmen. Berta Benz hatte nach dem Nachtessen gesagt: »Wir müssen doch noch einmal hinüber in die Werkstätte und unser Glück versuchen. In mir lockt etwas und läßt keine Ruhe.« Also dreht Karl seinen Motor an. Er erinnert sich später: »Tät, tät, tät! antwortet die Maschine. In schönem, regelmäßigem Rhythmus lösen die Takte der Zukunftsmusik einander ab. Über eine Stunde lauschen wir tiefergriffen dem einförmigen Gesang. Was keine Zauberflöte der Welt zuwege gebracht hat, das vermag jetzt der Zweitaktmotor. Auf die Glückwünsche der Umwelt konnten wir an diesem Neujahrsabend verzichten. Denn wir hatten ja das leibhaftige Glück an der Arbeit gesehen in unserer ärmlichen kleinen Werkstätte, die an diesem Abend zur Geburtsstätte eines neuen Motors wurde. Auf einmal fingen auch die Glokken an zu läuten. Silvesterglocken! Uns war's, als läuteten sie nicht nur ein neues Jahr, sondern eine neue Zeit ein, jene Zeit, die vom Motor den neuen Pulsschlag empfangen sollte.«

Nikolaus Ottos großer Wurf

Ob Karl Benz nicht wußte, daß im 260 Kilometer entfernten Köln die Herren Otto, Langen, Daimler und Maybach mit der Entwicklung des Otto-Viertakters schon viel weiter waren? Die beiden miteinander sehr befreundeten Ingenieure Gottlieb Daimler und Wilhelm Maybach waren 1872 in die Kölner Gasmotorenfabrik Deutz eingetreten, wo sie sich auf Verbrennungsmaschinen konzentrieren sollten. Ab 1875 schien die Zukunft der Firma bedroht, weil ein plötzlicher Absatzrückgang der damals noch produzierten atmosphärischen Motoren einsetzte. Nikolaus Otto machte sich aufs neue an die Denkarbeit. Er griff dabei auf die Ergebnisse seiner mißlungenen Versuche von 1861/62 zurück (mißlungen insofern, als ein damals schon funktionierender Viertaktmotor – der furchterregend vibriert hatte – über das Experimentierstadium nicht hinausgekommen war). Aber jetzt, im Jahr 1875, vor dem neuen industriellen Hintergrund, wurden alle bekannten Arbeitsverfahren noch einmal studiert, verworfen, neu entwickelt, bezweifelt, verbessert und erprobt. Und nun schlug Nikolaus Ottos Sternstunde: Er vollbrachte seine größte schöpferische Leistung. Das von ihm geführte Ringsche Versuchsbuch weist mit der Eintragung vom 9. Mai 1876 erstmals das Diagramm einer Viertaktmaschine aus. Schon im September und Oktober 1876, also nach einer verblüffend kurzen Zeit, wurden die fertigen Baumuster getestet. Rasch hintereinander entstanden Typen von einem halben bis zu acht PS. Das Konstruktionsbüro und die Fabrikation vollbrachten Rekordleistungen, und den Ausfall des atmosphärischen Motors hatte man in kurzer Zeit wieder wettgemacht. Damit war nicht nur die Existenz der Gasmotorenfabrik Deutz gesichert, der Siegeszug des Verbrennungsmotors hatte begonnen. Und Gottlieb Daimler war in vorderster Linie dabei. Die Zündung allerdings, so meinte er, würde Schwierigkeiten verursachen (auch Karl Benz hielt sie für »das Problem aller Probleme«). Die vier Männer in Köln hatten mit dem funktionierenden Viertakter ein neues technisches

Zeitalter eingeleitet: Nikolaus Otto mit der ihm eigenen schöpferischen Kraft, Eugen Langen mit sicherer Hand in der Beherrschung unternehmerischer Probleme, Gottlieb Daimler mit souveränem Weitblick bei der Bewältigung großer fabrikatorischer Arbeiten und Wilhelm Maybach mit seinem bewundernswerten Einfühlungsvermögen in die technischen Zusammenhänge.

Zwischen den so unterschiedlichen Persönlichkeiten traten aber auch Spannungen auf, die sich nicht nur auf den geschäftlichen, sondern ebenso auf den persönlichen Bereich erstreckten. Eugen Langens Bruder Gustav sollte als Vermittler fungieren, aber nach seiner Meinung war bei derart gegensätzlichen Charakteren »ein kollegiales Zusammenarbeiten unmöglich«. Daimler solle am besten ausscheiden und die Wiener Filiale der Deutzer Gasmotorenfabrik übernehmen. Aber man schickte ihn schließlich auf eine Rußlandreise, damit er die Absatzchancen in dem Riesenreich untersuchte. Der ausführliche Bericht, den er über seine dortigen Erkundungen verfaßte, bestärkte den Aufsichtsrat, der beabsichtigte, in St. Petersburg eine Niederlassung einzurichten. Man bot Daimler die Position des Filialleiters an; auf diese elegante Weise wäre die Firma den schwierigen Mann losgeworden. Daimler lehnte ab. Aber daß seine Zeit bei Deutz abgelaufen war, wußte er. Der geniale Konstrukteur war dort sehr erfolgreich gewesen und hatte viel Geld verdient – aber sein Ego war so stark verletzt, daß es für ihn nur einen Weg gab. Karl Benz war ihn schon drei Jahre früher gegangen: auf sich allein gestellt, ohne eine finanzstarke Firma im Rücken, seine Motorenentwicklung voranzutreiben. 48 Jahre zählte Daimler, als er im Juli 1882 am Kurpark von Cannstatt eine Villa bezog. Das Gewächshaus des Anwesens wurde in eine Werkstatt umgewandelt, und hier nahm er jetzt den »schnellaufenden« Viertaktmotor in Angriff. Wilhelm Maybach folgte ihm, und am 1. Januar 1883 nahmen sie die gemeinsame Arbeit auf.

Die Tips eines Fotografen

Wie war es Benz inzwischen ergangen? Der Stolz auf seinen Zweitaktmotor, der tadellos funktionierte, konnte nicht darüber hinwegtäuschen, daß schon wieder finanzielle Engpässe ins Haus standen. Es blieb zu wenig Zeit, die »Serienproduktion« vorzubereiten und daneben noch Aufträge hereinzuholen. In dieser prekären Situation kam der Hoffotograf Emil Bühler wie gerufen. Er brauchte für seine Satiniermaschine eine blankpolierte Stahlplatte, die als einziger Benz genau nach Wunsch anzufertigen in der Lage war. Man schwätzte noch ein wenig miteinander, und Benz führte seinen Motor vor. Bühler war begeistert: »Das hat Zukunft, lieber Benz! Ich helfe Ihnen mit Geld aus!« Der Fotograf ging noch weiter. Er riet zur Gründung einer Aktiengesellschaft, um die kommenden finanziellen Risiken auf mehrere Schultern zu verteilen. Am 14. Oktober 1882 wurde die Gasmotorenfabrik in Mannheim als Aktiengesellschaft gegründet. Neun Aktionäre teilten sich das Aktienkapital von 100 000 Mark. Benz' Geschäft wurde mit 45 000 Mark bewertet und von der Gesellschaft übernommen. Bühler wurde mit 80 Aktien à 500 Mark abgefunden.

Aber schon nach drei Monaten bat Benz, das Vertragsverhältnis aufzulösen. Ärger mit Aufsichtsratsmitgliedern, überstrapazierte Nerven mögen die Ursachen gewesen sein. Der Vorstand stimmte zu. Man wurde einen unbequemen Mann los, und seine ehemaligen Partner konnten von Benz' Know how noch weidlich profitieren.

Mittlerweile war Benz aber bei einigen fortschrittlichen Finanziers »eine Bank geworden, auf die man setzen konnte«. Mit dieser Macht im Rücken gründeten am 1. Oktober 1883 die Herren Karl Benz, Max Kaspar Rose und Friedrich Wilhelm Eßlinger die offene Handelsgesellschaft »Benz & Cie., Rheinische Gasmotorenfabrik in Mannheim«. Zweck des Unternehmens: »Herstellung von Verbrennungskraftmaschinen nach den Plänen von Karl Benz«.

Der Benz-Zweitakter war schon bald ein Verkaufsschlager im In- und Ausland, und das Werk begann, aus allen Nähten zu platzen. 1886 wurden in der Waldhofstraße auf einer Grundfläche von 4000 Quadratmetern neue Produktionsstätten errichtet.

Nachdem der Motorenbau derart erfolgreich war, faßte Benz den Bau eines Autos als nächstes Ziel ins Auge, obwohl seine Geschäftspartner noch zögerten. Die Entscheidung fiel dann aber doch leicht, da sich abzeichnete, daß der anhängige Nichtigkeitsprozeß um das Otto-Viertaktmotor-Patent DRP 532 zuungunsten des Rechteinhabers ausgehen würde. Otto wollte unverständlicherweise nicht gewußt haben, daß der französische Ingenieur Beau de Rochas bereits 1862 das Viertaktprinzip – allerdings nur theoretisch – dargestellt hatte. Im Januar 1886 erklärte das deutsche Reichsgericht Ottos Patent für ungültig, und damit war die nach ihm benannte Konstruktionstechnik für jedermann zugänglich geworden. Benz hatte vorsorglich begonnen, einen Viertaktmotor zu entwerfen, so daß er jetzt im Rennen um die Motorenentwicklung mit Daimler wieder Brust an Brust lag. Die beiden Cannstatter Konstrukteure entschieden sich übrigens für die Glührohrzündung, während Benz für die sogenannte Summer-Zündung optierte, die sich der Franzose Lenoir hatte einfallen lassen.

Das Jahr 1886 wurde zu einer bedeutenden Wendemarke in der Geschichte des Automobils – die ersten »Autos«, legt man die heutige Begriffsbestimmung zugrunde, wurden gebaut:

Karl Benz' Dreirad- und Gottlieb Daimlers Motorwagen. Mit seinem DRP 37 435 vom 29. Januar 1886 hatte Karl Benz zunächst die Nase vorn. Das als »Fahrzeug mit Gasmotorenantrieb« spezifizierte Gefährt war das erste fahrtüchtige Auto der Welt. Das Benzsche Dreirad wurde von einem verhältnismäßig leichten, offen gebauten Viertaktmotor mit einer Höchstleistung von 0,8 PS angetrieben, der es auf für damalige Zeiten beachtliche 250 Umdrehungen pro Minute brachte. Die ersten öffentlichen Ausfahrten in Mannheims Umgebung erregten in der Bevölkerung Aufsehen, aber auch Heiterkeit. Die Presse würdigte die Neuheit aus der Rheinischen Gasmotorenfabrik wohlwollend. Daß jedoch mit dem Veloziped ein neues technisches Zeitalter begann, wurde in der Öffentlichkeit nicht erkannt.
Auf der Münchner »Kraft- und Arbeitsmaschinen-Ausstellung« im Jahr 1888 war das Echo alles in allem zwar recht positiv, aber ein Artikel im »Jahrbuch der Naturwissenschaften«, 1888, der sich mit Benz-Motorbooten beschäftigte, schüttete dann doch etwas Essig in den süßen Wein des Erfolgs: »Auch hat Benz einen Benzinwagen gebaut, welcher auf der Münchener Ausstellung Aufsehen erregt hat. Diese Anwendung der Benzinmaschine dürfte indessen ebensowenig zukunftsreich sein wie die des Dampfes auf die Fortbewegung auf der Straße.«

Eine heimliche Fahrt von Mannheim nach Pforzheim

Karl Benz ließ sich durch solche negativen Reaktionen nicht entmutigen. In seinem Automobilprospekt, dem wohl ersten der Welt, wird der Dreiradwagen als ein »gefälliges Fuhrwerk sowie als Bergsteigapparat« bezeichnet. Er könne belastet sechs- und unbelastet achtprozentige Steigungen erklimmen, als Geschwindigkeit wird 16 km/h angegeben.
Daß sich die Käufer zunächst noch zurückhielten, entmutigte weder Karl noch Berta Benz. Im Gegenteil – die couragierte Frau wollte ihren Mann überzeugen, wie sie an die Zukunft seines Benzinwagens zu glauben. An einem Augustmorgen des Jahres 1888 startete sie, begleitet von ihren jungen Söhnen Eugen und Richard, zur ersten Autofernfahrt der Welt. Ziel war das 80 Kilometer entfernte Pforzheim. Karl Benz durfte von dieser riskanten Expedition nichts wissen. Es wurde eine Fahrt voller Tücken und Überraschungen. Am Berg mußte der »Benz« geschoben werden. Dorfschmiede halfen bei den zahlreichen Pannen aus. Benzin wurde in den an der Strecke liegenden Apotheken gekauft. Viele Probleme konnte das wagemutige Trio selber meistern – ausgeleierte Ketten, die aus den Zahnrädern sprangen, Verstopfung des Benzinflusses zum Vergaser, Kurzschluß in der elektrischen Anlage, wiederholte Abnutzung der Bremsbeläge. Aufgeregte Passanten riefen besorgt aus: »Da können wir ja alle Gäule totschlagen!«
Karl Benz wurde telegrafisch vom Erfolg der Expedition unterrichtet. Er war stolz auf seine drei Testfahrer und nahm ihnen auch ihre Heimlichtuerei nicht übel, sondern orderte lediglich die für die Fahrt benutzten Ketten als Eilgut zurück. Er brauchte sie für einen Ausstellungswagen.
Während die Benzens zu den Leuten gehörten, die bei allem richtig mit anpackten, hat Gottlieb Daimler selber nie ein Auto gesteuert. In der zweiten Hälfte des Jahres 1886 war sein Motor fertig, den er in einen Kutschwagen einbauen wollte. Der Einzylinder leistete bei 650 U/min. 1,1 PS und hatte eine Bohrung von 70 und einen Hub von 120 mm. Wilhelm Maybach saß hinter der Steuerkurbel, als der erste Daimler-Wagen im Hof der Maschinenfabrik Eßlingen zum Probelauf startete. Daimler hatte mit Benz, über dessen Arbeiten er genauestens im Bilde war, wieder gleichgezogen.
Daß die beiden sich nie begegnet sind, ist kein Zufall gewesen. Daimler war ein stolzer Mann mit einem ausgeprägten Selbstbewußtsein, der wohl erwartete, daß der eher in sich gekehrte, introvertierte Karl Benz zu ihm kommen müsse – und eben umgekehrt! Wieviel hätten sich diese beiden bedeutenden Techniker zu sagen gehabt!

Welchen Zweck hat ein Motor?

Der »Motorenmensch« Daimler war nicht in erster Linie auf die Nachfolge der von Pferden gezogenen Kutschwagen aus. Er wollte seinen Motor auf universelle Weise nutzbar machen, um Schiffe, Lokomotiven, Ballons, Kutschen zu bewegen. Besonders lagen ihm die Feuerwehrwagen am Herzen, die mit Dampfbetrieb zu langsam waren und kostbare Zeit beim Heizen verloren. Benz dagegen lebte seit langem schon mit der Idee von einem Motorwagen, in dem Antriebsaggregat und Wagen bereits vom Entwurf her eine Einheit bilden sollten. Für ihn war das Straßenfahrzeug ein organisches Ganzes, was sich auch im Fortschritt des Fahrwerks widerspiegelte (Leichtbauweise, Zahnstangenlenkung und Ausgleichsgetriebe).
Wem nun der Lorbeer gebührt, das von einem Benzinmotor angetriebene Automobil erfunden zu haben, Benz oder Daimler/Maybach, ist relativ unwichtig und spielt in der Automobilgeschichtsschreibung kaum noch eine Rolle. Viel wichtiger ist die Feststellung, die wir schon im ersten Kapitel dieses Buches getroffen haben: Die Deutschen spürten nicht, was die epochalen Entwicklungsarbeiten ihrer genialen Mitbürger Benz, Daimler und Maybach bedeuteten – und überließen es den Franzosen, die Weichen für das motorisierte Zeitalter zu stellen, mit Motoren aus Mannheim und Cannstatt.

HENRY FORD - »TIN LIZZIE, I LOVE YOU«

Im Jahr 1907 brannten in einem kleinen Raum im dritten Stock eines Hauses in der Piquette Avenue in Detroit die Lichter häufig bis spät in die Nacht. Fords Ingenieure Joseph Galamb und Harold Wills legten letzte Hand an das neueste Modell der Ford Motor Company, den Ford T (87), und ihr Chef – obwohl kein studierter Ingenieur – nahm sich jedes technische Detail noch einmal pedantisch genau vor, bevor er sein »All right, boys« knurrte.

1893 hatte Henry Ford – gerade 30 Jahre alt – seinen ersten Motor gebaut, den er für den »zweiten Höhepunkt in seinem Leben« hielt. Der erste war die Geburt seines Sohnes Edsel am 6. November 1893 gewesen. Als echter Vollbluttechniker hatte Henry wenig Sinn für Feierliches – ausgerechnet am Heiligen Abend, als seine Frau Clara vollauf beschäftigt war, den kleinen Edsel trockenzulegen und den Truthahn zuzubereiten, betrat er die Küche, stellte ein metallenes Gerät in das Spülbecken und sagte: »Darling, das ist mein erster Motor! Komm, hilf mir, daß wir ihn in Gang bringen!« Nach einigen Startversuchen sprang der Einzylinder an, knallte, fauchte und stank. Clara wurde von da an die treibende Kraft, das gute Gewissen, die Geheimnisträgerin ihres von der Technik besessenen Mannes – so wie es Berta Benz für ihren Gatten Karl gewesen ist.

1896 entstand Fords erstes Auto, ein »Quadricycle«, in seiner Werkstatt in der Bagley Avenue in Detroit (57). Backsteinmauern mußten eingerissen werden, damit es ans Tageslicht gerollt werden konnte. Ford war zu jener Zeit Mechaniker im Elektrizitätswerk der Edison Illumination Company in Detroit. Im August 1896 wurde er zum 17. Jahreskonvent der Firma als Delegierter nach New York geschickt. Dort konnte er ein paar Worte mit seinem Chef Thomas Alva Edison wechseln. Auf der Rückseite einer Speisekarte zeichnete er ihm die Konturen eines Autos auf, wie es eines Tages gebaut werden müsse. Der große Erfinder, mit seinem Blick fürs Geniale, war kein Mann vieler Worte. Er sagte lediglich: »Junger Mann, das ist es! Du hast es raus! Bleib dran!« Als Henry wieder nach Detroit zurückgekehrt war, bereitete er seine Frau schonend auf das vor, was sie zu erwarten hatte: »Du wirst mich im nächsten Jahr nicht allzuoft sehen.«

Von A bis T

Henry Ford war auf den Bandwaggon der amerikanischen Autobauer aufgesprungen. 1899 verließ er Edisons Firma, und am 16. Juni 1903 war er so weit, daß er ein eigenes Unternehmen, die Ford Motor Company, gründen konnte. In einschlägigen Finanzkreisen hatte er schon durch spektakuläre Rennerfolge auf sich aufmerksam gemacht und auf diesem Weg auch Gesellschafter gefunden. Zum Beispiel schlug er am 10. Oktober 1901 den bekannten amerikanischen Rennfahrer Alexander Winton auf der Rundstrecke von Groose Point, Michigan, 1904 erzielte er auf dem Eis des St.-Clair-Sees in seinem Arrow-Rennwagen (56) einen von der American Automobile Association (AAA) anerkannten Geschwindigkeitsrekord über eine Meile, wobei er einen Schnitt von 147,04 km/h erreichte. Was seit 1903 an Modellen auf dem Reißbrett in Henry Fords Werkstätten entstand und größtenteils auch gebaut wurde, waren im Grunde genommen nichts anderes als die Vorläufer des Ford T.

Es begann im Sommer 1903 mit dem Modell A. Dieses wurde von einem Zweizylinder-Boxermotor angetrieben, der für damalige Verhältnisse fortschrittliche Abmessungen aufwies: je 100 Millimeter Bohrung und Hub. Henry Ford war ernorm fleißig und konzipierte eine Reihe von Modellen, die er nach den Buchstaben des Alphabets benannte. C und F wurden produziert, von D und E dagegen hörte man nie etwas. Parallel zu der Entwicklung des Modells F entstand der Typ B. G, H und I kamen über das Reißbrett-Stadium nicht hinaus. Die Typen K und N erschienen im Spätherbst 1905 auf dem Markt, wobei der Ford K als wuchtiger Sechszylinder schon in die Luxusklasse vorstieß. Dieser Wagen war auf Drängen von Fords Partner, dem Kohlenhändler Alex Y. Malcolmson, gebaut worden, damit die Firma auch mit einem Prestigeauto aufwarten konnte, während der Typ N allgemein als direkter Vorläufer der »Tin Lizzie« gilt. Den ewig quengelnden Teilhaber fand Ford im Jahr 1906 mit 175 000 Dollar ab und war ihn endlich los. Der K war kein Erfolg, um so mehr aber der Typ N, ein solider Gebrauchswagen.

Aber Henry Ford war mit seinen Gedanken längst nicht mehr bei dieser hektischen Typenfolge. Seine fixe Idee von einem Universal-Niedrigpreisauto kam der Verwirklichung immer näher, auch deshalb, weil er kaufmännisch dachte. Seine Überlegung: Ein kleines, in großer Stückzahl hergestelltes Auto bringt trotz kleinerer Gewinnspannen schließlich doch höhere Gewinne als ein teures Modell, das nur in geringer Anzahl hergestellt wird. Das war These Nummer eins. These Nummer zwei stieß schon hart an die Grenze des Größenwahns: »Ich werde die Welt auf Räder stellen. Die Zeiten sind vorbei, in denen der kleine, hart arbeitende Mann, der Farmer, der Handwerker, der Handelsvertreter, die Hebamme, der Geistliche, der Landarzt... sich kein Auto leisten konnten. Ich werde Amerika motorisieren.« Und These Nummer drei: »Keine Fabrik wird letzten Endes groß genug sein, als daß man mehr als ein Modell in ihr bauen könnte.« Dementsprechend folgt ab 1909 ein radikaler Schwenk zur Ein-Modell-Politik – wie es Rolls-Royce mit dem Silver Ghost bereits eineinhalb Jahre früher vorexerziert hatte.

Was Henry Fords Team im Oktober 1908 produktionsreif hatte, war ein Einfachauto mit dem Charme eines Vorschlaghammers. Der Ford T kam staksig daher, häßlich wie die Nacht und hörte sich an wie eine Blechtrommel. Diesen Eigenschaften verdankt er seinen Namen: »Tin Lizzie«. Und die Konkurrenz gab sich hämisch. Aber das Lachen über die blecherne Liese sollte ihr bald vergehen. »Tin Lizzie« beschleunigte das Leben der Vereinigten Staaten im Zeitraffertempo, dank ihr schlug der Puls dieser großen Nation schneller. Die USA erfuhren ein neues Lebensgefühl, ein ganzes Land war mobil geworden. Und dabei war das Jahrhundertauto von ergreifender Schlichtheit. Da es ja 1908 in den Staaten noch keine Highways und kaum feste Landstraßen gab, mußte der Ford T großspurig auf breiten, starren Achsen rollen. Sie waren beweglich aufgehängt, in der Mitte an einer Querblattfeder gelagert und mittels einer Dreiecksstrebe abgefangen. Das Fahrwerk war schlaglochfreudig und hatte nichts gegen Verwindungen einzuwenden, alles war nach dem Motto konstruiert: »Was flexibel ist, kann nicht brechen.« Der Vierzylindermotor hatte einen Hubraum von 2,9 Liter und leistete 25 PS bei einer Verdichtung von zunächst 4,5:1; später wurde die Verdichtung auf 3,9:1 gesenkt und »Tin Lizzie« gab sich mit fünf PS weniger zufrieden. Der Motor war ein Allesschlucker. War gerade kein Benzin zur Hand, konnte man den Rest im Tank mit einem Schuß Petroleum oder Brennspiritus vermischen, und das waren Treibstoffe, die bei jedem Drogisten zu haben waren. Tankstellen gab es zu dieser Zeit kaum; die ersten Versuche mit »filling stations« an Landstraßen wurden in Amerika 1906 gemacht. Ölprobleme existierten ebenfalls nicht: Wie es gerade paßte – einfach irgendein Schmieröl reinschütten, fertig. Der Motor war mit 1600 U/min. sowieso ein gemütlicher Geselle, der selten Schwierigkeiten bereitete.

Legenden werden gewoben

Viele Käufer stiegen vom Pferdewagen auf das Blechgefährt um, und sie behandelten es entsprechend oft wie ein ruppiges Rodeopferd. Auf die zumeist technische Unbedarftheit der Käufer nahm die Betriebsanleitung Rücksicht. In der Hacksprache eines Comic books hieß es da: »Du hast drei Pedale vor dir. Rechts – das ist die Fußbremse. Drauftreten, wenn du halten willst. Dann kommt das Pedal für das Rückwärtsfahren. Aber erst drauftreten, wenn der Wagen nicht mehr nach vorn fährt. Dann kommt das wichtigste Pedal. Wenn es in der Mittellage steht, ist Leerlauf. Der Motor tut dann nichts mit den Rädern. Wenn du stark drauftrittst, bis nach ganz unten, fährt dein Ford im ersten Gang. Das ist der Kraftgang. Willst du wieder auskuppeln, wenn der Motor also nicht mehr ziehen soll, holst du das Pedal wieder in die Mittellage. Willst du zügig fahren, muß das Pedal ganz oben stehen. Und nun – let's go, boys.«

Wir sehen, daß die Hände wenig zu tun hatten. Sie konnten am Lenkrad bleiben, von da aus das Handgas und die Düse des Vergasers verstellen. Die Verstellbarkeit der Düse hatte auch praktische Gründe. Wenn sie von Wassertropfen oder toten Mücken verstopft war, wurde ihre Öffnung vergrößert. Interessant für den Kenner war die Schwungrad-Magnetzündung. Der Verteiler wurde direkt von der Kurbelwelle angetrieben. Ein Planetengetriebe vereinfachte diese simplen Bedienungsvorgänge noch mehr. Man konnte im Nu, ohne zu kuppeln und zu schalten, vom Vorwärts- in den Rückwärtsgang »umtreten«. Das erwies sich als besonders vorteilhaft, wenn sich eine »Tin Lizzie« auf schlammigen Feldwegen oder in Schneeverwehungen festgefahren hatte. Dann konnte sie sich auf einfache Weise wieder herausschaukeln. Eine einzige Lenkradumdrehung bewirkte den vollen Radeinschlag. Ein Wendekreis von nur 8,7 Metern – davon träumen die meisten Autobesitzer unserer Tage – erhöhte die Manövrierfähigkeit des Ford. Er wurde sehr schnell zu everybody's darling – zum Liebling der Nation. In einer »Tin Lizzie« fuhren die Farmer mit ihrer Familie sonntags zur Kirche, und an den Werktagen transportierten sie mit ihr Schweine, Kälber, Kartoffeln und Kohle. Ganz schlaue Bauern rüsteten den Wagen mit Schaufelrädern aus, damit er auch einen Pflug ziehen konnte. Er schleppte Sämaschinen über die riesigen Felder des Mittelwestens, trieb Dreschmaschinen, Wasserpumpen und Generatoren an. Sehr bald begannen sich Legenden zu bilden, und »Tin-Lizzie«-Witze kamen auf. Die zurückspringende Anlasserkurbel hat manchem Fahrer den Unterarm gebrochen – »die schlägt zu wie ein Maulesel!« »Tin-Lizzie«-Fahrer zeigten sich voller Stolz ihre Ford-Waden – wer in bergigem Gelände wohnte, mußte beim Fahren oft stundenlang den ersten Gang benutzen und zu diesem Zweck ständig das Pedal durchtreten. Das gab natürlich Muskeln! Oft passierte es auch, daß durch das Schütteln des Motors das Schaltpedal aus der Stellung »Neutral« heraussprang und der Wagen sich ohne Zutun des Fahrers in Bewegung setzte. Oder die angezogene Handbremse löste sich – was ähnliche Folgen hatte. Als Anlaßhilfe wurden unter Kennern folgende Tricks empfohlen: Kochend heißes Wasser auf den Ansaugkrümmer gießen und die Zündkerzen auf dem Herd erhitzen, bis sie richtig glühten. Und dann geschwind einschrauben.

Bei 20 km/h klappern die Zähne

»Tin Lizzie« kam schlicht um schlicht aus dem Werk und war mit keinerlei Zierat belastet. Gerade daß Henry Ford seinem »Volkswagen« ein Signalhorn bewilligt hatte. Die Zubehörindustrie machte Anstrengungen, das asketische Auto aus Detroit herauszuputzen. Während der Bauzeit des Ford T (1908 bis 1927) wurden für ihn über 5000 Zubehörteile entworfen und angeboten. Sehr früh schon offerierte die Non-Kick-Start Company aus Kansas City für 2,50 Dollar ein Handbuch mit dem Slogan »Wie Sie gebrochene Arme beim Starten der Tin Lizzie vermeiden!« Ein Tachometer sollte 7,25 Dollar kosten, worauf ein Ford-Fahrer nach Detroit schrieb: »Wozu brauche ich ein Speedometer? Wenn die Kotflügel an meinem Modell T zu klappern anfangen, weiß ich, daß ich zehn Stundenkilometer fahre. Wenn meine Zähne klappern, weiß ich, daß ich 20 draufhabe. Wenn die Gänge rausspringen, fahre ich 25...« Henry Ford liebte solche Scherze: »Jeder Witz verkauft eine ›Tin Lizzie‹ mehr!«
Ford betrieb eine sehr flexible Preispolitik. Der erste Ford T kostete 850 und 1910 950 Dollar, aber dann begann die Talfahrt der Preise. 1916 war ein Tourer schon für 360 Dollar zu haben. Ford ließ sich außerdem ein Rabattsystem einfallen, das unseren Autoverkäufern von heute die Sprache verschlagen würde; von Küste zu Küste verkündete er 1914: »Jeder, der 1914 ein Modell T erwirbt, bekommt 50 Dollar zurück, wenn im Jahr 1915 mehr als 300 000 Exemplare von ›Tin Lizzie‹ verkauft werden!« Es waren schließlich exakt 308 213, und die landesweite Rückzahlaktion wurde auch prompt gestartet.
Zu dieser kühnen und verbraucherfreundlichen Preisbildung trugen auch die allmählich greifenden Rationalisierungsvorteile der perfekten Fließbandproduktion bei. Henry Ford war zwar nicht der Erfinder des Fließbands. (Diese Fertigungsmethode hatten Amerikas Autoindustrielle den Fleischfabriken in Chicago abgeguckt, wo Hunderttausende von toten Schweinen und Kälbern, aufgehängt an Fließbändern, an den Schlachtern zum Tranchieren vorbeizogen.) Aber indem er die Produktionsabläufe straffte, brachte er es auf eine bis dahin unbekannte Bandgeschwindigkeit. Dauerte es anfangs noch 12 Stunden und 28 Minuten, einen Ford T zusammenzubauen, waren es später immer noch 5 Stunden und 50 Minuten und schließlich 93 Minuten, so trieb Henry Ford seine Arbeiter zu immer kürzeren Zeiten an, bis in den zwanziger Jahren alle 1,6 Minuten ein Wagen das Werk verließ. Fiel einem Arbeiter unglücklicherweise mal ein Werkzeug aus der Hand, so flossen binnen kurzem zehn oder mehr Einheiten an ihm vorüber, ohne daß er seine Montagegriffe machen konnte. Klar, daß er gefeuert wurde. Andererseits aber honorierte Ford die Fixigkeit seiner Fließbandarbeiter. Am 5. Januar 1914 verblüffte er die Konkurrenz mit der Ankündigung, daß seine Gesellschaft nunmehr einen Mindestlohn von fünf Dollar pro Tag zahlen werde, doppelt soviel wie die anderen amerikanischen Autofabriken. Auch wurde der Achtstundentag eingeführt. Damit waren die Ford-Werke nun aber nicht etwa in ein Arbeiterparadies umgewandelt worden. Im Gegenteil. Die Fabriken in Detroit wurden von zwei Vertrauten Henry Fords mit harter Hand regiert – Charles Sorensen und Harry Bennett. Sorensen war der Einpeitscher und hing der Lehre von der »eisernen Faust im eisernen Handschuh« an. Rauchen und Reden während der Arbeit war nicht erlaubt. Sorensen war bei den Arbeitern so verhaßt, daß er nur im Eilschritt durch die Fabrikhallen ging, um nicht ein allzu leichtes Ziel für Wurfgeschosse abzugeben. Bennett, ein ehemaliger Profiboxer, war für die innere Sicherheit im Werk verantwortlich. Seine engen und guten Beziehungen zur Unterwelt störten Henry Ford nicht. Hauptsache, es herrschte Ordnung im Laden. Bennett setzte auch Spitzel ein, die die aufkeimende Gewerkschaftsbewegung ausspionieren und unterwandern sollten. Der Ex-Boxer bewahrte in seinem Schreibtisch zwei Pistolen auf – »für alle Fälle«. Einem Gewerkschaftsfunktionär schoß er die qualmende Zigarre aus dem Mund. Sogar des Firmenbesitzers schüchterner Sohn Edsel hatte unter den Schikanen Bennetts zu leiden.

»Tin Lizzies« Siegeszug

Fords Weg in den Gigantismus brachte natürlich eine Reihe von Problemen mit sich, so zum Beispiel das der Materialbeschaffung im weitesten Sinn des Wortes. Um nicht von fremden Zulieferern abhängig zu sein, kaufte er Wälder, Kohle- und Erzgruben, Glasfabriken und brasilianische Gummiplantagen auf und baute, als Clou, eine eigene Eisenbahnlinie, den Detroit-Toledo-Tronton-Railway. Nichts sollte den Siegeszug des Ford T aufhalten. Im Jahr 1922 betrug der Gewinn der FoMoCo 119 Millionen Dollar, und über 50 Prozent aller Autos der Welt trugen den Namen »Tin Lizzie«. Schöner war sie allerdings immer noch nicht geworden. Wenn Käufer Extrawünsche bei der Lackierung äußerten, schwadronierte Henry: »Ihr könnt jede Farbe haben, solange es schwarz ist!« Übrigens eine der wenigen Doktrinen, die Ford nicht durchhielt.

1916 bekam »Tin Lizzie« elektrische Scheinwerfer. Bis dahin mußten Karbidlampen ausreichen. 1919 konnte man wahlweise einen elektrischen Starter kaufen. Und auch Karosserievarianten kamen nun auf den Markt: »Runabouts« und »Sport Tourer« wurden angeboten. Henry Fords harte, aber auch vorausschauende Unternehmenspolitik veränderte das soziale Klima Amerikas. »Wer für mich hart arbeitet, der wird es auch gut bei mir haben« – was immer er auch darunter verstand. Etwa die täglichen Bibelstunden am Arbeitsplatz, die Rabatte auf Jahreswagen, die Überwachung durch Bennetts Werkspolizei?

All das verblaßt gegenüber den erdrutschartigen Veränderungen, die das Modell T in der Industrielandschaft und in der Infrastruktur der Vereinigten Staaten ausgelöst hat. Dort gab es zwar Anfang der zweiten Dekade unseres Jahrhunderts ein Auto für Mr. Jedermann, aber keine richtigen Straßen! Wie Heuschreckenschwärme fielen die »Tin Lizzies« über das Land her. Aber der Staat war nicht bereit, die Straßenbaupläne privater Interessengruppen wie der American Highway Association finanziell zu unterstützen. Noch 1916 weigerte sich Präsident Wilson, ein Bundeshilfsgesetz für den Straßenbau zu unterzeichnen. Er hielt Autos ohnehin für ein nationales Verhängnis, weil sie den kleinen Mann aus seiner Bescheidenheit herausführten und ihn – eine verwegene Theorie! – für die »Irrlehre des Sozialismus« empfänglich machten.

Ein deutsches U-Boot soll die Wende eingeleitet haben. Es tauchte vor dem Hafen von Baltimore auf und stellte damit Amerikas Verwundbarkeit unter Beweis. »Straßen müssen sein«, so nun die Militärs, »um strategische Güter schneller zu den Gefahrenpunkten transportieren zu können!« Die Amerikaner hatten Angst, daß der europäische Krieg mit all seinen Schrecken über den Atlantik greifen könnte. So wurde Präsident Wilson gezwungen, eine Straßenbaukonzeption mit in ein Bundesverteidigungsgesetz einzubeziehen.

Henry Fords philantropische Neigungen, die in faszinierendem Gegensatz zu seiner doch reinrassigen kapitalistischen Unternehmerphilosophie standen, treiben seltsame Blüten: 1915 engagiert er sich aktiv in einer amerikanischen Friedensbewegung, die den Krieg in Europa beenden will. Er rüstet eigens ein »Peace Ship«, ein Friedensschiff, aus und dampft mit einer Gruppe von Pazifisten und Idealisten an Bord nach Europa, um Frieden zu stiften. Diesseits und jenseits des Atlantik erntet er nur Hohn und Spott.

In »Tin Lizzie« werden die meisten Babies gezeugt

Als sein Vaterland 1917 in den Krieg eintrat und 1,7 Millionen Soldaten für Europa mobilisierte, war Henry Ford allerdings pflichtbewußt auf der Seite der Rüstungsfabrikanten. 1919 kaufte er in einem gewaltigen Kraftakt für 105 820 894 Dollar sämtliche Aktien auf, die noch in den Händen von Minderheitsaktionären waren und wurde damit Alleinherrscher in seinem 500-Millionen-Dollar-Reich. (Fußnote am Rand: Trotz des gewaltigen Booms der amerikanischen Automobilbranche lag sie auch 1919 nur an dritter Stelle – hinter der Fleisch- und der Stahlindustrie.)

Anfang der zwanziger Jahre senkte Ford den Preis für die Standardausführung des Modells T auf 280 Dollar, forcierte Produktion und Verkauf seines inzwischen entwickelten Traktors und erweiterte wiederum die Fabriken. 1922 erwarb er die notleidende Lincoln Motor Company und konnte nun neben dem klassischen Billigpreis-Auto auch ein Luxusmodell anbieten. Starrköpfig hielt er an seiner Modellpolitik fest, obwohl ihm nicht verborgen blieb, daß »Tin Lizzie« allmählich in die Jahre gekommen war. Amerikas Straßen wurden immer besser, und die alte Dame mit ihren 20 PS konnte nicht mehr richtig mithalten. Und General Motors ließ von dem ehemaligen Ford-Manager W. S. Knudsen preiswerte Chevrolets bauen, die dem Ford T das Leben immer schwerer machten. Im Jahr 1927 kam dann der längst fällige Modellwechsel, den im wesentlichen Junior Edsel durchgesetzt hat. 16 536 075 »Tin Lizzies« (einschließlich der in Kanada und England produzierten Wagen) waren seit 1908 verkauft worden. Henry Ford legte für sechs Monate die Produktion still und stellte auf das Modell A um (55). 1928 wurde es auf Amerika und die Welt losgelassen. Diese Umstellung kostete die FoMoCo 200 Millionen Dollar.

Henry Ford hatte sein Lebensziel erreicht: Amerika und die Welt auf Räder zu setzen und das Auto, das einstige Spielzeug des reichen Mannes, zu demokratisieren. »Tin Lizzie« wurde ein Teil der amerikanischen Kultur, in vielen Schlagern und Musicals als die große Liebe des amerikanischen Manns besungen, der in ihr aufbrach in eine neue, schönere Welt, in der Männer noch Männer sein konnten.

John Steinbeck gab in seinem Roman »Straße der Ölsardinen« folgendes zu bedenken: »Man müßte einmal eine Abhandlung über den sittlichen, physischen und ästhetischen Einfluß des Modell T Ford auf das amerikanische Volk schreiben. Zwei US-Generationen wußten mehr über Fords Zündstift als über die Klitoris, mehr über die Gangschaltung als über den Lauf der Planeten. Mit dem Auftauchen des Modell T verschwand etwas vom Begriff des Privateigentums. Zangen hörten auf, Privateigentum zu sein, und eine Luftpumpe gehörte demjenigen, der sie zuletzt benutzte.

Die meisten Babies jener dahingegangenen Epoche wurden im Modell T Ford gezeugt und nicht wenige in ihm geboren.«

DUESENBERG - DIE KRAFT UND DIE HERRLICHKEIT

Duesenberg – das ist für die Amerikaner ein Begriff, der genauso hochkarätig und nostalgisch ist wie Rockefeller, Greta Garbo oder Rudolf Valentino. Fred und Augie Duesenberg bauten Ende der zwanziger, Anfang der dreißiger Jahre Luxus- und Traumautomobile, die zum Inbegriff des American way of life wurden: schnell, elegant, teuer, solide. Hollywoodstar Clark Gable hatte vier dieser Prunk- und Protzautos in seinen Garagen, Greta Garbo fuhr einen »Duesie« ebenso wie König Alfonso XIII. von Spanien, Prinz Nikolaus von Bulgarien, Mae West und Randolph Hearst. Einen Duesenberg zu besitzen war für die oberen Tausend eine Prestigefrage.

Zwei junge Bauernburschen aus Lippe-Detmold

Das Gerangel um die Renommierautos von Fred und Augie Duesenberg war groß, denn sie bauten insgesamt nur 650 Exemplare. Doch reichten sie aus, um die beiden Brüder in die Ruhmeshallen der amerikanischen Automobilgeschichte aufzunehmen. Was nur wenige wissen: Die beiden genialen Autobauer stammen aus einem kleinen Dorf im Norden des Fürstentums Lippe.

Fritz wurde am 6. Dezember 1874 geboren, August zwei Jahre später. Als die Familie nach dem Tod des Vaters den Entschluß faßte, ihr Glück in Amerika zu versuchen, war ihre Umgangssprache noch Plattdeutsch. Bruder Heinrich wurde als Kundschafter über den Atlantik vorausgeschickt. Er sollte eine Art Brückenkopf für die wagemutigen Lipper bilden. Als Handelsreisender für eine Großgärtnerei – er betreute den Bezirk Nordost-Iowa und das angrenzende Wisconsin – ließ er sich in Rockford, Iowa, nieder. Mitte der achtziger Jahre holte er schließlich seine Mutter und die fünf Geschwister nach.

Weder Fred noch Augie, wie sie jetzt genannt wurden, hatten je einen richtigen Beruf erlernt, von einem Ingenieurstudium ganz zu schweigen. Aber sie waren, was ihr technisches Verständnis betraf, Naturtalente. Im Alter von 17 Jahren war Fred schon ein vielbeschäftigter Mechaniker, der Landmaschinen reparierte und Windmühlen baute. So besserte er die Familienkasse erheblich auf. Die zähen Lippe-Detmolder hatten Fuß gefaßt.

Fred und Augie Duesenberg standen am Beginn einer steilen Karriere, zunächst noch als Zwei-Mann-Firma. 1893 hatte Charles E. Duryea zwar schon eines der allerersten amerikanischen Autos gebaut, einen Einzylinder mit 4 PS Leistung, aber die beiden Brüder Duesenberg setzten zunächst auf das Fahrrad als das kommende Verkehrsmittel des kleinen Manns und begannen ihre Fabrikantenlaufbahn mit der Herstellung von Fahrrädern. Fred bestimmte von Anfang an das Tempo, während sich Augie als der stillere im Hintergrund hielt.

Vom Fahrrad zum Rennwagen

Sie entwarfen Modelle, bauten sie in ihrer bescheidenen Werkstatt, und Fred startete bei Radrennen als sein eigener Werksfahrer. 1898 erzielte er zwei Weltrekorde über die Distanz von zwei und drei Meilen. Ganz im stillen machten sich die Brüder Duesenberg aber durchaus schon Gedanken über die Vorzüge und den Siegeszug des Verbrennungsmotors. 1900 montierten sie einen selbstgebauten Hilfsmotor auf eines ihrer Stahlrösser. Auf diese Weise entstand eines der ersten Motorräder der Vereinigten Staaten.

Fred wechselte 1902 als Entwicklungsingenieur zu Rambler (heute American Motors), während Augie weiter Fahrräder baute. Vier Jahre später, 1906, verkauften sie ihre Fahrradfabrik und wagten sich an ihr erstes eigenes Auto, einen Zweizylinder mit Kettenantrieb. Ein cleverer Rechtsanwalt namens Mason erkannte das brillante technische Know how der beiden Deutschen und finanzierte das Projekt. Aber er bestand darauf, daß das erste Auto der Duesenbergs seinen Namen tragen müsse. 1910 stellte Fred seinen ersten Rennmotor vor, der auf Anhieb auf den amerikanischen Speedways, vor allem aber auf dem Rundkurs von Indianapolis, erfolgreich war.

Im Jahr 1913 hatten die Duesenbergs so viel Geld beisammen, daß sie sich von ihren Geldgebern trennen und endlich eine eigene Firma gründen konnten, die Duesenberg Motors Co. In St. Paul, Minnesota, bauten sie vorerst nur Rennwagen.

Während des Ersten Weltkriegs gehörten Fred und Augie zu jenen Konstrukteuren, die für die amerikanische Luftwaffe Flugzeugmotoren entwickeln sollten. Im Zusammenhang mit dieser Arbeit befaßten sie sich auch mit einem Triebwerk aus der Werkstatt von Ettore Bugatti. Er hatte einen 16-Zylinder-Flugzeugmotor gebaut, den er bei Kriegsbeginn nach Paris schmuggelte, denn der frankophile Bugatti hatte sein Büro dorthin verlegt, als der Krieg ausbrach.

Sein amerikanischer Freund W. F. Bradley vermittelte ein Gespräch mit Colonel R. C. Bolling, einem Rechtsanwalt und dem Schwiegersohn Präsident Wilsons. Bolling war im Auftrag der amerikanischen Regierung nach Europa gereist, um Motoren, Ingenieure und Flugzeugbauer aufzutreiben. Amerikanische Flugschüler übten an jener Stelle, wo heute der Pariser Flughafen Orly aus allen Nähten platzt. Bradley empfahl den 16-Zylinder-Motor Ettore Bugattis. Amerikanische Fachleute wie Colonel J. G. Vincent von Packard, Howard Marmon von der Firma Marmon und E. J. Hall von Hall-Scott hielten die Bugatti-Konstruktion für geeignet und gaben den Duesenbergs den Auftrag, den Motor in Lizenz nachzubauen.

Captain W. F. Bradley erinnerte sich später dabei an eine makabre Begebenheit: »Während eines Probelaufs des ersten Motors trieb sich ein amerikanischer Soldat in der Werkstatt herum. Er rannte arglos in den Propeller und wurde getötet. Er war der erste tote amerikanische Soldat des Krieges. Wir trafen die Entscheidung, daß der Motor und zwei Mechaniker aus Molsheim nach Amerika verbracht werden sollten – und der Leichnam des Soldaten. Also stellten wir einen dementsprechenden Antrag bei den französischen Behörden für einen Leichnam, zwei deutsche Mechaniker und einen Flugzeugmotor. Man kann sich die Reaktion der französischen Beamten vorstellen! Als sie sich von ihrem Schrecken erholt und ihre Sprache wiedergefunden hatten, sprachen sie ganz sanft und voller Mitleid auf unseren Offizier ein in der Annahme, daß er den Verstand verloren hätte. Sie sagten, es sei ganz unmöglich, was er von ihnen verlange. Wir aber erinnerten sie an das Wort Napoleons, daß es das Wort ›unmöglich‹ für einen Franzosen nicht gebe... So bekamen wir dann doch unser Permit.«

Übrigens bestand nicht einer der Bugatti-Motoren die ersten Tests auf amerikanischem Boden. Der Autopionier Charles B. King wurde daraufhin mit dem Auftrag in die Duesenberg-Fabrik geschickt, die Motoren zum Laufen zu bringen. Doch schon der erste King-Bugatti-Motor explodierte beim Probelauf, und die Teile jagten wie Geschosse durchs Werkstattdach. Es war großes Pech für Bugatti; keiner seiner Motoren lief mehr als vier oder fünf Stunden. Als der Vertrag dann aufgekündigt wurde, waren bereits 40 Motoren geliefert worden.

Einstieg in den Grand-Prix-Sport

Die von den Duesenbergs entwickelten Acht-, Zwölf- und 16-Zylindermotoren (sie hatten mit dem Bugatti-Motor nichts zu tun, wie auch neueste Erkenntnisse amerikanischer Autohistoriker belegen) bestanden dagegen ihre Testläufe hervorragend. Nach dem Ersten Weltkrieg, bei ihrem Neubeginn im Jahr 1918, konnten die Brüder aus Lippe-Detmold daher auf einen großen Erfahrungsschatz zurückgreifen.

Ihr neuer Duesenberg- Achtzylinder-Reihenmotor mit 4260 ccm war nichts anderes als ein halbierter 16-Zylinder-Flugzeugmotor. Im übrigen waren ja Achtzylinder-Reihenmotoren nichts so sensationell Neues mehr: C.G.V. (Frankreich) im Jahr 1902, Winton (USA) mit dem Modell »Bullet« im Jahr 1904, Weigel (Großbritannien) im Jahr 1907 und nicht zuletzt die Zeppelinmotoren von Mercedes hatten die Tradition der Achtzylindermotoren (»in-line-eight« oder auch »straight-eight«, wie sie gern genannt wurden) begründet.

Die Duesenbergs hatten nun Geld genug, um in den Grand-Prix-Sport und in die Jagd nach Weltrekorden einzusteigen. 1920 koppelten sie zwei ihrer Achtzylinder-Triebwerke zusammen, verpflichteten Tom Milton als Fahrer und holten sich in Daytona Beach den Landgeschwindigkeits-Weltrekord über eine Meile. Milton erreichte dabei eine Geschwindigkeit von 251,17 km/h (46).

1921 schickten sie vier Achtzylinderwagen zum Großen Preis von Frankreich, der am 26. Juli in Le Mans stattfand. Das Rennen war ausgeschrieben für Rennwagen mit Motoren bis zu 3 Liter Hubraum. Technische Besonderheit der Duesenberg-Wagen: hydraulische Bremsen an allen vier Rädern. Es war eine Entwicklung der Firma Loughhead, die später der Einfachheit halber Lockheed genannt wurde. Sensationeller Sieger des Rennens wurde Jim Murphy auf einem Duesenberg. Auf dem vierten Platz landete ebenfalls ein Duesenberg, mit dem französischen Herrenfahrer André Dubonnet am Steuer. Der französische Aperitif-König hatte sich die Teilnahme am Großen Preis von Frankreich viel Geld kosten lassen. Er erwies sich dann aber zur großen Überraschung auch als ein außerordentlich guter Fahrer.

Auf der Ziegelstein-Rennstrecke von Indianapolis, wo die Duesenbergs jetzt residierten, waren ihre Rennwagen auch bei den »500 Miles« zweimal erfolgreich.

Überwindung einer Krise

Aber hinter den Kulissen der Firma kriselte es. Für Einzelgänger und Außenseiter wie die Brüder Fred und Augie war kein Platz mehr in der auf Hochtouren laufenden Massenproduktion von Autos. Das Geld wurde knapp, und die wenigen Personenwagen, die sie neben ihren Rennaktivitäten bauen konnten, fanden nicht viel Zuspruch, weil sie zu bieder aussahen. Außerdem waren die beiden genialen Tüftler alles andere als clevere Kaufleute. Fred war in erster Linie der Denker, der Ingenieur und Kontakter der Firma, während Augie sich mehr im Hintergrund hielt und als wackerer Handwerker immer für Ordnung, Gelassenheit und Zuverlässigkeit sorgte.

Die Situation änderte sich, als Erret Lobban Cord den Weg der Brüder kreuzte. Cord hatte es mit mehreren Autohandlungen zum Millionär gebracht und wollte unbedingt selber Autos bauen. Er kaufte die Firma Auburn und machte mit sportlich herausgeputzten und dabei doch preiswerten Auburn Speedster und Tourenwagen sein Vermögen. 1926 schlug er den Duesenbergs eine Partnerschaft vor. Er kaufte ihnen die Aktienmehrheit ab und kümmerte sich fortan um die kaufmännischen Angelegenheiten.

Eine Legende wird geboren

Im übrigen ließ er den beiden Konstrukteuren freie Hand. Ihre Aufgabe lautete: »The World's Finest Motor Cars« zu bauen. Was ihnen ja wohl auch gelungen ist, wenn man den Automobilhistorikern Glauben schenkt. Im Dezember 1928 präsentierten Fred und Augie Duesenberg und Erret Lobban Cord in New York ihre Realisation eines Traumwagens. Das Duesenberg-Modell J (147) war das tollste, was Amerika als Personenauto auf vier Rädern je gesehen hatte: ein 6,9-Liter-Motor zauberte aus seinen acht Zylindern 265 PS und brachte den 2260 Kilogramm wiegenden Luxuswagen auf eine Höchstgeschwindigkeit von 186 km/h. Duesenberg bot nur das Chassis an, das aber allein schon stolze 8500 Dollar kostete. Karosseriefirmen wie Murphy, Bohman & Schwartz, Judkins, Derham und Le Baron schneiderten die Maßanzüge aus Blech. Auf diese Weise kletterte der Kaufpreis schnell auf 18 000 Dollar.
Das Modell J war vollgestopft mit technischen Leckerbissen: Vierrad-Öldruck-Trommelbremsen (ab 1930 Vakuum-Servobremsen), hydraulische Hebelstoßdämpfer, der Motor mit zwei obenliegenden Nockenwellen und jeweils zwei Einlaß- und Auslaßventilen pro Zylinder. Kolben, Pleuel und Ölwanne waren aus geschmiedetem Aluminium, drei Benzinpumpen (zwei elektrische und eine mechanische) speisten einen Steigstrom-Registervergaser und ab dem Jahr 1932 den Fallstromvergaser der Marke Stromberg. Mit nur einer einzigen Kupplung gab sich der »Duesie« natürlich nicht zufrieden: Eine Zweischeibentrockenkupplung gab die Kraft an ein Dreiganggetriebe (ohne Synchronisation!), dann weiter zum Differential und über 55 mm starke Achsschenkel auf die Hinterräder. Der Motor wirkte schier »endlos lang« – 1,20 Meter.
Allerdings gab es auch Kritik an den »Duesies«: Die vier Trommelbremsen hatten ihre liebe Not, den tonnenschweren Wagen zum Stehen zu bringen. Außerdem klagten schon mittelgroße Fahrer, daß sie Mühe hätten, auf den mit kostbarem Leder bezogenen Sitzen ihre Gliedmaßen unterzubringen. Auch scharfe Kurven mochte der »J« überhaupt nicht. Ein Duesenberg machte den größten Eindruck, wenn er unter der kalifornischen Sonne vor der Villa eines Filmstars geparkt war.
Beim Erscheinen des Duesenberg J legten die amerikanischen Tester (und heute noch die Autohistoriker) alle ihre Hemmungen ab und erklärten dieses Modell zum »besten Auto der Welt«, was Fred und Augie Duesenberg sowie Erret Lobban Cord auch angestrebt hatten. Endlich hatte man den Luxuswagen aus der Alten Welt – den Rolls-Royces, den Isotta-Fraschinis, den Hispano-Suizas, den Mercedes-Benz – eins ausgewischt. So brachte der 1931 gebaute Hispano-Suiza T 38 mit seinem 9,5-Liter-V-12-Motor nur 190 PS auf die Räder, also 75 PS weniger als der Duesenberg J. Außerdem wirkte der Hispano-Suiza geradezu klotzig im Vergleich zu dem amerikanischen Luxuswagen, vom 770 K Mercedes-Benz mit seinen 200 PS gar nicht zu reden. Der in dieser Klasse mitkonkurrierende Isotta-Fraschini 8 B war zwar leichter zu pilotieren (was man auch vom faszinierenden Modell Delage D8 (146) sagen konnte), aber beide hatten bei weitem nicht diese unbändige Kraft des Duesenberg aufzuweisen. Das Team Cord/Duesenberg hatte tatsächlich Anfang der dreißiger Jahre »the most powerful production car in world« anzubieten, wie »Automobile Quarterly« schrieb.
Eines hatte Cord jedenfalls erreicht: ein Gegenstück zu Ettore Bugattis »Royal« zu entwickeln. Vom Zwölfzylinder aus dem Elsaß wurden nur sieben Stück gebaut... 1932 hatte Fred Duesenberg eine Kompressorversion des »J« produktionsreif, den »SJ« (S stand für supercharged), der 320 PS geleistet haben soll. Und dann wurde auch dieser Kraftprotz noch einmal aufgemotzt, weil Hollywoodstars wie Gary Cooper und Clark Gable etwas ganz Besonderes haben wollten – einen »SSJ« (das zweite S stand für short = kurz), mit verkürztem Chassis, wodurch der »Duesie« noch potenter wirkte. Fred Duesenberg wurde die gewaltige Kraft seines Lieblingskindes, des Modells SJ, zum Verhängnis. Am 2. Juli 1932 verunglückte er mit solch einem Wagen und starb 24 Tage später.
In den Zeiten von Amerikas schlimmster Depression hatten es Luxuswagen à la Duesenberg sehr schwer. Ein qualifizierter Facharbeiter hätte 15 Jahre arbeiten müssen, um sich einen »Duesie« leisten zu können. So wurden schließlich nicht mehr als 650 »J«, »SJ« und »SSJ« gebaut. Im Jahr 1937 ging Cords Firmengruppe pleite. Damit war auch die Marke Duesenberg am Ende. August Samuel Duesenberg hat diesen traurigen Tag noch erlebt. Er starb 1955.
Was ist vom Duesenberg-Mythos übriggeblieben? Die Faszination und das Staunen darüber, daß zwei wakkere Bauernburschen aus Lippe-Detmold mit deutscher Tüchtigkeit und amerikanischem Pioniergeist in Gottes eigenem Land ihren großen Traum vom Auto verwirklicht haben. Duesenberg-Autos – das war Amerika pur: größer, schöner und schneller zu bauen als andere, maßlos, mutig, großzügig. Und auch mit viel Lust am eigenen Untergang.

FERDINAND PORSCHE - DA CAPO AM REISSBRETT

Weltausstellung Paris 1900. Ein gewisser »Fernand Porsch« aus Wien beeindruckt die französischen Fachleute mit einem Elektromobil, das nach zeitgenössischen Berichten »die epochemachende Neuheit in der Herstellung des allerersten bisher existierenden transmissionslosen Wagens« war. Schon 1897 hatte der damals 23jährige Ferdinand Porsche für die Firma Lohner das erste Elektromobil mit Porsche-Radnabenmotor gebaut. Damit sind wir auch schon bei einer der skurrilsten und ausgefallensten Antriebsarten für Automobile angelangt. Im Lohner-Porsche waren zwei Elektromotoren in die Vorderradnaben eingebaut. Sie erhielten ihre Energie aus voluminösen Batterien, die im Wagenkasten verstaut waren. Fahrtechnisch war das Prinzip überzeugend: Das Fahrzeug wurde von den Motoren gezogen – also quasi eine Frühform des Frontantriebs. Pfiffig auch das Bremssystem, bei dem die Handbremse auf die Hinterräder wirkte, während es für die Vorderräder eine elektrische Kurzschlußbremse gab; wenn man diese betätigte, wurde die Energiezufuhr unterbrochen. In den Unterlagen des Porsche-Archivs wird die Leistung je Motor mit 2,5 PS bei 120 U/min. angegeben. Kurzfristig konnte sie auf 7 PS gesteigert werden.

Warum baut Porsche Elektrowagen?

Porsches Elektromobil wurde in Wien sehr schnell ein Verkaufsschlager: Nicht nur Mitglieder des Hochadels bestellten einen Lohner-Porsche, sondern ebenso die Rettungsgesellschaften der Stadt Wien wie auch Panhard & Levassor in Paris. Der einfallsreiche Konstrukteur entwickelte sogar einen Rennwagen mit Radnabenmotoren, bei dem allein die Batterien 1800 Kilogramm wogen und mit dem er den Semmering heraufpreschte und seinen ersten Streckenrekord erzielte.

Ein Rückblick auf diese Elektro-Epoche im Leben Ferdinand Porsches muß Verwirrung stiften. Hatte ihn denn der Siegeszug des Ottomotors, vor allem in Frankreich, der damals führenden Autonation, überhaupt nicht beeindruckt? Hatte er noch nie eine Aufwand-Nutzen-Rechnung für den Elektro- einerseits und den Benzinmotor andererseits gemacht? Porsche war ein dynamischer Mann, ein Mann, der sich nach vorn orientierte. Was seine Vorliebe für den Elektromotor um so rätselhafter erscheinen läßt. Hatte er die Zeichen der Zeit nicht verstanden – oder sich ihnen bewußt verschlossen?

Der Elektroantrieb war zweifellos ein Weg in die falsche Richtung. Als Rechtfertigung mag gelten, daß um die Jahrhundertwende die Würfel für oder gegen den Ottomotor noch gar nicht gefallen waren. Frankreich und Deutschland hatten sich zwar für ihn entschieden, und mit diesen beiden waren einige kleinere Länder gegangen, die von Lizenzen deutscher und französischer Marken abhingen (zum Beispiel die Schweiz, Schweden, die Niederlande und Italien). Aber selbst eine große Industrienation wie England tat sich noch schwer mit dem Benzinmotor. Das berüchtigte Rote-Flagge-Gesetz von 1865 legte den Pioniergeist der englischen Automobilfreunde noch immer an die Kette. Nach diesem Gesetz mußte vor einem Automobil jedweder Antriebsart ein Mann mit einer roten Flagge voranschreiten, um die Bevölkerung vor dem heranrollenden Gefährt zu warnen. Als der Red Flag Act 1896 endlich fiel, hing England mindestens zehn Jahre hinter der Entwicklung des Benzinwagens zurück. Darüber hinaus kultivierten die Briten immer noch ihre unglückliche Liebe zum Dampf.

Auch in den USA herrschte bis zum Ende des 19. Jahrhunderts keine einhellige Meinung darüber, für welches System man votieren solle – ob für Benzin-, Dampf-, Elektro- oder gar für Druckluft-, Feder- oder Gasmotoren. Aufgehalten wurde der Siegeszug des Ottoprinzips überdies durch die patentrechtlichen Bremsmanöver des amerikanischen Rechtsanwalts George B. Selden, wie wir an anderer Stelle ausführlich dokumentieren. In der öffentlichen Meinung der Vereinigten Staaten galt der Benzinwagen sehr lange als ein lästig lautes, technisch anfälliges und stinkendes Ungetüm, so daß der große Durchbruch erst zur Jahrhundertwende kam.

Zu alledem hatten die Anhänger des Elektromobils 1899 noch ein großes Erfolgserlebnis, als der Belgier Camille Jenatzy ausgerechnet mit einem Elektroauto namens »La Jamais Contente« auf der Straße von Achères der erste war, der mit einem Automobil schneller als 100 km/h fuhr – exakt waren es 105,83 km/h. Und auch die Anhänger des Dampfantriebs sahen sich noch einmal im Aufwind, als 1902 Léon Serpollet auf seinem Wagen mit 120,003 km/h einen neuen Geschwindigkeitsweltrekord fuhr. So schnell war bis dahin noch kein Benzinwagen gewesen.

Ferdinand Porsche war über die Entwicklungen im Automobilbau genau informiert, aber zunächst konnte er, trotz der herrschenden Wirtschaftskrise, mit den Erfolgen seiner Elektrofahrzeuge zufrieden sein. Die Wiener Feuerwehr stellte 1903 ihren Fahrbetrieb auf Lohner-Porsche-Feuerwehrwagen um; bald zogen

Berlin, Hamburg und weitere Städte nach. Auch London rüstete 1909 seine City Council Fire Brigade mit den neuen Brandbekämpfungszügen aus. Wagen mit Ottomotoren wären zwar schneller am Brandort gewesen, aber die Feuerwehrleute hatten panische Angst vor einem Treibstoff, der selber höchst feuergefährlich war...
Selbst in der Herstellerfirma Lohner, in der der Elektromotor zu einer Glaubensfrage geworden war, machte man sich keine Illusionen über seine geringe Effizienz. Porsches Elektromobile erlahmten rasch, ihre Kraftquellen, die Batterien, ermüdeten viel zu schnell und verringerten mit ihrem hohen Gewicht die Nutzlast des Wagens, den sie antreiben sollten. Leere Batterien führten oft zu zeitraubenden Abschleppaktionen, denn Aufladestationen für Elektromobile waren damals nicht so zahlreich wie die beliebten Beiseln...

Benzinmotoren in Elektroautos

Porsche mußte sich etwas Neues einfallen lassen. Aber ob seine neue Idee so genial war, wie einige Chronisten behaupten? Er installierte in seine Elektroautos Benzinmotoren, aber nicht, damit diese nun direkt den Wagen antrieben, nein, sie erzeugten – mit einem Generator gekuppelt – die elektrische Energie, mit der die Radnabenmotoren versorgt wurden. Warum einfach, wenn es umständlich geht! 1901 wurde der legendäre »Mixt«, der Mischwagen, geboren – ein weiteres Kuriosum aus den Anfangsjahren des Konstrukteurs Ferdinand Porsche (48).
War er auf dem falschen Dampfer mit seinem Elektroantrieb-Tick? Die Konkurrenz schlief jedenfalls nicht. Als Porsche den »Mixt« vorstellte, begann in den USA bereits die Massenproduktion des Oldsmobile-Modells »Curved Dash«. Und ein Jahr später baute die niederländische Firma Spyker bereits einen Sechszylinderwagen mit Vierradantrieb sowie C.G.V. aus Frankreich ein Auto, das einen Achtzylinder-Reihenmotor besaß. Der englische Konstrukteur F. W. Lanchester ließ sich die Erfindung der Scheibenbremse patentieren. Porsche mußte sich sputen, wenn er – bei aller Genialität – den Anschluß an die Entwicklung des Benzinwagens nicht verpassen wollte. Zwar war sein »Mixt« vorübergehend erfolgreich, und auch der Handel mit Nachbaulizenzen florierte, aber Porsche begann umzudenken. Er beobachtete, was die Benzinmotoren auf dem Prüfstand leisteten, verglich sie mit den Elektroaggregaten und hat sich im Ergebnis seiner Tests dann doch auf die Seite des Ottoprinzips geschlagen.
1905 entschied sich Porsche, die Firma zu wechseln. Emil Jellinek vermittelte ihn an die »Österreichische Daimler-Motorengesellschaft«, welche seit 1899 existierte und Wagen der Stuttgarter Marke in Lizenz nachbaute. Das Unternehmen suchte dringend einen Nachfolger für Paul Daimler, der ins Stammwerk zurückkehren wollte. 1906 wurde Ferdinand Porsche Technischer Direktor der Austro-Daimler-Werke, wie die Firma der Einfachheit halber genannt wurde. Jetzt konnte er sein Multitalent in den Werken in Wiener Neustadt voll entfalten. Er stellte ein Team tüchtiger und loyaler Mitarbeiter zusammen und begann mit ihm, verschiedene schwere und leichte Automobile zu bauen, unter anderem auch den Typ »Maja«, den der eitle Jellinek, Anteilseigner bei Austro-Daimler, quasi in Auftrag gegeben hatte, um seiner jüngeren Tochter Maja eine Freude zu machen, wie schon der älteren im Jahr 1900, als er die Firma Daimler überzeugt hatte, ihre Wagen »Mercedes« zu nennen. Der »Maja« war Porsches erster reiner Benzinwagen; er blieb allerdings erfolglos. 1909 gab er die Basis für einen Prinz-Heinrich-Wagen ab, der sich zwar als sehr zuverlässig, aber als zu langsam erwies, um bei der illustren Zuverlässigkeitsfahrt eine Rolle spielen zu können. Jedoch schon im darauffolgenden Jahr belegte Austro-Daimler die ersten drei Plätze der Prinz-Heinrich-Fahrt, und Ferdinand Porsche persönlich steuerte den Siegerwagen.
Während seiner Austro-Daimler-Zeit vor dem Ersten Weltkrieg kam vom Reißbrett Ferdinand Porsches nichts so Aufregendes, als daß es Geschichte gemacht hätte. Interessanter ist da schon seine Hinwendung zur Luftfahrt und der Einfluß, den er auf die Herstellung leistungsfähiger Luftschiff- und Flugzeugmotoren nahm – ein Abschnitt im Leben des Konstrukteurs, der in den meisten Chroniken nur am Rande gewürdigt wird. Und doch war es die Hohe Schule des Motorenbaus.
Als Porsche sich über die Motorisierung von Luftfahrzeugen aller Art (darunter verstand er Luftschiffe, Flugzeuge und sogar Hubschrauber) Gedanken machte, gab es in Österreich kaum ein Dutzend Flugzeuge. Die Militärs der Donaumonarchie verfügten über keinen einzigen Aeroplan. Aufsehen erregten dagegen die österreichischen Luftschiffpioniere Stagl und Mannsbarth mit ihrem lenkbaren Prall-Luftschiff. Es war mit 91 Metern Länge das damals größte Prall-Luftschiff der Welt. Seine beiden Austro-Daimler-Motoren mit je 150 PS stammten von Ferdinand Porsche. Auch die unstarren Prall-Luftschiffe des deutschen Konstrukteurs August von Parseval waren zum Teil mit Austro-Daimler-Motoren bestückt. Als am 28. November 1909 »Parseval I« zu seinem sensationellen Flug über Wien startete, stand an den beiden 150-PS-Aggregaten Porsche selber. Das Luftschiff, das vier Personen und 180 Kilogramm Ballast mit sich führte, kreiste gelassen um den Stephansdom, und Kaiser Franz Joseph beobachtete mit einem Feldstecher die Fahrt. Nach der Landung machten die Luftschiff-Pioniere Mitteilung an die Hof-

burg, daß sie ihr Pensum zum Ruhme Österreichs erfolgreich absolviert hätten, woraufhin der Kaiser höchstes Lob aussprach: »Seine k. u. k. Apostolische Majestät haben die Nachricht über die Flüge des ersten Luftschiffes mit besonderem Interesse allergnädigst zur Kenntnis zu nehmen geruht und danken bestens für die erfreuliche Mitteilung.«

Porsche hatte die dritte Dimension des Automobilismus entdeckt. Darauf ist wohl seine fixe Idee aus dem Jahr 1909 zurückzuführen, einen Hubschrauber zu entwickeln, den man damals auch Fesselflieger oder Schraubenflieger nannte. Ein Elektromotor sollte den mit einem Kabel verbundenen Hubschrauber in 100 Meter Höhe hieven, an Bord ein Beobachter, ein Maschinengewehr und ein Telefon. Die Militärs hielten solch ein Fluggerät für einen idealen Artilleriebeobachtungsposten. Der Porsche-Biograph Peter Müller weist in seinem Buch »Ferdinand Porsche – Genie unserer Zeit« mit Recht darauf hin, daß dieser Drehflügler nie gebaut worden ist, weil es damals noch keine verstellbaren Luftschrauben gab und der 250 Kilogramm schwere Elektromotor mit seinen 300 PS viel zu heiß geworden wäre.

Schmankerl für die Militärs

Irgendwann im Jahr 1910 kreuzten sich die Wege von Ferdinand Porsche und dem Flugpionier Igo Etrich. Beide waren aus dem gleichen Holz geschnitzt, in technischer Hinsicht zukunftsorientiert, um Lösungen kniffliger Probleme nie verlegen und auch bereit, mit dem Kopf durch die Wand zu gehen, wenn es darum ging, die eigenen Ideen durchzusetzen. Porsche entwickelte für Etrich einen Vierzylinder-Reihenmotor, der es auf eine Leistung von 60 PS brachte. Es folgten Sechszylinder-Flugzeugaggregate mit 90 und 120 PS, alles solide Langhuber. Aber damit war die obere Grenze noch nicht erreicht: Noch 1918 stellte er einen 400-PS-Flugzeugmotor mit zwölf Zylindern in V-Anordnung vor, der vier Ventile pro Zylinder besaß. In der faszinierenden Kollektion jener Porsche-Propellertriebwerke sticht besonders ein luftgekühlter 60-PS-Vierzylinder-Boxermotor hervor, mit je zwei Zylindern in leichter V-Form. Ließ da schon von weitem der VW-Motor grüßen?

Auch für die Feinschmecker unter den Militärs hatte Porsche ein Schmankerl parat – einen Neunzylinder-Doppel-V-Motor, in drei Reihen standen je drei Zylinder. Das Aggregat hatte den beachtlichen Hubraum von 10,9 Liter und leistete bei 3000 U/min. über 300 PS. Er war als Basismodell für Motoren gedacht, deren Kraft noch gewaltig gesteigert werden konnte. Der Antrieb der mittleren Nockenwelle über Kegelräder wurde so dimensioniert, daß durch eine lichte Weite von 40 Millimetern ein Maschinengewehr schießen konnte. So brauchte die MG-Auslösung nicht getrennt gesteuert zu werden.

Porsche wurde auf diese Weise in den Jahren vor und während des Ersten Weltkriegs durch seine Motorenentwicklung zum großen Schrittmacher des österreichischen Flugzeugbaus und zu einem der erfolgreichsten und fortschrittlichsten Motorkonstrukteure seiner Zeit. Das von Ernst Heinkel entworfene und in Österreich gebaute Jagdflugzeug Hansa-Brandenburg D1 wurde von einem Austro-Daimler-Motor mit 160 PS Leistung angetrieben, während im am meisten gebauten österreichischen Jagdflugzeug Aviatik D 1 ein 200-PS-Aggregat desselben Werks installiert war. Porsche arbeitete bei der Konzeption dieser Palette leistungsfähiger Flugzeugmotoren eng mit Ingenieur Joseph Mickl zusammen, der auch noch Jahrzehnte später zum Porsche-Team gehörte.

Aufzuführen in diesem Spektrum der Rüstungsaktivitäten von Ferdinand Porsche ist hier auch der berühmte Mörserzug M 17, der im Ersten Weltkrieg schier unglaubliche Transportleistungen vollbrachte. Es war ein 3,80 Meter hoher Koloß mit Preßluftanlasser und Vollgummireifen, der – mit einem 80 PS starken Sechszylindermotor ausgerüstet – die gewaltigen Skoda-Mörser zu den Kriegsschauplätzen in Europa wuchtete.

Eine der bedeutendsten Taten Porsches auf militärtechnischem Gebiet war die Entwicklung des »C-Zuges«. Er war eine kolossale, tatzelwurmartige Transporterformation, in der der benzin-elektrische Antrieb noch einmal ein Comeback feierte. Bei dem Train bildete die Zugmaschine mit ihrem 150-PS-Benzinmotor lediglich das Kraftwerk. Bei 1000 U/min. wurde auf diesem Generatorwagen ein 300-Volt/270-Ampère-Dynamo angetrieben, der seine Energie über ein Kabel an bis zu zehn Anhänger weitergab. Der Generator erzeugte somit sowohl den Strom für den Antrieb der Zugmaschine als auch für die Radnaben-Elektromotoren, die ihrerseits auf die Räder der Anhänger wirkten. Der große Vorzug dieses Systems: Jeder Anhänger war für sich manövrierbar und von der Zugleistung des Generatorwagens unabhängig. Porsche erweiterte die Effizienz dieses Kriegsgeräts noch, indem er es ermöglichte, den Train spielend leicht für den Schienenbetrieb umzurüsten. Für die Konstruktion des »C-Zuges« verlieh man Porsche den Franz-Josephs-Orden.

Im Jahr 1916 wird er Generaldirektor der Austro-Daimler-Werke. Der Verbindungsmann des österreichischen Kriegsministeriums, Abteilung Kraftfahrzeuge, zu Austro-Daimler ist der junge Artillerieoffizier Alfred Neubauer, der bis 1928 zum Porsche-Team gehörte und in den dreißiger Jahren als der Rennleiter von Daimler-Benz weltberühmt wurde.

Nach dem Weltkrieg kam für die Rüstungsschmiede Austro-Daimler eine schwere Zeit. Immerhin mußten 6500 Mitarbeiter beschäftigt werden, und vom Vorkriegsruhm der Porsche-Wagen konnte man schlecht zehren. So präsentierte sich auf dem Brüsseler Autosalon 1920 bereits ein neuer Austro-Daimler-Wagen, der AD 617. Es war Porsches erste Nachkriegskonstruktion, mit einem Sechszylinder-Reihenmotor, 4,4 Liter Hubraum (80 mm Bohrung × 130 mm Hub) und obenliegender Nockenwelle. Er leistete 60 PS bei 2300 U/min. Dieser elegante Tourenwagen wurde auf Anhieb im In- und Ausland gut verkauft. Der AD 617 war das Basismodell für sämtliche Sechszylinder, die die Österreicher in den zwanziger Jahren herausbrachten.

Kleiner, leichter, schneller –
»Sascha« wird gebaut

Ferdinand Porsche hat sein Herz aber längst an ein anderes Modell gehängt, das zu einer wichtigen Wendemarke in der Geschichte des Sportwagenbaus werden sollte. Er will einen »Volkssportwagen« bauen. Weg von den tonnenschweren Boliden und hin zu einem kleinen, handlichen Sportwagen mit extrem hohem Leistungsgewicht – so lautet die Devise. Porsche kann sich gegen den Widerstand seiner Mitarbeiter in Wiener Neustadt mit seinem Plan durchsetzen. Er wird dabei von einem Sponsor unterstützt, der seine Millionen im Filmgeschäft gemacht hat, Alexander Graf Kolowrat, der gemeinhin »Sascha« genannt wird. Er gibt dem volkstümlichen kleinen Sportwagen den Namen. Die ersten Prototypen haben einen wassergekühlten Vierzylinder-Reihenmotor mit einem Hubraum von 1100 ccm, Bohrung 68 mm, 75 mm Hub, zwei obenliegende Nockenwellen, 50 PS Leistung, Vierradbremsen (103). Mit seinem Gewicht von 420 Kilogramm wog der Porsche-Winzling nur halb soviel wie die Mercedes-Rennwagen. Bei der Targa Florio von 1922 rollten vier »Sascha« an den Start, welche von Alfred Neubauer (63), Graf Kolowrat, Lambert Pöcher und Friedrich Kuhn gesteuert wurden. Neubauer, den Porsche zum Chefeinfahrer ernannt hatte, beendet das Rennen als Sieger in der Voiturette-Klasse und als fünfter bei den Rennwagen.
Der »Sascha« wird zu einem der Höhepunkte in Porsches Konstrukteursleben (64). Im Jahr 1922 geht Austro-Daimler 52mal mit dem Volkssportwagen an den Start und gewinnt 51mal. Mit »Sascha« verließ Porsche den konventionellen Weg aller Sportwagenbauer, die, um die Leistung zu steigern, in der Regel größer, schwerer und schneller bauen. Er dagegen baut kleiner, leichter und schneller. Um den glänzenden Ruf seines Sportwagens noch zu untermauern, meldet Porsche ein Fahrzeug für den Großen Preis von Monza 1922. Bei den Probefahrten verunglückt der Fahrer Friedrich Kuhn tödlich, als sich sein Wagen überschlägt. Ursache des Unfalls: ein gebrochenes Rad. Damit hat Porsche den gesamten Vorstand von Austro-Daimler gegen sich aufgebracht, der den Kleinwagenplänen ihres experimentierfreudigen Generaldirektors ohnehin skeptisch gegenübersteht. Weitere Querelen mit einem Teilhaber von Austro-Daimler, Camillo Castiglioni, kommen hinzu, ein Wort gibt das andere ... Porsche wird seines Amtes enthoben und bekommt Hausverbot. Ein harter Schlag für den Erfolgsgewohnten. Aber da kommt die Anfrage, ob er Interesse habe, bei Daimler in Stuttgart-Untertürkheim als Chefkonstrukteur in den Vorstand einzutreten, gerade zur rechten Zeit.
Porsche brachte zunächst einmal Ordnung in Daimlers Kompressorkonzept. Das Problemkind Nummer eins im Jahr 1922 war ein 2-Liter-Mercedes-Sportwagen mit einem bis zu 8000 U/min. hochdrehenden mimosenhaften Kompressormotor, welcher 160 PS leistete und extrem unzuverlässig war. Porsche trieb ihm die Flausen aus und schickte 1924 drei Kompressorwagen zur Targa Florio, mit ihnen die Fahrer Alfred Neubauer, Christian Werner und Altmeister Christian Lautenschlager. Unter Porsches Rennregie wurde Christian Werner am 27. April 1924 in Rekordzeit Targa-Florio-Sieger (Renndistanz: 432 km, Zeit: 6:32:37 Stunden, durchschnittliche Geschwindigkeit: 66 km/h). Lautenschlager kam als zehnter, Neubauer als fünfzehnter ins Ziel. Der Jubel in Stuttgart war groß, und die Technische Hochschule in Württembergs Metropole verlieh Ferdinand Porsche die Ehrendoktorwürde. Trotz dieses beeindruckenden Erfolgs blieb der 2-Liter-Kompressorwagen ein Sorgenkind. Nachdem Graf Zborowski 1924 mit solch einem Modell beim italienischen Grand Prix tödlich verunglückte, lastete auf dem Rennautomobil der Ruf der Unzuverlässigkeit.

Atemberaubende Sportwagen –
die Mercedes-Benz-S-Klasse entsteht

Porsche wandte sich den »Höchstleistungs-Tourenwagen« des Hauses Daimler zu, die Walter Owen Bentley die »Wagen mit langen Beinen« nannte. Es war ein Modellthema mit faszinierenden Variationen. Es gab zwei Basistypen: einen Sechszylinder mit 4-Liter- und einen mit 6-Liter-Motor, Wagen, die Daimler-Benz in einer späteren Firmenchronik als »Stradivarius der Straße« apostrophierte. 1926 bekamen diese Modelle eine Kraftspritze, der Radstand wurde auf 3,413 Meter verkürzt, was sich in der Typenbezeichnung in dem Zusatz »K« – »kurz« – ausdrückte. Es waren die schnellsten Tourenwagen ihrer Zeit, ohne Kompressor brachten sie 140 und mit 150 PS auf die Straße. Aus diesen K-Typen zauberte Ferdinand Porsche sodann einen der atemberaubendsten Sportwagen in der Geschichte des Automobils, den S-Typ (S = Sport) (22) mit 6,8-Liter-Motor und zuschaltbarem Kompressor, dessen sechs Zylinder 180 PS erarbeiteten. Als Modellvarianten folgten der SS (Super Sport, 200 PS), der SSK (Super Sport Kurz, 225 PS) (95) und 1931 der SSKL (Super Sport Kurz Leicht, 300 PS) (96). Alle hatten 7,1 Liter Hubraum. Für die Feinschmecker unter den Porsche-Fans sind diese Sportwagen, die nach der Fusion von Daimler und Benz im Jahr 1926 entstanden, die strahlenden Glanzpunkte in der mehr als 50jährigen Laufbahn dieses genialen Konstrukteurs. Die S-Klasse war Autobau in Reinkultur – die Aufzählung ihrer Rennsiege würde Seiten füllen. Mit einer solch glänzenden Hinterlassenschaft verließ Ferdinand Porsche nach fünf Jahren Untertürkheim und wurde 1929 Technischer Direktor bei den Steyr-Werken in Steyr, Österreich. Aber das Gastspiel bei dieser renommierten Firma war nur von kurzer Dauer. Immerhin kam dabei der Typ »Austria« heraus, ein Achtzylinder mit 5,3 Liter Hubraum und 100 PS Leistung – das letzte Aufbäumen der Steyr-Werke, bevor sie von der Weltwirtschaftskrise in den Orkus gerissen wurden.

Am 23. April 1930 steht Ferdinand Porsche wieder auf der Straße. Jetzt wagt er endlich den Sprung in die Selbständigkeit und läßt am 25. April 1931 ins Stuttgarter Handelsregister eintragen: »Dr. Ing. h.c. F. Porsche GmbH. Konstruktion und Beratung für Motoren und Fahrzeuge, Stuttgart, Kronenstr. 24«. In jener Phase profitiert er von seiner großen Begabung, qualifizierte Mitarbeiter an sich zu binden und sie für seine Ideen zu begeistern, wie seinen Sohn Ferdinand Anton Ernst, »Ferry« genannt, Karl Rabe (Chefkonstrukteur), Karl Fröhlich (Getriebe), Josef Kales (Motor), Josef Zahradnik (Vorderachse, Hinterachse), Josef Goldinger (Fahrmeister), Ghislaine Kaes (Stücklisten, Archiv). Aus dem kleinen Team der ersten Stunde wurden bis Anfang 1938 98 Mitarbeiter. Die Firma lebte anfangs von der Hand in den Mund, obwohl eine Fülle von Ideen für andere Werke entwickelt wurden: Sechs- und Achtzylindermotoren für Wanderer, eine Schwingachse für Horch, für Zündapp in Verbindung mit einer Karosseriezeichnung, die schon deutlich die spätere Käfer-Form andeutet, ein Fünfzylinder-Sternmotor. Dieses Aggregat variierte die Porsche-Mannschaft für die Phänomen-Werke, die damit Lastwagen ausrüsten wollten. Daß Porsche 1932 ein Angebot der sowjetischen Regierung, die Autoindustrie des Riesenreichs auf Vordermann zu bringen, ausschlug, hatte auch sentimentale Gründe. Ein anderer Kulturkreis, Sprachbarrieren, ein Leben im goldenen Käftig – da reizte auch der Blankoscheck nicht, den man ihm zur gefälligen Bedienung vorlegte.

Längst stapelten sich auch schon Pläne für einen »Volkswagen« in der Schublade. Die Idee zu einem solchen Gefährt für den »kleinen Mann auf der Straße« war keineswegs wie ein Genieblitz aus heiterem Himmel gekommen. Der Generaldirektor der Zündapp-Motorrad-Werke, Geheimrat Fritz Neumeyer, animierte Porsche, sich über ein derartiges Modell Gedanken zu machen. Was zwischen Dezember 1931 und April 1932 auf dem Reißbrett entstand, kam dem Käfer schon sehr nah: Motor hinter der Hinterachse, Getriebe im Heck, windschlüpfrige Karosserie und das Reserverad vorn. Doch der Zündapp-Boß lehnte den geplanten luftgekühlten Motor ab. Porsche gab zunächst nach und baute den wassergekühlten Fünfzylinder-Sternmotor ein.

Die Probefahrten mit diesem Typ 12 bereiteten nur Kummer. Der Motor überhitzte, und bereits nach zehn Kilometern kochte das Öl. Fritz Neumeyer resignierte und zahlte Porsche 85 000 Mark für die Entwicklungsarbeiten. Unter dem Blech des unglücklichen Typ 12 verbarg sich allerdings eine Porsche-Erfindung, die allein ihm schon einen Platz in der Ruhmeshalle des Autobaus gesichert hätte: die Drehstabfederung, die mit ihrer so genialen wie einfachen Wirkungsweise den Fahrkomfort der Autos von Grund auf revolutionierte. 1934 gab es im Auftrag der NSU-Werke noch einmal einen Versuch, einen »Volkswagen« zu konzipieren; dieses Mal mit einem unverfälschten Boxermotor, in dem sich zwei Zylinderpaare gegenüberlagen und die Ventile oben gesteuert wurden. Er hatte einen Hubraum von 1580 ccm. Aber auch über diesem Versuchsmodell stand kein guter Stern. Zunächst einmal flogen den Testern bei den ersten Fahrten die Drehstäbe um die Ohren – und dann begann 1934 die massive Aufrüstung des Dritten Reichs, die eine Privatinitiative wie die der NSU-Werke nicht mehr zuließ. Die Prototypen des »offiziellen« Volkswagens wurden von der Porsche-Mannschaft 1934 in Stuttgart gebaut. Doch das ist eine ganz andere Geschichte, die den Rahmen dieses Buches sprengen würde.

Als die Ära der »Silberpfeile« anbrach und in der Saison 1933/34 den bis dahin führenden Rennwagen von Bugatti, Maserati und Alfa Romeo das Wasser abgegraben werden sollte, war Ferdinand Porsche mit seinem Typ P, den er für Auto-Union entwickelt hatte, dabei. Es handelte sich um einen 4,4-Liter-Kompressorwagen, dessen Motor mit seinen in V-Form angeordneten 16 Zylindern als Heckmotor eingebaut worden war. Die Maschine leistete stolze 295 PS bei 4500 U/min. Auf diese Weise mischte Porsche wieder in der Klasse der Hochleistungsmotoren mit. Er muß sich wie ein Mann vorgekommen sein, der nach einigen kargen Jahren von der trockenen Semmel zur Sachertorte zurückgekehrt war.

Als Ferdinand Porsche am 30. Januar 1951 starb, hatte er 54 Jahre lang an der Entwicklung des Automobils mitgewirkt und unauslöschliche Spuren in der Technologie unseres Jahrhunderts hinterlassen.

MERCEDES BENZ
MERCEDES BENZ
Köln-Vingst

MOTALIN

23

(21) Captain George Eyston in einem Acht zylinder-Panhard (mit 8 Liter Hubraum) 193 auf Brooklands, in der »Members Banking genannten Steilkurve.
(22) Nürburgring 1928 – Startaufstellung zun Großen Preis von Deutschland für Sport wagen. Es war gleichzeitig die Premiere de Mercedes-Benz-SS-Wagen.
(23) Léon Molon in einem 3,3-Liter-Minerv bei der Tourist Trophy 1914 auf der Isle o Man, in der »Hotel-Ginger-Hall-Kurve«.
(24) Prescott Hill 1939. J. M. P. Dowson ir 266,26 Kilogramm leichten Lightweight Spe cial des berühmten Konstrukteurs Alec Issi gonis mit 80-PS-Austin-Seven-Motor.
(25) Internationales »Grand-Prize-Rennen« i Santa Monica, 16. März 1914. Ein Sunbean überschlägt sich in der »Death Curve«.
(26) 1914 beim Vanderbilt Cup Race in Sant Monica hatte Eddie Pullen auf Mercer Pro bleme in der »Death Curve«. Respekt vor de Leistung des unbekannten Fotografen!

24

26

25

27

(27) Felice Nazzaro in seinem Fiat »Taunus« beim Kaiserpreis-Rennen 1907 auf der Taunus-Rundstrecke. Der 8-Liter-Vierzylinder mit seinen 72 PS Leistung siegte mit einem Schnitt von 84,68 km/h.
(28) Grand Prix von Frankreich, Lyon 1914. Wir sehen den späteren zweiten des Rennens, Louis Wagner auf Mercedes, beim hektischen Reifenwechsel an den Boxen.
(29) Mercedes-Wagen belegten die ersten drei Plätze beim Grand Prix von Frankreich 1914. Die Siegerwagen sind vor dem Untertürkheimer Werkstor aufgestellt.
(30) Ferdinand Minoia auf Isotta-Fraschini am Start zur Targa Florio 1908.
(31) Raymond Mays wundert sich beim Bergrennen am Caerphilly Hill 1924 in Wales, daß sich das linke Hinterrad seines »Cordon bleu« genannten Bugatti Brescia selbständig macht und ihn überholen will. Mays war mehr als 30 Jahre lang einer der besten englischen Rennfahrer und siegte in vielen Wettbewerben

28

29

30

10
CT 6559

32

(32) Die Teilnehmer am Start zur Bergprüfung am Glenshee Hill im Rahmen der Scottish Trials des Jahres 1905.

(33) Grand Prix von Albi 1939 – für Rennwagen bis 1,5 Liter Hubraum. Der 8,8 Kilometer lange Kurs in der Nähe der südfranzösischen Stadt Albi führte über von Bäumen begrenzte Landstraßen am Fluß Tarn entlang. Das Fahrerfeld führt Arthur Dobson im neu entwickelten E.R.A. Typ E an, hart bedrängt von einem 16-Ventile-Vierzylinder-Maserati mit 1,5 Liter Hubraum. Der wenig erfolgreiche E-Typ von E.R.A. mit seinen 1500 ccm Hubraum soll mit Hilfe eines Zoller-Kompressors 260 PS geleistet haben.

(34) Ein Gladiator, mit W. F. Peare am Steuer, absolviert die Bergprüfung am Ballinslaughter Hill anläßlich der Zuverlässigkeitsfahrt des Irish Automobile Club im Jahr 1908. Die Zuschauer sind à la mode gekleidet. Die französische Automarke Gladiator ging 1896 aus einer Fahrradfabrik hervor.

34

33

35

36

(35) Albert Cléments Clément-Bayard, von seinem Vater Adolphe gebaut, wird hier bei dem Vanderbilt Cup Race 1908 auf unkomplizierte Weise betankt. Der Clément-Bayard-Rennwagen hatte einen 12,9-Liter-Motor. Albert belegte mit dem Wagen den vierten Platz in diesem Rennen.

(36) Henri Fournier legt selber Hand an beim Reifenwechsel an seinem Itala beim Grand Prix von Frankreich, der 1908 in Dieppe ausgetragen wurde. 48 Wagen waren am Start: 24 französische, 9 deutsche, 6 britische, 6 italienische, 3 belgische und ein amerikanischer.

(37) Brooklands Motor Race Meeting 1907. Der Minerva von J. T. C. Moore-Brabazon überschlug sich nach einem Unfall im sechsten Rennen. Hinter dem Fahrernamen verbarg sich Lord Brabazon of Tara. Er ging bei C. S. Rolls in die Automechanikerlehre.

(38) Zuschauer bergen einen De Dion, der bei der Zuverlässigkeitsfahrt des Irish A. C. im Mai 1908 verunglückte.

37

38

39

40

39 Der deutsche Fahrer H. Treuherz am
Start zur Prinz-Heinrich-Fahrt 1909. Er fährt
inen Vierzylinder-Protos mit 4560 ccm Hub-
aum und 35 PS Leistung.

40 Drei Alfa Romeo Monoposto Typ B vor
lem Start zum französischen Grand Prix 1934
n Montlhéry. Von links nach rechts: Achille
Varzi, Louis Chiron, Felice Graf Trossi. Chi-
on überfuhr als erster die Ziellinie.

41 Rennen Paris–Madrid 1903. Baron de
Crawhez auf seinem Panhard-Levassor er-
eicht nach 6:1:8 Stunden Bordeaux, wo das
Rennen abgebrochen wurde.

42 Rennen Paris–Madrid 1903. Louis Re-
ault erfährt vom Tod seines Bruders Marcel
nd gibt das Rennen auf. Er lag in der Klasse
er »Voitures legères« an erster Stelle.

43 Coppa Florio 1908 auf einem Rundkurs bei
Bologna. Ferdinand Minoia auf De Dietrich
erläßt die Boxen. Im Jahr 1900 organisierte
Vincenze Florio in Norditalien die Coppa
Florio zum ersten Mal.

41

42

LORRAIN

DAS WAREN NOCH ZEITEN

Als die amerikanischen Konstrukteure Harry Armenius Miller und die aus Deutschland stammenden Gebrüder Duesenberg in der Mitte des zweiten Jahrzehnts unseres Jahrhunderts ihre ersten Hochleistungsmotoren entwarfen, konnten sie bei keiner der führenden amerikanischen Stahlfirmen die gewünschten Legierungen erhalten. So reisten sie mit ihren Entwürfen oft Hunderte von Meilen zu kleinen, auf handwerklicher Basis arbeitenden Gießereien, die ihren Qualitätsansprüchen genügten. Es war jene Zeit, als sich andere amerikanische Autofirmen der gehobenen Klasse die wichtigsten Komponenten für ihre Wagen vorsichtshalber in Europa »schneidern« ließen. Die Zylinderblöcke der Fahrzeuge von Packard, Peerless und Pierce-Arrow wurden in Frankreich gegossen, und auch die Kurbelwellen schmiedete man dort. Die US-Firma Simplex wies in ihrer Werbung ausdrücklich darauf hin, daß sie Stahl von Krupp verwende, was enormen Snob-Appeal hatte. Der Individualismus stand in voller Blüte, und Maßarbeit im Autobau war noch en vogue.

EIN MANN UND SEIN OPEL

Hunderttausende von motorsportbegeisterten Franzosen durchtanzten die Nacht vor dem Grand Prix von Frankreich am 4. Juli 1914 in Lyon. Sie stimmten sich ein auf den kommenden Renntag, an dem sie ihr Idol, Georges Boillot, auf Peugeot siegen sehen wollten. Aber es kam ganz anders: Nach 7 Stunden und 8 Minuten fuhr der deutsche Fahrer Christian Lautenschlager auf Mercedes (16) als erster durchs Ziel. Ganz im Gegensatz zu Peugeot und all den anderen konkurrierenden Marken hatte man sich bei Mercedes in Stuttgart-Untertürkheim geradezu generalstabsmäßig auf das Großereignis vorbereitet. In monatelanger intensiver Arbeit waren, wie wir an anderer Stelle ausführlich berichten, Rennwagen und Fahrer auf die Strecke eingestellt worden. Fünf Wagen schickte Mercedes in den Grand Prix von Lyon, die nach einer einheitlichen taktischen Marschroute fuhren und die ersten drei Plätze unter sich abmachten. Von Frankreichs »gloire« war wenig zu verspüren gewesen. Aber auch für das deutsche Opel-Team war der 4. Juli 1914 ein schwarzer Tag. Emil Erndtmann und Franz Breckheimer mußten in der zwölften von insgesamt 20 Runden aufgeben; Karl Jörns (15) landete nur auf dem zehnten Platz. Seine Zeit für die Distanz von 747 Kilometern: 8 Stunden und 17 Minuten. Kein Wunder, daß im Hause Opel Bestürzung über diese bittere Niederlage in Lyon herrschte, denn die Rüsselsheimer zählten auf dem Gebiet des Motorsports zu den deutschen Pionieren. Nachdem die Familie Opel 1902 eine Lizenz zum Nachbau der französischen Darracq-Wagen erworben hatte, konnten die Autobauer vom unteren Main zahllose Siege an ihre Fahnen heften. Die Brüder Fritz und Georg Opel waren selber im Rennsport aktiv. Ab 1906 – nach der Trennung von den französischen Lizenzgebern – belegten »reine« Opel in zahllosen wichtigen Wettbewerben im In- und Ausland gute Plätze, wie zum Beispiel Wilhelm Opel im Jahr 1909 bei der zweiten Prinz-Heinrich-Fahrt den ersten Platz, mit weiteren Opel-Wagen auf den Plätzen 3, 5, 6 und 10. Die Palette der Sport- und Rennwagen der Marke Opel reichte in den Jahren bis zum Ersten Weltkrieg von 1,5-Liter-Wagen bis zu 12-Liter-Boliden, die bis zu 260 PS leisteten.

Nächster Renntermin für Karl Jörns und einen weiteren Opelfahrer war das Bank-Holiday-Rennen am 3. August 1914 auf Brooklands, der legendären Rennstrecke südwestlich von London. Jörns wollte versuchen, mit seinem Opel-Grand-Prix-Rennwagen Percy Lamberts Stundenrekord (160 km/h) – erzielt im Jahr 1913 mit einem Talbot – zu brechen. Er war mit dem Hochgeschwindigkeitskurs von Brooklands bereits vertraut. Hier hatte er Ostern 1914 im sogenannten »100-Long-Race« (gemeint waren Meilen) den dritten Platz belegt, mit einer Durchschnittsgeschwindigkeit von 159,06 km/h. Aber als das Opel-Team in England ankam, warf der Kriegsausbruch bereits seine Schatten voraus. Fahrer und Mechaniker entschlossen sich, auf dem schnellsten Weg nach Deutschland zurückzukehren. »They fled to the fatherland«, wie ein englischer Chronist schrieb. Die beiden Opel-Rennwagen aber blieben in England zurück und wurden als Feindeigentum beschlagnahmt. In einer Garage in der Halkin Street, unmittelbar hinter dem Buckingham Palace, wurden sie für die Dauer des Krieges eingemottet.

Nach dem Krieg kam ihnen Captain Alistair Miller (Sohn von Sir George Miller) auf die Spur und kaufte sie. Er war ein exzellenter Kenner von Brooklands und zählte zu jener Clique britischer Adeliger, die sich ihre Zeit mit Autorennen vertrieb. Als Brooklands nach dem Ersten Weltkrieg wiedereröffnet wurde, rollten auch die beiden Opel an den Start. Den Jörns-Opel durfte ein junger talentierter Fahrer pilotieren, Henry Segrave. Beim Pfingstrennen platzte bei hoher Geschwindigkeit ein Hinterreifen. Die Kaltschnäuzigkeit, mit der Segrave am Steuer des Opel die gefährliche Situation meisterte, beeindruckte den Teamchef von Sunbeam, Louis Coatalen, sehr. Er merkte sich den Namen des jungen Draufgängers. Segrave wurde später auf Sunbeam-Wagen weltberühmt, seine Karriere aber begann auf dem Jörns-Opel.

Harte Zeiten für einen Rennwagen

Nach den Brooklands-Erfolgen kam eine traurige Zeit für den deutschen Grand-Prix-Rennwagen. Wer ihn nun letztlich verkauft hat, Segrave oder Miller, ist bis heute nicht geklärt. Schlimm genug: der Rennwagen landete bei einer Miss G. Curlie in Yorkshire. Mit Recht fragt sich da ein englischer Autohistoriker: »Man möchte ganz gern wissen, was eine Lady veranlaßt, einen Vorkriegsrennwagen zu kaufen ...« Danach tauchte der Opel eines Tages in der Grafschaft Hampshire auf, wo er im Städtchen Fleet als Reklameauto für einen Pub diente. Es wird erzählt, daß die Wirtstochter den Wagen gelegentlich auch zum Einkaufen benutzte. Viel tiefer kann ein Rennwagen kaum noch sinken. Dann verliert sich die Spur des Opel wieder für einige Jahre.

Erst 1931 tauchte er wieder auf. Der Gastwirt aus Fleet, nunmehr im Ruhestand, hatte den für ihn wertlosen Oldtimer loswerden wollen und ihn der Firma BMC Motors in der Brick Street in London übergeben. Aber

auch die war mit dem Oldie aus Deutschland nicht glücklich und bot ihn zum Verkauf an. Und jetzt trat Noel Mavrogordato in das Leben des Rennwagens. Er kaufte ihn für den Spottpreis von 40 Pfund. Der Zufall wollte es, daß zur gleichen Zeit in der Fachzeitschrift »Motor Sport« eine Kolumne erschien, die berühmte Oldtimer vorstellte, so auch den Jörns-Opel. Da ahnte der pensionierte Gastwirt, welchen Schatz er da für ein Trinkgeld aus der Hand gegeben hatte. Er wollte den Wagen wieder zurückkaufen, aber Mavro, wie er unter Oldtimer-Feunden in England genannt wird, war natürlich nicht zu überreden.
So begann im Jahr 1931 die zweite, weitaus interessantere und glanzvollere Karriere des Karl-Jörns-Opel, Baujahr 1914. Sie ist seit nunmehr 51 Jahren mit dem schillernden Leben des Flugingenieurs, Piloten, Amateurrennfahrers und Auto- und Motorradrestaurators Noel Mavrogordato aus Sway im Süden Englands verbunden.
An einem schönen Sommertag des Jahres 1931 wurde Mavros belgischer Sava-Sportwagen aus dem Jahr 1912 bei einem Verkehrsunfall im Norden Londons zertrümmert. Mavro, damals 27 Jahre alt, konnte sich einen Tag ohne Auto nicht vorstellen und meldete sich, als in der Fachzeitschrift »Motor« ein Opel-Rennwagen angeboten wurde. Den Preis handelte er noch um fünf Pfund herunter, und so kaufte er den damals kastanienbraunen Renner für 40 Pfund. Gedacht war der Wagen als »Brot-und-Butter-Auto« für die täglichen kleinen Fahrten und als Zugwagen für den Anhänger, auf dem Mavro seine Motorräder von Rennen zu Rennen transportierte. Der Opel wurde wieder weiß lackiert und bekam zudem eine elektrische Lichtanlage und Kotflügel.
Aber die »große Liebe« zwischen Mavro und seinem Opel war es noch nicht. Flugzeuge und Motorradrennen hatten Vorrang. 1929 hatte Mavro bei De Havilland fliegen gelernt und erwarb die Verkehrsfliegerlizenz B und das Zertifikat als Flugingenieur. Er gehörte zu den Postflugpionieren Großbritanniens. Als Pilot von Midland and Scottish Air Ferries transportierte er Zeitungen auf die Isle of Man, nach Irland und auf die Hebrideninseln. Es war ein riskanter Job. Gelandet wurde auf den Stränden der Inseln, zu Zeiten der Ebbe. Im Depot der schottischen Kleinstadt Campbeltown, wo heute der Ex-Beatle Paul McCartney wohnt, geriet Mavro durch eine Unachtsamkeit in einen laufenden Propeller. Die Narben der schweren Verletzungen sind noch heute sichtbar. Mavro erinnert sich auch an einen anderen Zwischenfall, der beinahe katastrophale Folgen gehabt hätte: Nach einem Flug fehlten drei der sechs Schrauben, die den Propeller sicherten; die drei anderen waren gelockert!

Mavrogordatos Abenteuer in der Luft und auf der Erde

Die Fliegerei war Beruf und Hobby zugleich. Im Lauf der Jahre besaß Noel Mavrogordato eine De Havilland 60, einen Bristol Fighter, eine Miles Martlet und eine Comper Swift. Mit der De Havilland stürzte er 1932 bei Glasgow ab, als er im schottischen Nebel die Orientierung verloren hatte. Wie durch ein Wunder wurden er und seine Katze, die in einem Verschlag hinter dem Pilotensitz mitgeflogen war, nicht verletzt. Den Bristol Fighter kaufte Mavro im selben Jahr von der Royal Air Force für 120 Pfund. Der wassergekühlte Rolls-Royce-Motor mit seinen zwölf Zylindern leistete 280 PS. Aber es war ein Flugzeug, das immer mindestens drei starke Männer auf Trab hielt – beim Herausrollen aus dem Hangar, beim Anwerfen des Motors mit dem mannshohen Propeller. Aus diesem Grund trennte sich Mavro von der Bristol und kaufte sich die leichtere Comper Swift. Aber bereits beim zweiten Flug kam das Verhängnis. Das Flugzeug »schmierte« aus 150 Meter Höhe ab, zerschellte an einer Mauer, und Mavro kam mit schweren Kopfverletzungen ins Krankenhaus, wo er zwei Tage bewußtlos lag. Die Nachtschwester, die ihn pflegte, wurde übrigens seine zweite Frau.
Die Abenteuer in der Luft wechselten sich mit halsbrecherischen Jagden auf Motorradrennstrecken ab. Noel Mavrogordato begann seine Rennkarriere 1925 auf einer wassergekühlten Scott. 1926 wurde er sogar sechster bei der Tourist Trophy auf der Isle of Man und fuhr dort 1930 mit seiner Scott die bis dahin schnellste Runde auf der gefürchteten Piste. Wie oft er auf dem lebensgefährlichen Kurs gestürzt ist und verletzt wurde, kann er nicht mehr aufzählen. 1938 wollte er mit einer 250-ccm-DKW-Kompressormaschine auf der Isle of Man starten, aber der Absturz mit der Comper Swift vereitelte dieses Vorhaben.
Im Verlauf seiner Karriere als Motorradrennfahrer und -sammler erwarb Mavro Raritäten wie die 1922 gebaute Anzani, die 1923 mit 174,16 km/h den Geschwindigkeitsweltrekord für Motorräder erzielte. Es war das erste Motorrad, das auf der Rennstrecke von Montlhéry bei Paris den Stundenweltrekord mit 160 km aufstellte. Und im Jahr 1926 war die Anzani die erste Maschine, die die bis dahin für Motorräder geltende Schallmauer von 120 mph (192 km/h) durchbrach. Diese Kostbarkeit auf Rädern, eines der berühmtesten Motorräder der Welt, kaufte Mavro 1936 für ganze 25 Pfund. Für die Restaurierung nahm er sich 35 Jahre Zeit. Eine weitere Weltrekordmaschine, die Noel seiner Sammlung einverleibte, ist eine Brough Superior 1000 ccm. Mit ihr erzielte Bert Le Vack im Jahr 1929 den Geschwindigkeitsweltrekord mit 129 mph, was 206,4 km/h entspricht.

Zwischen all diesen Flugzeugen und Motorrädern – später kamen noch Rennboote hinzu – hatte es der Opel schwer. Er machte zunächst als treues Arbeitstier alle die Eskapaden des abenteuerlustigen Flugingenieurs und Piloten mit. Ein Schaden am Pleuellager war der Anlaß für die erste gründliche Restaurierung. Sie begann 1932 und zog sich über vier Jahre hin. Noel verfügte als Privatpilot von Lord Nuffield, dem Chef der Morris-Automobilwerke, über viel Zeit. Wenn er in seiner Freizeit nicht gerade Motorradrennen fuhr, beschäftigte er sich mit dem Opel, der von Job zu Job abgewrackt mitgeschleppt wurde. Betriebsanleitungen und Konstruktionszeichnungen gab es nicht. Mavro erarbeitete sich beim Auseinandernehmen die Kenntnisse über den Wagen.

Mittlerweile kannte er auch die Historie des Fahrzeugs. Sie bestärkte ihn in seinem Entschluß, dieses Denkmal des Automobilsports für die Nachwelt zu erhalten. Darüber hinaus war für einen Tüftler wie Noel Mavrogordato die Auseinandersetzung mit solch einem technischen Fossil geradezu eine Herausforderung. Mit Wohlgefallen ruhten die Augen des Kenners immer wieder auf dem vierzylindrigen Motorblock mit 4441 ccm Hubraum. Der Ventiltrieb ist eine Delikatesse: Die vier Ventile pro Zylinder werden durch eine obenliegende Nockenwelle betätigt, die ihrerseits durch eine Königswelle am rückwärtigen Ende des Motors angetrieben wird. Auch die Tauchschleuderschmierung war für einen Grand-Prix-Wagen aus dem Jahr 1914 etwas Besonderes. Die Leistung des Motors wird auf etwa 100 PS geschätzt. Die im Großen Preis von Frankreich 1914 gestarteten drei Opel-Wagen waren die Leichtgewichte unter den 38 Startern. Sie lagen um 50 bis 80 kg unter dem oberen Limit von 1000 kg.

Zu Beginn des Zweiten Weltkriegs wurde Noel Mavrogordato Fluglehrer bei der Royal Air Force, so daß der Opel stillgelegt wurde. Mavro füllte neues Öl nach, ließ den Motor noch einige 10 000 Umdrehungen machen und stellte dann den Wagen in der Garage seines Cottage in Oxford unter. Erst 1956 ließ ihn Mavro von dort aus zu seinem Landsitz an der Südküste Englands schleppen. Aber auch dort dämmerte der Opel in der Werkshalle zwischen Weltrekordmotorrädern, Bentleys und Rolls-Royce-Wagen zehn Jahre lang vor sich hin.

Der zweite Frühling eines Opel

Der Pensionär Noel Mavrogordato setzte für die zweite große Restaurierung im Jahr 1966 zehn Jahre an. Sein Ehrgeiz: nach Möglichkeit ohne fremde Hilfe auszukommen und die Verwendung von Neuteilen auf ein Minimum zu beschränken. Allerdings – die Reifen sind die Spezialanfertigung einer australischen Firma. Neu sind auch der Verteiler, drei Kurbelwellenlager, die Bosch-Zündspule und die Kotflügel. Dieses »unsportliche« Zubehör ist vor allen Dingen ein Zugeständnis an MOT (Ministry of Transport), das von ihm die Genehmigung abhängig machte, den Wagen auf öffentlichen Straßen zu benutzen. Aber das faszinierende Äußere des Oldtimers wird bestimmt von den 67 Jahre alten Originalteilen, wie dem vierarmigen Auspuffsystem – es mündet in ein Rohr, das wie ein Pfefferstreuer aussieht – oder vom Zenith-Vergaser. Der Originalkühler stammt von der deutschen Firma Serck. Auch das Steinschlag-Schutzschild ist original; Mavro findet es allerdings sehr häßlich. Der Tachometer (161) wurde erst 1920 eingebaut und während der zweiten Restaurierung auf die neue Reifengröße eingestellt. Mavro erwähnt übrigens immer drei Bremsen. Gemeint sind wohl die auf die Hinterräder wirkenden Bremsen sowie die Getriebebremse.

Der Benzintank mit seiner Benzinuhr befindet sich hinter den beiden Sitzen. Rechts vom Fahrer ist, handgerecht auf dem Spritzblech zwischen Kühler und Cockpit, eine Benzinpumpe montiert. Für die neue Polsterung der beiden Sitze mit kostbarem Leder ist eine Firma in Bournemouth verantwortlich. Selbst die hervorragende Neulackierung des Wagens hat in Mavros eigener Werkshalle stattgefunden. »Die Kosten für die Restaurierung halten sich in Grenzen«, meinte der penible Hobby-Restaurator, »weil ich alles selber gemacht habe, aber es sind sicherlich einige Tausend Arbeitsstunden nötig gewesen. Gezählt habe ich sie nicht. Die zehn Jahre, die ich der Restaurierung des Opel gewidmet habe, sind mit die interessantesten meines Lebens gewesen. Mitzuerleben, wie aus einem Haufen Hunderter von Einzelteilen, die oft verrottet waren, Stück um Stück ein berühmter alter Wagen neu erstand – das ist phantastisch gewesen.«

Mavro schätzt, daß der Opel mit seinen nunmehr 67 Jahren kaum mehr als 8000 Kilometer zurückgelegt hat. Der Wagen gibt sich mit Normalbenzin zufrieden (Two-Star-Petrol). Als Schmiermittel genügt normales Mehrbereichsöl. Der Motor hat ein Verdichtungsverhältnis von 6:1. Der Treibstoffverbrauch ist sensationell niedrig. Letzte Messungen ergaben einen Verbrauch von 1 Gallone, das sind 4,6 Liter für 25 Meilen, umgerechnet ergibt das etwa 12 Liter auf 100 Kilometer.

Der inzwischen verstorbene Noel Mavrogordato war 1982 77 Jahre alt und startete mit seinem Opel noch regelmäßig bei Oldtimer-Rennen. Auf Motorways (»ganz früh, wenn sie noch leer sind«) schaffte der Ex-Jörns-Wagen immer noch gut 170 km/h.

Sohn Anthony ist stolz darauf, daß der Opel GP 1914 immer noch im Besitz seiner Familie ist.

AUGUST HORCH - AUDI HIESS DAS LOSUNGSWORT

In der Gründerzeit der deutschen Automobilindustrie ging das Gespenst der Zellteilung um. Geniale, aber frustrierte Konstrukteure trennten sich in Unfrieden von ihren Arbeitgebern oder ließen die von ihnen gegründeten Firmen im Stich – um einen neuen Brötchengeber zu finden oder gar um Eigenes auf die Beine zu stellen. So verließ 1882 Gottlieb Daimler die Gasmotorenfabrik Deutz, um sich selbständig zu machen. 1903 schied Karl Benz aus dem Vorstand der Firma Benz & Cie. Rheinische Gasmotorenfabrik aus, wurde Mitglied des Aufsichtsrats und gründete drei Jahre später mit seinen Söhnen Eugen und Richard in Ladenburg die Firma »Benz Söhne«. Im Jahr 1907 stieg Wilhelm Maybach bei der Daimler-Motorengesellschaft aus, um Partner von Graf Zeppelin in Friedrichshafen zu werden. Er ging ab 1921 seinem Sohn Karl hilfreich zur Hand, als der die Exklusivmarke Maybach ins Leben rief. Ein anderes prominentes Beispiel für die Zellteilung ist Ettore Bugatti, der, wie wir an anderer Stelle dieses Buches beschreiben, 1909 die Gasmotorenfabrik Deutz verlassen mußte und ab 1910 in Molsheim im damals noch deutschen Elsaß begann, seine legendären Wagen zu bauen.

In diese Reihe gehört auch ein Mann, der zu Unrecht in vielen autohistorischen Büchern entweder nur in Fußnoten und Nebensätzen oder gar überhaupt nicht erwähnt wird: August Horch. Sein Lebenslauf ist ein Exempel dafür, wie in der deutschen Automobilindustrie von Anfang an mit harten Bandagen gekämpft wurde und »das Brot der frühen Jahre« doch überwiegend steinhart war. Von einer irgendwie liebenswürdigen Schnauferl-Idylle kann wirklich nicht die Rede sein.

Mit 13 Jahren war seine Zeit in der Volksschule beendet, und er begann bei seinem Vater eine Lehre als Schmied. In seinen Erinnerungen »Ich baute Autos« schildert August Horch, welch ein faszinierendes Leben »Azubis« zu seiner Zeit führen konnten, wenn sie Lust am Abenteuer hatten, neugierig waren und an die Zukunft glaubten. Nach zweieinhalbjähriger Lehre drückte ihm der Vater 20 RM in die Hand und ordnete an: »So, mein Sohn, jetzt gehst du auf Wanderschaft, damit dir der Wind mal so richtig um die Nase weht!« Zusammen mit seinem Freund Hermann Sünner ging's auf die Walz. Zunftanzüge besaßen sie nicht, die blieben traditionsgemäß den Zimmerleuten vorbehalten. August und Hermann trugen lange Hosen und bis oben zugeknöpfte Joppen mit vielen vollgestopften Taschen. August Horch erinnert sich: »Man erkannte in jenen Zeiten die wandernden Handwerksburschen am Felleisen, das sie an einem Riemen umgehängt hatten. Schmiede und Schlosser trugen ihre Habseligkeiten in einem Schurzfell aus Leder gewickelt. Andere, zum Beispiel Klempner und Wagner, verstauten ihre Sachen in Tuchrollen. Jeder von uns hatte ein Hemd im Schurzfell, zwei Paar Strümpfe, etwas Handwerkszeug und außen aufgeschnallt noch ein Paar Schuhe. In der Faust schwangen wir unternehmend den historischen Knotenstock.«

Das erste eigene Auto

Arbeitsuche war nicht, wie heute, bürokratisiert oder gar ein »öffentliches Anliegen«. Horch: »Unterwegs sprachen wir in allen Schmiede- und Schlosserwerkstätten vor, denn es war ja der Sinn dieser Wanderschaft, Arbeit zu suchen und zu lernen. Dieses Vorsprechen geschah in vorgeschriebenen, zunftgemäßen Formen und wurde feierlich vollzogen. Man betrat die Schmiede, ging sofort zum Amboß, stellte sich vor dem Meister auf, legte die rechte Hand salutierend an den Hut und sagte: ›Gott grüß Meister und Gesellen!‹ Der Meister antwortete: ›Fremder Schmied?‹ Darauf hatte man zu erwidern: ›Stück davon!‹ Hatte der Meister keine Arbeit, gab er ein Geldgeschenk. Dann grüßte man, immer vor dem Amboß stehend, und verließ die Werkstatt ruhig und mit gemessenen Schritten.« Das, was wir heutzutage unromantisch »Jobsuche« nennen, war für junge Arbeitsuchende wie August Horch ein frohgemutes Wandern über Europas staubige Landstraßen. Horch trampte über Preßburg nach Budapest, wurde typhuskrank, lernte so nebenbei das Uhrmacherhandwerk, arbeitete dann an der Grenze zwischen Serbien und Bulgarien beim Bau einer Bahnstrekke, kehrte 1887 über Wien in die Heimat zurück, um auf eine Art zweitem Bildungsweg das Ingenieurstudium zu absolvieren. Auch als »Studierter« ließ sich Horch wieder den Wind um die Nase wehen, vor allem in der Werft- und Schiffsmotorenindustrie. Mitte 1896 war er dabei, als auf der Leipziger Rennbahn ein Motorrad der Firma Hildebrand & Wolfmüller vorgeführt wurde. Hildebrand hatte schon 1889 versucht, eine kleine Dampfmaschine in ein sogenanntes Niederrad einzubauen. Aber erst 1893 verfügten sie über ihren ersten Viertaktmotor, den sie in ein eigens gebautes Fahrradgestell transplantierten. Horch weist in seinen Erinnerungen darauf hin, daß Hildebrand & Wolfmüller sich in jenem Jahr den Terminus technicus

»Motorrad« schützen ließen. Tief beeindruckt von dieser zweirädrigen Fahrmaschine stellte er sich den Herren vor und erkundigte sich, ob auch brauchbare Wagen mit Motoren gebaut würden. Ja – Daimler in Stuttgart und Benz & Co. in Mannheim. August Horch schrieb an Karl Benz und bekam seinen »Traumjob«. Von Mai 1896 bis Oktober 1899 war er Betriebsleiter in Mannheim.
Aber es gab Schwierigkeiten mit dem Chef. Karl Benz war ein Autokrat. Anregungen zu technischen Neuerungen, die von außen an ihn herangetragen wurden, blockte er ab, vor allem dann, wenn sie die Grundprinzipien seiner Konstruktionen in Frage stellten. August Horch fühlte sich unter der harten Knute seines Arbeitgebers eingeengt und zu wenig gefordert, so daß er 1899 Mannheim verließ und in Köln-Ehrenfeld die Firma A. Horch & Cie. gründete. Dort reparierte er zunächst Motorfahrzeuge, stellte aber dann schon 1900 den ersten eigenen Wagen vor – ein Auto mit stoßfreiem Zweizylindermotor, der fünf PS leistete. (Wir sollten hier schon einschieben, daß Horch zur Automobiltechnik epochale Beiträge nicht geleistet hat. Immerhin aber übernahm er als erster deutscher Autoproduzent Renaults Kardanantrieb und ebenso Panhards Prinzip des vorneliegenden Motors.)

August Horchs Querelen

Interessanter als Horchs Bedeutung für die Autotechnik sind die firmenpolitischen Rankünen, in die er sich verwickelte. 1902 hatte er seinen Betrieb nach Reichenbach im Vogtland verlegt, und zwei Jahre später zog er wieder um, dieses Mal nach Zwickau in Sachsen, wo die Firma dann in eine Aktiengesellschaft umgewandelt wurde. August Horch & Cie. war mit den neuentwickelten Vierzylinderwagen, die 20 und 40 PS auf die Straße brachten, in vielen sportlichen Wettbewerben erfolgreich. 1906 gewann die Marke die Herkomer-Fahrt. Dieses ermutigte den Sieger, einen Sechszylinder herzustellen, den er 1909 auf der Prinz-Heinrich-Fahrt einsetzte. Der Erfolg aber blieb ihm dieses Mal versagt. Er wußte, daß ihm diese Schlappe angekreidet werden würde – schon seit einiger Zeit hatte er gespürt, daß sich in Zwickau Bedrohliches über seinem Kopf zusammenbraute. Auf einer Aufsichtsratsitzung wurde ihm die Verantwortung für das Versagen des Horch-Sechszylinderwagens angelastet. Man redete sich die Köpfe heiß, und August Horch erkannte, daß seine Zeit bei der von ihm gegründeten Firma abgelaufen war und daß seine Gegner nur auf eine passende Gelegenheit gewartet hatten, ihn endlich loszuwerden.
In seinen Memoiren erinnert er sich, daß der damalige kaufmännische Leiter des Werks ihm nicht gut gesonnen war. Dieser hatte wieder und wieder versucht, die Gesamtleitung des Betriebs in seine Hand zu bekommen. Horch entschloß sich in dieser prekären Situation zum Angriff nach vorn, was zur zweiten Zellteilung in seiner Laufbahn als Autokonstrukteur führte. Er wurde mit 20 000 Mark abgefunden und verließ im Juni 1909 die Motorenwerke A. Horch & Cie. in Zwickau. Bereits einen Monat später gründete er zusammen mit einigen Freunden am gleichen Ort die August Horch Automobilwerke GmbH, deren Stammkapital 200 000 Mark betrug. Das nahm seine frühere Firma zum Anlaß, ihn zu verklagen. Sie sprach ihm das Recht ab, die neue Firma »August Horch« zu nennen. Der Prozeß beim Reichsgericht wurde verloren, und der Firmengründer durfte den eigenen Namen nicht mehr für das eigene Unternehmen verwenden!
Jetzt mußte schnell gehandelt werden. Man traf sich zu einer Krisensitzung in der Wohnung des Teilhabers Franz Fikentscher, um über einen neuen Markennamen zu beraten. »Was da alles an möglichen und unmöglichen Bezeichnungen auftauchte, läßt sich nicht beschreiben« (Horch-Memoiren). Die enervierende Diskussion um einen neuen Markennamen verfolgte auch Fikentschers Sohn. Er saß still in einer Zimmerecke und tat so, als mache er Schularbeiten. In Wirklichkeit aber hörte er aufgeregt den Gesprächen zu, die die Erwachsenen führten, und meldete sich schließlich mutig zu Wort: »Nehmt doch die lateinische Übersetzung für Horch! Die heißt nämlich Audi!«
Auf so simple Weise wurde eine neue deutsche Automarke geboren. Jetzt gab es nebeneinander eine Firma August Horch & Cie. ohne August Horch – und eine neue Firma mit August Horch an der Spitze, aber mit der lateinischen Übersetzung seines Namens im Briefkopf: Audi Automobilwerke m.b.H., Zwickau i. Sa. In die zahlreichen Anzeigen, die nun für die neue Marke werben sollten, ließ der Firmenchef – nicht gerade bescheiden – die Zeile »Leitung: Direktor August Horch« in fetter Schrift einfügen. Mit großem Stolz wies er in den Inseraten darauf hin, daß es Audi-Filialen in Hamburg, Wiesbaden, Argentinien, Uruguay, Paraguay, Brasilien, St. Petersburg, Gouv. Taurien (Süd-Rußland), Milano, Zürich, Wien und Salatiga (Java) gab.
Bereits ein Jahr nach der Gründung konnte man den ersten von Horch konstruierten Audi auf deutschen Straßen sehen, den Typ A, einen Vierzylinder mit 22 PS. Einer der ersten Käufer des Fahrzeugs war Graf Bopp von Oberstadt, ein Autokenner par excellence. Während die Horch-Werke noch jahrelang von der Ideensubstanz ihres gefeuerten Namengebers zehrten, testete der Audi-Chef die Modelle seiner neuen Vierzylinder-Generation grundsätzlich selber, und er tat dies vor allem unter härtesten Wettbewerbsbedingungen. So siegte er in den Jahren 1911 und 1912 bei den »Alpenfahr-

ten« in einem Typ B und in den beiden folgenden Jahren in einem Typ C, wonach diese Modelle mit ihren schnittigen, windschlüpfrigen Karosserien auch »Alpensieger« genannt wurden.
Werner Oswald rühmt in seinem Buch »Alle Audi-Automobile« den hohen technischen Standard der Vierzylinder und schreibt: »Alle Typen des anfänglichen Audi-Programms sind weitgehend nach dem gleichen Schema konzipiert, wobei es aus heutiger Sicht bemerkenswert erscheint, wie modern man damals schon in vieler Hinsicht dachte. Die vier Audi-Vierzylindermotoren (Typ B mit 28 PS, Typ C mit 35, Typ D mit 45 und Typ E mit 55 PS) jener Zeit besitzen paarweise zusammengegossene Zylinder und ein Kurbelgehäuse aus Aluminium ... Zenithvergaser und Bosch-Magnetzündung (beziehungsweise Doppelzündung, also kombinierte Batterie- und Magnetzündung, bei den großen 45- und 55-PS-Typen) entsprechen dem damaligen technischen Standard.«
Während des Ersten Weltkriegs stellt Audi die Autoproduktion fast ganz ein und produziert vor allem Granaten und Minenwerfer. Der Werksleiter – ein Meister auch im Delegieren – ließ sich nur noch selten in der Firma sehen. Sein Rat war in Rüstungskommissionen gefragt, in denen man über die Motorisierung des Heeres nachdachte. Auf diesem Wege wirkte der Produzent technisch hochklassiger Zivilfahrzeuge maßgeblich mit, die deutschen Tanks zu entwickeln.
Schon 1919 beginnt Audi – mittlerweile eine Aktiengesellschaft geworden – wieder mit dem Autobau, wobei im wesentlichen auf die Vorkriegsmodelle zurückgegriffen wird. 1920 zieht sich August Horch aus der Geschäftsführung zurück und wird Mitglied des Aufsichtsrats. Er kümmert sich nur noch wenig um seine Firma. Desto aktiver ist er in Industrieverbänden und Wirtschaftsorganisationen in Berlin tätig. Hier werden inzwischen solche weitsichtigen, unternehmerisch denkenden Funktionäre dringend gebraucht, denn die zwanziger Jahre werden für die deutsche Automobilindustrie zu einer echten Horrordekade.

Auto-Union: Drei gebeutelte Firmen flüchten sich unter ein großes Dach

»Der Hang zur Eigenbrötelei, der Konzernbildung erschwerte, aber auch Fehleinschätzungen des Marktes und der eigenen Möglichkeiten führten zu einem im Grunde genommen wünschenswerten und notwendigen Ausleseprozeß ... Von den etwa 130 neuen Marken seit 1921 überlebten nur ca. zehn das Ende der zwanziger Jahre« (Erik Eckermann in seinem Buch »Vom Dampfwagen zum Auto«). Diese Baisse traf auch die Audi-Werke. Im Jahr 1925 standen sie vor dem Kollaps. Nur dem großen persönlichen Einsatz ihres Gründers und einiger befreundeter Bankiers war es schließlich zu verdanken, daß das Schlimmste dann doch verhütet werden konnte.
Die Automobilindustrie, die längst auf dem Weg war, Transportmittel auch für die breite Masse zu produzieren, geriet mit Beginn der Wirtschaftskrise 1929 in böse Turbulenzen. August Horch schreibt darüber in seinen Memoiren: »Das Kraftfahrzeug ... wurde in Deutschland wieder ein Luxusartikel, den sich nur noch wenige Begüterte leisten konnten.« Was Daimler und Benz mit ihrer Fusion im Jahr 1926 vorgemacht hatten, wurde Ende der zwanziger Jahre auch für die sächsische Motoren- und Autoindustrie unausweichlich: Gespräche über einen Autokonzern, unter dessen großes Dach sich die durch die Krise gebeutelten Firmen flüchten konnten. Es kam die Idee von einer Auto-Union auf, die dann 1932 auch in die Tat umgesetzt wurde. Der Auto-Union gehörten die Horch-Werke AG Zwickau, die Audi-Werke AG Zwickau, die Zschopauer Motorenwerke des Dänen Rasmussen (DKW) an sowie auch die Automobilabteilung der Wanderer-Werke in Siegmar, die man käuflich erwarb. Jede der »unierten« Firmen blieb für sich selbständig. Nach Hitlers Machtübernahme im Jahr 1933 begann Ferdinand Porsche, die Auto-Union-»Silberpfeile« zu bauen, die das Symbol der vier Ringe trugen und das Image des jungen Konzerns enorm aufwerteten.
Ihren Markt teilten sich die Auto-Union-Firmen nach einem ganz bestimmten Zielgruppenraster auf: Den Namen Horch trugen die starken, schnellen und schönen Achtzylinder-Luxuswagen (106), Audi präsentierte sportlich-elegante Frontantriebswagen mit 2- bzw. 2,3-Liter-Sechszylindermotoren für Individualisten, während Wanderer nach Angaben einer englischen Auto-Enzyklopädie als »middle-class cars« eingestuft wurden. DKW, bis 1938 auch größte Motorradfabrik der Welt, steuerte die unverwechselbaren, ureigensten Kleinwagen des Zweitakt-Königs Jörgen Skafte Rasmussen bei. Sie waren nicht nur wegen ihres niedrigen Preises attraktiv, sondern auch wegen ihrer unkonventionellen Technik: quergestellter Zweitaktmotor, Frontantrieb, an Querfedern aufgehängte Vorder- und Hinterräder sowie Sperrholzkarosserien mit Kunstlederbezug.
August Horch hat die Gründung des neuen Konzerns sehr begrüßt. Er wurde 1933 in seinen Aufsichtsrat gewählt, was ihn mit tiefer Befriedigung erfüllte. Für ihn war es der Höhepunkt seines imponierenden Lebenswerks – und er konnte auf seine beiden »Kinder« Horch und Audi, die ihm so viel Kummer bereitet hatten, versöhnt, voller Stolz und mit wachsamem Auge blicken.
Dr. Ing. h. c. August Horch starb am 3. Februar 1951 in seiner oberfränkischen Wahlheimat Münchberg. Er wurde 83 Jahre alt.

THE BIRKIN-BENTLEY SINGLE SEATER

Einen Bentley mit einem Kompressor auszurüsten verstößt gegen die Prinzipien, nach denen meine Autos gebaut wurden – und korrumpiert ihre Fahreigenschaften!« (Walter Owen Bentley in seiner Autobiographie »W. O.«) Diese Abneigung gegenüber dem »Motoren-Doping« hatte der Konstrukteur der legendären Bentley-Autos, die zum Inbegriff des klassischen englischen Sportwagens wurden, mit Ettore Bugatti gemeinsam. Auch »Le Patron« aus Molsheim hat sich erst sehr spät mit diesem Prinzip der Leistungssteigerung eines Motors anfreunden können. Um aber im Grand-Prix-Sport wettbewerbsfähig zu bleiben, griff Bugatti dann doch zu dieser, wie er meinte, »unnatürlichen« Methode. Als erste profitierten davon die Bugatti 35 B (118), die Kompressorversionen des 35 T. Später gefielen dem elsässischen Autokönig der Klang und die Leistungsentfaltung seiner Kompressormotoren so gut, daß er auch einigen seiner Tourenwagen diese Kraftspritze verpaßte.

Bentley dagegen blieb seinem Prinzip treu; so baute er von 1921 bis zur ersten Liquidation seiner Firma im Jahr 1926 konsequent keine Wagen mit Kompressormotoren und vertrat in diesem Zeitraum die Auffassung, daß Leistung aus der Hubraumgröße kommen müsse. Dank der erwähnten finanziellen Hilfe des Rennfahrers und Diamantenmillionärs Woolf Barnato konnte die Firma Bentley zunächst weiter existieren, aber es blieb Privatfahrern in ihren Werkstätten überlassen, Bentley-Motoren mit Kompressoren auszurüsten. Solch ein Bentley-Besessener war Henry »Tim« Birkin. Er gehörte zu jener Spezies von reichen Engländern, die »just for fun« auf eigene Rechnung Renn- und Sportwagen kauften und mit ihnen Rennen bestritten. Birkin stammte aus bester Familie und muß, wenn man den Chronisten glauben darf, einen enormen Charme ausgestrahlt haben. Denn nur so ist es überhaupt zu erklären, daß er The Honourable Dorothy Paget dazu bewegen konnte, seine Rennambitionen zu finanzieren.

Bentley-Thema mit Variationen

Dorothy Paget war Millionärin, besaß einen großen Rennpferdestall, war sehr patriotisch und galt als exzentrisch. Sie lebte in einem großen Haus mit einer Schar von Dienern, mit denen sie nie ein Wort wechselte und nur per schriftlicher Notizen kommunizierte, die ihr Sekretär in Umlauf brachte. Aber dem »Glamourboy« Birkin mochte sie nichts abschlagen und gab ihm Geld, damit er im Jahr 1929 einige vierzylindrige 4,5-Liter-Bentley (140) in seiner modern ausgerüsteten Werkstatt in Welwyn, nördlich von London, auf Kompressoren umrüsten konnte. Als Fachmann wurde Charles Amherst Villiers hinzugezogen. Er hatte schon für Raymond Mays' Rennwagen »The Vauxhall Villiers Kompressor« verantwortlich gezeichnet. So begann in Birkins Werkstatt die faszinierende Geschichte des Birkin-Bentley, der in der Fachliteratur auch »The Single Seater« (182) genannt wird. Es wurde ein »Bentley-Thema mit Variationen« – mit dem auch heute noch gültigen Kennzeichen UU 5871.

Zunächst war der Birkin-Bentley ein häßlicher Viersitzerwagen mit einer Vanden-Plas-Karosserie. Er wurde mit wechselhaftem Erfolg in vielen Rennen eingesetzt. W. O. Bentley selber blieb dem »Kompressor-Fehltritt« gegenüber immer noch skeptisch. Am 13. Juli 1929 startete Birkin mit seinem »aufgeblasenen« Bentley beim Irish Grand Prix, einem Handikap-Rennen für Sportwagen, im Phoenix Park, Dublin. Das Rennen ging über 300 Meilen und wurde an zwei Tagen ausgetragen. Birkin jagte den 6,8-Liter-36/220-Mercedes-Kompressorwagen – pilotiert von »Scrap« Thistlethwayte – so erbarmungslos, daß der nach 115 Meilen mit einem Ventilschaden liegen blieb. Aber auch der Wagen Henry »Tim« Birkins fiel wegen eines Kühlerschadens zurück und wurde hinter einem Bentley Speed Six (186) ohne Kompressor und einem 1750 Alfa Romeo mit Kompressor dritter. Bei der Ulster Tourist Trophy am 17. August desselben Jahres geschah ein kleines Wunder: W. O. Bentley persönlich bot sich als obligatorischer Kopilot und Mechaniker an. Es half nichts: Rudolf Caracciola gewann auf einem 7,1-Liter-Mercedes-Kompressorwagen.

Danach begannen die Metamorphosen des Birkin-Bentley: Eine zweisitzige stromlinienförmige Karosserie wurde ausprobiert und der Wagen vornehmlich in Rundstreckenrennen eingesetzt, vor allem auf Brooklands. Brooklands hatte gegen Ende der zwanziger Jahre seine große Zeit bereits hinter sich. Ohne Spezialstoßdämpfer wagten sich verantwortungsvolle Fahrer nicht mehr auf die Holperpiste südwestlich von London. Es gab einige Hügel, auf denen zum Beispiel der Birkin-Bentley mehrere Male eine Sprunghöhe von einem Meter und eine Weite von neun Metern erreichte, trotz der stattlichen zwei Tonnen Eigengewicht des Wagens. Drei hydraulische Stoßdämpfer auf jeder Seite sollten ein noch gefährlicheres Abheben verhindern.

Im Winter 1929/30 wurde dem Birkin-Bentley seine endgültige Einsitzer-Karosserie verpaßt. Der Motor leistete jetzt 240 PS im Gegensatz zu den 110 PS der Standardversion des 4,5-Liter-Bentley ohne Kompressor. 1930 konnte Henry »Tim« Birkin seine Mäzenatin Dorothy Paget und Woolf Barnato davon überzeugen, daß die Blower Bentley beim 24-Stunden-Rennen von Le Mans große Chancen hätten. So erhielt W. O. den Auftrag, 50 Kompressor-Bentley zu bauen, um dem Reglement gerecht zu werden. Auch Birkin klemmte sich hinter das Steuer eines solchen 4,5-Liter-Kompressors (mit 175 PS bei 3500 U/min.), aber es waren dann doch zwei Bentley Speed Six ohne Kompressor, die die Plätze 1 und 2 belegten...

Während der kurzen Blütezeit des Paget-Rennstalls wurde ständig auch am Birkin-Bentley herumgedoktert. Die Vorderradbremsen wurden entfernt, mit der Begründung, auf Brooklands würden Bremsen keine wesentliche Rolle spielen – dort gäbe es genügend Platz zum Ausrollen...

Birkin experimentierte auch monatelang mit verschiedenen Vergaser- und Kompressortypen, ließ den Wagen knallrot anstreichen und den Motor auf 4442 ccm aufbohren. Die sportlichen Erfolge des Single Seater hielten sich zwar in Grenzen, aber immerhin fuhr Birkin, nach dem Tod seines Vaters nunmehr Sir Henry Birkin, 1932 auf dem Outer Circuit von Brooklands einen neuen Rundenrekord mit 222,74 km/h.

Für die Marke Bentley hatten die dreißiger Jahre ziemlich traurig begonnen. Dorothy Paget hatte sich im Oktober 1930 wegen der hohen Kosten, die ihr Rennstall verursachte, vom Motorsport zurückgezogen, und die Bentley-Werke steckten so tief in den roten Zahlen, daß sie sich unter die mächtigen Fittiche von Rolls-Royce flüchten mußten. W. O. Bentley schied aus der Geschäftsführung aus. Er hatte von 1921 bis 1931 3052 Bentley gebaut, von denen heute noch etwa 1100 existieren.

Dorothy Paget hatte mittlerweile ihre Blower Bentley verkauft, die ihr aus den Händen gerissen wurden. Überraschenderweise blieb sie aber auf dem Single Seater sitzen. Es fand sich kein Interessent, wohl weil er im Unterhalt zu teuer und als Single Seater für den Alltagsgebrauch nicht geeignet war. Schließlich ließ die Millionärin den roten Boliden in einer Remise einmotten und erklärte ihn für unverkäuflich. Sir Henry »Tim« Birkin jagte mit ihm zum letztenmal im August 1932, mit einer Rundenzeit von 218 km/h, über die Piste von Brooklands, im sogenannten Lightning Long Handicap.

Sir Henry »Tim« Birkin starb am 22. Juni 1933 an einer Blutvergiftung. Beim Tripolis Grand Prix war sein Arm mit dem glühendheißen Auspuffrohr seines Maserati in Berührung gekommen, und die schweren Verbrennungen zogen eine tödliche Infektion nach sich.

The Single Seater is on the market!

Sein Birkin-Bentley stand bis Mai 1939 in Dorothy Pagets Garage. Und wieder war es der Charme eines jungen Mannes, der die Millionärin bewog, ihren Prinzipien untreu zu werden. Sie verkaufte den Single Seater dem jungen Weinhändler Peter Robertson Rodger, der ebenfalls ein begeisterter Rennfahrer war. Er hatte den Motor seines 4,5-Liter-Bentley-Kompressorwagens, die Nr. 4 aus dem Paget-Rennstall, in der Melbourne-Haarnadelkurve von Donington Park zuschanden gefahren und suchte nach einem Ersatzaggregat. Er transplantierte den Birkin-Bentley-Motor in den 4,5-Liter-Wagen, und damit begann eine schlimme Zeit für den Single Seater.

Während des Zweiten Weltkriegs tauchte er, wichtiger Innereien beraubt, in verschiedenen Londoner Garagen und Werkstätten auf. Die Firma Chalmers in Redhill verpaßte ihm nach dem Krieg erst einmal eine Zweisitzer-Karosserie. Gemeinsame Besitzer waren jetzt Peter Robertson Rodger und John Morley. Als Rodger starb, wurde John Morley testamentarisch alleiniger Besitzer des Birkin-Bentley, aber er war im Innersten seines Herzens doch mehr ein Freund der Marke Alvis und trug sich bald mit dem Gedanken, den Bentley zum bestmöglichen Preis zu verkaufen. Bald machte das Gerücht »The Single Seater is on the market!« unter den Mitgliedern des Bentley Drivers Club die Runde. Höchste Alarmstufe bei den vielen Freunden dieses berühmten Wagens: »Der Single Seater muß im Land bleiben!« John Morley verzichtete auf ein gutes Auslandsgeschäft und erteilte 1964 B. M. (»Rusty«) Russ-Turner den Zuschlag. »Der Wagen war schrecklich heruntergekommen«, erinnert sich der stolze Besitzer.

Das Rückverwandeln in die klassische Single-Seater-Karosserie, das mühselige Überholen des Motors, der Einbau der von Hand hergestellten »echten« 4,5-Liter-Bentley-Teile müssen ein Vermögen gekostet haben. Die Oldtimer-Freunde sprechen nicht gern über Geld, aber jeder Zylinderkopf für den Birkin-Bentley kostet heute 2000 Pfund – ohne Einbau!

»Rusty« Russ-Turner nahm im April 1966 – 34 Jahre nach der Stillegung – wieder an einem Veteranenrennen teil, der Itala Trophy des Vintage Sports Car Club (V.S.C.C.) auf der Rennstrecke von Silverstone, und ist seitdem Jahr für Jahr bei den wichtigsten Oldtimer-Rennen auf den Britischen Inseln vertreten. Um den Ölhaushalt des knallroten Renners in Ordnung zu halten, wird nach jedem Renntag das Öl gewechselt. B. M. »Rusty« Russ-Turner benutzt seinen Birkin-Bentley mit Genehmigung des MOT (Ministry of Transport) im Alltagsverkehr, dann allerdings mit angeschraubten Kotflügeln. Der Öl- und Benzindurst von UU 5871 ist imponierend. Auf 1000 Kilometer verbraucht er vier Liter Öl, im Rennen rauschen 47 Liter 98-Oktan-Benzin pro 100 Kilometer durch seine beiden S.U.-Vergaser, im normalen Straßenverkehr sind es dann immerhin noch gute 31 Liter.

DIE GIGANTEN

Zu Beginn des 20. Jahrhunderts baute Wilhelm Maybach auf Anregung des Daimler-Generalvertreters Emil Jellinek den ersten Mercedes und stellte damit die Weichen für die bis heute gültige Grundkonzeption des Automobils. Aber auch auf anderen technischen Gebieten gab es wichtige Innovationen. Auf der Pariser Weltausstellung ratterte die erste Rolltreppe, der erste Zeppelin tuckerte über den Bodensee, die ersten elektrische Spielzeugeisenbahnen drehten ihre Runden unter den Weihnachtsbäumen begüterter Bürger, die Firma Knorr stellte die erste Luftdruckbremse vor, und Borsig baute eine Dampfmaschine, die 100 000 PS leistete. Zieht man all das in Betracht, so war das Automobil nur ein kleines Segment beim großen Aufbruch in ein neues technisches Zeitalter.

Auch im Geistesleben wurden Meilensteine gesetzt: Arthur Schnitzlers »Reigen« erschien in einem diskreten Privatdruck, Gerhart Hauptmann stellte sein Schauspiel »Michael Kramer« vor, Puccinis Oper »Tosca« wurde uraufgeführt – um nur einige wenige zu nennen. Die Sportfreunde kamen im ersten Jahr unseres Jahrhunderts mit zwei wichtigen Ereignissen ebenfalls auf ihre Kosten: der Davis-Pokal für den Tennissport wurde gestiftet und der Deutsche Fußballbund gegründet.

Die Bürger müssen damals mit vor Erstaunen aufgerissenen Augen durchs Leben gegangen sein. Luftschiffe am Himmel, dampfende Eisenbahnen fauchten von Stadt zu Stadt, und auf den staubigen Straßen ratterten vierrädrige Benzinwagen, neues Transportmittel für Reiche und Abenteurer, vom kleinen Mann auf der Straße gefürchtet und verachtet. Verständlich, daß bei manchen Autobauern Anzeichen von Minderwertigkeitsgefühlen zu bemerken waren, die sie durch immer größeren Hubraum zu kompensieren versuchten. »The Age of Giants« – »Zeitalter der Giganten« nennen die englischen Autohistoriker den Trend, der Mitte des ersten Jahrzehnts unseres Jahrhunderts einsetzte, nämlich Leistung aus bierfässergroßen Hubräumen herauszuholen und Automobile zu bauen, die praktisch allein dem Imponiergehabe und der Protzerei ihrer Besitzer dienten.

Die gigantische Pubertätsphase des Automobils

Die Elefantitis grassierte unter den Autokonstrukteuren. Vor lauter Hubraum sah man das Auto nicht. Die schrulligen Brüder Charles und Frédéric Dufaux, von denen schon die Rede war, bauten trotz der ständigen Balance am Rande des Bankrotts für das Gordon-Bennett-Rennen im Jahr 1905 einen wahren »Schocker«, ein 26,4-Liter-Vierzylinder-Ungetüm, das 150 PS an die gewaltigen Räder brachte. Aber Streitigkeiten, die im Automobilclub der Schweiz (A.C.S.) ausgebrochen waren, verhinderten, daß die Wagen am Start erscheinen konnten, und so war am 5. Juli kein Auto aus der Schweiz im wichtigen Rennen auf der schönen Strecke in der Auvergne vertreten.

Hand aufs Herz: Diese Kolosse taten doch auch nicht viel anderes, als die Eitelkeit ihrer Erbauer zu befriedigen. Da galt das Interesse der Menschen in jenen Tagen doch schon eher anderen Ereignissen, die zum Beispiel die Infrastruktur des Landes verbesserten: Der Bau des Mittellandkanals begann, in Berlin wurde der Autobus als Verkehrsmittel eingeführt – oder so schönen Dingen wie der Uraufführung von Lehárs »Lustiger Witwe« oder Richard Strauss' Oper »Salome« mit dem aufsehenerregenden Schleiertanz.

Aber trotz aller Einwände war das »Age of Giants« eine aufregende Phase in der Geschichte des Automobils. Der nicht totzukriegende Grundsatz, daß es keinen Ersatz für Hubraumgröße gibt, wurde hier bis zum Exzeß verwirklicht. Selbst beim ersten »authentischen« Grand Prix, dem französischen Grand Prix des Jahres 1906, ging kein Wagen an den Start, dessen Hubraumgröße nicht wenigstens 12 Liter betrug, wobei der größte Wagen, ein Panhard, von einem gewaltigen 18,3-Liter-Motor über den 103 Kilometer langen Rundkurs bei Le Mans getrieben wurde. Über den Daumen gepeilt brachten diese Boliden etwa 10 PS pro Liter Hubraum. Kolben, Kurbelwellen- und Kettenantrieb hatten eine ruhige Zeit. Ebenso kommod war die Geräuschentwicklung dieser viellitrigen Motoren: Um ihren »Klang« zu beschreiben, kann man nur zu solchen lautmalerischen Begriffen wie »pömpern«, »brummeln«, »schnasseln« oder »grummeln« greifen.

Dem Hubraumwildwuchs setzten die Grand-Prix-Veranstalter ab dem Jahr 1913 Grenzen. Sie lösten das Gigantenproblem, indem sie entweder die Motorgröße oder den Benzinverbrauch begrenzten, was im Ergebnis letztlich auf dasselbe hinauslief. Wir wollen uns in diesem Kapitel auf sechs dieser »Monster« beschränken, die alle mehr als 20 Liter Hubraum hatten.

Métallurgique 1907 – der Wagen mit dem Austauschmotor

Wenn es Sie in einem Urlaub an die Nordküste von Norfolk verschlagen sollte, kann es passieren, daß Sie von einem herrlichen Ungetüm von Oldtimer überholt werden, mit dem Kennzeichen MM 1907 (82), tiefbraun lackiert, mit blankpolierten, kochtopfgroßen Zeiss-Scheinwerfern und einem 21-Liter-Maybach-Motor unter der gewaltigen Motorhaube und vielen anderen glänzenden Messing-Accessoires. Am Steuer Douglas Fitzpatrick, der seinen Métallurgique aus dem Jahr 1907 spazierenfährt. MM steht für den Namen der belgischen Automobilfabrik Métallurgique aus Marchienne-au-Pont, im Süden von Charlesroi. Diese Firma bewegte sich mit ihren Wagen in derselben Klasse wie etwa Rolls-Royce und Mercedes; die deutsche Firma Bergmann baute Métallurgiques in Lizenz nach.

In diesem Fitzpatrick-Métallurgique befindet sich bereits ein Zweit-, ein Austauschmotor, und zwar ein Maybach-Sechszylinder mit 21 Liter Hubraum, der bei sehr zivilen 1300 U/min. 230 PS leistet (131). Einige Exemplare dieses von Karl Maybach, dem kongenialen Sohn Wilhelm Maybachs, konstruierten Motors trieben nicht nur die deutschen Zeppelin-Luftschiffe im Ersten Weltkrieg an, sondern auch Schnellboote. Sie wurden darüber hinaus als stationäre Antriebsaggregate eingesetzt.

Um Auto-Fossile wie den Métallurgique ranken sich meist schöne Geschichten. So ist es auch beim MM 1907. Im April 1950 bekam Douglas Fitzpatrick einen Anruf von einem Farmer in der Nähe von Norwich. Er habe auf seiner kürzlich erworbenen Farm in einer Scheune das schrottreife Gerippe eines Autos entdeckt. Ob er sich das mal ansehen wolle? Fitzpatrick wollte. Was er zuerst erblickte, war schrecklich – eine in der Mode der zwanziger Jahre nachgemachte Karosserie, die das originale Métallurgique-Design verballhornte. Aber ein Blick unter die Motorhaube entschädigte ihn dann: »Unter Rost, Korrosion und Staub entdeckte ich einen der schönsten und größten Sechszylinder, den ich je gesehen hatte!« Douglas Fitzpatrick kaufte das Ungetüm, transportierte es auf sein Schloß Shermingham, wo jahrelange Recherchen und Restaurationsarbeiten begannen. Anhand der Chassisnummer 577 konnte der Sohn des ehemaligen englischen Métallurgique-Importeurs bei der Identifizierung behilflich sein: Es mußte sich beim Chassis um das eines vierzylindrigen Métallurgique aus dem Jahr 1907 handeln, welcher ursprünglich einen Métallurgique-Vierzylindermotor mit 10 Liter Hubraum und Kardanantrieb besessen hatte. Die Messungen ergaben, daß das Chassis um etwa 45 Zentimeter verlängert worden war, um auf diese Weise Platz für das Maybach-Triebwerk zu schaffen. Der Motor mit seinen sechs einzeln wassergekühlten Zylindern hat eine Länge von 1,31 Meter.

Eine Anfrage, einschließlich mitgesandtem Foto, bei der Maybach Motorenbau GmbH in Friedrichshafen, »Is it one of yours?« wurde prompt mit »Ja« beantwortet. Douglas Fitzpatrick versuchte dann, den vorherigen Eignern auf die Spur zu kommen. In der Ahnenreihe taucht auch ein so berühmter Rennfahrer wie Ernest Eldridge auf. Er hatte für viele Brooklands-Rennen Spezialtypen gebaut und war selber in einem Isotta-Fraschini-Wagen gefahren, der die gleiche Maschine wie der Métallurgique gehabt hatte. Es wäre typisch für Eldridge gewesen, einen riesigen Sechszylindermotor in ein ursprünglich kleines Chassis wie das des Métallurgique zu »quetschen«. Chronisten nehmen heute an, daß der Einbau des Maybach-Motors (Baujahr 1910) im Jahr 1914 erfolgte. Fest steht auf jeden Fall, daß Ernest Eldridge den Métallurgique-Maybach nach dem Ersten Weltkrieg weiterverkauft hat.

Weitere interessante Frage: Von wem hatte Ernest Eldridge den Wagen gekauft? Douglas Fitzpatrick ist sicher, daß er ihn aus dem Nachlaß des 1912 tödlich verunglückten blutjungen amerikanischen Rennfahrers David Bruce-Brown erworben hatte. Und damit haben wir in dieser Geschichte einen weiteren exzentrischen Namen. Schon im Alter von 18 Jahren war Bruce-Brown einer der bekanntesten amerikanischen Rennfahrer, dessen exaltierte, millionenschwere Mutter mit allen ihr zu Gebote stehenden Mitteln, unter anderem auch mit einstweiligen Verfügungen, versuchte, ihren Sohn zu hindern, den gefährlichen Rennsport auszuüben.

Als ihr 20jähriger Sprößling mit einem werkseigenen Benz für den Grand Prix der USA 1910 in Savannah gemeldet hatte, charterte sie sich einen Sonderzug, um noch rechtzeitig auf der Rennstrecke einzutreffen. Zum großen Vergnügen der Presse drohte sie ihrem Sohn Prügel an, wenn er nicht aus dem »bloody Benz« aussteige. Es half nichts. Sohn David führte bald das Rennen an, und die Stimmung der Frau Mama schlug in Euphorie um. Zuschauer, die ihren Sohn nicht lautstark genug anfeuerten, attackierte sie mit ihrem Sonnenschirm. Als Bruce-Brown als erster über die Ziellinie fuhr, war seine Mutter schneller bei ihm als der Rennleiter und die glückstrahlenden Monteure. Und diesem Sonnyboy muß der Métallurgique auch kurze Zeit gehört haben, denn ein greiser Monteur in Marchienne-au-Pont hat den Wagen auf Anhieb als den »Daveed-Bruce-Brown« wiedererkannt, als Douglas Fitzpatrick ihn dort vorführte.

Der Métallurgique wird ganz und gar nicht als Museumsstück verwöhnt, sondern auf Langstreckenfahrten und Beschleunigungsprüfungen »voll rangenommen«. Douglas Fitzpatrick fährt mit dem Wagen ohne Pannen bis Athen und zurück, und auf deutschen Autobahnen gönnt er dem Sechszylindermotor mit seinen 24 Ventilen schon einmal 160 km/h. »Aber das hält man als Fahrer nicht so lange aus wie der Motor. Denn es gibt ja keine Windschutzscheibe ... Da kommt man sich vor wie ein zu dünn angezogener Motorradfahrer«, meint der stolze Besitzer.

Auf den ersten Blick wirkt der Métallurgique größer, als er in Wirklichkeit ist. Länge über alles: 4,77 Meter; Radstand: 3,32 Meter; Spurbreite: vorn 1,49 Meter, hinten 1,50 Meter; Höhe: 1,50 Meter. Der Tank faßt 115 Liter, der Öltank 33 Liter. Trommelbremsen auf die Hinterräder. Die Reifen sind eine Spezialanfertigung und stammen aus den USA.

Chitty-Chitty-Bang-Bang – Graf Zborowskis Spielzeug

Wer geglaubt hatte, daß nach dem Ersten Weltkrieg das »Zeitalter der Giganten« vorbei sein würde, der hatte sich geirrt. »Business as usual« war die Losung auf Brooklands. Einige der Vorkriegsgiganten, wie der Métallurgique und der Blitzen Benz, stiegen wie Phönixe aus der Asche empor, und es gab immer noch genügend gut betuchte Amateurrennfahrer, die sich als Freizeitgespielen gewaltige Hubräume auf vier Rädern zulegten. Zu diesen zählte auch Graf Louis Vorow Zborowski. Rennbesessene wie er kultivierten ihren Spleen auf ausgefallene Weise. Wer in diesen Jahren auf Brooklands mit leistungsfähigen Wagen mithalten wollte, der mußte sich zuallererst einmal nach einem bärenstarken Triebwerk umschauen.

Louis Coatalen, Konstrukteur von Sunbeam, kam die Idee, daß in den Depots der Royal Air Force und des Royal Naval Air Service viele ausrangierte Flugzeugaggregate vor sich hin rosten müßten ... Und er hat in der Tat die richtige Nase gehabt. Als erster experimentierte er im Jahr 1920 mit einem Sunbeam-18-Liter-Flugzeugtriebwerk »Manitou«, einem V-12-Zylinder-Triebwerk, das 350 PS leistete.

Graf Zborowski war, wie wir wissen, kein armer Mann. Dennoch achtete er aufs Geld, wenn es um sein verrücktes Hobby ging. Die Konstruktionsprinzipien für Chitty-Chitty-Bang-Bang (54) waren hausgemacht: Zunächst suchte man irgendein Chassis mit langem Radstand aus der Vorkriegszeit, das man in der Regel für einige Pfund bei einem Schrotthändler oder von obskuren Hinterhofgaragen erwerben konnte. Den meistens als zu klein bewerteten Originalmotor (»Unter 15 Liter Hubraum tun wir's nicht«) baute man aus und machte sich auf die Suche nach einem ausgedienten Flugzeugmotor in irgendeinem Air-Force-Magazin für ausrangiertes Kriegsmaterial. Eine gute Adresse dafür war auch Coley's in Kingston, wo brandneue Flugzeugmotoren auf Käufer warteten. Jetzt kam es nur darauf an, den Motor in das Chassis einzupassen. Graf Zborowski fühlte sich zwar als Amateur, aber er hielt sich eigens eine Werkstatt in seinem Wohnort Higham bei Canterbury.

In das verlängerte Chassis eines Mercedes-Tourenwagens aus dem Jahr 1913 sollte der Flugzeugmotor eingebaut werden. Gegenstand der Motorentransplantation war ein Maybach-Triebwerk, das aus dem Jahr 1918 stammte. Es handelte sich um einen Sechszylinder-Reihenmotor, dessen enorm große »Pötte« eine Bohrung von 165 mm und einen Hub von 180 mm hatten, also insgesamt 23 039 ccm. Kein Auto besaß zu jener Zeit eine größere Maschine. Für Techniker war das Triebwerk ein Leckerbissen: vier Ventile pro Zylinder, die oben im Zylinderkopf lagen. Die sie betätigenden Stoßstangen lagen frei neben den »Pötten«. Der 23-Liter-Motor entwickelte bei 1500 U/min. 300 PS. Unter der Kühlerhaube des Chitty I (54) ging es also genauso gelassen und entspannt zu wie bei dem anderen bereits vorgestellten Giganten. Der Wagen hatte eine primitive Starrachse und Kettenantrieb – es sollte ja alles nicht so teuer werden. Der Einfachheit halber hatte man Handbremse und Schaltung nach außen gelegt. Graf Zborowski ließ sich erst einmal eine Viersitzerkarosserie bauen, weil er die Absicht hatte, mit dem Koloß gelegentlich lange Überlandfahrten zu machen, mit einigen Freunden zum Picknick zu fahren ...

Ostern 1921 hatte Chitty I seinen ersten Auftritt auf Brooklands, beklatscht von den vielen Autosportfreunden, die schon befürchtet hatten, die englische Strecke würde nach dem Krieg nie wieder das werden, was sie einmal war. Aber solange es so Verrückte wie den Grafen gab, kam keine Langeweile auf. Und Chitty I gewann das erste Rennen, ein 100-Meilen-Handikap, mit einem Schnitt von 161,20 km/h. In einem weiteren Rennen schlug ihn ein Mercedes-Grand-Prix-Rennwagen (29) aus dem Jahr 1914 – alles gar nicht so aufregend.

Chitty I bot durch seine ungeschlachte Form enormen Luftwiderstand und mußte sich zudem noch auf relativ kurze Rennen beschränken, weil die Reifen längeren Strapazen nicht gewachsen waren. Beim nächsten Brooklands-Meeting erschien dann Chitty I mit einer Zweisitzerkarosserie, einem eleganteren Auspuffrohr und verkleideter Antriebskette. In vielen Handikap-Rennen auf Brooklands, bei Southsea Speed Trials und bei privaten Ausfahrten machte Chitty-Chitty-Bang-Bang I insgesamt eine gute Figur.

1922 kam das vorläufige Ende. Bei hoher Geschwindigkeit platzte in der Steilwandkurve ein Reifen, Chitty I schoß die Böschung hoch und zertrümmerte ein Zeitnehmerhäuschen. Graf Zborowski wurde nur leicht verletzt. Aber er stieg nie mehr in das enge Cockpit von Chitty I, sondern machte sich an den Bau von Chitty II und später auch noch von Chitty-Chitty-Bang-Bang III – beide hatten wesentlich kleinere Motoren.

Chitty I aber landete schließlich bei den Söhnen von Sir Arthur Conan Doyle, dem Schöpfer von Sherlock Holmes. Sie nahmen Anfang der dreißiger Jahre an einigen Geschwindigkeitsprüfungen auf Brooklands teil, verloren aber bald das Interesse an ihrem Spielzeug. Im Jahr 1934 wurde Chitty-Chitty-Bang-Bang I noch einmal auf der englischen Rennstrecke ausgestellt, dann wurde der Gigant verschrottet.

»Babs« Thomas Special – ein Flugzeugmotor auf vier Rädern

Der urigste unter den Giganten-Konstrukteuren war zweifellos der Waliser John Godfrey Parry Thomas (51). Seine buntgemusterten Shetland-Pullover und seine deutschen Schäferhunde waren auf Brooklands ein Begriff. Er bewohnte auf dem Gelände der berühmten Rennstrecke einen Bungalow, den er »The Heritage« nannte. Es gab keinen Fahrer, welcher einen Rennwagen besser auf die Tücken jenes Rundstreckenkurses im Südwesten von London abstimmen konnte. Kunststück, war doch J. G. P. Thomas jahrelang Chefingenieur bei Leyland gewesen. Er hatte für diese Firma den technisch avantgardistischen Leyland Eight entworfen, der ein Gegenstück zu den in der Luxusklasse dominierenden Rolls-Royce-Wagen werden sollte.
Als der Leyland Eight 1920 der Fachwelt vorgestellt wurde, erntete er vorbehaltlose Anerkennung: Reihenachtzylinder mit sieben Liter Hubraum und 145 PS, Kombination aus Torsions- und Blattfederung, Vakuum-Servobremsen – eine Konstruktion, die Thomas als einen hochbegabten, einfallsreichen Ingenieur auswies. Nach internen Auseinandersetzungen in seiner Firma um die künftige Modellpolitik schied er im besten Einvernehmen aus und konnte als Entschädigung sogar noch einen Leyland Eight mitnehmen. Dieses sein ureigenstes Kind baute er nun auf Brooklands radikal um. Er verkleidete den Leyland Eight stromlinienförmig und fuhr mit dem auf diese Weise umfunktionierten Rennwagen einen Rekord nach dem anderen, so erzielte er zum Beispiel in den Jahren 1924 und 1925 den Rundenrekord mit 208,20 km/h. Bis zum Ende des darauffolgenden Jahres konnte er 35 Weltrekorde an seine Fahnen heften.
Vor Rekordversuchen pflegte Thomas geduldig auf Regen zu warten, weil auf nasser Brooklands-Piste die Reifen besser griffen. Wollte das Wasser nicht vom Himmel kommen, dann alarmierte er die Feuerwehr von Weybridge, die dann aus dem Wey Wasser auf die Strecke pumpen mußte.
Neben seinen Rekordversuchen betrieb J. G. P. Thomas eine große Tuning-Werkstatt auf Brooklands. Hier wurden Sport- und Rennwagen gewartet oder ihre Leistung erhöht. So hat er den Aston-Martin-Sportwagen »Green Pea« (163) in seiner Werkstatt »getunt«, aber auch superflache, teilweise mit Kompressor ausgerüstete 1,5-Liter-Achtzylinder-Sportwagen gebaut, denen der Konstrukteur den Namen »Thomas Special« gab.
Auch Parry Thomas erlag der Gigantenpsychose. Aus Graf Zborowskis Nachlaß kaufte er den Higham Special, den er »Babs« nannte (168). Angeblich lautete so der Kosename der Schauspielerin Sally Ann Howes, als sie noch ein Kind war; Thomas verehrte sie im stillen. Damals war es üblich, die Giganten mit Namen zu belegen. Sigmund Freud hätte gewußt warum. Der Ex-Zborowski-Wagen wurde von einem Zwölfzylinder-Flugzeugmotor mit satten 27 Liter Hubraum und 300 PS Leistung angetrieben, den die Firma Liberty konstruiert hatte. Der Motorenspezialist Thomas holte noch zusätzliche 100 Pferdestärken aus ihm heraus, baute eine stromlinienförmige Karosserie auf das Chassis und ging nun auf Weltrekordjagd, als heimattreuer Waliser auf dem betonharten Sandstrand von Pendine. Am 27. April 1926 fuhren Thomas und »Babs« ihren ersten gemeinsamen Weltrekord – 272,454 km/h. Am nächsten Tag startete er einen neuen Versuch, diesmal jedoch vor »offiziellen« Beobachtern. Als Zaubertrank hatte Thomas für »Babs« eine Mischung aus 60 Prozent Flugbenzin und 40 Prozent Benzol gemixt.
Der neue Rekord von 275,222 km/h blieb nur sieben Monate bestehen. Malcolm Campbell fuhr am 4. Februar 1927 – ebenfalls an der Küste von Wales – mit seinem Napier-Campbell 281,434 km/h. Jetzt war wieder Thomas am Zug. Bei regnerischem Wetter traf er am 1. März mit »Babs« auf dem Anhänger in Pendine ein. Nach einigen Testmeilen wurden die für den 1. und 2. März vorgesehenen Versuche wegen Regen abgesagt.
J. G. Parry Thomas wagte es am 3. März. Es wurde eine Fahrt in den Tod. »Babs« fing wild an zu schleudern, und Thomas verlor die Kontrolle über den Wagen. Das Fahrzeug überschlug sich dreimal. Das rechte Hinterrad löste sich. Feuer brach aus. Thomas war sofort tot: Genickbruch. Wurde er von einer abgesprungenen Antriebskette erschlagen? Zu dieser Ansicht neigten die Offiziellen. Es kann aber auch sein, daß ein Loch im Sand zum Verreißen der Lenkung führte...
John Godfrey Parry Thomas wurde in Brooklands beerdigt, während man die Trümmer von »Babs« dem Sand und dem Meer überließ. Einige Jahre später lagen die Reste des Weltrekordwagens unter drei Meter hohem Schwemmsand. Dort blieben sie bis 1967. In diesem Jahr entschloß sich der Lehrer Owen Wyn Owen, den Wagen seines Idols wieder auszugraben. 1969 war das Wrack freigelegt. Nach unendlich mühsamen Recherchen, Rekonstruktionen und sechsjährigen Restaurationsarbeiten war »Babs« im Herbst 1975 wieder fahrbereit. Wenn der Gigant heute auf Oldtimer-Treffen vorgeführt wird und Laut geben muß, dann beugen sich die Briten mit einer Mischung aus Stolz und Resignation über die zwölf großkalibrigen Auspuffstummel von »Babs« Thomas Special und

sagen: »Das waren Zeiten, als so etwas noch bei uns möglich war. Das kommt nie wieder...«

Triplex Special – als Basis dient ein Lastwagen

Die Jagd nach dem Geschwindigkeitsweltrekord für Automobile trieb in den zwanziger Jahren seltsame und manchmal makabre Blüten. Es war in erster Linie der Sport wohlhabender Männer wie Kenelm Lee Guinness, Henry Segrave, Malcolm Campbell, aber auch eines so rechtschaffenen Ingenieurs wie Parry Thomas, der dabei – wie wir erfahren haben – sein Leben lassen mußte.
Rundstrecken oder normale Strekken waren als Weltrekordpisten aus der Mode gekommen. Den letzten Weltrekord auf einer Rundstrecke (Brooklands) hatte 1922 Kenelm Lee Guinness in seinem 350-PS-Sunbeam gefahren, wobei er 215,204 km/h erreicht hatte. Ernest Eldridge versuchte sein Glück zwei Jahre später noch einmal auf einer normalen Straße, in Arpajon bei Paris, mit einem 300-PS-Fiat. Er kam auf einen Schnitt von 234,974 km/h.
Die Fahrer freundeten sich für ihre Rekordfahrten immer mehr mit flachen, weiten Stränden an. Die Snobs ließen ihre Wagen sogar in die USA zum Strand von Daytona verschiffen. So auch 1927 Henry Segrave. Er fuhr schon beim ersten Versuch einen Schnitt von 327,959 km/h und war damit schneller als manches Flugzeug in jenen Tagen. Malcolm Campbell wollte nicht zurückstehen und erreichte ein Jahr später – ebenfalls auf Daytona Beach – mit seinem Napier-Campbell eine Geschwindigkeit von 333,061 km/h.
Die Amerikaner waren über die Weltrekorde der English Boys auf ihren Stränden gar nicht erbaut. Zwei technisch grundverschiedene amerikanische Rekordwagen sollten 1928 die Campbell-Rekordzeit überbieten, ein 16-Zylinder-Stutz, 3 Liter Hubraum, mit Kompressor, gefahren von Frank Lockhart, und der White Triplex Special (52) mit 81(!) Liter Hubraum, mit Ray Keech am Steuer. Lockharts erster Versuch auf dem Stutz endete, als sich der Wagen in der Dünung überschlug. Fahrer und Auto konnten geborgen werden. Lockhart war nur leicht verletzt.
Der Drahtfabrikant J. M. White aus Philadelphia wollte die »nationale Schande« der britischen Weltrekorde nicht auf sich sitzen lassen und hatte das Ungeheuer mit Namen Triplex Special in Auftrag gegeben. Als Basis diente ein simpler, schwerer Lastwagen, in den er drei Zwölfzylinder-Flugzeugmotoren der Marke Liberty hineinpackte, jedes Triebwerk hatte 27 Liter Hubraum. Also insgesamt 81 Liter, aus denen 1200 PS Leistung herausgeholt wurden. Zwei Aggregate befanden sich hinter dem Fahrer, das dritte unter der vorderen Motorhaube vor dem Fahrer. Angetrieben wurde das Gefährt über drei getrennte Kardanwellen direkt auf die Hinterachse ohne Differential. Es gab weder ein Getriebe noch eine Kupplung, so daß der Wagen »in seiner Geschwindigkeit nur vom Gaspedal und den Hinterradbremsen beeinflußbar war«, wie ein zeitgenössischer Beobachter schrieb. Mr. White hatte nicht einmal einen Rückwärtsgang eingebaut! Somit entsprach der Koloß auch nicht dem Reglement. Aber der findige Drahtfabrikant hatte eine tolle Idee: Er stattete seinen Triplex Special mit einer zusätzlichen Achse hinter der eigentlichen Antriebsachse aus, die nach Bedarf mit Hilfe eines Hebels Bodenkontakt bekam und durch ein Schneckenrad (Übersetzung 500:1), von einem der Motoren bewegt, den Wagen, rückwärts fahrend, auf eine Geschwindigkeit von unter 1,6 km/h brachte.
Beim ersten Rekordversuch des Vier-Tonnen-Monsters platzte ein Schlauch des Kühlwassersystems im Bugmotor, und die herausspritzende kochendheiße Flüssigkeit verursachte schwere Verbrennungen an Ray Keechs Oberschenkeln. Das Daytona-Weltrekord-Meeting wurde zunächst einmal für beendet erklärt, und Campbell blieb Weltrekordinhaber. Aber am 24. April 1928 unternahm Keech mit einem verbesserten Triplex Special einen neuen Anlauf. Er verbrannte sich zwar wieder den Arm, jedoch mit 334,010 km/h hatte er Campbell ausgebootet.
Am 27. April 1928 versuchte es Frank Lockhart in seinem 3-Liter-Kompressor-Wagen der Marke Stutz noch einmal. Auf der Hinfahrt kam er auf 327,35 km/h, was nicht ausreichte, um Ray Keech zu entthronen. Während der obligatorischen Rückfahrt platzte bei einer Geschwindigkeit von 352 km/h ein Reifen. Der weiße Stromlinienwagen geriet in wildes Schlingern, überschlug sich dreimal, wobei Frank Lockhart getötet wurde. So tragisch endete das vom Prestigedenken bestimmte Rennen um das schnellste Auto der Welt zwischen David und Goliath.
Aber das Ringen um Sekundenbruchteile ging weiter. Der Engländer Henry Segrave fuhr mit seinem »Golden Arrow« 372,46 km/h, und diese Zeit wollte der Triplex natürlich übertreffen. Da Ray Keech für »kein Geld in der Welt« zu bewegen war, sich noch einmal in den Triplex Special zu klettern, wurde Lee Bible verpflichtet. Zwei Tage nach Segraves Weltrekord rollte der Triplex Special mit dem neuen Fahrer zur Zeitmesserschranke. Lee Bible startete trotz miserablen Wetters – und verunglückte tödlich. Segrave kehrte als neuer Weltrekordinhaber nach England zurück und wurde wegen seines sportlichen Erfolgs geadelt – Sir Henry Segrave.

Fiat S. 76 – das Problemkind aus Turin

Vom »Gigantenfieber« wurde nun auch die Turiner Autofirma Fiat angesteckt, nachdem sie schon ab 1900 bei Autorennen aller Art mitgemischt hatte. So siegte zum Beispiel im Jahr 1901 Felice Nazzaro auf einem 3,8-Liter-Vierzylinder, der dem Mercedes liebevoll nachempfunden war, bei der Giro d'Italia. Im »goldenen« Fiat-Jahr 1907 siegte Nazzaro bei der Targa Florio und beim »Kaiserpreis« mit einem 8-Liter-Wagen, Typ »Taunus« (27), und ein Fiat wurde dritter in der Petersburg–Moskau-Langstreckenfahrt. 1908 gewann Louis Wagner den American Grand Price, Vincenzo Lancia wurde zweiter in der Targa Florio, und Felice Nazzaro brachte den »Mephistopheles«, ein 18,2-Liter-Ungetüm, nach Brooklands, um gegen Frank Newtons Napier anzutreten, den er dann auch schlug.

Zu Beginn der zwanziger Jahre standen die Landgeschwindigkeitsweltrekorde im Mittelpunkt des Motorsports. Der Blitzen Benz (45) setzte die Maßstäbe. Ihn galt es zu schlagen. Fiat glaubte nun, mit dem 1911 gebauten Typ S. 76 (50) und seinem 28,4-Liter-Vierzylindertriebwerk die die Welt aus den Angeln heben zu können. Bei einem Hub von 250 mm und einer Bohrung von 190 mm wurden die gewaltigen Kolben auf eine sehr lange und dabei auch gemächliche Reise geschickt.

Daß bereits 1908 ein Sechszylinder-Kompressorwagen der Marke Chadwick (62) beim Vanderbilt Cup und beim American Grand Price durchaus achtbar mithalten konnte, focht die »Giganten«-Bauer nicht an. Sie setzten weiterhin auf die Formel »viel Hubraum = viel Leistung«. (Immerhin hat es bis 1923 gedauert, daß der Kompressor in den Grand-Prix-Sport eingeführt wurde. Ein Fiat vom Typ 805 tauchte bei den Grand-Prix-Rennen dieses Jahres mit einem »Schaufelkompressor« der Firma Wittig auf.) Fiat stach der Hafer, denn nach Felice Nazzaros Sieg im Jahr 1908 beim »Elefantenrennen« auf Brooklands gegen Newtons Napier »Salmson« – angeblich mit einer Geschwindigkeit von 194,624 km/h nach elektrischer Zeitmessung, was bis zum heutigen Tag angezweifelt wird – wollte man den Weltrekord über den »fliegenden Kilometer« erobern.

»Mephistopheles« war in private Hände übergegangen und stand den Fiat-Werken nicht mehr zur Verfügung. Aus diesem Grunde wurde Typ S. 76 gebaut. Nazzaro testete ihn auf italienischen Straßen, und die Turiner Presseabteilung verbreitete die Meldung, dieses sei nun der stärkste Wagen, der je auf einer Straße gefahren sei. Bevor der Wagen nach Brooklands verschifft wurde, entschloß sich Nazzaro, eine eigene Autofirma zu gründen, so daß Werksfahrer Bordino ans Steuer mußte.

Aber daraus wurde alles andere als ein Vergnügen. Typ S. 76 war einfach mißlungen. Um Kühlwasser einzufüllen, mußte man mit Hilfe einer Leiter eine Höhe von 1,50 Meter überwinden. Der Fahrer war gezwungen, damit er überhaupt die vor ihm liegende Straße sehen konnte, mit einer bandscheibenfeindlichen Verrenkung am gigantischen Kühler vorbeizupeilen. Außerdem rissen diese Kolosse riesige Schlaglöcher in den Pistenbelag von Brooklands. Aus dem Weltrekordversuch wurde nichts. Bordino verlud den S. 76 nach Saltburn, Yorkshire, wo er 1911 auf dem Strand mit 201,2 km/h wenigstens einen inoffiziellen Rekord fuhr. Aber in Turin gab's nur lange Gesichter, und der Wagen wurde zurückbeordert.

Vorläufiges Fazit: Gegen den Blitzen Benz war nicht anzukommen. Aber es gab dann doch einen zweiten Frühling für den 300-PS-Giganten. Ein russischer Prinz erblickte den Wagen in den Ausstellungsräumen. Quanta costa war gar kein Problem, und der S. 76 kam mit Hilfe russischer Rubel in die Obhut des französischen Fahrers Arthur Duray. Im November 1913 schaffte er den Wagen nach Ostende, um unter Aufsicht des Automobilclubs von Frankreich (A.C.F.) auf Rekordjagd zu gehen.

Dieses Mal funktionierte die elektrische Zeitmessung und zeigte eine Geschwindigkeit von 213,01 km/h an. Das wäre Weltrekord gewesen! Aber als offizieller Rekord wurde diese Zeit nicht anerkannt, weil bei Rekordversuchen über den »fliegenden Kilometer« immer auch in entgegengesetzter Richtung gefahren werden mußte, und zwar innerhalb einer Viertelstunde nach der Hinfahrt. Warum hat Duray nicht die erforderliche Rückfahrt angetreten? Nun – es war schlechtes Wetter, ein scharfer Westwind wehte, die Straßen waren regennaß, und Duray hielt es für verantwortungslos, den Rekordversuch nach den gültigen Regeln zu beenden. Immerhin war er inoffiziell jetzt der schnellste in dieser Disziplin.

Aber dem russischen Prinzen verging dennoch sehr schnell die Freude an seinem Mitbringsel aus Turin. Im stillen hatte er sich wohl schon ausgemalt, mit welchen Schwierigkeiten der Fiat S. 76 mit seinen 300 PS auf den schlechten russischen Straßen rechnen müßte, und er gab ihn zurück. Im übrigen schien sich bereits die Götterdämmerung der Giganten anzukündigen. Die französischen Behörden erklärten Kolosse wie den Fiat für unerwünscht auf den Straßen Frankreichs, und auch in Brooklands machte man sich Gedanken, ob man diese Pistenzerstörer weiter dulden sollte. Trotzdem müssen wir noch den ganzen Stolz des Vaterlandes vorstellen, den 1908 entwickelten Blitzen Benz (45), denn dieser durchtrainierte, vierrädrige Muskelprotz aus Mannheim jagt bis heute jedem Oldtimer-Freund Schauer der Bewunderung über den Rücken.

Blitzen Benz – das Monster aus Mannheim

Der Grand Prix von Frankreich im Jahr 1908, der auf den Straßen von Dieppe ausgetragen wurde, war ein vollendetes Debakel für den Gastgeber. Lautenschlager auf einem 12,8-

Liter-Mercedes gewann vor zwei Benz-Wagen, mit Héméry und Henriot am Steuer, und einem Clément-Bayard als viertem. Für den Grand-Prix-Sport war dieser Lauf in Dieppe ein schwerer Rückschlag. Das Rennen fand unter unzulänglichen Bedingungen statt. Den Fahrern flogen im wahrsten Sinn des Wortes die Brokken um die Ohren, und der Veranstalter hielt es für erforderlich, die Fahrer »offiziell« aufzufordern, wegen zu erwartenden Steinschlags ihre Gesichter zu schützen. Man behalf sich mit Rennfahrerbrillen (mit normalem Fensterglas), Kopftüchern und Gesichtsmasken – es nützte nicht viel. Kaum ein Fahrer kam ohne Kopfverletzung davon. Spitze Steine schlitzten die Reifen auf, und der Panhard-Fahrer Cissac verunglückte tödlich, als ein Vorderradreifen seines Wagens platzte und die Reifenfetzen sich in der Antriebskette verhedderten.

All diese Vorkommnisse führten dazu, daß es drei Jahre lang keinen Grand Prix mehr gab. Die Firma Benz entschloß sich daher, alle Anstrengungen auf Geschwindigkeitsweltrekorde mit dem Blitzen Benz zu konzentrieren, einem »Giganten«, der aus dem Benz-Grand-Prix-Rennwagen des Jahres 1908, mit vier Zylindern, Bohrung 155 mm, Hub 160 mm und 150 PS Leistung bei 1500 U/min., entwickelt worden war. 1909 tauchte solch ein Blitzen Benz mit Kettenantrieb beim »Brüsseler Weltmeisterschafts-Geschwindigkeits-Meeting« auf; hinter dem Steuer saß der Franzose Victor Héméry.

Den Kennern stockte der Atem: Die Benz-Ingenieure unter ihrem Chef Hans Nibel hatten aus einem Hubraum von 21,5 Liter und vier Zylindern sensationelle 200 PS gezaubert. Der Motor hatte pro Zylinder 185 mm Bohrung und 200 mm Hub. Wir sehen auch hier, daß es sich die vier Kolben bei 1600 U/min. gemütlich machen konnten. Die Vorderachse war als Gabelachse und die Hinterachse als Starrachse hergestellt worden. Die Spurbreite betrug 1,32, der Radstand 2,87 Meter und das Wagengewicht 1,2 Tonnen. Für das Wohlbefinden des Fahrers während seiner Arbeit war nichts getan worden: die Sitze waren ergometrisch indiskutabel. Man saß preußisch aufrecht und korrekt mit durchgedrücktem Kreuz. Die Halbelliptik-Federung war knochenhart und entsprechend strapaziös für den Fahrer. Es muß ein aufregendes Gefühl für den Piloten des Blitzen Benz gewesen sein, wenn einige Zentimeter unter seinem rechten Ellbogen die Kette ungeschützt ihre rasante Arbeit verrichtete!

Daß dieser Benzsche Donnervogel über Ketten angetrieben wurde, verwundert ein wenig, denn im Personenwagenbau überwog in jenen Jahren bereits deutlich der Kardanantrieb. Möglicherweise hat dieser Umstand tiefere psychologische Gründe: Die Ketten konnte man – ganz im Gegensatz zur Kardanwelle – bei ihrer Arbeit genau beobachten, und sie waren in den Augen der Rennfahrer technisch »logischer« sowie wohl auch leichter zu warten. Selbst Ettore Bugatti, der von Anfang an ein Anhänger des Kardanantriebs war, rüstete den Rennwagen Bugatti 19 als einziges Exemplar seiner legendären Typenreihe mit dem Kettenantrieb aus, wie wir an anderer Stelle lesen können.

Victor Héméry eröffnete 1909 in Brüssel die jahrelange Rekordjagd des Blitzen Benz mit einer Weltbestleistung: Er durchfuhr eine Meile in 31,2 Sekunden, was einem Schnitt von 193,116 km/h entspricht. Der Franzose transportierte den Wagen nach Brooklands, wo sich das Rekordesammeln fortsetzte, so über eine halbe und eine ganze Meile mit stehendem und fliegendem Start. Dort errang der Blitzen Benz unter Victor Héméry mit 202,653 km/h auch den Geschwindigkeitsweltrekord bei fliegendem Start. Bis nach dem Ersten Weltkrieg war auf Brooklands kein Wagen schneller.

1910 verlud der Rennfahrer Barney Oldfield einen Blitzen Benz in die USA, wo er den Meilenweltrekord auf 131,72 mph verbesserte, was einem Schnitt von 211,93 km/h entspricht. Im Jahr darauf juckte Bob Burman das Fell, und er fuhr mit dem Benz-Giganten auf Daytona Beach einen Rekord mit 228,1 km/h. Leider wurde diese Zeit offiziell nicht anerkannt. Das »German Monster« aus Mannheim »räumte« überall ab, wie es im Motorsport-Jargon heißt.

Auch auf den Britischen Inseln wohnte ein Blitzen-Benz-Besessener, L. G. Hornsted, Benz' England-Repräsentant. Er besaß bereits eine kleine Flotte von Benz-Wagen, darunter auch einen Blitzen. Mit Hornsted am Steuer konnte dieser Wagen insgesamt 27 Weltrekorde erzielen, darunter den über einen Kilometer mit stehendem Start, wobei eine Geschwindigkeit von 118,24 km/h erreicht wurde. Auf ziemlich rätselhafte Weise überstand der Blitzen Benz den Ersten Weltkrieg und tauchte 1922 und 1923 wieder auf Brooklands auf.

Nach den Unterlagen des Daimler-Benz-Museums wurde ab 1909 mit verschiedenen Karosserieformen auf dem Blitzen-Chassis experimentiert. Zeitgenössische Fotos von Daytona Beach aus dem Jahr 1910 zeigen den Wagen sowohl mit Stromlinienkarosserie als auch noch mit »traditionellem« Aufbau. Über eine verblüffende Blitzen-Variante berichtet Mr. Joe Murcott, passionierter Oldtimer-Sammler aus Birmingham. In seinem Besitz befindet sich ein Viersitzer-Blitzen, den Feldmarschall von Hindenburg während des Ersten Weltkriegs als Dienstwagen benutzt haben soll und der nach Kriegsende als Reparationsgut konfisziert wurde. Dieser Wagen ist im Birmingham Museum of Science & Industry zu besichtigen, während der Weltrekord-Blitzen-Benz im Daimler-Benz-Museum in Untertürkheim bewundert werden kann.

19.129

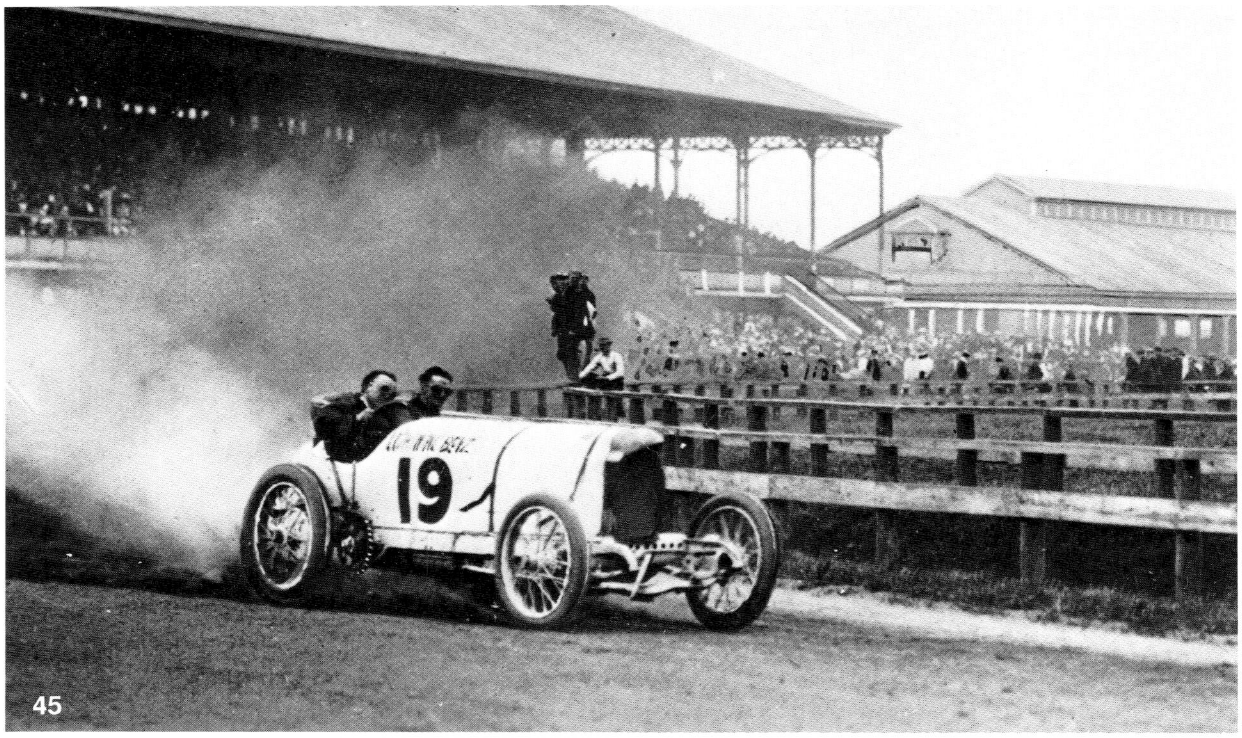

45

(44) Der Fahrer Coosimans auf einem belgi schen F.A.B. (Fabrique Automobile Belge vorm Start zum Grand Prix von Belgien 1913

(45) Der Amerikaner Bob Burman am Steue eines Blitzen Benz im Jahr 1911.

(46) Tommy Milton im sogenannten Duesen berg »Beach Car«. Das Triebwerk besteht au zwei Achtzylinder-5-Liter-Motoren. Der vo ihm 1920 erzielte Rekord: 1 Meile mit einen Schnitt von 251,17 km/h.

(47) Ein Lion-Peugeot-2-Liter-Wagen bei ei ner Geschwindigkeitsprüfung auf der Ze mentpiste von Brooklands.

(48) Ferdinand Porsche 1903 am Steuer eine Lohner-Porsche-»Mixt«(Benzin-Elektro-Wa gen). Neben ihm seine Braut Aloisia Johann Kaes, die er im selben Jahr heiratete.

(49) Jules Goux am Steuer eines Peugeot au Brooklands 1913. Im selben Jahr wurde er – ebenfalls auf Peugeot – Indianapolis-Sieger Goux war einer der besten französische Rennfahrer aller Zeiten.

46

47

48

49

50

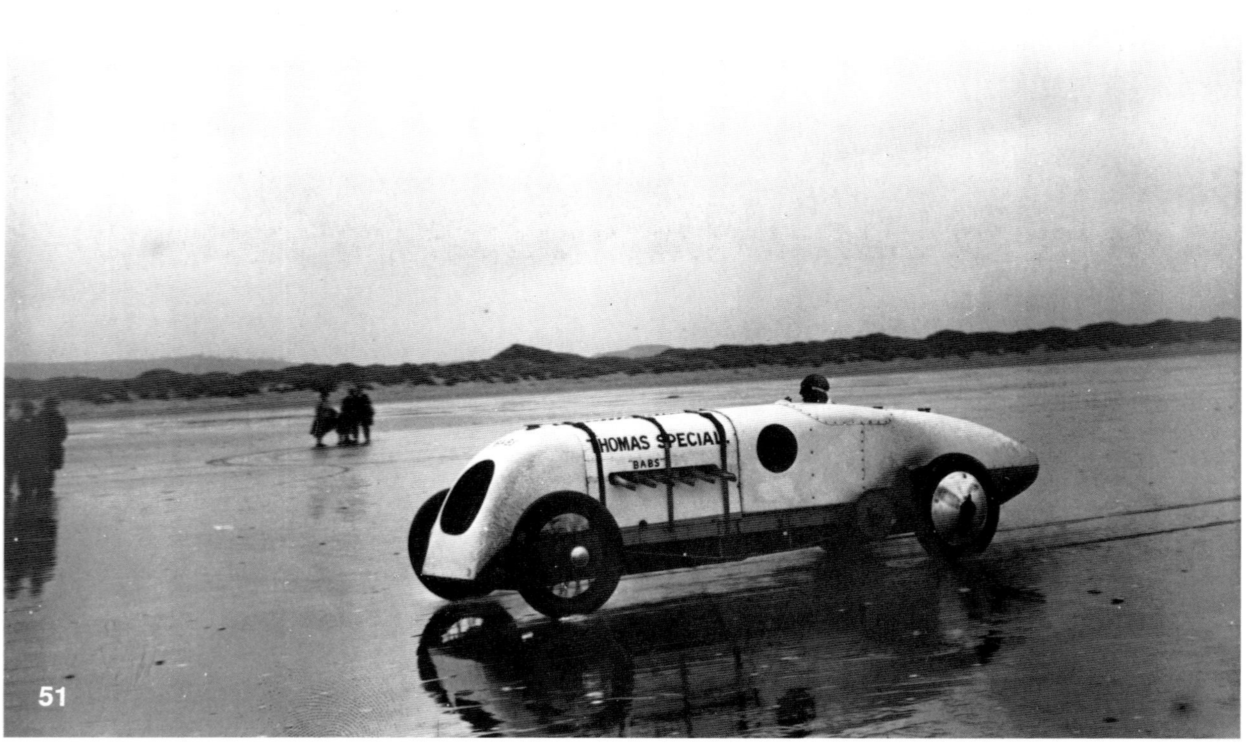

51

(50) Fiat S. 76 – ein Gigant mit 28353 ccm Hubraum und 290 PS Leistung bei 190 U/min. Vierzylinder-Reihenmotor, Bohrung Hub: 190 × 250 mm. Der Wagen – hier Felic Nazzaro am Steuer – wurde bei einer Reih von Rekordfahrten eingesetzt. Ankurbelung durch Druckluft. Drei Kerzen pro Zylinder.
(51) Parry Thomas in seinem »Babs« Thoma Special 1925 auf dem Pendine-Strand. Rege verhindert den Rekordversuch.
(52) Ein weiterer Gigant – Triplex Special mi drei Zwölfzylinder-Flugzeugmotoren und ins gesamt 81 Liter Hubraum, gesponsert vo dem amerikanischen Fabrikanten White.
(53) Der Engländer Lionel Rapson mit Soh 1924 vor seinem Lanchester Forty, der mi starken Scheinwerfern für 24-Stunden-Re kordfahrten ausgerüstet wurde.
(54) Graf Zborowski 1921 in seinem Kolo »Chitty-Chitty-Bang-Bang«, mit sechszylin drigem 23-Liter-Maybach-Motor, der bei 150 U/min. stolze 300 PS leistete.

52

53

54

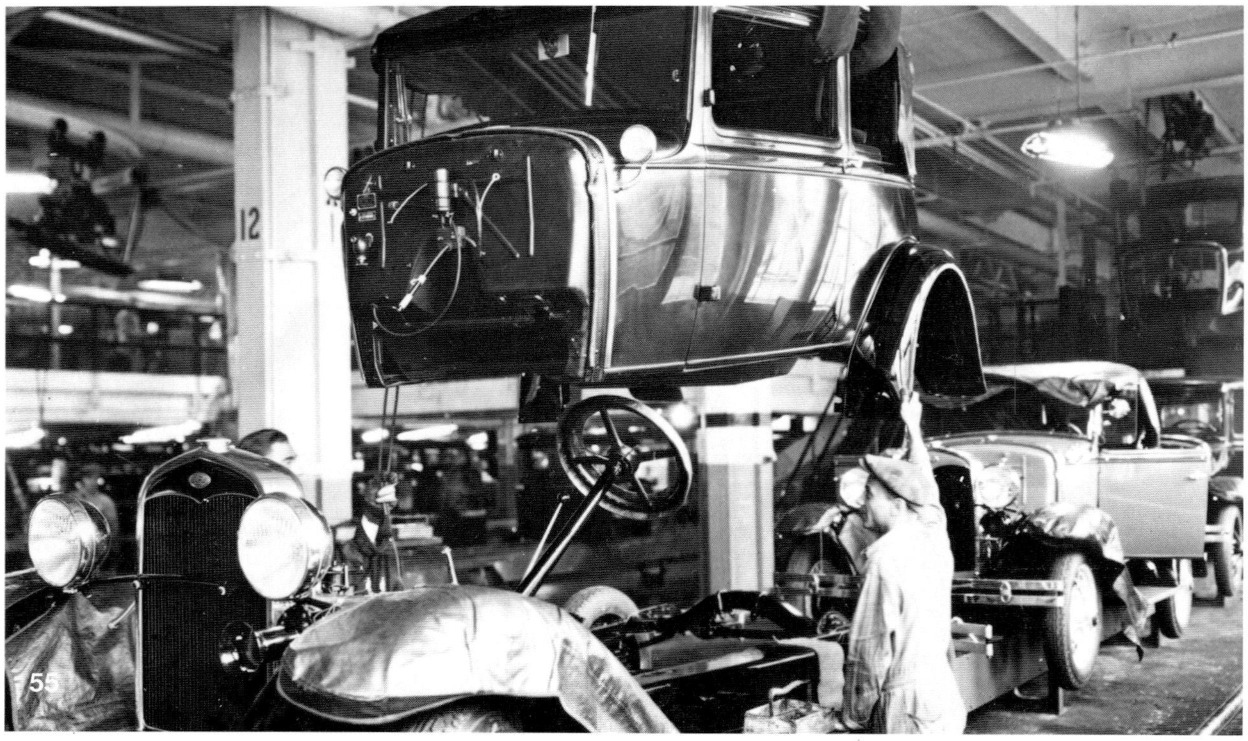

55

56

57

(55) Im Jahr 1926 spitzte sich für das Modell T die Lage dramatisch zu. Auf den Fabrikhöfen und in den Lagern der Händler standen unverkaufte »Tin Lizzies« zu Zehntausenden herum. Den Einsichtigen im Hause Ford wurde klar, daß sich unaufhaltsam ein Desaster anbahnte, wenn nicht radikal auf ein anderes Modell umgestellt würde. Es mußte in seiner Konzeption wieder, wie »Tin Lizzie« 18 Jahre zuvor, richtungweisend sein. Henry Fords Sohn Edsel und dessen Mitarbeiter Ernest Kanzler und Ed. Martin drängten den Senior, endlich den Typenwechsel zu vollziehen. Unter dem Eindruck der Verluste von 30 Millionen Dollar, die die Ford-Werke in der Zeit von 1926 bis 1927 gemacht hatten, geschah dies schließlich. Am 26. Mai 1927 wurden die Fabriken für sechs Monate geschlossen. Lediglich die Ersatzteilfertigung für das Modell T lief weiter. Währenddessen wurde die Stimmung für das neue Modell Ford A angeheizt. Der Wert der vorbestellten Wagen betrug stattliche 36 Millionen Dollar. Im Dezember 1927 rollte der erste Ford A auf den Straßen der USA. Er wurde fast so erfolgreich wie »Tin Lizzie«.

(56) Henry Ford im Jahr 1904 neben seinem Rennwagen »Arrow«. Ein zweiter, identischer Wagen trug die Typenbezeichnung »999«, den hauptsächlich Fords damaliger Geldgeber, Tom Cooper, und der vom Radsport kommende Barney Oldfield fuhren. In Fords Augen waren sie nichts anderes als Experimentierwagen, mit denen er sein Know how demonstrieren wollte – riesige Vierzylinder ohne Kupplung und Gangschaltung.

(57) In dieser Werkstatt in der Bagley Avenue in Detroit entstand 1896 Henry Fords erstes Auto, ein »Quadricycle«.

(58) Die französischen Rennfahrer Georges Boillot (links) und Jules Goux und ihre Mechaniker vor ihrer rustikalen Peugeot-Box in Indianapolis 1914. Sieger der 500 Meilen wurde René Thomas auf Delage.

7
Coburn Photo
Indianapolis

6
6

59

60

61

9) Ettore Bugatti am Steuer eines von ihm ntwickelten Deutz-Wagens beim Start zur rinz-Heinrich-Fahrt 1909.
0) Louis Renault in seiner 8-PS-Voiturette eim Rennen Paris–Berlin 1901, in dem er en achten Platz belegte.
1) Ernest Friderich in einem Bugatti Typ 30 Tank« vor dem Grand Prix von Frankreich Tours 1923. Als Monoposto fuhren »30er« n selben Jahr auch in Indianapolis.
2) The Great Chadwick Six. Es handelt sich m das erste mit einem Kompressor ausgeüstete Auto der Welt.
3) Alfred Neubauer am Steuer seines ustro-Daimler »Sascha«, mit dem er 1922 in er Targa Florio gewann.
4) Gruppenbild mit »Sascha«. Links vom ühlwasser-Einfüllstutzen Dr. Ferdinand orsche, Generaldirektor von Austro-Daimr. Vor ihm, am Volant des »Sascha«, sehen ir Alfred Neubauer und daneben dessen ennmonteur Auer.

62

63

65

66

(65) Alfa Romeo 20/30 ES Sport 1921. Leistet 67 PS bei 2600 U/min.
(66) Der Mercedes-Siegerwagen vom GP vo Frankreich 1914, mit Lautenschlager.
(67) Betanken eines Humber für Rekordver suche über eine Meile 1913 auf Brooklands.
(68) Renault-Weltrekordwagen 1926. 24-Stun den-Schnitt von 173,6 km/h.
(69) Leichter Rolls-Royce-Panzerwagen 191 auf Silver-Ghost-Chassis. Lawrence von Ara bien führte seine Wüstensiege im Erste Weltkrieg auch auf die Zuverlässigkeit de leichten Silver-Ghost-Panzerwagen zurück
(70) Ein Bédélia-Cyclecar, im Ersten Welt krieg als Krankenwagen eingesetzt.
(71) Protos 1908, mit dem Oberleutnant Koep pen die Fernfahrt New York–Paris bestritt
(72) Ein Peugeot Typ 13 aus dem Jahr 1895 al Lieferwagen – »Omnibus de livraison«.
(73) Die erste Limousine der Welt – ein Re nault, der 1899 gebaut wurde. Hutschachte auf Rädern nannte ihn der Volksmund.

69

70

New-York-Paris
PROTOS - BERLIN
NEW-YORK-PARIS
PROTOS

71

SERVICE AUX ENVIRONS DE PARIS
GRANDS MAGASINS
DU
LOUVRE
Livraison des Marchandises
A. 1696

72

LORBEERKRÄNZE UND SEKUNDEN

Während im Jahr 1908 die Coppa Florio Norditaliens Straßen unsicher machte, reiste der deutsche Schriftsteller Otto Julius Bierbaum, der mit Vorliebe Lebensgenuß und Schönheit besang, in einem 8-PS-Adler geruhsam von Frankfurt nach Neapel. Danach schrieb er das erste belletristische Buch über das Autofahren und gab ihm den Titel »Eine empfindsame Reise«. Mit Sport – so Bierbaum – sollte diese Tour aber nichts zu tun haben, denn sonst wäre es ja keine »empfindsame Reise« gewesen: »Denn was ein richtiger Automobilist ist, der kennt Empfindsamkeit nicht... Erst wenn der Automobilismus aufhört, ausschließlich ein Sport zu sein, wird er für die Kunst des Reisens das bedeuten, was seine eigentliche Bestimmung ist.« Ob er wohl seine Meinung revidiert hätte, wenn er den Coppa-Florio-Sieger Jean Porporato zufällig kennengelernt hätte?

HERKOMER- UND PRINZ-HEINRICH-FAHRTEN DIE ERSTEN RALLYES DER WELT

Was sich der amerikanische Verleger James Gordon-Bennett – ihm gehörte der »New York Herald« – 1899 bei einem Apéritif in Paris ausdachte, sollte endlich den müßigen Streit unter den Rennfahrern beenden, welche Nation denn nun die besten und schnellsten Autos baue. Bennett, der einen angeborenen Sinn fürs Spektakuläre besaß, entschloß sich, diesen Streit in richtige, sportliche Bahnen zu lenken. Er schrieb einen Wettkampf aus, in dem Nationalmannschaften mit jeweils drei Wagen gegeneinander antreten sollten. So wurden die legendären Gordon-Bennett-Fahrten (1900 bis 1905) geboren. Der Verleger wollte System in den wild wuchernden Wettbewerbsehrgeiz der Autosportler und Konstrukteure bringen, und er betonte bewußt das nationale Element. Die Technik der Wagen wurde allerdings nicht beschränkt, so daß sich die Autohersteller in dieser Hinsicht nach Belieben austoben konnten. Demnach hatten die Gordon-Bennett-Fahrten mit den Autoproblemen des »gemeinen Volks« nichts zu tun. Exoten auf vier Rädern, von gewaltigen Motoren angetrieben, jagten über die Rundstrecken.
Aber so reizvoll auch die Gordon-Bennett-Rennen in sportlicher Hinsicht waren, sie trugen wenig dazu bei, die Entwicklung alltagstauglicher Autos zu fördern. In jener Phase waren es bezeichnenderweise Deutsche, die mit praxisnahen Konkurrenzen die Krawallmacher an die Kette legen und Ordnung in das Wirrwarr bringen wollten. Ausgerechnet eine illustre Figur aus dem Reich der schönen Künste, ein Kunstmaler, gab der ersten in diesem Sinn organisierten Rallye der Welt ihren Namen: Sir Hubert von Herkomer. Als berühmtester Porträtmaler seiner Zeit zählte er zu den Spitzenverdienern unter seinesgleichen. Man überhäufte ihn mit Ehrungen, so mit dem »Pour le mérite«, der Ernennung zum Ritter und Offizier der französischen Ehrenlegion und mit dem Königin-Victoria-Orden. Die Verleihung des Ritterkreuzes des Zivilordens der bayerischen Krone durch Prinzregent Luitpold versetzte ihn in den persönlichen Adelsstand, in England wurde er zum Ritter geschlagen. An den Autos faszinierten ihn vor allem die Formen der neuen Materialien und die gestalterischen Möglichkeiten – im Auto sah er auch ein ästhetisches Phänomen.

Das Auto kommt zum Bürger

Als Mitglied des Bayerischen Automobilclubs entwickelte er zusammen mit dessen damaligem Präsidenten, Professor Pöhlmann, die Idee einer Zuverlässigkeitsfahrt für Tourenwagen. Herkomer hielt es für eine große Ehre, daß er einen Preis stiften durfte und daß dieser Wettbewerb seinen Namen tragen sollte. Die Herkomer-Fahrten wurden der erste ernst zu nehmende Wettbewerb, der sich gezielt mit der Aufforderung an die Konstrukteure wandte, alltagstaugliche und sportliche Tourenwagen zu bauen. 1905 sollte die erste Fahrt stattfinden, und in den beiden folgenden Jahren beabsichtigte man, zwei weitere zu organisieren.
In der Ausschreibung hieß es u.a.: »Zugelassen sind Motorfahrzeuge aller Art, sofern sie touristischen Zwecken dienen. Jeder Wagen muß mindestens vier bequeme Sitze mit Rücklehnen, eine Motorhaube, Kotflügel für Vorder- und Hinterräder besitzen sowie drei Laternen, von denen eine hinten angebracht sein muß. Ferner sind wenigstens zwei Bremseinrichtungen, eine Rückwärtsfahrt, eine Sicherung beim Bergfahren, Signalhupe und Auspufftopf für jeden konkurrierenden Wagen erforderlich. Die ganze äußere Ausstattung des Wagens soll den Bedürfnissen des Reisens entsprechen, weswegen alle Wagenformen (offen und geschlossen) zulässig sind. Gewicht und Anzahl der Pferdekräfte unterliegen keiner Einschränkung.«
Die Vorläuferin aller Rallyes, die Herkomer-Fahrt, hatte eindeutig den Zweck, undisziplinierte Konstrukteure, Rennfahrer und Veranstalter in die Pflicht zu nehmen, um das Auto populär zu machen und einer breiten Öffentlichkeit als ausgereiftes Transportmittel zu präsentieren. Daher wurde nicht auf abgesperrten Rundstrecken gefahren, sondern kreuz und quer durchs Kaiserreich. Das Auto kam zum Bürger – damit er sich an den neuen Anblick gewöhnte.
Als Start- und Zielort der ersten Herkomer-Fahrt wählte man München. Die Organisatoren hatten den Zuverlässigkeitswettbewerb in drei Teile gegliedert: Am ersten Tag gab es eine »Ausstellung und Bewertung von Bequemlichkeit und Schönheit«. Am zweiten Tag fanden Schnelligkeitsprüfungen statt – zuerst eine Bergfahrt über sieben Kilometer auf den Kesselberg, dann ein 6000 Meter langes Flachrennen im Forstenrieder Park. Die Tourenfahrt als dritter Teil führte in drei Etappen (insgesamt 937,1 km) von München über Baden-Baden und Nürnberg zum Ausgangsort zurück. In jedem Wagen fuhr ein dritter Mann mit, ein Kontrolleur des Automobilklubs, der zu überwachen hatte, ob das Reglement eingehalten wurde.
Zur ersten Rallye der Welt meldeten sich 102 Teilnehmer, unter ihnen be-

fanden sich viele Ausländer. Auch Seine Königliche Hoheit, Prinz Heinrich von Preußen, saß hinter dem Steuer eines 40-PS-Benz. Außer einer Vielzahl von betuchten Privatfahrern gingen auch sogenannte Werkswagen an den Start. Die Firmen wollten den harten, aber praxisnahen Wettbewerb nutzen, um ihre Tourenwagen zu testen. Darüber hinaus versprachen sie sich eine große Werbewirkung, die natürlich dann noch erhöht würde, wenn sie sich im Gesamtklassement gut plazierten. 69 Fahrzeuge kamen nach der Dreitagefahrt in München an, 26 waren ohne Strafpunkte geblieben. Sieger der ersten Herkomer-Fahrt wurde Edgar Ladenburg auf einem 40-PS-Mercedes. Die Veranstalter schütteten ein wahres Füllhorn von Preisen über die Erstplazierten aus: Dem Gewinner wurde die Herkomer-Trophäe, die nach einem Entwurf des Künstlers in Silber ausgeführt worden war, überreicht. Sie wog 40 Kilogramm, ihr zeitgenössischer Wert lag bei etwa 10 000 Mark. Zudem malte Herkomer den Erstplazierten in Öl.

Bei der zweiten Herkomer-Fahrt im Juni 1906 wurden noch härtere Bandagen angelegt. In sechs Etappen ging es über eine Distanz von 1647,7 Kilometern. Gestartet wurde in Frankfurt am Main. 155 Wagen machten sich auf die Reise über München, Linz, Wien, Klagenfurt, Innsbruck, bis zurück in die bayerische Hauptstadt, in der die Fahrt auch dieses Mal endete. Auf dem Semmering fand die Bergprüfung statt, im Forstenrieder Park wieder die Geschwindigkeitskonkurrenz, und auf der letzten Etappe war zwischen Innsbruck und München der berüchtigte Zirler Berg zu bewältigen. Die zweite Herkomer-Fahrt gewann Dr. Stöss auf einem 20-PS-Horch.

Blickt man in die Teilnehmerliste, so fällt ins Auge, daß viele Autohersteller die eigenen Fabrikate steuerten, wie beispielsweise G. Schulz, Paul Beckmann, August Horch, Fritz, Wilhelm und Heinrich Opel, Bernhard Stoewer, Henri Jeannin (Argus) oder Dr. Alfred Sternberg (Protos). Percy P. Pierce auf Pierce war der einzige Bewerber aus den USA.

Bei der dritten Herkomer-Fahrt 1907 rollten 161 Fahrzeuge an den Start in Dresden, wo eine 1818 Kilometer lange Rundstrecke vor ihnen lag. Einige deutsche Städte stifteten Preise für die Schönheitskonkurrenz. Das Gesamtklassement gewann zum zweitenmal Edgar Ladenburg, da sein Fahrer Fritz Erle auf einem Benz am Ende die Punktetabelle anführte. Ladenburg errang somit auch den Wanderpreis und durfte die kostbare Trophäe behalten. Der Schönheitspreis ging an die Firma Mercedes.

Die Kritiker melden sich

Die drei Herkomer-Fahrten hatten internationale Maßstäbe gesetzt, auf welche Art und Weise praxisnahe Zuverlässigkeitsfahrten durchzuführen waren. Prinz Heinrich von Preußen rannte also offene Garagentüren in In- und Ausland ein, als er sich entschloß, ab 1908 die Tradition der Herkomer-Fahrten fortzusetzen und ihnen seinen erlauchten Namen zu geben. Heinrich war der Bruder des deutschen Kaisers Wilhelm II.; mit der fortschreitenden Entwicklung des Automobils wurde er einer der ersten Repräsentanten der europäischen Herrscherhäuser, der sich intensiv mit dem neuen Fortbewegungsmittel beschäftigte. 1902 erwarb er sein erstes Auto, einen amerikanischen Dampfwagen, dem dann noch ein zweiter folgte. Als er auf Benzinwagen umstieg, entschied er sich von Anfang an für die Marke Benz, der er treu blieb.

Das Reglement der Prinz-Heinrich-Fahrten ähnelte dem der von Hubert von Herkomer initiierten Wettbewerbe sehr stark. Im ersten Absatz hieß es: »Die Prinz-Heinrich-Fahrt ist eine internationale Zuverlässigkeitsfahrt und kein Rennen.« Bohrung und Hub der Motoren waren begrenzt. Vorgeschrieben waren wieder viersitzige Tourenwagen. Neben Vierzylindern wurden nun auch Sechszylinder zugelassen. Für die einzelnen Fahrzeugklassen war ein Mindestgewicht vorgeschrieben. Unter den 144 Fahrern, die sich für die erste Prinz-Heinrich-Fahrt meldeten, tauchte auch ein gewisser Ettore Bugatti auf, der einen Deutz steuerte (59). Seine Königliche Hoheit mutete den Fahrern auf Anhieb 2201 Kilometer zu, die in einer abwechslungsreichen Fahrt durch Mittel- und Norddeutschland zu absolvieren waren. Bei Itzehoe fand eine zusätzliche Schnelligkeitsprüfung, bei Bacharach eine Bergprüfung statt. Der Routinier Fritz Erle, der ja bei der dritten Herkomer-Fahrt schon geglänzt hatte, siegte auf Benz.

So perfekt auch die Organisation abgelaufen war – es kamen doch bereits die ersten kritischen Stimmen auf, die bemängelten, daß der Wettbewerb nicht unter für alle gleichen Bedingungen ausgetragen worden sei: »Diese erste Fahrt hatte trotz ihres glücklichen Verlaufs unter manchen Teilnehmern einige Mißstimmung dadurch erzeugt, daß die ersten Plätze von Wagen gewonnen wurden, an deren Sieg vorher kaum gezweifelt wurde. Es waren dies Wagen, die den Bestimmungen durchaus nicht widersprachen, aber die Erbauer hatten sich die Freiheiten des Reglements mit großem Geschick zunutze gemacht, so daß in der Tat anstelle der gewöhnlichen Tourenwagen Spezialwagen erschienen. Da diese noch dazu meist in den Händen von in anderen automobilistischen Ereignissen erprobten Herrenfahrern waren, fühlte sich die Mehrzahl der übrigen Fahrer benachteiligt« – meinte eine Fachzeitschrift.

Diesen Vorwürfen versuchte man entgegenzutreten, indem weniger routinierten Zuverlässigkeitsfahrern im darauffolgenden Jahr drei Wertungspunkte gutgeschrieben wurden. 1909 führte die 1857 Kilometer lange Fahrt auch über die Landesgrenzen hinaus, so durch die Hohe Tatra bis nach Budapest, Preßburg, Wien, Linz, Innsbruck. Der Sieger wurde wie bisher in München gefeiert. Dieses Mal hieß er Wilhelm Opel, der einen Eigenbau steuerte.

Die dritte Prinz-Heinrich-Fahrt 1910 wurde zu einem Triumph für die Marke Austro-Daimler und ihren Konstrukteur Ferdinand Porsche, der dabei selber den ersten Platz im Gesamtklassement belegte. Er hatte ganz speziell für diesen Wettbewerb einen Tourenwagen konzipiert, dessen Vierzylindermotor mit seinen 5,7 Liter Hubraum 86 PS brachte. Eine obenliegende Nockenwelle trieb pro Zylinder ein Einlaß- und vier Auslaßventile an. Diese letzte, nach dem Preußenprinzen benannte Konkurrenz war 1944 Kilometer lang und ging in drei Etappen von Berlin über Braunschweig, Kassel, Nürnberg, Straßburg, Metz bis nach Bad Homburg v.d.H. Von 119 gestarteten Wagen erreichten 86 das Ziel.

Die 1911 veranstaltete Rallye hatte vergleichsweise eher den Charakter einer gemütlichen Kaffeefahrt; es war eine »Freundschaftliche Gesellschaftsfahrt anläßlich der Krönung des Königs Georg V. von Großbritannien«. Von Bremerhaven aus wurden die Wagen nach Southampton verschifft und erreichten nach einer Rundfahrt durch England und Schottland die Hauptstadt London. In den Chroniken spielt dieses degenerierte Unternehmen keine Rolle.

Was Herkomer und Prinz Heinrich von Preußen mit den ihre Namen tragenden Zuverlässigkeitsfahrten bewirkt haben, hat Automobilgeschichte gemacht. Nicht nur, daß sie die Schirmherren der ersten profimäßig organisierten Rallyes der Welt waren – sie haben mit bemerkenswerter Weitsicht Reglements entworfen, die die Konstrukteure der Alten Welt zu einem neuen, praxisnahen und alltagstauglichen Tourenwagen, dem »Prinz-Heinrich-Typ« (81), inspiriert haben. Einige Konstruktionselemente dieser Bauart wurden damals von vielen internationalen Autoherstellern übernommen. Das gilt zum Beispiel für die Horch-Sportkarosserie, die die Firma Ludwig Kathe – ein Spezialist auf diesem Gebiet – eigens für die Prinz-Heinrich-Fahrt 1908 entwickelt hatte. Dieser Aufbau mit Windlauf und glatten Seitenflächen fand Nachahmer in aller Welt, wie Erik Eckermann in seinem Buch »Vom Dampfwagen zum Auto« beschreibt.

Prinz Heinrichs Idee, einfallsreiche Autokonstrukteure anzuregen, daß sie gewisse Ordnungsprinzipien anerkannten und befolgten, hatte den Nagel auf den Kopf getroffen. In der Weise, in der er der Veranstaltung von vernünftigen Zuverlässigkeitsfahrten die Rahmenbedingungen vorgab, wurde der Kaiserbruder zweifellos zu einem der wichtigsten Schrittmacher des Automobils in Deutschland.

Eine willkommene Gelegenheit zur Selbstdarstellung

Die Hersteller hatten übrigens sehr schnell bemerkt, welch herrliches Exerzierfeld und welch reizende Spielwiese ihnen Königliche Hoheit beschert hatte. Was da unter dem Begriff »Tourenwagen« von den Firmen an den Start geschickt wurde, waren Wölfe im Schafspelz – also in Wirklichkeit Rennwagen. Ihre Motoren waren eigens für die Geschwindigkeitsprüfungen ausgelegt worden, weil hier die entscheidenden Punkte zu holen waren. »Reguläre Tourenwagen waren in sehr geringer Anzahl zu finden, der Renntyp überwog«, so gab ein Berichterstatter, der 1909 die Abnahme der Wagen beobachtet hatte, seinen Eindruck wieder. In jenem Jahr wurde – als Beispiel – der Mercedes des Fahrers Fritz Põge abgewiesen, weil der in der Motorhaube angebrachte Auspuff unzulässig war. Man änderte das unter Protest. Auch die Horch-Wagen wurden beanstandet, weil sie – um im heutigen Jargon zu bleiben – »tiefergelegt« worden waren.

Für die Industrie waren die Langstreckenrallyes auch eine willkommene Gelegenheit zur Selbstdarstellung. So lackierten einige Firmen ihre Wagen in einheitlichen Farben: Lloyd in Resedagrün, Komnick in Grau, Presto in Weiß, Horch in Okkergelb. Nach den Querelen des Jahres 1909 gelobten die Hersteller, sich zu bessern und die Ausschreibungen loyal zu beachten. Mittlerweile hatten sie entdeckt, wie wichtig es war, die Aufbauten windschlüpfrig zu gestalten, und sie hatten auch nachgedacht, wie ein gefälliges Design zu entwickeln sei, was 1910 ein Chronist wie folgt kommentierte: »Man bekam eine Menge äußerst interessanter, mit allem Raffinement erklügelte und – was besonders hervorgehoben zu werden verdient – vielfach auch höchst elegante, gefällige Karosserieformen zu sehen. Typisch sind die Mercedes-Wagen, mit ihren großen, keilförmig ausgebildeten Kühlerflächen, den konisch geformten und ganz stetig in die Karosserie übergehenden Motorhauben... Eine der interessantesten Formen bietet Brennabor, der viel Aufsehen und Bewunderung erregte. Die bootsförmige Karosserie läuft verjüngt zu, so daß die Hauptteile fast überhaupt keine Fläche mehr für Stirnwiderstand bieten. Recht apart präsentierte sich Dixi, dessen etwas konkav ausgebildete Seitenflächen als Besonderheit auffielen.«

Diese euphorische Stimmung signalisierte, daß die deutsche Automobilindustrie nach den Prinz-Heinrich-Fahrten ihre Lektion begriffen hatte und mutig zu neuen Ufern aufbrach. Darum: »Seiner Königlichen Hoheit, Prinz Heinrich von Preußen, ein dreifaches Hurra! Hurra! Hurra!«

Hans-Otto Neubauer

BORGHESES BELLA MACCHINA FERNFAHRT PEKING–PARIS 1907

Wenn das Automobil auch rechts des Rheins erfunden wurde, so ist doch die Wiege der Automobilrennen auf dessen linker Seite zu suchen. Französische Zeitungen vor allem gehörten zu den Initiatoren dieser Sportart, und schon früh wurde die Frage diskutiert, ob wohl der reine Idealismus oder eher der Kommerz als Triebfeder gelten könne. Pate stand auf jeden Fall die Freude der »Grande Nation« an »victoire« und »gloire«, die sich natürlich nur einstellten, wenn französische Wagen siegten.

Zeitungsleute waren schon immer erfinderisch, und warum sollten die von »Le Matin« eine Ausnahme gebildet haben? Als sie ein publicityträchtiges Unternehmen suchten, verfielen sie auf eine Automobilwettfahrt von Peking nach Paris, die sie für das Jahr 1907 ausschrieben. Allerdings hatte man an ein Rennen im eigentlichen Sinn des Wortes gar nicht gedacht. »Es gibt weder Formalitäten, denen man sich zu unterwerfen hätte, noch Bestimmungen, die hinderlich sein könnten. Es handelt sich darum, von Peking im Automobil abzufahren und in Paris anzukommen.« So schlicht formulierte es »Le Matin«, der die Teilnehmer aber gleichwohl darauf hinwies, daß es empfehlenswert sei, gemeinsam zu fahren, um, sollte Gefahr aufkommen, sich gegenseitig unterstützen zu können.

Die Kenntnisse über die Straßenverhältnisse im China und Rußland jener Tage waren sehr vage, und keiner der Meldenden wußte, was ihn erwarten würde. Wer waren die Männer, die das Risiko einer solchen Fahrt auf sich nahmen? Da war zunächst der bekannte Rennfahrer Auguste Pons, der ein Fahrzeug gewählt hatte, das man sich beim Briefkastenleeren in Paris besser vorstellen konnte als auf einer Strecke von etwa 15000 Kilometern: ein Contal-Dreiradwagen, der genaugenommen ein dreirädriges Motorrad mit einem über den beiden Vorderrädern angebrachten Kasten darstellte. Einige Chancen rechnete sich die Marke De Dion-Bouton aus, die ihre beiden Wagen mit Zweizylindermotoren und zehn PS Leistung mitsamt den Werksfahrern Cormier und Collignon entsandt hatte. Dann gab es noch einen Spyker aus den Niederlanden, der mit dem Franzosen Godard besetzt wurde. Als Außenseiter galt der Italiener Fürst Scipione Borghese auf Itala, der allerdings nicht nur über umfangreiche Erfahrungen als Expeditionsleiter, sondern auch über ausreichende finanzielle Mittel verfügte, um die Fahrt vorzubereiten und Depots entlang der Route einzurichten. Zudem entstammte er einem erlauchten Geschlecht: Papst Paul V. war auch ein Borghese. Er hatte Anfang des 17. Jahrhunderts die Tradition begründet, der eigenen Familie viele Titel – und die damit verknüpften Einkünfte – zuzuschanzen.

Ihre fürstliche Durchlaucht schloß bereits die Liste der Teilnehmer. Zwar waren 20 weitere Meldungen eingegangen, aber in der Zeit zwischen Meldung und Start war offensichtlich vielen der Schneid abhanden gekommen – oder die geforderte Nenngebühr von 2000 Franc. Per Schiff wurden die Wagen bis an die chinesische Küste transportiert, und dann ging es mit der Bahn nach Peking. Sehr begeistert scheinen die Chinesen von der ganzen Sache nicht gewesen zu sein, denn über allzu großen Eifer wird nichts bekundet. Schließlich war es wohl eher der Wunsch, diese modernen Feuerwagen, die bestimmt den Unwillen der Geister hervorriefen, wieder loszuwerden, der sie dazu bewog, die zur Weiterreise erforderlichen Papiere auszustellen. In Peking selbst durften die Wagen nur mit vorgespannten Maultieren bewegt werden.

Die Quälerei beginnt

Nach Erledigung aller Formalitäten stand dem Start nichts mehr im Wege, und die fünf Fahrzeuge begaben sich am Morgen des 10. Juni 1907 auf die Fahrt ins Ungewisse. Schon nach der ersten Etappe in Nankau – nach 60 Kilometern Fahrstrecke – waren die Wagen nicht mehr beisammen. Borghese auf dem Itala erreichte den Ort ohne allzu große Schwierigkeiten. Auch das Contal-Dreirad kam an, aber mit der Bahn. Schon kurz nach Peking hatte Pons aufgeben müssen, er war zurückgekehrt und hatte sein Fahrzeug verladen. Aber der Franzose wollte die Fahrt von Nankau aus fortsetzen. Die anderen drei Teilnehmer quälten sich noch irgendwo im Gelände. Kalgan, das Eingangstor zur Mongolei, sah eine Woche nach dem Start die Wettbewerber erstmals wieder vereint. Daß es Pons mit dem Dreirad geschafft hat, wird ein Wunder bleiben.

Den ausführlichsten Bericht über die Fahrt verdanken wir dem italienischen Journalisten Luigi Barzini, der im Wagen des Fürsten Borghese mitfuhr. Von ihm erfahren wir, daß der Fürst eine Truppe von Kulis angeheuert hatte, die den Wagen bis Kalgan begleitete. Die Karosserie war in Peking demontiert worden und wurde zusammen mit allem nicht unbedingt notwendigen Gepäck auf dem Bahnweg nach Kalgan verfrachtet. Der Grund dieser seltsam anmutenden Aktivitäten bestand darin, daß die Kulis den Itala mit Karosserie nicht tragen konnten. Und überhaupt spielte die menschliche Kraft eine weitaus größere Rolle, als man gemeinhin bei einer Automobilwettfahrt annehmen darf. Von einem der ersten Tage der Fahrt berichtet Barzini: »Wir hatten seit frühmorgens 65 Kilometer zurückgelegt, 20 davon mit dem Motor.« Das heißt mit anderen Worten, daß auf mehr als zwei Dritteln der Strecke Menschen das »Automobil« bewegt hatten und nicht der Motor! Das von Barzini verfaßte Buch ist mit zahlreichen Fotos versehen, die gleichfalls bezeugen, daß ohne Mensch und Tier der Itala wohl Kalgan nicht erreicht hätte. Hier wurde ihm seine Karosserie dann wieder aufgesetzt.

Nach kurzer Fahrt gelangten die Wagen an die mongolische Grenze und damit in eine weite Ebene, wo die Fahrer sich erhoffen durften, schneller und weniger mühsam vorwärts zu kommen. Die folgende Nacht verbrachten die Konkurrenten noch einmal zusammen, bevor sie sich morgens um drei Uhr, angeführt vom Contal-Dreirad, auf die Weiterfahrt begaben. Eine Strecke von 200 Kilometern hatte man als Tagesetappe festgesetzt, bei der eine durch die Steppe führende Telegrafenleitung als Wegweiser diente. Der um fünf Uhr gestartete Itala holte die anderen Wagen bald ein und erwartete sie abends am vereinbarten Ort. Alle kamen – nur das Dreirad nicht. Später erfuhr man von einem nicht mehr zu behebenden Schaden, der Pons zwang, per Bahn nach Peking zurückzukehren und aus dem Wettbewerb auszuscheiden.

Von nun an war es mit der Gemeinsamkeit vorbei. Fürst Borghese auf seinem Itala fuhr vorweg, die französischen Mannschaften hielten so gut es ging zusammen. Godard und sein Begleiter du Taillis blieben mit ihrem Spyker in der Wüste Gobi ohne Benzin stecken und waren schon beinah verdurstet, als Hilfe durch eingeborene Reiter kam. Das Pech blieb ihnen treu: Der Magnetzünder fiel aus, und sie verfrachteten den Wagen auf der Transsibirischen Eisenbahn nach Tomsk, ließen ihn dort am Polytechnischen Institut reparieren, fuhren die Strecke von 850 Kilometern mit der Bahn zurück und nahmen die Fahrt dort wieder auf, wo sie sie unterbrochen hatten. Das war am 25. Juli, und nach tage- und nächtelanger Fahrt hatten sie am 8. August nach 5600 Kilometern die beiden De-Dion-Mannschaften in Kasan wieder erreicht. Diese hatten für die gleiche Strecke 32 Tage benötigt.

Auf Eisenbahnschwellen geht es durch Sibirien

Nachdem die Schwierigkeiten in China überwunden waren, konnte der Fürst bei der Fahrt durch die Mongolei und Rußland die höhere Motorleistung seines 50 PS starken Wagens ausspielen. Teilweise benutzte er die Strecke der Transsibirischen Eisenbahn, wobei die Rüttelfahrt über die Schwellen für Verarbeitung und Material spricht – und für die Ausdauer der Sitzpartien der Insassen. Eine Geschwindigkeit von 15 km/h stellte sich als die erträglichste heraus. Am 20. Juli wechselte der Itala mit seiner Besatzung von Asien nach Europa über, man hatte inzwischen 6000 Kilometer zurückgelegt. Über Kasan und Nischni-Nowgorod erreichte der Fürst Moskau. Dort wurden die Italiener begeistert empfangen, zahlreiche Moskauer Automobilisten erwarteten sie mit ihren Fahrzeugen an der Stadtgrenze und geleiteten sie in die Innenstadt hinein. Hier entschloß man sich, nun auch noch nach St. Petersburg zu fahren, was immerhin weitere 700 Kilometer bedeutete.

Im ostpreußischen Eydtkuhnen wurde deutsches Gebiet betreten. Berlin feierte die Mannschaft gebührend, aber der stand der Sinn schon mehr nach Paris, und der Aufenthalt beschränkte sich auf eine Nacht. Die französische Hauptstadt erreichte sie am 10. August 1907, genau zwei Monate nach dem Start in Peking.

Barzini vermerkte in seiner Schilderung, daß bei ihrer Ankunft in Paris Erinnerungspostkarten, die Wagen und Mannschaft abbildeten, für vier Sou angeboten wurden; einige Stunden später – sie hatten den Empfang im Gebäude von »Le Matin« gerade hinter sich – war der Preis bereits auf einen Sou gesunken. War das ein Zeichen für den Wert oder Unwert einer solchen Veranstaltung? Auf jeden Fall eines dafür, wie flüchtig der Ruhm sein kann.

Am 30. August trafen die übrigen drei Wagen in Paris ein, und sie wurden genauso gefeiert wie die Itala-Besatzung. Es gab eben keine Sieger in dieser Fahrt, ankommen allein zählte – und schließlich waren es ja auch Franzosen. Die Fahrt Peking–Paris gehörte der Geschichte an.

Bei »Le Matin« hatte man jedoch schon wieder neue Ideen: Eine Fernfahrt von New York nach Paris, bei der zuerst die Durchquerung des amerikanischen Kontinents – damals noch genauso straßenlos wie Asien – von Ost nach West vorgesehen war und in Asien beinahe die gleiche Route wie bei Peking–Paris gefahren werden sollte. Sie fand etwa ein Jahr später statt. Ein Teilnehmer von Peking–Paris war nicht dabei.

1982 wollte man zur Erinnerung an die Fahrt Peking–Paris eine Neuauflage veranstalten, und man kann wohl davon ausgehen, daß die Verhältnisse auf den Straßen in dieser Zeitspanne ein ganzes Stück besser geworden sind, aber die in der Politik waren schwieriger geworden, und die Fahrt auf der historischen Strekke wurde nicht genehmigt. Wie schrieb doch Barzini in seinem Buch? »In der Tat haben sich die russischen Behörden uns gegenüber von unvergeßlicher Höflichkeit, Zuvorkommenheit und Hilfsbereitschaft gezeigt.« Er schrieb es 1907.

Hans-Otto Neubauer

OBERLEUTNANT KOEPPENS HÖLLENFAHRT FERNFAHRT NEW YORK–PARIS 1908

Seine Majestät, Kaiser Wilhelm II., hatte ihm noch allerhöchstes »Toi, toi, toi« mit auf den Weg gegeben. Am frühen Morgen des 12. Februar 1908 rollte der deutsche Oberleutnant Hans Koeppen mit seinem Protos (71) vor dem Gebäude der »New York Times« vor, um sich ordnungsgemäß am Start der Fernfahrt New York–Paris zu melden. Die Idee dieser Veranstaltung ging zurück auf die französische Zeitung »Le Matin«, die ja schon ein Jahr zuvor die geradezu masochistische Langstreckentour von Peking nach Paris organisiert hatte. Dieses Mal war die »New York Times« Mitveranstalter.

In jenen Jahren stürmte und drängte der Automobilismus arg über die Stränge. So hatte ein anderer Oberleutnant der kaiserlichen Armee, Paul Graetz, 1907 als erster – er benutzte dafür einen 40-PS-Wagen der Marke Gaggenau – Afrika von Osten nach Westen durchfahren, von Daressalam am Indischen Ozean nach Swakopmund am Atlantik. Auch er war vom Kaiser ermutigt und gefördert worden. Das wird Hans Koeppen wohl durch den Kopf gegangen sein, als er voller Selbstbewußtsein zusammen mit seinen beiden sachkundigen Beifahrern, den Ingenieuren Hans Knape und Ernst Maaß, auf den Startschuß wartete.

1908 war ein bewegtes Jahr. Sven Hedin erforschte (ab 1905) Persien und Tibet und entdeckte dabei das Transhimalajagebirge. Adolf Friedrich Herzog von Mecklenburg durchquerte Zentralafrika von Ost nach West, und General Motors wurde gegründet. In dieses dynamische Jahr paßte es, Autos von New York über Alaska und Sibirien nach Paris fahren zu lassen. Ursprünglich sollte sogar die zugefrorene Beringstraße zwischen Amerika und Asien als Brücke benutzt werden. Tauwetter verhinderte den absurden Plan.

Am Start fanden sich neben dem deutschen Wagen ein italienischer 40-PS-Züst, ein 60-PS-Thomas-Flyer aus den Vereinigten Staaten und aus Frankreich ein 30-PS-De-Dion-Bouton, ein Motobloc sowie ein 15-PS-Sizaire-Nadin ein. Der Protos besaß einen 4,5-Liter-Vierzylindermotor, der 30 PS an die Räder brachte.

Have a nice time!

Um 11.15 Uhr schickte der Präsident des amerikanischen Automobilklubs, Colgate Heyte, die Konkurrenten auf die Route. Koeppen vermerkte in seinem Tagebuch: »Der Startschuß krachte, die Motoren dröhnten und zogen an, ein fanatisches Getöse brach los.« 50 000 New Yorker jubelten den Davonratternden zu, und ein besonders lautstarker Zuschauer rief ihnen nach: »Have a nice time!« Das war nun in der Tat blanker Hohn, denn schon 20 Meilen außerhalb New Yorks schlugen die Generale Winter und Schlamm erbarmungslos zu. Jetzt stellte sich heraus, daß kein Fahrer auch nur eine Ahnung von den tatsächlichen Straßenverhältnissen in den USA gehabt hatte.

Nach 70 Meilen schon gaben die französischen Teams auf. Da waren es nur noch drei. Die Deutschen dagegen ließen sich durch die widrigen Umstände nicht aus dem Konzept bringen. Schon beim Start war ihre Expeditionsausrüstung aufgefallen, und Mitglieder des New Yorker Automobilklubs räumten ihnen gute Siegeschancen ein. »Da sieht man wieder die deutsche Gründlichkeit«, stellten sie fest, »da fehlt weder Beil noch Säge, weder Zelt noch Schlafsack. Und wie das alles verpackt und angebracht ist. Ihr deutschen Jungens, ihr werdet's wohl schaffen.«

Das Trio aus Deutschland war in der Tat auf alles Denkbare vorbereitet. Über 60 Zentner hatte der Protos von der Ost- zur Westküste der Vereinigten Staaten zu schleppen. An Bord befanden sich neben anderem ein eingebauter Schraubstock, Stärkungsmittel aus Armeebeständen, Eskimoanzüge, Gewehre, die deutsche Fahne, ein Bild des Kaisers und sechs zusätzliche Benzintanks.

Apropos Benzin! Kurz vor Buffalo begann der Motor zu stottern. Die Ingenieure entdeckten eine seltsame Fehlerquelle: Der Benzinzufluß war vereist! Eine Untersuchung ergab, daß der Treibstoff 25 Prozent Wasser enthielt. Da hatten die amerikanischen Benzinhändler sie richtig hereingelegt. Um zukünftig Pannen dieser Art zu verhindern, wurde das Benzin vorsichtshalber durch einen Wildlederlappen gefiltert. Handelte es sich um Sabotage, wollte man dem Thomas Flyer Vorteile verschaffen? An diese Möglichkeit dachten die Deutschen auch, als einige amerikanische Farmer ihnen unverschämte Preise für Spanndienste abverlangten, wenn der Protos sich mal wieder im Schlamm des Mittleren Westens festgesuhlt hatte. Vor Chicago gab es Schwierigkeiten mit der Lenkung, und Koeppen holte Ersatzteile aus der Stadt der Schlachthöfe. Bei einem erneuten Lenkungsschaden half ein Dorfschmied. Zu reparieren gab es allerdings nichts mehr, als es im Team krachte. Knape und Maaß trennten sich im Streit von Oberleutnant Koeppen, weil er – so die beiden in Zeitungsberichten – die ganze Publicity auf sich gezogen habe, während in Wirklichkeit doch sie es gewesen seien, die die Hauptarbeit geleistet hätten ... Nun läßt sich ein deutscher Offizier nicht so leicht aus der Fassung bringen. Koeppen heuerte einen amerikanischen Mitfahrer namens O.W. Snyder an, den er als »wirklich tüchtige Kraft« bezeichnete, der »aber körperlich nicht zu den stärksten gehörte«. Die erste Begegnung mit leibhaftigen Indianern wurde eine große Enttäuschung. Die Rothäute entsprachen so gar nicht dem Bild von den tapferen und stolzen Kriegern, das er sich in seinen Jugendjahren gemacht hatte. »Ach, meine schönen Kindheitsträume, mein guter Lederstrumpf...« Und die Westküste war noch weit! Der Vorrat an Ersatzreifen ging schneller zu Ende, als eingeplant war. Das Depot schickte zwar schnell neue Pneus ab, aber Schikanen des amerikanischen Zolls verzögerten die Auslieferung. In den Rocky Mountains häuften sich die technischen Störungen und Beschädigungen am Protos. Die notdürftigsten Reparaturen waren zwar immer mit vielen guten Worten und nicht weniger Dollar in den Werkstätten durchzuführen, aber sie kosteten Zeit. Schlimmer noch: Der Thomas Flyer wurde von den Amerikanern bevorzugt behandelt. Zum Beispiel ließ man ihn einen Eisenbahntunnel passieren, der kurz darauf für die nachfolgende ausländische Konkurrenz gesperrt wurde.

Gewonnen – und dann doch verloren

Den Alptraum Alaska ersparte der Veranstalter den Teilnehmern mit Hilfe einer Reglementsänderung. Die drei noch im Rennen befindlichen Wagen sollten nun per Schiff von Seattle nach Wladiwostok übersetzen und dort ihre Fahrt in Richtung Paris fortsetzen. Die amerikanische Fachzeitschrift »Motor« lästerte: »Wenn man sieht, wie leicht es sich jetzt die Organisatoren machen, fragt man sich, warum die Fahrzeuge nicht gleich von New York nach Le Havre verschifft wurden.«
Im so unwirtlichen Sibirien wurde es für den amerikanischen Wagen sehr schwer. Jetzt gab es keine Landsleute mehr, die regelwidrig halfen. Die Mannschaft quälte sich wie im Vorjahr Fürst Borghese auf den Schwellen der Transsibirischen Eisenbahn mühsam voran und schaffte dabei nicht einmal 20 Kilometer am Tag. Dem Getriebe bekam die Schüttelei natürlich gar nicht.
Die Besatzung des Züst wäre wohl viel lieber in der Toskana auf Kaninchenjagd gegangen, als sich mit Schneeverwehungen und Leuten herumzuschlagen, deren Sprache sie nicht verstand. Das ging auf die Nerven, die die Italiener für einige Tage in einem Krankenhaus wieder aufpäppeln mußten. Die Stimmung im deutschen Team dagegen war gut. Koeppen hatte sich noch in Amerika von seinem Kopiloten getrennt und konnte in Wladiwostok eine neue Besatzung an Bord begrüßen, die beiden von den Protos-Werken abkommandierten Chauffeure Kaspar Neuberger und Robert Fuchs. Mit ihnen trat er am 22. Mai 1908 die Weiterfahrt an. Immer wieder kam es zu Zwischenfällen und Pannen. So ging ihnen der Schrecken durch die Glieder, wenn Holzbrücken, die sie gerade befahren hatten, hinter ihnen zusammenbrachen. So drohte das Unternehmen zu scheitern, als das Kugellager der Wasserpumpe seinen Geist aufgab. Im sibirischen Omsk erkrankte Neuberger an Malaria, und sein Kollege Fuchs bekam vor lauter Aufregung Gastritis... Aber Schlappmachen kam nicht in Frage, denn der Thomas Flyer lag noch immer drei Tagesreisen vor ihnen. Während sich die kranken Fahrer mit ihrem doch recht zuverlässigen Gefährt tapfer bis zum 1000 Kilometer entfernten Jekaterinenburg quälten, war Koeppen schon mit dem Zug vorausgefahren, um von dort aus in Moskau eine neue Hinterachse zu bestellen. Moskau war – gemessen an der Gesamtdistanz dieses Fernrennens – in greifbare Nähe gerückt. Moskau bedeutete Inspektion des Wagens durch die dortige Protos-Niederlassung, Zivilisation, gutes Essen, ein weißes Bett... Während der Fahrt in die russische Hauptstadt stießen die Deutschen in Kasan auf den Thomas Flyer, der wegen eines Zahnradbruchs zwei Tage in einer Werkstatt bleiben mußte. Das war nun Oberleutnant Koeppens Chance. Vier Tage später erreichten sie Moskau. Die notwendigen Reparaturen wurden über Nacht ausgeführt, und weiter ging es in Richtung Petersburg. Der letzte Streckenabschnitt von Petersburg nach Paris erwies sich als pure Erholung.
Von der deutschen Grenze an entwikkelte sich die Fahrt des Protos zu einem Triumphzug. In Berlin spornte Verleger Ullstein, der – wie man heute sagen würde – den Protos gesponsert hatte, Koeppen und seine Mannschaft noch einmal an und forderte sie auf, für das Vaterland den Lorbeer zu holen. Ganz Paris war auf den Beinen, als der Oberleutnant am 26. Juli 1908 in die Seine-Metropole rollte. Er hatte in 167 Tagen mehr als 21 000 Kilometer zurückgelegt. Koeppen machte vorschriftsmäßig Meldung und hielt sich für den Sieger. Aber es kam ganz anders. Die Jury erkannte dem Thomas Flyer den ersten Platz zu, und dessen Mannschaft konnte den zentnerschweren Pokal, eine riesige Weltkugel, in Empfang nehmen.
Was war nun passiert? Die Amerikaner seien 15 Tage früher in Seattle angekommen als der Protos. Das sei der Grund. Andere Chronisten meldeten, Koeppens Fehler sei gewesen, auf der Seereise nach Wladiwostok Japan ausgelassen zu haben.
Keiner sprach mehr vom italienischen Züst. Während in Paris die Champagnergläser gefüllt wurden, saßen die Italiener immer noch in Omsk fest! Spionageverdacht! Sie hatten ein Grußtelegramm an die Lieben in der Heimat in ihrer Muttersprache abgefaßt und dadurch das Mißtrauen der Behörden geweckt.

GRAND PRIX VON FRANKREICH, LYON 1914 DEUTSCHE GENERALSTABSARBEIT

Einer der glücklichsten Menschen in Lyon am Abend des 4. Juli 1914 war zweifellos Monsieur Herriot, der Bürgermeister der Seidenstadt am Zusammenfluß von Rhône und Saône. Der Grand Prix de l'Automobile Club de France (A.C.F.) war ein überwältigender Erfolg gewesen. Die Organisation hatte hervorragend funktioniert, zudem hatte es während des mehr als siebenstündigen Rennens keinen tödlichen Unfall gegeben, und auch der Abmarsch der 300 000 Zuschauer war reibungslos vonstatten gegangen.

Es war das erste Mal, daß ein französischer Grand Prix so weit südlich veranstaltet worden war. Seit dem Großen Preis von Dieppe im Jahr 1907 hatte der Automobilklub immer den Norden bevorzugt, bis im Rhônetal eine motorsportbegeisterte Volksbewegung energisch forderte, endlich auch in ihrer Region ein Rennen auszurichten.

Lyon konnte dem Veranstalter einen idealen Dreieckskurs zwölf Kilometer südlich der Stadt anbieten. Start sollte bei Les Sept Chemins sein, dort, wo heute die D 42 in die N 86 mündet. Der Kurs verlief dann im Uhrzeigersinn an Givors vorbei in südwestliche Richtung. Hier hatten Bautrupps viel Erdreich abgetragen, um einige Hügel zu durchschneiden, wobei in diesem Streckenverlauf mehrere schwierige Kurven entstanden waren. Bei Châteauneuf ging es wieder nach Norden, wo ein zehn Kilometer langer Hochgeschwindigkeitsabschnitt zu passieren war. Das französische Rennfahrer-As Boillot kündigte an, in diesem Teil eine Geschwindigkeit von 170 km/h zu erreichen. Die Streckenlänge betrug insgesamt 37,631 Kilometer und mußte während des Rennens 20mal umrundet werden, was einer Distanz von genau 752,62 Kilometern entspricht. Meldeschluß für das Rennen war der 31. Dezember 1913. Aber seltsamerweise hatten es viele Firmen nicht besonders eilig, ihre Fahrer und Wagen zu nominieren. Pünktlichkeit legten nur Opel, Sunbeam, Alda und Nazzaro an den Tag. Warum diese Verzögerung? Zeitgenössische Beobachter vermuteten, daß verschiedene Werkteams erst einmal abwarten wollten, um zu sehen, was die Fahrzeuge der Konkurrenz an technischen Neuerungen aufzuweisen hatten, oder auch, daß diese Marken bei den eigenen Renntypen die Entwicklungsphase noch nicht abgeschlossen hatten. Gerüchte gingen um, daß Mercedes mit fünf Wagen antreten würde und daß Fiat nach einjähriger Abstinenz wieder teilnehmen wollte. Von Delage hörte man, es habe zwar viel Zeit gekostet, in eine neue Fabrik umzuziehen, aber man könne dennoch mit der ruhmreichen französischen Marke rechnen. Da die Meldungen nur sehr schleppend eingingen, wurden die Herren des A.C.F. nervös. Aber das änderte sich und schlug schließlich um in Euphorie, als am 31. März 1914 dann doch 41 Wagen auf der Liste standen, unter ihnen viele aus den Werkstätten führender europäischer Hersteller.

Eine Schlacht zwischen Bremsen und Beschleunigung

Das offizielle Training wurde auf den 15. und 17. Juni jeweils zwischen 14.30 und 17 Uhr angesetzt. Die Mitteilung hierzu ging sehr kurzfristig heraus, was vor allem bei vielen ausländischen Bewerbern einigen Ärger auslöste. Die Rennleitung begründete ihre Entscheidung damit, daß es unmöglich sei, die als Rennstrecke vorgesehenen öffentlichen Straßen für mehr als drei Stunden pro Trainingstag zu sperren. Diese Einschränkung benachteiligte hauptsächlich jene Fahrer, die erst in letzter Minute aus Indianapolis zurückgekommen waren und direkt von Paris nach Lyon hetzen mußten, um überhaupt trainieren zu können. Davon betroffen wurden beispielsweise die Renn-Asse Boillot, Goux, Guyot und Duray. Die meisten Teams nahmen zwar am offiziellen Training teil, aber es fehlten unter anderem die Firmen Vauxhall und Nazzaro, deren Fahrer erst am Renntag die Strecke kennenlernen sollten.

Der Pistenbelag bestand größtenteils aus Schotter. Lediglich die Kurven hatte man asphaltiert. Auf der Rückseite der 180 Meter langen Haupttribüne mit 4000 Sitzplätzen war ein riesiger Parkplatz für 3000 Autos gebaut worden. Boxen gab es nicht nur für die Rennwagen, sondern auch für die Firmen Bosch und Whitworth sowie die Reifenhersteller Dunlop, Palmer, Continental, Pirelli, Englebert und Fourchet.

An der Strecke waren die damals üblichen Sicherheitsmaßnahmen getroffen worden. Die Organisatoren hatten Zäune errichtet, die insgesamt 28 Kilometer lang waren. Alle 2000 Meter hatte man Erste-Hilfe-Stationen mit Telefon aufgestellt. Fußgängerbrücken spannten sich an mehreren Stellen über den Kurs, damit die Zuschauer gefahrlos von der einen Seite zur anderen wechseln konnten. 80 Tonnen Kalziumchlorid, die den Staub binden sollten, lagen auf der Strecke. Um die Ordnung aufrechtzuerhalten, waren 2500 Soldaten und Gendarmen in Bereitschaft versetzt worden.

Die technisch interessierten zeitgenössischen Beobachter waren gespannt, ob der Grand Prix von Lyon

schon den »Durchbruch der schnelldrehenden Kurbelwelle« bringen würde, wie damals der englische Journalist H. Massac-Buist in »The Autocar« schrieb. Beim Isle-of-Man-Rennen im selben Jahr war ein Pseudo-Peugeot/Sunbeam gestartet, den der englische Konstrukteur Louis Coatalen »schamlos« (»The Autocar«) aus Peugeot- und Sunbeam-Konstruktionselementen zusammengebaut hatte und – das war zu dieser Zeit eine echte Sensation – dessen Kurbelwelle 3000 U/min. erreichte. Die schnelldrehende Kurbelwelle war beim Grand Prix von Lyon 1914 also »le dernier cri«. Wie hätte man auch ohne sie die für eine gute Plazierung erforderliche Leistung aus den vorgeschriebenen 4,5 Liter Hubraum herausholen können!
In einer Reportage vom 11. Juli 1914 berichtet Massac-Buist über eine weitere technische Neuerung, die ihn stark beeindruckte. Unter der Überschrift »Eine Schlacht zwischen Bremsen und Beschleunigung« informiert er seine Leser darüber, daß vier Werke Rennwagen mit Vierradbremsen an den Start schicken wollten: Peugeot, Delage, Piccard-Pictet und Fiat. Diese Tatsache erklärte der Reporter zum aufsehenerregendsten Ereignis des Renntags überhaupt, obwohl ausgerechnet die Siegerwagen von Mercedes noch konventionell nur mit Hinterradbremsen ausgerüstet waren. H. Massac-Buist rechnete aus, daß zum Beispiel die Peugeot wegen ihrer Vierradbremsen pro Runde eine Minute schneller sein müßten als jene Konkurrenten, die nicht über die neue Technik verfügten, weil die Rennwagen der französischen Firma jede Kurve später anbremsen könnten. Aber die Praxis sah doch anders aus. Boillot berichtete, daß er zwar 50 bis 60 Yards später auf das Pedal trete als Lautenschlager, die Fahrt dabei jedoch so abrupt und radikal verlangsamt werde, daß das Fahrzeug weniger rasch aus der Kurve zu beschleunigen sei als die Schnellsten des Feldes, die Mercedes und Sunbeam. »Wenn der Sunbeam mit dem Bierkönig Kenelm Lee Guinness am Steuer auch mit Vierradbremsen ausgestattet gewesen wäre, dann hätte es für Peugeot und Mercedes nicht gut ausgesehen.«

Generalstabsmäßige Vorbereitungen bei Mercedes

Mr. Massac-Buist registrierte mit typisch englischer Zurückhaltung nicht nur präzise die technischen Innovationen. Ebenso leidenschaftslos kommentierte er die taktischen und strategischen Sandkastenspiele der verschiedenen Rennställe in der Vorbereitungsphase. Vor allem dem Mercedes-Team hat er in die Karten geguckt. Die Arbeit der Ingenieure, Techniker, Mechaniker und Fahrer aus Stuttgart-Untertürkheim beschreibt er in »The Autocar« vom 11. Juli 1914 mit Hilfe eines Begriffs aus dem Militärischen – »Deutsche Generalstabsarbeit«. Wir zitieren mit Vergnügen und mit großem Respekt vor der Diktion des Kollegen aus diesem 68 Jahre alten Dokument: »Auch Deutschland meldete für diesen Grand Prix, eingedenk aller Nachteile und mit dem zusätzlichen Handikap, keine Wettbewerbserfahrungen mit diesen hochdrehenden Motoren zu haben. Zwar war Mercedes in Le Mans im vergangenen Jahr vertreten, mußte aber eine Niederlage hinnehmen. Da sie damals jedoch nicht im Rampenlicht standen, hat keiner davon Notiz genommen. Wenn man die Deutschen auf diese Niederlage ansprach, antworteten sie: ›Wir haben daraus gelernt. Wir empfehlen Ihnen, uns beim Grand Prix im nächsten Jahr auf die Finger zu schauen . . .‹
Wenn wir auf die kontinuierlichen Rennerfolge der Franzosen zu sprechen kamen, so waren die Deutschen mit uns der Meinung, daß diese zum großen Teil auf die richtige Strategie zurückzuführen waren. Die Deutschen wollten die Franzosen mit ihrer Generalstabsarbeit nun noch übertreffen. ›Wir werden ein Blatt aus dem französischen Buch herausreißen und sie mit ihren eigenen Waffen schlagen!‹ Daß übrigens jeder andere Rennwagenhersteller der Welt das gleiche tun könnte, hat den ›teutonischen Gleichmut‹ nicht im geringsten beeinträchtigt. Sie wußten, daß sie im Spiel von Geduld und Durchsetzungsvermögen die Weltmeister waren. Innerhalb der Werteskala der Nationen sind die Deutschen, was Brillanz anbetrifft, sicherlich nicht ganz oben. Aber sie sind Spitze, wenn es darum geht, Strapazen auf sich zu nehmen, um alles gründlich zu machen, und dies mit einer schier unbegrenzten Beharrlichkeit.
Etwa drei Monate vor dem Rennen trafen auf dem Rennkurs von Lyon sieben stark motorisierte Mercedes-Wagen ein, Tourenwagen mit einer Höchstgeschwindigkeit von 140 km/h, begleitet von sieben Fahrern und ebenso vielen Mechanikern. Jeden Morgen um fünf Uhr wurde mittels einer Trillerpfeife geweckt. Die Fahrer sprangen aus ihren Betten und fanden ihre Trainingswagen startfertig vor, vor denen sich die Mechaniker wie Soldaten aufgestellt hatten. Bis um elf Uhr trainierten sie auf jenen Straßen, die im Juli 1914 den Kurs bilden würden. An das Mittagessen schloß sich eine Ruhepause bis zwei Uhr an. Dann ging's wieder auf die Piste bis sieben Uhr abends. Nach dem Abendessen wurde sehr bald zum Zapfenstreich geblasen.
So lief es 14 Tage lang. Der geneigte Leser kann sich selber ausrechnen, wie viele Tausende von Meilen auf diese Weise von den deutschen Testfahrern zurückgelegt wurden.
Dann ging's zurück ins Vaterland, wo die für den Grand Prix vorgesehenen Rennwagen auf die Fahrer warteten. Alle Erfahrungen, die man bei den Testfahrten bei Lyon gemacht hatte, wurden bei der Endmontage der Rennwagen berücksichtigt. Dann ka-

men sie wieder nach Frankreich! Dieses Mal stellte man fest, daß die Wagen für die Kurven der Rennstrecke zu lang waren! Zurück also ins Vaterland, um den Achsabstand zu verkürzen. Wenn die Deutschen ›gewinnen‹ sagen, dann meinen sie auch ›gewinnen‹, und es war für sie selbstverständlich, daß solche Anstrengungen auch vom Erfolg gekrönt sein sollten. Ähnlich wie Peugeot arbeiteten sie bis zur letzten Minute an ihren Wagen. Die deutschen Fahrer kannten den Kurs schon so gut, daß sie auf das offizielle Training kaum angewiesen waren.«

Rennwagen sind eben keine Pferde

So sehr dem Chronisten aus England die »German Generalship« imponiert hatte, so sehr irritierte ihn, wie ausgelassen die Franzosen ihren Grand Prix 1914 feierten – wie einen neuen Sturm auf die Bastille, wie ein Fest zu Ehren von Bacchus, dem Gott des Weines: »Einigen der französischen Bauern schien das heiße Wetter und der Wein nicht bekommen zu sein, denn sie wurden während des Trainings der ausländischen Rennwagen zu einem Sicherheitsrisiko ersten Ranges!« Was war geschehen? Anrainer der Rennstrecke, vornehmlich Bauern, die noch nie in ihrem Leben Rennautos gesehen hatten und die durch Wein wohl ein wenig zu sehr aufgemuntert waren, wagten ein gefährliches Spiel: Sie stellten sich auf die Rennstrecke, drohten den ausländischen Fahrern mit der Faust und glaubten, sie wie durchgehende Pferde abfangen zu können – das hatten sie ja gelernt. Weil während des Trainings die Strecke noch nicht abgesperrt war, herrschte bei den Fahrern sehr bald große Panik. »Da sind Bauern auf der Strecke!« meldeten sie an den Boxen. Je nach Temperament und Erziehung reagierten sie auf die angetrunkenen Störenfriede. Die Briten stiegen wie wild auf das Bremspedal, um Schlimmes zu verhüten – ohne Rücksicht auf Reifen und Beläge, was die Bauern nur noch ermutigte. Die Italiener dagegen kannten kein Pardon, und die Kamikaze-Bauern erlebten ihr blaues Wunder. Sie dachten nämlich gar nicht daran, vom Gas zu gehen. Vielmehr streckten die Beifahrer ihre Arme so weit heraus, daß die Franzosen sich beim Vorbeifahren gewaltige Ohrfeigen einhandelten und mit einem Doppelsalto im Straßengraben landeten, wo sie erst langsam wieder zu sich kamen!

Plastisch geriet dem Reporter die Schilderung des Savoir vivre, wie es das Umfeld des Rennens prägte. Offenbar wollte er seinen britischen Landsleuten den Mund wäßrig machen, denn wo gab es in England Wein trinkende Bauern!? Und hatte man es schon einmal erlebt, daß sich in Ascot oder Epsom »gemeines Volk« unter die Upper class mischte, wie das in Lyon doch der Fall war – oder daß gar die Nacht durchgefeiert wurde? So muß den Briten der Bericht über die Stunden vor dem Rennen vorgekommen sein, als würden die letzten Tage von Sodom und Gomorrha beschrieben: »Angenommen, Sie würden in Lyon leben und auch unter der Hitze gelitten haben – dann hätten Sie auch den Regen begrüßt, der am Abend vor dem Rennen niederging und für uns eine Wohltat war. Abgesehen davon, daß dieser Regen das Risiko der Reifenpannen auf ein Minimum beschränkte. Die Eindrücke an diesem Abend müssen für die Bürger dieser wohl provinziellsten aller französischen Großstädte überwältigend gewesen sein. Sie promenierten auf den Straßen mit vor Erstaunen aufgerissenen Augen – so, als ob sie all das um sie herum noch nie gesehen hätten. Wahrscheinlich waren sie überwältigt von dem für sie ganz neuen Spektakel, das die Tourenwagen aus allen Teilen Europas vorführten. Mit Karosserien, die eigens für den Zweck entworfen zu sein schienen, den Fahrzeuginsassen so wenig wie möglich Komfort zu bieten. Und dann die ungedämpften Auspuffanlagen! Die Mehrheit der Besucher, die per Auto anreisten, kam vom Straßendreck verschmutzt zum Abendessen. Man saß in den Cafés bis ein oder zwei Uhr nachts und fuhr danach in Richtung Rennstrecke, um die reservierten Standorte aufzusuchen. Daß man bis zu diesem Zeitpunkt nicht zum Schlafen gekommen war, hatte die skurrilsten Folgen: Während des Rennens sah man entlang der Strecke Hunderte von Besuchern, die den Schlaf des Gerechten schliefen und sich auch nicht durch die vorbeiknatternden Rennwagen aufwecken ließen...«

Der Chauvinismus wird angeheizt

Für Mr. H. Massac-Buist war es leicht, sich nicht vom Grand-Prix-Fieber anstecken zu lassen, weil England in diesem prestigeträchtigen, von Franzosen erfundenen Rennzirkus bis dahin noch nie eine Rolle gespielt hatte, und die Briten es auch nicht begreifen konnten, daß diese Wettbewerbe so chauvinistisch aufgeladen waren. Frankreich hütete seine Urheberschaft am Grand Prix wie ein Nationalheiligtum. Seit dem ersten Großen Preis, der 1906 in Le Mans gestartet worden war, hatte es erkannt, daß man mit solch einem Spektakel nicht nur wirksam für die eigene Automobilindustrie werben, sondern auch aufgestaute nationale Komplexe und Ressentiments abreagieren konnte. Obendrein war ein Grand Prix eine herrliche Volksbelustigung. Panem et circenses! Und wenn dann noch – wie 1914 – der ab 1870/71 als »Erbfeind« gepflegte Nachbar von jenseits des Rheins mit seinen Rennwagen der am meisten zu fürchtende Gegner zu sein schien, dann war das die ideale Situation.

Zu der Zeit, als das große Ereignis vorbereitet wurde, war das politische Klima in Europa schon äußerst gespannt und das Wettrüsten der Großmächte längst in Gang gekommen. Von einer »Macht der Massenmedien« konnte zwar noch keine Rede sein, aber Telegraf und Telefon wurden bereits so perfekt eingesetzt, daß die Stimmung – auch jenseits des Atlantik – bis zum Start bedenklich angeheizt war. Um einen Satz von Clausewitz abzuwandeln: Grand-Prix-Rennen als Fortsetzung der Politik mit anderen Mitteln! Die Journalisten auf beiden Seiten des Rheins griffen äußerst tief in die nationalistische Schmutzkiste. Rennvorbereitung und -verlauf wurden zwar – wie wir sehen werden – pedantisch genau und kenntnisreich analysiert, aber auf eine so martialische und bramarbasierende Weise, daß man noch heute erschrickt. Es war dies die große Stunde der Säbelraßler und des Stechschritt-Journalismus. Aus dokumentarischen und historischen Gründen möchten wir dem Leser nicht vorenthalten, wie der Grand Prix 1914 in der »Automobil-Welt/Flug-Welt. Illustrierte Zeitschrift für die Gesamtinteressen des Automobil- und Flugwesens«, Ausgabe Sonntag, 12. Juli 1914, dargestellt und kommentiert wurde. Die Überschrift lautet: »Der Kampf um den Grand Prix des A.C.F. am 4. Juli 1914«.

»Drei deutsche Wagen in Front, dieses unerwartete Ereignis hat den Franzosen schon einmal drei volle Jahre die Freude an ihrem Grand Prix verdorben, leider möchte man sagen: denn der Grand Prix des A.C.F. wird wohl stets die praktische Weltmeisterschaft des Automobilismus bedeuten, und fällt er aus, dann fehlt dem betreffenden Jahr unstreitig der sportliche Clou. Damals, im Jahre 1908, war es ebenfalls der Name Lautenschlager, der in aller Munde lag als der des Grand-Prix-Siegers; aber der zweite und dritte Platz gehörten der Firma Benz, für die Héméry und Henriot ein glänzendes Rennen gefahren und erst den vierten Platz der französischen Firma Clément-Bayard gelassen hatten. Den nach dreijähriger Pause wiederaufgenommenen Grand-Prix-Veranstaltungen 1912 und 1913 war Mercedes ferngeblieben und überließ es der Marke Peugeot, den übrigen französischen Firmen ihre glänzende Überlegenheit zu beweisen. Von Jahr zu Jahr aber reifte bei den Daimler-Werken immer mehr der Entschluß, doch wieder einmal ein entscheidendes Wort in diesem größten Rennen Europas mitzureden, und in diesem Jahr wurde dieses Vorhaben in einer Weise in die Tat umgesetzt, die den Grand-Prix-Sieg zum glänzendsten aller bisherigen werden ließ. Diesmal waren es nicht nur drei deutsche Wagen, sondern sogar drei deutsche Wagen der gleichen Firma, die in einwandfreiem, durch keinerlei Zwischenfälle oder Schiebungen getrübtem Kampfe die drei ersten Plätze nach heißem, ehrlichem Ringen an sich rissen.

Die Abnahme der Wagen erfolgte am Freitag, 3. Juli, bei teilweise sehr starkem Regen, der aber der Rennstrecke bei ihrer vorzüglichen Beschaffenheit eher nützte als schadete. Die ganze Nacht hindurch hatten Extrazüge aus allen Richtungen Frankreichs und des Auslands unzählige Neugierige nach Lyon gebracht; Straßenbahnen, Autobusse und alle erdenklichen modernen und altmodischen Verkehrsmittel mußten mithelfen, den ganz enormen Zudrang zu bewältigen. Die Zahl der zum Grand Prix in Lyon angesammelten Automobile schätzt man auf weit über 25 000, mindestens 10 000 Ausländer allein waren nach der Rhônestadt gekommen; teilweise mußte man die Nacht auf der Straße verbringen, weil alle Hotels und Gasthäuser, ja selbst die kleinsten Privatlogis bis unter das Dach hinauf überfüllt waren. In der Umgebung kostete das einfachste Zimmer den respektablen Betrag von 50 bis 100 Frcs., in Lyon waren die Lebensmittelpreise ganz erstaunlich in die Höhe geschnellt. Die Kontrolle an der Waage ging rasch und ohne jeden Zwischenfall vor sich, sie beschränkte sich, da alle anderen Prüfungen schon zuvor in den Fabriken vorgenommen waren, lediglich auf die Nachprüfung des Gewichtes, für das bekanntlich der Höchstbetrag von 1100 Kilogramm festgesetzt worden war bei einem Zylindervolumen von 4,5 Litern.

Der Start der drei Nazzaro-Wagen stand bis kurz vor dem Rennen in Frage, weil sich die Kolben festgebrannt hatten. Es wäre vielleicht auch besser gewesen, wenn Nazzaro unter solchen Umständen ferngeblieben wäre; keiner der Wagen hielt das Rennen durch.

Ein imposantes Starterfeld

Am 4. Juli morgens erstrahlte ein tiefblauer, echt südfranzösischer Himmel über der reizvollen Umgebung Lyons; man sah einen heißen Tag voraus, und die auf alle erreichbaren und nur einigermaßen lohnenden Punkte des Rundweges hinausströmenden Zuschauer freuten sich, von seiten der Witterung eine Störung ihres Genusses nicht befürchten zu müssen. Auf allen Abhängen, Bäumen, Hügeln und Häusern, die einen Überblick, wenn auch nur einen kleinen, über Teile der Rennstrecke gestatteten, wimmelte es schwarz von Menschen. Unternehmende Amerikaner hatten sogar in einer scharfen Kurve in Sept Chemins auf einem dreistöckigen Hause für je 150 Frcs. Plätze auf einer provisorischen Tribüne erstanden, von der aus man eine der gefährlichsten Stellen gemächlich aus der Vogelschau überblicken konnte. Um acht Uhr morgens (nach Pariser Zeit), nach unserer Rechnung also eigentlich um neun Uhr, wurden pünktlich die beiden ersten Konkurrenten auf den Weg geschickt. Der Start wickelte sich bei der neuen Anordnung, immer zwei Teilnehmer zugleich in Abständen von je 30 Sekunden zu entlassen, in etwa zehn Minuten sehr rasch ab. Ein

Bombenschlag gab das Zeichen zur Abfahrt. Die tatsächliche Startfolge der entlassenen 37 Wagen war:

1 Szisz (Alda)	8:00.00
2 Jörns (Opel)	8:00.00
3 Elskamp (Nagant)	8:00.30
4 Hancock (Vauxhall)	8:00.30
5 Boillot (Peugeot)	8:01.00
6 Champoiseau (Schneider)	8:01.00
7 ??? (Caesar)	nicht gestartet
8 Nazzaro (Nazzaro)	8:01.30
9 Bablot (Delage)	8:02.00
10 Chassagne (Sunbeam)	8:02.00
11 Tournier (Piccard-Pictet)	8:02.30
12 Beria d'Argentina (Aquila-Italiana)	nicht gestartet
13 Cagno (Fiat)	8:03.00
14 Sailer (Mercedes)	8:03.00
15 Pietro (Alda)	8:03.30
16 Erndtmann (Opel)	8:03.30
17 Esser (Nagant)	8:04.00
18 De Palma (Vauxhall)	8:04.00
19 Goux (Peugeot)	8:04.30
20 Gabriel (Schneider)	8:04.30
21 ???(Caesar)	nicht gestartet
22 Porporato (Nazzaro)	8:05.00
23 Guyot (Delage)	8:05.30
24 Resta (Sunbeam)	8:05.30
25 Clarke (Piccard-Pictet)	8:06.00
26 Costantini (Aquila-Italiana)	8:06.00
27 Fagnano (Fiat)	8:06.30
28 Lautenschlager (Mercedes)	8:06.30
29 Tabuteau (Alda)	8:07.00
30 Breckheimer (Opel)	8:07.00
31 Watson (Vauxhall)	8:07.30
32 Rigal (Peugeot)	8:07.30
33 Juvanon (Schneider)	8:08.00
34 De Moraes (Nazzaro)	8:08.00
35 Duray (Delage)	8:08.30
36 Lee Guinness (Sunbeam)	8:08.30
37 ??? (Aquila-Italiana)	nicht gestartet
38 Scales (Fiat)	8:09.00
39 Salzer (Mercedes)	8:09.30
40 Wagner (Mercedes)	8:09.30
41 Pilette (Mercedes)	8:10.00

Beim Studium der Starterlisten entdeckt man einige Marken, die seit Jahrzehnten verschwunden sind, so auf den Plätzen 1, 15 und 29 Wagen der Firma Alda. Das waren Konstruktionen des französischen Rennfahrers Fernand Charron, eines Pioniers des Automobilrennsports. 1897 war er vom Rennrad auf einen Panhard umgestiegen. Vier Jahre später hatte er sich mit den französischen Fahrern Girardot und Voigt zusammengetan, um die Marke C.G.V. zu gründen. Auf Startposition 3 und 17 standen zwei Nagant, Wagen einer belgischen Firma, die von 1900 bis 1928 sehr robuste Autos baute. Schon vor dem Ersten Weltkrieg hatten ihre Sportwagen zwei obenliegende Nockenwellen besessen. Auf den Plätzen 6, 20 und 33 entdecken wir den Namen Schneider. Théophile Schneider hatte zwischen 1910 und 1931, nachdem er aus der Firma Rochet-Schneider ausgeschieden war, leichte Sport- sowie solide Tourenwagen gebaut. Auf Startposition 8, 22 und 34 standen die Nazzaro, die ihre Typenbezeichnung dem berühmten italienischen Rennfahrer Felice Nazzaro verdanken, der sich 1912 entschlossen hatte, selber Rennwagen zu bauen. Die Schweiz war auf den Positionen 11 und 25 mit zwei Piccard-Pictet vertreten, während die Aquila-Italiana auf 12 und 26 von dem italienischen Ingenieur G. C. Cappa (später Fiat und Itala) konzipiert worden waren. Es handelte sich um sehr fortschrittlich konstruierte Fahrzeuge, bei deren Herstellung viel Aluminium verwendet worden war und die bereits kugelgelagerte Kurbelwellen aufwiesen.

Der A.C.F. hatte guten Grund, stolz auf dieses große Starterfeld zu sein, denn zwölf Jahre später, beim französischen Grand Prix in Miramas, waren nur drei Bugatti am Start.

Aber überlassen wir wieder der »Automobil-Welt/Flug-Welt« das Wort: »Kaum waren die letzten Renner vom Start und aus dem Gesichtskreis verschwunden, so bemächtigte sich das richtige Rennfieber des Zuschauerpublikums. Da die Runde nur 37,6 Kilometer maß, so konnte man die Fahrer in sehr kurzen Zeitabständen wieder innerhalb des Gesichtsfeldes erwarten. Alle Augen und Ferngläser waren nach der Höhe hinaufgerichtet, auf der man in Serpentinen etwa drei Kilometer lang die Chaussee zu den sehr vorteilhaft gelegenen Tribünen hinabsteigen sah. Diese große Übersichtlichkeit trug viel zur Erhöhung der allgemeinen Spannung und damit zum gesamten Erfolg der Veranstaltung bei. Als erster brachte Szisz auf Alda die erste Runde hinter sich; aber die beste Zeit hatte ein Deutscher, Sailer auf Mercedes. Und als dieser seine Bestzeit auch während der folgenden vier Runden behauptete, da konnte man nicht mehr darüber im Zweifel sein, daß die Mercedes-Wagen nicht nur überaus regelmäßig waren, was im Ernst niemand auf gegnerischer Seite bezweifelt hatte, sondern auch sehr, sehr schnell. Hier schon hob sich die später siegende Marke in glänzendem Stil vom übrigen Felde ab.«

Aus dem Klassement nach der fünften Runde – es waren 188,155 Kilometer zurückgelegt – entnehmen wir die Positionen der deutschen Fahrer sowie die des Favoriten Georges Boillot: 1. Sailer (Mercedes) 1:43:16; 2. Boillot (Peugeot) 1:46:00; 4. Lautenschlager (Mercedes) 1:46:57; 8. Wagner (Mercedes) 1:50:24; 11. Salzer (Mercedes) 1:51:43; 19. Breckheimer (Opel) 2:01:52; 25. Erndtmann (Opel) 2:14:03; 26. Joerns (Opel) 2:17:34. Nun begann sich allmählich die Spreu vom Weizen zu trennen, was sich bei unserem zeitgenössischen Chronisten wie folgt liest: »Sailer hatte also in fünf Runden zu 188,155 Kilometer 1:43:16 gebraucht, Boillot auf Peugeot als nächstbester französischer Fahrer 1:46:00. Da brach lauter Jubel bei den Franzosen los, als nach der fünften Runde Sailer auf einer Wiese ins Gleiten kam und bedauerlicherweise ausscheiden mußte. Unter dem frenetischen Beifall seiner Landsleute hatte dadurch

Boillot in der donnernden, ratternden und qualmenden Meute von dahinflitzenden Rennungetümen die Spitze genommen, aber nicht ohne hart auf den Fersen verfolgt zu werden von Gegnern, gegen die es kein Abschütteln gab. Waren vorher die übrigen Mercedes-Wagen noch vorsichtig zurückgeblieben, so gab jetzt zuerst Lautenschlager (16) die Reserve auf und steuerte seinen nur um 30 Sekunden zurückliegenden Wagen immer näher an den Franzosen heran, der in der achten Runde seinen Vorsprung auf 52 Sekunden erhöht hatte. Der zweite Peugeot-Favorit Goux lag mit den beiden Mercedes-Leuten Wagner und Salzer 1 Minute und 44 Sekunden zurück.

Bald begannen die aufregenden Schauspiele des Anhaltens einzelner Teilnehmer vor den Tribünen, um Reifen zu wechseln (28), Brennstoff und Wasser einzunehmen oder kleine erlaubte Ausbesserungen zu erledigen. Nichts kann die Nerven der Zuschauer mehr aufpeitschen als der Anblick dieser schweißtriefenden, vor Aufregung glühenden Menschen, die gehetzt und gejagt in einem Rennen, in dem Sekunden alles bedeuten können, anhalten müssen und fieberhaft laut Vorschrift selbst und eigenhändig, nur vom Mechaniker unterstützt, an ihrem Wagen herumhantieren und dabei trotz aller Windeseile und nervöser Hast doch alle einzelnen Handgriffe mit größter Sorgfalt vornehmen müssen, weil an einer Schraube, einem Splint, einer Nabe das Leben hängen kann, weil vielleicht schon in den nächsten Sekunden das geringste Versehen den sicheren Tod bedeuten würde. Mit der Stoppuhr wurde nachgemessen, welche Zeiten die einzelnen Fahrer zu ihren Arbeiten benötigten.

So wechselte zum Beispiel Boillot zwei Pneumatiks in der phänomenalen Zeit von nur 54 Sekunden, während zum Beispiel Lautenschlager dazu 1 Minute und 4 Sekunden benötigte. Was die französische Mannschaft flinker war, das war die deutsche dafür wieder um so disziplinierter. Die Mercedes-Wagen wechselten ihre Bereifung übrigens nur einmal, und da nur aus Vorsicht, ohne daß die Pneumatiks durchgefahren wären, lediglich aus dem eben erwähnten Disziplingefühl heraus und weil es so in Ordnung war.«

Ein großer Zweikampf beginnt

Nach der zehnten Runde wurde klar, daß sich der Kampf um den Sieg nur noch zwischen Peugeot und Mercedes abspielen würde. Es waren jetzt nur noch 23 Wagen im Rennen, die mit einer Durchschnittsgeschwindigkeit von 107 km/h über die Strecke jagten. Boillot konnte in den Runden 12, 13 und 14 seinen Vorsprung verteidigen, und noch in der 15. Runde stand das Rennen für Peugeot sehr aussichtsreich. Mit der 16. Runde hob sich der Vorhang zum Schlußakt: »Der Riesenkampf zwischen Boillot und Lautenschlager wurde immer aufregender, immer hitziger; man fühlte, daß nun jeder der beiden Kämpen allmählich sein Bestes, sein Allerletztes hergab und einsetzte. Was der Deutsche dem Franzosen gegenüber während der Fahrt einholte, das verlor er wieder beim Halt; das Publikum zeigte sich immer leidenschaftlicher, Hüteschwenken, Zurufe, Tosen auf den Tribünen und an den von Zuschauern dicht umdrängten Kurvenstellen stachelten den Ehrgeiz der Fahrer zum Äußersten, man fühlte, wie gern die Franzosen ihren Landsmann hätten siegen sehen. Die Art, wie Boillot sich wehrte, die blendende Fahrkunst, die er so lange bewies, sicherten ihm die vollste und rückhaltslose Anerkennung jedes Fachmannes, er zeigte wirklich in jedem Nerv allererste Klasse. In der 17. Runde hatte er nurmehr 17 Sekunden Vorsprung. Die 18. Runde endlich kostete ihm die so lange verteidigte und bis dahin glänzend gehaltene Spitze im Rennen. Die französischen Zuschauer konnten in dem Moment, als Lautenschlager in höllischem Tempo sich an die Tete setzte, ihre nur begreifliche Enttäuschung doch nicht ganz verbergen, obwohl es, anderslautenden Zeitungsnotizen gegenüber, ausdrücklich hervorgehoben werden muß, daß die Franzosen sich sehr gefaßt benahmen und ihre Pflichten als Gastgeber nie auch nur im leisesten, auch in der höchsten sportlichen Aufregung nicht, verletzten.

Die letzte Runde setzte dann Boillot durch einen Maschinendefekt, man sprach von einem Sprung des einen Zylinders, gänzlich außer Gefecht. Vor den auf die vierte Stelle rückenden Goux setzten sich die beiden Mercedes-Leute Wagner und Salzer; nichts konnte mehr den Ausgang des Rennens ändern; wie ein einziger weißer Blitz zogen die drei siegreichen Mercedes in der letzten Runde an den Tribünen vorbei, erst in weitem Abstand gefolgt vom blauen Peugeot Goux'. Gesamtklassifizierung: zwanzig Runden (752,620 km).

1. Lautenschlager (Mercedes)	7:08:18
2. Wagner (Mercedes)	7:09:54
3. Salzer (Mercedes)	7:13:15
4. Goux (Peugeot)	7:14:47
5. Resta (Sunbeam)	7:29:17
6. Esser (Nagant)	7:40:28
7. Rigal (Peugeot)	7:44:28
8. Duray (Delage)	7:51:32
9. Champoiseau (Schneider)	8:06:51
10. Joerns (Opel)	8:17:09

So war denn der Grand Prix zum zweiten Male an die deutsche Weltmarke Mercedes gefallen, und zwar in einer Form, die in der Geschichte der Automobilrennen sich wohl schwerlich so bald wiederholen dürfte. Drei Wagen der gleichen Marke belegten die drei ersten Plätze. Die Taktik der Mercedes-Leute hatte ebenso gesiegt wie ihre erstklassigen und allen übrigen Konkurrenten unstreitig weit überlegenen Motoren. Für die unerschütterliche Ruhe und

eiserne Selbstdisziplin des Siegers Lautenschlager ist nichts typischer wie seine wiederholt in unverfälschtem Schwabendialekt geäußerte Anschauung: ›De erschten Runden muaß ma langsam fahre, bisch sich der Motor eing'laufe hat.‹ Diesem Grundsatz blieb er auch im hitzigsten Renntumult treu, ihm hat er wohl auch nach der vorzüglichen Klasse seines Motors seinen Sieg am meisten zu verdanken (66).
Interessant ist eine Gegenüberstellung von teilnehmenden und angekommenen Wagen, nach Nationen geordnet. Es ergibt sich:

	Teilnehmer	davon angekommen	oder in Prozent
Frankreich	12	4	33,3
Deutschland	8	4	50
Italien	7	1	14,2
England	6	1	16,6
Belgien	2	1	50
Schweiz	2	0	0

Im ganzen trafen von 37 gestarteten Wagen nur elf am Ziel ein... Dabei muß man bedenken, daß an Maschinen und Menschenmaterial nur das Auserlesenste am Start erschien; wenn dann trotzdem noch eine solche Sichtung erfolgte, dann wird man gerne zugeben, daß der Grand Prix des Jahres 1914 der schwerste von allen war, die bisher zum Austrag kamen... Wenn wir also von den glänzenden Siegesfeiern in Stuttgart lesen, wenn wir hören, mit welch frenetischem Jubel die Mercedes-Mannschaft von der Stuttgarter Bevölkerung bei ihrer Rückkehr empfangen und von den feiernden Arbeitern im Triumphzug nach den Untertürkheimer Werken (29) geleitet wurde, so ist das nur ein wohlverdienter Lohn für die mit so unendlich viel Fleiß, Mühe und Gefahr für die vaterländische Industrie eingeheimsten Lorbeeren. Wie sich die Franzosen mit ihrer Niederlage abfanden, haben wir an anderer Stelle des näheren ausgeführt.«

Auch Seine Majestät zeigen sich höchst beglückt

Wir wollen uns hier für einen Moment ausschalten und zwischendurch ein wenig in der Jubiläumsschrift der Daimler-Motorengesellschaft blättern, die anläßlich des Grand Prix 1914 herausgegeben wurde. Da kommt der Redakteur mit vor Stolz geschwellter Brust pathetisch zur Sache und schreibt: »Es war ein prachtvoller Sieg – aber kein leichter. Die einzelnen Fabriken hatten ihre ganze Kraft darauf verwendet, hatten Rennwagen gebaut, auf die das Sprüchlein vom ›letzten Wort der Technik‹ in vollem Umfang zutraf. Die Rennstrecke kennzeichnete sich durch starke Steigungen und Gefälle und durch viele scharfe Kurven (M. Saulin, der Generalkommissar der Grand Prix, hatte sie ›die Strecke der hundert Kurven‹ genannt; andere sprachen von einem Rutschbahncharakter des Rennweges). Für die Leitung der Mercedes-Werke ergab sich in Anbetracht der hohen Bedeutung des Grand Prix die Notwendigkeit, neben den technischen auch den organisatorischen Fragen das Augenmerk zuzuwenden... Die Möglichkeit, fünf konkurrenzreife Rennwagen bauen zu können, ohne die sonstige Fabrikation empfindlich zu stören, war gegeben... Die Rennwagen hatten sämtlich Vierzylindermotoren mit 93 mm Bohrung und 165 mm Hub, vier Ventile für jeden Zylinder, Kühlwasserpumpe, Bienenkorbkühler, Mercedes-Vergaser, Druckschmierung, vier Geschwindigkeiten, Cardan und Boschmagnetzündung sowie Rudgeräder mit glatten Reifen. Das Leergewicht betrug 900 Kilogramm, die beste Motorleistung war bei 2800 Umdrehungen... Die Mercedes-Leute fuhren nach einem wohldurchdachten Plan. Ingenieur Sailer hatte die nicht sehr dankbare, aber um so wichtigere Rolle übernommen, die Konkurrenz zu Tode zu hetzen. Und so legte er gleich ein Tempo vor, dem das Feld kaum zu folgen vermochte. Er fuhr die schnellste aller Runden (20 Minuten 06 Sekunden). Die anderen mußten, ob sie wollten oder nicht, mittun, auch auf die Gefahr hin, ausgepumpt zu werden. Ein Fieber hatte sich aller bemächtigt. Das Rennen tobte weiter. Nach Beendigung der fünfzehnten Runde ist der Franzose immer noch erster. Hinter ihm drein jagen Lautenschlager, Wagner, Goux und Salzer. Das Tempo scheint sich noch zu steigern. Die Erregung wirkt wie eine erdrosselnde Hand. In der zwanzigsten Runde wird Boillot von seinem Schicksal erreicht: in der Nähe von Givors muß er aufgeben und das Feld den anderen überlassen, den Deutschen, den Feinden.«
Zugegeben – starker Tobak! Nationalistisch verbrämte Public-Relations-Sprüche, vor dem gegebenen politischen Hintergrund erklärlich, denn es war ein Wetterleuchten überall an Europas militärischen Sollbruchstellen. Es fehlte nur der Funke am Pulverfaß. So verwundert es nicht weiter, daß die Begrüßungsworte des Daimler-Direktors Berg, die er an die Fahrer richtete, wie ein Tagesbefehl klangen: »Ihr zoget aus zu einem heißen Kampf, ausgerüstet mit bewährten Waffen, und habt damit einen großen Sieg errungen und neue Lorbeeren für die Daimler-Motorengesellschaft heimgebracht.«
Wie aus Kreisen des kaiserlichen Hofes verlautete, sollen sich auch Seine Majestät der Kaiser ganz kolossal gefreut haben. Er ließ ein Telegramm schicken: »Seine Majestät der Kaiser, hocherfreut von dem großen Erfolg der Mercedes-Wagen und ihrer Führer, lassen ihre besten Glückwünsche übermitteln.«
War nun ganz Frankreich außer Fassung geraten wegen dieser »nationalen Schande«? Keineswegs, wie »Automobil-Welt/Flug-Welt« am 12. Juli

1914 zu berichten wußte: »Sehr anerkennend äußern sich französische Blätter über die imponierende Disziplin der siegenden deutschen Mannschaft; dieser strammen Manneszucht hätte sie zum großen Teil den Erfolg zu danken. Die ganze Organisation der Firma Mercedes vor und im Grand Prix wäre geradezu bis ins kleinste hinein mustergültig, die Fahrer hätten die Rennstrecke bis zum kleinsten Stein gekannt, und auch die Konstrukteure der Motoren hätten die Anforderungen der gegebenen Wegeverhältnisse in genialer Weise studiert und bei ihrem Maschinenentwurf berücksichtigt. Gleich große Anerkennung wird der Taktik und dem zielbewußten, geschlossenen Handeln der Mercedes-Mannschaft gezollt. Und in diesem Gedankengang kommt dann die französische Presse zu dem Vorwurf gegen die einheimische Industrie, daß diese die ›Macht der Zahl‹ nicht richtig eingeschätzt und darum nirgends fünf Wagen desselben Fabrikates gestellt habe.«
Ein weiterer nicht zu unterschätzender Schwachpunkt der französischen Wagen ist zweifellos ihre Bereifung gewesen, was von der französischen Presse auch kritisiert wurde. »Automobil-Welt/Flug-Welt« läßt sich darüber aus: »Sehr imponierte es den Franzosen anscheinend, daß die Mercedes-Mannschaft ihre Reifen wechselte, ohne durch einen eigentlichen Defekt dazu gezwungen zu sein, lediglich deshalb, weil es bei derartigen schwierigen Fahrten vorsichtshalber einmal so üblich ist. Der heißblütige Franzose kann sich eben eine so starre Selbstdisziplin schwer vorstellen. Er fordert viel zu gerne auch im Sport das Glück, den Zufall heraus. Boillot hatte zu Beginn des Rennens zwei Gleitschutzreifen aufmontiert, weil er Regen befürchtete; der dann wiederholt vorgenommene Wechsel kostete ihn sehr kostbare Minuten. Die Mercedes-Wagen benutzten von Beginn an glatte Reifen. Daß der deutsche Sieg völlig einwandfrei errungen ist, wird allseits unbeschränkt anerkannt. ›Aero‹ zum Beispiel schreibt wörtlich: ›Zollen wir diesem Erfolg unsere vollste Anerkennung! Denn es ist tatsächlich die Klasse von Fahrer und Maschine, die das Rennen gewonnen hat. Das war die Seite, nach der sich alle unsere Befürchtungen richteten, die sich nun verwirklicht haben. Der errungene Erfolg aber läßt sich, so hart es auch unserer Eigenliebe fallen mag, in keiner Weise verkleinern, der tatsächlich Beste hat das Rennen gewonnen.‹ Von diesen französischen Presseäußerungen kann man gewiß nicht behaupten, daß sie einseitig, gehässig wären oder allzusehr die eigene Niederlage beschönigten. So niederschmetternd, wie einige deutsche Blätter zu berichten wußten, wirkte übrigens der Ausgang des Grand Prix weder in Paris noch sonstwo. Das war schon deswegen ausgeschlossen, weil die Marke Mercedes bereits längst international, und nicht zuletzt in Frankreich, so beliebt geworden ist, ganz abgesehen davon, daß der immer noch mysteriöse Name ›Mercedes‹ zu einem völlig internationalen Begriff geworden ist.«
Unser deutscher Chronist erboste sich übrigens darüber, daß offensichtlich allzu wenige Journalisten in seinem Land einsehen wollten, daß der Automobilsport eine sehr werbewirksame Angelegenheit ist, ja, daß er sogar den Bereich der Politik berührt. Er weist auf die französischen Zeitungen hin, die auf diesem Feld Vorbildliches geleistet hätten: »Andererseits berührte es sehr eigentümlich, daß die gesamte Tagespresse des im Grand Prix unterlegenen Frankreich viel mehr und viel ausführlicher über das Rennen berichtete als die Tagespresse in Deutschland, dessen Marke doch einen so beispiellosen und wichtigen Sieg errungen hat. Vielfach waren die Notizen über die Veranstaltung nicht wesentlich größer wie ein knapper Bericht über die nächstbeste Sonntagsfahrt eines Clubs. Diese Erscheinung ist bedauerlich und beweist aufs neue, daß man in weiten Kreisen für die wirtschaftliche Bedeutung solcher industrieller Erfolge, die unter Umständen sogar auf das politische Gebiet hinüberspielen können, nicht annähernd die richtige Einschätzung hat. Handelt es sich um ein Pferderennen, so kommen derartige allgemein wirtschaftliche Momente natürlich so gut wie nicht in Betracht, weil es sich um eine reine Luxusveranstaltung, um eine Liebhaberei handelt. Im Automobilrennen aber ringen geistig eigentlich die Konstruktionsingenieure miteinander, zumal in einem so zwischenfallslosen Wettkampf wie im diesjährigen Grand Prix; für die siegenden wie die verlierenden Firmen stehen Millionenwerte auf dem Spiel; außerdem wird man heute stets auch auf die Qualität des militärischen Automobilismus im Lande der Siegerfirma entsprechende Rückschlüsse ziehen.«
Ob sich viele Jünger der schreibenden Zunft diese heftige Kollegenschelte an den Hut gesteckt haben? Seinen deutschen Lesern in der Heimat gab er einige trostreiche Worte mit auf den Weg: »Nirgends aber war, nach allen unseren Informationen und Beobachtungen, von einer Deutschfeindlichkeit etwas zu bemerken, wie sie von gewisser Seite schon wieder da und dort gemeldet worden war. Das sei hiermit nochmals ausdrücklich konstatiert, um bei der Allgemeinheit falsche Auffassungen von der wirklichen Stimmung in Frankreich entsprechend richtigzustellen. So kleinlich ist weder der wirkliche Sportsmann noch der wirkliche Ingenieur; und die so kleinlich sein können, beweisen eben dadurch, daß sie weder richtige Sportsleute noch richtige Ingenieure sind.«
Drei Wochen später, am 3. August 1914, erklärte Deutschland seinem Nachbarland Frankreich den Krieg.

V.C.C.
1898
BENZ
A-220

75

(75) Benz 1893 Vorhergehende Seite: (74) Benz 1898

76

N.A.G. 1912

77

Napier 1907 Folgende Seiten: (78) Bugatti 1912

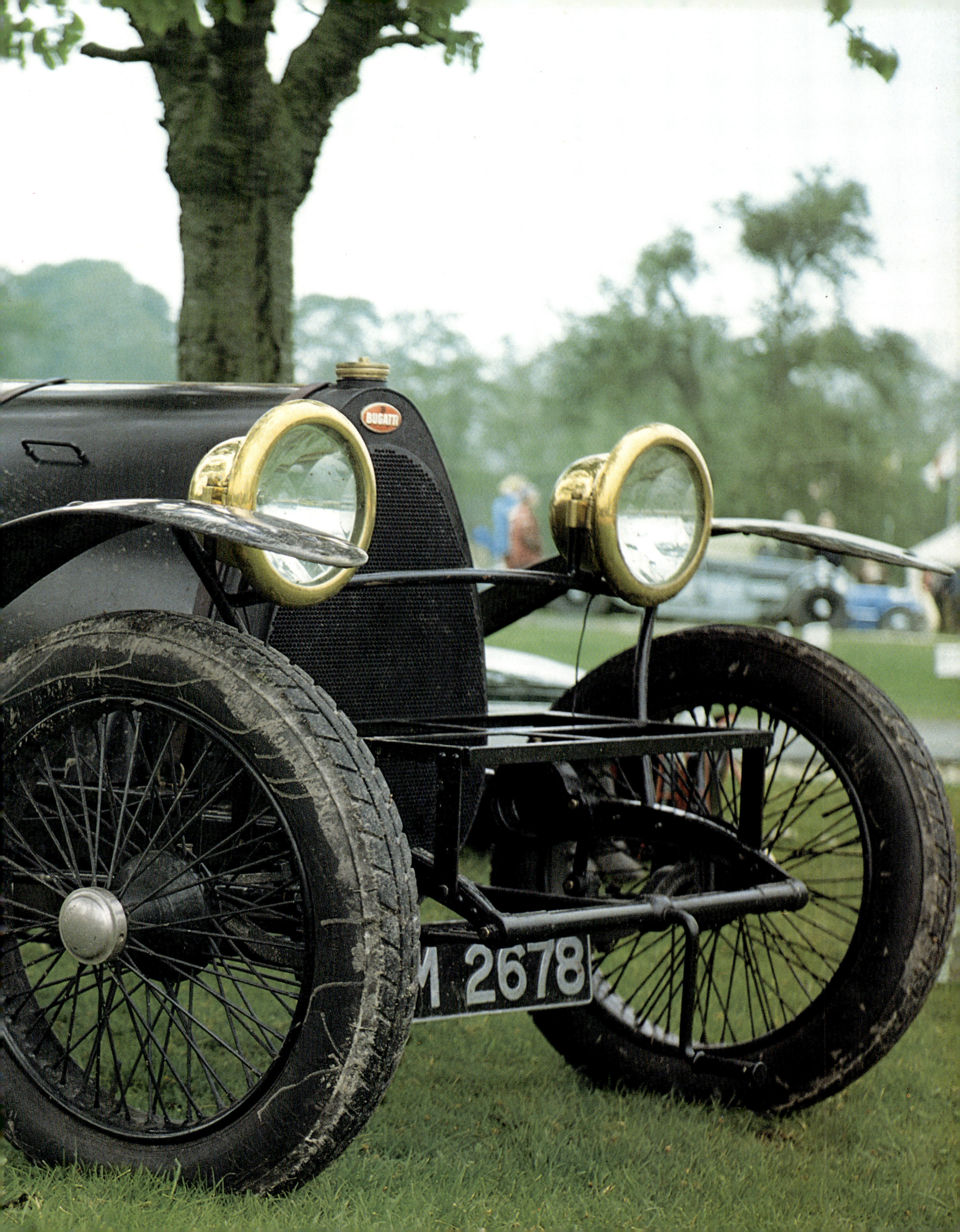
BUGATTI
M 2678

(79) Mercedes 1914

80 Decauville 1901

81 Mercedes 1914 Folgende Seiten: (82) Métallurgique 1907

(83) De Dion-Bouton 1902

(84) Mercedes 1903

(85) Itala 1907

(86) Dufaux 1905 Folgende Seiten: (87) Ford 1909

Ford
126
STATE

(88) Clément-Panhard 1900

(89) Dufaux 1905

Panhard 1910

(91) Dufaux 1905 Folgende Seite: (92) Gladiator 1895

604
A76

TRAUMPISTEN DER BESESSENEN

»Panem et circenses« – »Brot und Spiele«. Das jahrtausendealte Rezept der römischen Kaiser, das Volk bei Laune zu halten, indem man ihm Essen gibt und Sensationen bietet, hat bis zum heutigen Tag nichts von seiner Wirkung verloren. An die Stelle römischer Arenen, in denen Löwen Jagd auf Sklaven machten, sind die Rennpisten des 20. Jahrhunderts getreten. Der Tod fährt oft mit. Die Rettungswagen müssen heutzutage fast so schnell sein wie die hochgezüchteten Wettbewerbsfahrzeuge. Der amerikanische Journalist Jim Murray wandelte das berühmte Startkommando von Indianapolis in den makabren Satz um: »Gentlemen, start your coffins!« – »Gentlemen, werft eure Särge an!« Die Besessenen – besessen wovon? Vom Rausch der Geschwindigkeit? Von Todessehnsucht? Von der Frage, wo die Grenzen von Mensch und Maschine liegen?

BROOKLANDS

Es muß ein farbenprächtiges Schauspiel gewesen sein, als am 17. Juni 1907 der Brooklands Motor Course bei Weybridge, südwestlich von London, für Rennen freigegeben wurde. »Merry Old England« tat einen gewaltigen Sprung ins Motorsportzeitalter. Die Fahrer der am Start versammelten Sport- und Rennwagen hatten sich wie Jockeys gekleidet, damit man sie voneinander unterscheiden konnte. Die riesigen Renn-Nummern an den Wettbewerbswagen kamen übrigens erst 1913 auf. Hugh Owen als Chefstarter kam vom traditionsreichen Jockey-Club, was ebenfalls darauf hinweist, daß in Brooklands vieles beim Pferdesport abgeguckt war. Gefahren wurde gegen den Uhrzeigersinn.

Der Name Brooklands zergeht auch heute noch jedem motorsportbegeisterten Engländer auf der Zunge und hat eine nationale Symbolkraft wie Wimbledon, Chesterkäse, Schlacht von Trafalgar, Hosenbandorden und Truthahn. Mit Brooklands assoziiert man in England Größe des Empire, Sportsgeist, Fairneß, Rekordjagd, geniales Improvisieren mit zum Teil schon aus der Mode gekommenen Autos, Heldentum hinterm Volant und ein unwiederbringliches Happy-go-lucky-Lebensgefühl. Brooklands war nicht nur die erste eigens für den Motorsport gebaute Rundstrecke der Welt, sondern gewissermaßen auch ein vordatiertes Disney-Land des Motorsports, das der Pioniergeist des Millionärs und Architekten Hugh Fortescue Locke-King möglich gemacht hatte.

Locke-King war ein weitsichtiger Mann. Bei seinen vielen Autoreisen auf dem Kontinent hatte ihm imponiert, mit welcher Begeisterung Hunderttausende von Zuschauern die Teilnehmer an den Langstreckenrennen in Frankreich, Italien oder Deutschland anfeuerten.

Der Architekt entschloß sich, eine Test- und Rennstrecke zu bauen, die er der britischen Automobilindustrie als Versuchsgelände anbieten wollte und auf der Zehntausende von Zuschauern ihren Spaß am Autorennsport haben würden. Er besaß das nötige Geld und das erforderliche riesige Areal. Trotz heftigster Proteste der anliegenden Gemeinden und ihrer Umweltschützer, trotz vieler gerichtlicher Klagen und einstweiliger Verfügungen begann Hugh Fortescue Locke-King im September 1906 mit dem Bau. 2000 Arbeiter rückten mit einem Dampfkran, zehn Dampfbaggern, sechs bärenstarken Lokomobilen sowie einer großen Kavalkade von Pferdewagen an und verwandelten die liebliche, typisch englische Parklandschaft um Weybridge in eine lärmerfüllte Großbaustelle. Für den Fluß Wey wurde eigens ein neues Bett ausgehoben, die Gleise der Eisenbahnlinie London & South-Western-Railway erhielten eine neue Streckenführung. Mehr als ein Hektar Wald wurde abgeholzt und einige Bauern umgesiedelt. Sogar einen kleinen Berg ließ der von seiner Idee besessene Bauherr abtragen...

Selbst wenn die englischen Kollegen von der schreibenden Zunft ein wenig übertrieben haben sollten, so kann man doch ermessen, welch gewaltigen Aufwand Mr. H. F. Locke-King trieb, um den Brooklands Motor Course aus dem Boden zu stampfen – alles geschah in kaum zehn Monaten! Die Strecke war 4,3 Kilometer lang und 25,4 Meter breit. Locke-Kings ganzer Stolz: die beiden überhöhten Kurven. Member's Banking (21) war um 7,5 Meter, Byfleet um 6,5 Meter erhöht – es handelte sich um die ersten Steilkurven der Welt. Noch eine andere bautechnische Neuerung wurde auf Brooklands eingeführt: Eisenbeton. Die Streckenbrücke über den Fluß Wey wurde aus diesem neuen Material gebaut und von Ingenieuren aus aller Welt bestaunt. Der 15 Zentimeter dicke Pistenbelag aus Zement wurde in vorgefertigte Schablonen gegossen. Innerhalb des »Cements«, wie die Snobs damals zu sagen pflegten, gab es mehrere Verbindungsstraßen, die Namen wie »Sahara Straight«, »Campbell Straight« trugen und gelegentlich für kleinere Rennen benutzt wurden. Brooklands wurde auf Anhieb ein beliebtes Ausflugsziel der Londoner (20). Den Motorsportfreunden wurde jeglicher Komfort geboten, mit Restaurants, einem feudalen Clubhaus wie auf einer Pferderennbahn, 2000 überdachten Sitz- und 30 000 Stehplätzen. Weitere 100 000 Zuschauer konnten sich rund um die Strecke bequem einrichten.

Es gab auf Brooklands mehrere Autowerkstätten, in denen Renn- und Sportwagen gewartet, frisiert und getunt wurden. Noch bevor die Strecke offiziell freigegeben wurde, hatte der populäre englische Rennfahrer S. F. Edge sie für einen Weltrekordversuch gebucht. Mit seinem 60-PS-Napier fuhr er 24 Stunden lang Runde um Runde und erreichte dabei eine Durchschnittsgeschwindigkeit von 111,20 km/h. In der Nacht erhellte den Kurs ein Meer von roten Begrenzungslampen.

Auf Rekordjagd

Auf Anhieb entwickelte sich Brooklands zur Geburtsstätte unzähliger Langstrecken- und Geschwindigkeitsrekorde (47). Es würde den Rahmen dieses Textes sprengen, wenn man auf sie ausführlich eingehen wollte. Wir sollten aber doch erwähnen, daß der LSR (Land Speed Record), der Geschwindigkeitsrekord zu Lande, dreimal auf Brooklands gebrochen wurde. Im November 1909 fuhr Victor Héméry in einem

Blitzen Benz 202,653 km/h. Allerdings war in jenem Jahr nur ein Durchgang gefordert, während bei L. G. Hornsteds Weltrekordfahrt im selben Monat Hin- und Rückfahrt gemessen und dann die Durchschnittsgeschwindigkeit ermittelt wurde: 198,56 km/h (205,056 km/h auf der Hinfahrt). Im Mai 1922 raste Kenelm Lee Guinness in einem 18,3-Liter-Sunbeam mit 215,18 km/h über den Kilometer.

1908 wurde eine weitere Brooklands-Attraktion aus der Taufe gehoben: Der Flugpionier Alliott Verdun Roe brachte auf dem Gelände als erster Brite ein Motorflugzeug in die Luft, das er selber in einer windschiefen Werkstatt am Rande des Rennkurses zusammengebaut hatte. Bald folgten ihm weitere Flugpioniere nach Brooklands, das nun mit Firmen wie Hawker, Sopwith, Martinsyde zur Geburtsstätte auch der britischen Flugzeugindustrie wurde. 1909 wagte ein Monsieur Pegoud den ersten Looping über britischem Boden, und die Firma Keith Prowse eröffnete auf Brooklands das erste Büro zum Verkauf von Flugtickets, fünf Shilling kostete ein Luftsprung.

Schnelle Sport- und Rennwagen auf der Strecke, wacklige Flugmaschinen in der Luft – Brooklands war bei den großstadtmüden Londonern »in«. Hier traf sich alles, was Interesse am Auto- und Flugsport hatte, der mit der Vorortbahn angereiste Dockarbeiter und auch Seine Lordschaft, mit dem Rolls-Royce Silver Ghost diskret herbeichauffiert.

In den berühmten Handikap-Rennen von Brooklands, einer motorsportlichen Spezialität der findigen Veranstalter, fuhren alle Klassen durcheinandergewürfelt, und jeder trat gegen jeden an: Grand-Prix-Boliden (49) gegen schnelle, frisierte Tourenwagen und Tourist-Trophy-Typen. Fair wurden die Handikaps ausgerechnet, und so konnte es passieren, daß sich ein Amateur mit einem Grand-Prix-Wagen ein Kopf-an-Kopf-Rennen lieferte. Wenn mutige Damen einige Runden auf dem »Cement« drehten, knüpften sie ihre langen Kleider am Fußknöchel fest, damit sie nicht unzüchtig flatterten.

Picknick auf Brooklands wurde zu einem beliebten Weekend-Vergnügen. Nach den Rennen trafen sich die jungen Leute, um in »The Spider's Web« oder im »Ace of Spades« den gerade in Mode gekommenen Foxtrott auszuprobieren. Im Mittelpunkt standen aber Männer wie Malcolm Campbell, Henry Segrave, Archie Frazer-Nash und Kenelm Lee Guinness, sie waren die Helden, die »Halbgötter am Volant«.

An den Wochentagen fanden Testfahrten statt, Rennställe präparierten ihre Wagen für die Wochenendveranstaltungen, Reifenfirmen strapazierten ihre Pneus, in den Tuning-Werkstätten wurden lendenlahmen Wagen neue Kräfte eingehaucht, und auf der frisch gemähten Grasnarbe des improvisierten Aerodroms rumpelten die filigranen Flugzeuge an den Start ... Die Rennstrecke blieb trotz aller geballten Technik eine schöne Idylle. Selbst die skeptischsten Zuschauer erkannten sehr bald, daß am Wey das Zeitalter eines neuen Sports begonnen hatte.

Man genoß die eigene Gänsehaut, wenn spektakuläre Unfälle passierten (37). So 1921 beim 200-Meilen-Rennen des Junior-Car-Clubs, zu dem nur Fahrzeuge mit nicht mehr als 1,5 Liter Hubraum zugelassen worden waren. Streckenkontrolleure drehten während des Rennens auf Motorrädern ihre Runden und feuerten Leuchtkugeln ab, sobald sich ein Unfall ereignet hatte. Diese Schüsse verleiteten eine im Pferdesport bewanderte junge Dame zu der Annahme, verunglückten Fahrern würde wohl der Gnadenschuß verpaßt ...

Brooklands war alles in einem: ein riesiges Freizeitgelände für Zehntausende Erholungsuchende und ein universelles Testgelände und Freiluftlaboratorium für Auto-, Motorrad- und Flugzeugfirmen. Auf Brooklands begannen große Rennfahrerkarrieren, wurden Marken populär gemacht und das Prestige der britischen Automobilindustrie kräftig aufgemöbelt. Europäische und amerikanische Autofirmen betrachteten es über Jahrzehnte hinweg als nationale Pflicht, in Brooklands dabei zu sein. Der »Cement« war der Nährboden für die großen Jahre des Motorsports, der in der Dekade von 1920 bis 1930 einen gewaltigen Aufschwung nahm, als die Giganten ihre Kräfte maßen und die Weltrekordzeiten auf Locke-Kings Strecke zum Maß aller motorsportlichen Dinge wurden. Brooklands wurde zum Vorbild für andere Rundstrecken wie die Avus, das Autodrom von Monza oder das Montlhéry Autodrome bei Paris.

Es bleibt übrig, was die Spitzhacke verschont hat

Die großen Tage gingen mit dem Zweiten Weltkrieg zu Ende. Das Gelände wurde in eine Versuchsanstalt für Prototypen von Bombern und Jagdflugzeugen umfunktioniert. Das legendäre Jagdflugzeug »Hurricane« der Firma Hawker entstand hier. Nach dem Krieg wurde die Flugzeugfirma Vickers Ltd. Hausherr von Brooklands. Immer mehr ruhmreiche und traditionsbeladene Gebäude und Streckenabschnitte fielen der Spitzhacke zum Opfer. Die Brooklands Society, die die letzten Reste dieses nationalen Denkmals, der Akropolis des Motorsports, retten will, kämpft auf verlorenem Posten. Gelegentlich finden auf den kümmerlichen Resten der Zementstrecke noch Oldtimer-Rennen statt. Dann kommt viel Sentimentalität und Resignation auf. Nostalgiker reisen mit Hammer und Meißel an und hauen sich einen Brocken aus der originalen Brooklands-Piste heraus. Zu Hause wird dieses Relikt dann wie eine Ikone auf bevorzugtem Platz aufgestellt. »Those were the days ...«

INDIANAPOLIS

Im ersten Jahrzehnt unseres Jahrhunderts reichte das Know how der Autobauer und -verkäufer der USA bei weitem noch nicht aus, um den Benzinwagen wie in Europa gesellschaftsfähig und volkswirtschaftlich interessant zu machen. Dampfgetriebene Fahrzeuge konnten sich immer noch hartnäckig behaupten. So ließ sich Präsident Theodore Roosevelt während seiner Amtszeit (1901 bis 1909) in einem White-Dampfauto durch Washington kutschieren. Die Amerikaner blickten mit Neid auf die vielen Langstreckenrennen, Zuverlässigkeitsfahrten und Weltrekordversuche in der Alten Welt.

Dabei hätten die Amerikaner es gar nicht nötig gehabt, ihr Licht derart unter den Scheffel zu stellen. Längst gab es einige spektakuläre Pioniertaten zu bewundern. Das Modell »Curved Dash Runabout« der Firma Oldsmobile war das erste in großer Serie hergestellte Auto der Welt. Es wurde in Deutschland als Polymobil und Ultramobil in Lizenz nachgebaut.

Ein weiterer Meilenstein in der Geschichte des Automobils war Henry Fords Entschluß im Jahr 1908, auf den Fließbändern in Detroit die Serienproduktion des Modells Ford T zu beginnen!

Neben dem jährlich ausgetragenen Vanderbilt Cup als dem wohl bedeutendsten Motorsportereignis der USA (seit 1904) wurden im ersten Jahrzehnt des Jahrhunderts unzählige sogenannte Bauern- und Kirmesrennen von nur lokaler Bedeutung veranstaltet. Auf holprigen Ackerwegen und staubigen Straßen organisierte man die ersten Rennen, die oft mehr einem Rodeo glichen. Findige Kaufleute stellten schon damals Rennställe zusammen und zogen mit Autos und Fahrern von Stadt zu Stadt. Besonders zu erwähnen sind hier die sogenannten »Dirt Track Races«, die auf provisorisch angelegten Rundstrecken von einer Meile Länge (1,6 Kilometer) gefahren wurden. Es waren Sandpisten ohne festen Belag, und je nach Wetterlage staubte es erbärmlich oder die Fahrer erstickten im Schlamm – daher »Dirt Track«. Diese Wettbewerbe spielten eine wichtige Rolle bei der technischen Entwicklung des Autos in den Vereinigten Staaten.

Etwas vornehmer waren die gleich langen »Board Track Races«, die über Holzpisten gingen. Sorgfältig zugeschnittene Planken wurden wie bei einem Parkettboden verlegt. Diese »Board Tracks« blieben bis in die dreißiger Jahre hinein Mode und waren vor allem in Kalifornien beliebt. Ihr Reiz lag darin, daß hohe Preisgelder gezahlt wurden und die Zuschauer stets das gesamte Renngeschehen beobachten konnten.

Das erste Rennen endet mit einem katastrophalen Desaster

Spektakulär aber wurde es erst, als der Autohändler Carl G. Fisher aus Indianapolis die Rennszene betrat. Auf Reisen in Europa hatten ihn die Zuschauermassen fasziniert, die die vielen rennsportlichen Veranstaltungen in der Alten Welt auf die Beine brachten. »Diesen Zuschauerandrang müßte man zu Geld machen«, folgerte der clevere Geschäftsmann. Gemeinsam mit drei Partnern kaufte er bei der Stadt Indianapolis ein Gelände von 1,28 Quadratkilometer Größe und baute dort im Jahr 1909 eine Vier-Kilometer-Piste, den »Indianapolis Motor Speedway«. Die Fahrbahn erhielt eine Breite von 15 Metern auf den Geraden und erweiterte sich in den Scheitelpunkten der Kurven auf 18 Meter.

Aber schon beim ersten Rennen am 19. August 1909 gab es eine Riesenpanne: den Fahrern flog die Piste, die aus Gesteinsmehl und geteertem Schotter bestand, um die Ohren. Die aufsichtführende AAA (American Automobile Association) stoppte den Rennbetrieb. Carl G. Fisher investierte noch einmal 155 000 Dollar und verschaffte dem Speedway einen neuen Belag aus 3 200 000 Ziegelsteinen. Zum Schutz der Zuschauer wurden auch die Begrenzungsmauern verstärkt. Schon am 18. Dezember 1909 wurde die Strecke wieder für Rennen freigegeben, doch jetzt erwies sie sich nicht als wintertauglich. Also erneute Stillegung. Im folgenden Jahr gab es Rennen nur noch im Mai, Juni und September. Wo lag da die Rendite, zumal die Zuschauerzahlen rapide abnahmen?

Mit Hilfe eines Hearings wollten die Veranstalter herausfinden, woran der Indianapolis Motor Speedway krankte. Gab es zu viele Veranstaltungen? Prominente Fahrer und die Vertreter der amerikanischen Automobilfirmen plädierten für ein einziges großes Rennspektakel pro Jahr, das aber dann mit großem »Ballyhoo« diesseits und jenseits des Atlantik »gepuscht« werden sollte.

So wurden die »500 Meilen von Indianapolis« geboren, die erstmalig am 30. Mai 1911 (Memorial Day) gefahren werden sollten. Fisher und seine Teilhaber waren sicher, daß ein Rennen über diese Distanz (800 Kilometer) den Zuschauern die gleiche Attraktion bieten würde wie mehrere kürzere Rennen hintereinander – so hatten sie es noch 1910 praktiziert. 25 000 Dollar wurden als Preisgeld ausgesetzt. 40 Wagen wurden gemeldet, die meisten stammten von Werksmannschaften.

Harroun gewann die ersten »500 Meilen von Indianapolis«. Er steuerte einen sechszylindrigen Marmon Wasp (Zeit: 6:42:8 Stunden, durchschnittliche Geschwindigkeit: 119,344 km/h). Ray Harroun und sein »Abwechselfahrer« Cyrus Patschke, der allerdings nur für wenige Runden zum Zug kam, umrundeten die Backsteinpiste, »die schnellste Ziegelei der Welt«, ohne zu »bolzen«. Der spätere Sieger hatte bei den Rennen ein Jahr zuvor Erfahrungen gesammelt, in welchem Ausmaß die Reifen das holprige Pflaster verkrafteten. Auch verzichtete er als einziger auf den sogenannten »riding mechanic«, den »mitfahrenden Mechaniker«. Dieses machte den Wagen leichter, was wiederum den Reifen zugute kam. Während dieser gesamten 500 Meilen mußten er und Patschke nur dreimal die Reifen wechseln, während viele Konkurrenten im Feld bis zu dreizehnmal an die Boxen mußten, um neue Pneus aufschrauben zu lassen. Der kapitale Fehler dieser Fahrer: Sie hatten sich auf eine Rundengeschwindigkeit von etwa 128 km/h festgelegt, was ihre Reifen natürlich stärker strapazierte als die des Marmon Wasp, der nach Plan die Runden mit 120,8 km/h umfahren sollte.

Schon damals siegte also das eiskalte Kalkül über den schieren Geschwindigkeitsrausch. Mehr als die Zeit, die jene »Bolzer« pro Runde schneller waren als Harroun, verloren sie bei den häufigeren Boxenstopps. Der Sieger kassierte übrigens 14 000 Dollar Siegprämie. 1912 wurden bereits 50 000 Dollar als Preisgeld ausgesetzt. Auch in diesem Jahr siegte ein Amerikaner: Joe Dawson, der einen Vierzylinder-National steuerte. Das Starterfeld hatte man auf 33 Wagen beschränkt, was bis zum heutigen Tage gilt. (Lediglich 1931 bis 1933 wurde noch einmal mit einem größeren Starterfeld experimentiert.)

Europäische Siege

In den folgenden vier Jahren nach Dawsons Erfolg aber beherrschten europäische Wagen die »schnellste Ziegelei der Welt«: Jules Goux auf Peugeot (58), René Thomas auf Delage, Ralph de Palma auf Mercedes und Dario Resta auf Peugeot. Wie so häufig, wenn man auf die Historie des Automobils zurückblickt, sind die »Geschichten am Rand« oft interessanter als die nüchternen technischen Fakten.

Als im Jahr 1913 der legendäre englische, in Paris lebende Motorjournalist William F. Bradley als »Fahrereinkäufer« für den Indianapolis Motor Speedway durch Europa reiste und über die »500 Meilen« berichtete, trauten die Fahrer der Alten Welt ihren Ohren nicht. Da war von Preisgeldern die Rede, die wie eine Fata Morgana erschienen. Indianapolis war für sie so etwas Ähnliches wie die durch Europa tingelnde Buffalo-Bill-Show des pensionierten amerikanischen Colonels William F. Cody: Jahrmarktklamauk und Reklamerummel, primitive Volksbelustigung. Der »Heroismus« der Fahrer erhielt nach ihrer Auffassung nicht den entsprechenden Stellenwert. Außerdem kam noch andere schlimme Kunde aus Indianapolis: Sechs und mehr Stunden hintereinander gehe es immer im Kreis herum, gegen den Uhrzeigersinn, auf einer Rüttelpiste, die einige amerikanische Fahrer veranlaßte, mit Stützkorsett zu fahren ... Und nach Rennende sei man übersät von grünen und blauen Flecken. Europa hielt sich zudem arrogant für den Nabel eben auch der Automobilwelt und ignorierte die autofahrenden Cowboys.

Aber die grünen Dollars triumphierten dann doch über die europäische Eitelkeit. Ralph de Palma war fair genug, die Europäer bei ihren ersten Proberunden einzuweisen. Aber es gab auch einige amerikanische Fahrer, die den »boys from Europe« beim Training permanent in die Karre fuhren, um sie einzuschüchtern, woraufhin die AAA drohte, sie zu sperren. Die Skepsis der Europäer wich endgültig, als Jules Goux 1913 mit einem Scheck über 14 000 Dollar nach Europa zurückgekehrt war. Das Eis war gebrochen und »Indy« akzeptiert.

Darüber hinaus erzählte der Franzose hübsche und kaum glaubliche Histörchen: Der Scheck für den Sieger sei bereits vor dem Start an den Boxen zu besichtigen gewesen, fertig ausgefüllt bis auf den Namen des Siegers, nach der Siegerehrung hätten hübsche Mädchen die Fahrer abgeküßt, und überhaupt sei das Publikum viel lustiger als in Europa.

Im Krieg wird aus der Rennstrecke ein Landeplatz

In den Kriegsjahren 1917 und 1918 diente das Gelände des Speedway Flugzeugfirmen als Reparaturgelände und außerdem als Landeplatz bei Überlandflügen. Das Management verlor aber auch in dieser Zeit nicht den Sinn fürs Kaufmännische. Um die Unterhaltungskosten zu senken, baute man im Innenraum der Strecke Futtergetreide an und ließ auch eine Herde von über 100 Schafen grasen.

Im ersten Nachkriegsjahr gewann mit Howdy Wilcox auf Peugeot noch einmal eine europäische Marke die »500 Meilen von Indianapolis«. Aber dann wurde es finster für die europäische Autowelt. Es dauerte zwanzig Jahre, bis 1939 William Shaw einen Boyle Special als erster über die Ziellinie steuerte. Hinter dieser obskuren Marke verbarg sich ein 3-Liter-Maserati 8CTF mit einem Achtzylinder-Reihenmotor.

Aus der Indianapolis-Chronik geht hervor, daß im Jahr 1937 die letzte Stunde der legendären Backsteinpiste schlug. Zunächst wurden die Kurven asphaltiert. In den beiden folgenden Jahren mußten dann auch die Geraden dran glauben. Lediglich am Start ist eine 90 Zentimeter breite Reihe originaler Backsteine übriggeblieben.

Unverändert geblieben ist aber die Aufforderung an die Fahrer, bevor sie mit dem berühmten Indianapolis-Start auf die 500 Meilen lange Reise geschickt werden: »Gentlemen, start your engines!«

AVUS

Im Juni des Jahres 1907 begaben sich Seine Majestät Kaiser Wilhelm II. höchstderoselbst auf die Reise in den Taunus. Den Herrscher verlangte es zu sehen, wie sich deutsche gegen ausländische Rennfahrer um den von ihm gestifteten »Kaiserpreis« schlugen. Daß dieses »Kaiserpreis-Rennen« überhaupt veranstaltet wurde, hatte zwei Gründe: Zum einen klagten die deutschen Autofirmen über rückläufige Exporte, und ausgerechnet der »Erbfeind« Frankreich hatte sich zur größten Autoexportnation entwickelt (das blieb übrigens bis 1913 so, am erfolgreichsten war die Marke De Dion). Zum anderen hatte Wilhelms jüngerer Bruder, Prinz Heinrich, seit langem schon auf den Kaiser eingeredet und ihm klarzumachen versucht, daß ein Volk in Wehr und Waffen auch eine funktionierende Automobilindustrie brauche, was dieser schließlich einsah. Immerhin hatte er schon bei den Manövern des Jahres 1899 Benzinwagen ausprobiert und war überrascht gewesen, daß die Pferde ausgesprochen beleidigt auf diese neue Konkurrenz reagiert hatten. Sie scheuten und »gingen durch«, wenn sich die verblüffend schnellen Automobile mit lautem Geknatter näherten. Kurz und gut, Majestät kamen zur Überzeugung, daß Autorennen das nationale Ansehen erhöhten.

Die Organisatoren des »Kaiserpreis-Rennens« rechneten stark damit, daß viele deutsche Firmen nicht nur melden, sondern sich auch siegreich plazieren würden. Der Kurs führte durch den lieblichen Taunus von Saalburg über Usingen und Einhaus nach Weilburg. Von dort ging es weiter über Weilmünster, Winden, Riedelbach nach Esch und dann über Glashütten, Königstein, Oberursel und Homburg nach Saalburg zurück. Die Strecke entsprach etwa der des Gordon-Bennett-Rennens von 1904. Allerdings war sie statt 140 nur 118 Kilometer lang. Sie mußte viermal durchfahren werden.

Seine Majestät waren höchst gnädig gestimmt, als das auf den 13. und 14. Juni datierte Rennen begann. Aber als dann schließlich mit Felice Nazzaro auf Fiat (27) ein Ausländer auf einer ausländischen Marke siegte, gab es lange Gesichter. Es war von »nationaler Schande« die Rede... Daraus folgte die Konsequenz, nun entschlossen alle Voraussetzungen zu schaffen, damit die deutsche Automobilindustrie sich optimal auf sportliche Ereignisse dieser Art vorbereiten konnte. Damit war auch der geistige Grundstein einer »Automobil-Verkehrs- und Übungs-Straße« gelegt. In welchem Teil des Vaterlands sie sich befinden sollte, wurde landesweit hitzig debattiert, Eingaben und Memoranden häuften sich auf den Schreibtischen. Von seinem Vetter Eduard VII., dem König von England, erfuhr Kaiser Wilhelm, daß er sich gelegentlich auf Brooklands amüsiere, wo die schnellen Autos sich nicht mehr auf öffentlichen Straßen jagten, sondern auf einem speziell für Rennen vorgesehenen Rundkurs fuhren. Keine schlechte Idee! Seine Majestät schlugen als mögliche Orte solch einer Strecke die Lüneburger Heide, die Eifel wie auch den Taunus vor. Am liebsten wäre es ihm aber in der Nähe von Berlin gewesen, weil das am besten konveniert hätte.

Die Stunde der Bürokratie schlägt

In den vornehmen Clubräumen des »Kaiserlichen Automobil-Clubs« am Leipziger Platz Nr. 16 in Berlin verhandelten die Beteiligten monatelang zäh und verbissen. Im Gegensatz zu Brooklands, das aus der Privatinitiative eines einzelnen entstanden war, schlug in Berlin, wie bei jedem Großprojekt, die Stunde der preußisch-deutschen Bürokratie. Behörden, Stadtverwaltungen und die Automobilindustrie rangelten um die Pfründe. Aus Schlesien, dem Rheinland, Westfalen und sogar aus dem 1871 annektierten Elsaß-Lothringen meldeten sich die Interessenten, die von der kaiserlichen Idee profitieren wollten. Die Stadtverwaltung von Aachen brachte die Eifel ins Gespräch, zur damaligen Zeit noch ein Niemandsland, das allenfalls asketischen Wanderern ein Begriff war. Aachen war sogar bereit, die gesamte Strecke zu finanzieren. Am 23. Januar 1909 fielen die Würfel jedoch schließlich zugunsten der Hohenzollernschen Präferenzen.

Erst nach dem Krieg kann der Bau beendet werden

Unter Aufsicht eines Notars gründeten die Interessenten eine Automobil-Verkehrs- und Übungs-Straße GmbH, ausgestattet mit einem Kapital von einer halben Million. Hugh Fortescue Locke-King hatte zehn Monate benötigt, um Brooklands zu erbauen. In Berlin dauerte es allein vier Jahre, bis im Grunewald die Rodungsarbeiten beginnen konnten. Der radikale und schmerzliche Eingriff in Berlins schönstes Waldgebiet rief zwar einige Umweltschützer auf den Plan, die vom »Baummord im Grunewald« sprachen, aber gemessen an heutigen Verhältnissen waren die Proteste der Waldschützer eher zaghaft. Im übrigen standen Seine Majestät voll hinter dem Projekt – ja, bis ihm dann der Weltkrieg wichtiger wurde.

Anstatt die Strecke einzuweihen, befahl der Kaiser die Mobilmachung. Bei Kriegsbeginn war die Fahrbahn fast fertig. Sie hatte eine Breite von acht Metern und einen 25 Zentimeter dicken Belag. Kreuzungsfrei zog der Kurs sich in beiden Fahrtrichtungen

durch die »grüne Lunge« Berlins. Die Querstraßen wie auch die Zugänge zum S-Bahnhof Grunewald waren untertunnelt worden. Beide Geraden wurden durch einen acht Meter breiten Grünstreifen aufgehübscht.
Nach dem verlorenen Ersten Weltkrieg tat sich zwei Jahre gar nichts. Die schon fast fertiggestellte Automobil-Verkehrs- und Übungs-Straße schlummerte, bis Ende 1920 der Großindustrielle Hugo Stinnes tief in seine Kasse griff und die Arbeiten vollendet werden konnten.
Richard Kitschigin schreibt in seinem Buch »Rennen, Reifen und Rekorde – Die Avus-Story« u. a.: »Daß sich die öffentliche Meinung schon damals, Anfang der zwanziger Jahre, gegen sportliche Leistungsprüfungen auf öffentlichen Straßen richtete, kam der Avus-GmbH bei ihrem Appell an die Sportabteilungen der Industrie und der Automobilclubs zugute. Sie selbst traf alle Vorbereitungen, die aus der Avus als Schnellverbindung zwischen dem Berliner Westen und den südwestlichen Vororten auch eine permanente Rennstrecke machen sollte. Die beiden Fahrspuren, die einen Höhenunterschied von 15 Metern zwischen dem höchsten und dem niedrigsten Punkt der Strecke überwanden, wurden durch eine Nordschleife mit einem Radius von 244 Metern und eine engere Südschleife zwischen dem Schlachtensee und dem S-Bahnhof Nikolassee mit einem Radius von 166 Metern verbunden. Eine Runde war 19,6 Kilometer lang.« Etwa 7700 Zuschauer sollten auf den insgesamt acht Tribünen, die im Bereich beider Kurven errichtet worden waren, Sitzplätze finden. Die ganze Bahn wurde eingezäunt, an 65 Kassen konnten die Berliner mit ihrem Obolus zur Finanzierung der Avus beitragen. Zwischen 10 und 25 Mark kosteten die Stehplätze, zwischen 50 und 200 Mark waren auf den Tribünen zu zahlen ...
Neben diesen stark gepfefferten Preisen an Renntagen wurde auch eine Art »Wegezoll« erhoben, den derjenige zu entrichten hatte, der die »Privatstraße« Avus an normalen Verkehrstagen benutzen wollte. Ein pompöses Kassenhaus mit mehrspurigen Zu- und Durchfahrten am Charlottenburger Eingang zur Strecke war bis 1937 das nicht zu übersehende Wahrzeichen der schnellen Grunewald-Piste und symbolisierte die Bemühung, die Automobil-Verkehrs- und Übungs-Straße, die seit 1921 kurz und knapp Avus genannt wurde, halbwegs rentabel zu machen.
Bei der Eröffnung der Deutschen Automobil-Ausstellung am 23. September 1921 kam euphorische »Wir-sind-wieder-wer«-Stimmung auf. Sie wurde noch angefacht durch die ersten Rennen auf der Avus, die während der Berliner Auto-Woche gestartet wurden. Privatfahrer kamen hier nicht zum Zuge. Eine höchst komplizierte, von typisch deutscher Ordnungsliebe zeugende »Satzung zum Rennen« machte dem motorsportinteressierten Laien die Übersicht über das Reglement sehr schwer. So waren nur Typen teilnahmeberechtigt, die in deutschen Fabriken produziert worden waren. Kurioserweise gab es neben verschiedenen raffinierten technischen Hürden auch noch eine Einteilung, die sich nach der Ventilanordnung richtete: Gruppe A mit stehenden, Gruppe B mit hängenden Ventilen.

Opel gewinnt die Rennpremiere

Am Start war der gesamte »Gotha« der deutschen Autoindustrie vertreten: Brennabor, Fafnir, Falcon, Presto und Selve, natürlich auch Opel, Benz, Horch, NSU, Apollo sowie die Stinnes-Firmen Aga und Dinos – um nur einige zu nennen. Bester Fahrer der Rennpremiere war Fritz von Opel, der hinter dem Steuer eines Eigenbaus saß (Durchschnittsgeschwindigkeit: 128,43 km/h).
Die Jahre 1922 bis 1925 gelten als die »flauen« Jahre der Avus. Inflation, politische Instabilität, Skepsis in der deutschen Automobilindustrie, Uneinigkeit der Organisatoren – all das beeinträchtigte ihren weiteren Aufschwung. Die Wiederbelebungsversuche durch die ONS, die Oberste Nationale Sportbehörde, hatten im Jahr 1926 endlich Erfolg: Der erste Große Preis von Deutschland am 11. Juli 1926 wurde ein motorsportliches Ereignis. 230 000 Zuschauer umlagerten die Grunewaldstrecke und erlebten, wie ein neues Renn-As geboren wurde: der 25jährige Rudolf Caracciola. Er und sein Stallgefährte Adolf Rosenberger brachten zwei 1980-ccm-Mercedes-Kompressorwagen an den Start, die Ferdinand Porsche noch einmal überarbeitet hatte. Diese Achtzylinder waren 1924 konstruiert, 1925 verbessert und bei einigen Rennen mit wechselhaftem Erfolg eingesetzt worden. Mit einem dieser Wagen war Graf Zborowski 1924 in Monza tödlich verunglückt. Ihr Doppelnockenwellenmotor mit vier Ventilen pro Zylinder leistete bei 7000 U/min. etwa 170 PS. Die miserable Straßenlage dieser Mercedes-Rennwagen war berüchtigt. Um so bewundernswerter, daß »Caratsch« bei dem Regenwetter, das beim Großen Preis von Deutschland 1926 auf der Avus herrschte, derartig souverän fuhr und siegte. Er erreichte einen Schnitt von 136,79 km/h über 20 Runden.
Übrigens mußte Mercedes-Benz zu diesem Rennglück förmlich gezwungen werden. Für die Untertürkheimer war der »Große Preis von Europa« in San Sebastian viel interessanter, aus »Exportgründen«. Als Caracciola von dieser Entscheidung hörte, fuhr er eigens nach Stuttgart, um Direktor Sailer davon zu überzeugen, daß eine Teilnahme am »Großen Preis von Deutschland« auf der Avus genauso wichtig sei. Er durfte seine Chance nutzen.
Doch schon bald gab es eine große Konkurrenz für die Avus: den Nürburgring im Westen Deutschlands.

NÜRBURGRING

Der legendäre Juan Manuel Fangio nannte den 22 Kilometer langen Kurs in der Eifel eine »schöne grüne Hölle«. Er hat sich noch gelinde ausgedrückt. Nürburgring – das ist mehr als nur die »gefährlichste, schwierigste und schönste Rennstrecke der Welt«. Die Eifel war eine Landschaft, die mit ihrer faszinierenden und unberührten Natur in Deutschland ebenso herausragte wie mit dem Makel eines Notstandsgebietes. Sie sollte durch den Bau einer Autorennstrecke saniert werden. Ausgedacht hatten sich das Projekt der ADAC-Gau Rheinland und die Automobilindustrie, die auf dem Kurs motorsportliche Großereignisse veranstalten und neue Wagentypen testen wollten. Gefördert wurde diese Idee von dem Landrat des damaligen preußischen Landkreises Adenau, Dr. Otto Creutz.

Dr. Creutz muß mit großer Überzeugungskraft gesegnet gewesen sein. Am 15. April 1925 fanden Gespräche im preußischen Wohlfahrts- und im Reichsverkehrsministerium statt, mit dem Ziel, den Bau des Eifelkurses zur Notstandsmaßnahme zu erklären. Alles lief wie geschmiert. Vom Beginn der Vermessungsarbeiten am 30. April 1925 bis zur Grundsteinlegung am 27. September vergingen knapp sechs Monate.

Mit Einfühlungsvermögen in die Landschaft eingepaßt

Im gleichen Tempo wurde gebaut. In nur 21 Monaten wurde die 28,265 Kilometer lange Gesamtstrecke – mit Nordschleife (22,81 km), Südschleife (7,747 km) und Start- und Zielschleife (2,238 km) – mit großem Einfühlungsvermögen in die Landschaft eingepaßt. Die Baukosten betrugen rund 15 Millionen Reichsmark. Die Höhenunterschiede sowie die 88 Links- und 84 Rechtskurven prägen den Charakter des Nürburgrings, machen ihn unvergleichlich und unverwechselbar.

Start und Ziel (22) liegen auf einer Höhe von 616 Metern – dem höchsten Punkt der Rennstrecke. Zwischen ihm und dem tiefsten Punkt – Breitscheid auf 310 Metern – besteht ein Gefälleunterschied von 50 Prozent. Einen Tag nach der feierlichen Einweihung des »Rings« am 18. Juni 1927 heulten zum erstenmal die Motoren am Fuß der Nürburg-Ruine zur Phonorgie auf.

Die Mitglieder der Naturschutzverbände und des Eifelvereins reagierten mit Entsetzen auf das Kreischen der Mercedes- und Bugatti-Kompressoren.

»Über allen Gipfeln ist Ruh, in allen Wipfeln spürest du kaum einen Hauch ...« – nein, damit war es an den Renntagen vorbei. Zehntausende kamen mit Sonderzügen, Omnibussen und Privatfahrzeugen, und wer die Nürburgring-Luft, diese aufreizende Mischung aus Rennbenzin-, Bratwurst- und Lagerfeuergeruch, einmal tief eingesaugt hat, wird sie sein Lebtag nicht mehr vergessen. Die großen Rennen »fanden nicht statt«, sie wurden zelebriert wie Festivals. Berühmte Streckenabschnitte wie Hatzenbach, Quiddelbacher Höhe, Metzgesfeld, Wehrseifen, Ex-Mühle, Karussell, Hohe Acht, Brünnchen, Schwalbenschwanz, Antoniusbuche konnten Millionen von motorsportbesessenen Deutschen im Schlaf hersagen.

Reportagen vom »Ring« klangen oft wie Kriegs- oder Heeresberichte. Da sprach man von »Boliden«, die »wie Geschosse« von der Döttinger Höhe an der Antoniusbuche vorbei auf Start und Ziel zurasten, da war von Heldentum die Rede, als Rudolf Caracciola, kurz »Caratsch« genannt, mit blutigen Händen das in der Hitze glühende Steuer hielt.

Die Eröffnungsrennen am 18. und 19. Juni 1927, die 84 200 Zuschauer sahen, standen ganz im Zeichen jenes Rudolf Caracciola, der seit seinem Sieg im ersten Großen Preis von Deutschland auf der Avus ein Jahr zuvor auf dem Weg war, zum Rennidol zu werden. Er gewann das Rennen, das über die gesamte Strecke (Nord- und Südschleife) führte, in der Klasse bis acht Liter Hubraum auf einem Mercedes-Benz Typ S, einem Sechszylinder mit 6789 ccm Hubraum (Kompressor), der 180 PS leistete (Distanz: 340,80 Kilometer, Zeit: 3:33:21 Stunden, Durchschnittsgeschwindigkeit: 96,5 km/h). Vier Wochen später, beim Großen Preis von Deutschland, hieß der Sieger Otto Merz, der einen Mercedes-Benz-S-Sportwagen steuerte.

Siege der Mercedes-Benz- und Auto-Union-»Silberpfeile«

Beim Großen Preis von Deutschland 1929 rasten die Rennwagen zum letztenmal um den gesamten Kurs. In den Jahren der Weltwirtschaftskrise fiel der Große Preis aus.

Erst als 1934 die »Silberpfeile« von Mercedes-Benz und Auto-Union auftauchten, kam wieder »Leben in die Bude«. Die deutschen Wagen übernahmen wieder das Kommando auf dem Ring, und Hans Stuck gewann in einem Auto-Union-Heckwagen, der auf Ferdinand Porsches Reißbrett entstanden war, das Rennen (Renndistanz: 570,25 km, Zeit: 4:38:19,1 Stunden, Durchschnittsgeschwindigkeit: 122,93 km/h).

Nur einmal, ein Jahr später, wurde die Siegesserie der »Silberpfeile« durchbrochen: Tazio Nuvolari siegte auf einem Alfa Romeo.

Daß der Nürburgring, die »schnellste Einbahnstraße der Welt«, heute in einer schweren Krise steckt, ist eine ganz andere Geschichte ...

(94) Mercedes-Benz 1929 Vorhergehende Seite: (93) Mercedes-Benz 1929

Mercedes-Benz 1929

Mercedes-Benz 1929 Folgende Seiten: (97) Mercedes-Benz 1935

(98) Colibri 1908

(99) Steyr 1930

(100) Austro-Tatra 1938

(101) Maybach 1933 Folgende Seiten: (102) BMW 1940

LTC9

103

(103) Austro-Daimler 1922

104

(104) Austro-Daimler 1922

105

(105) Frazer-Nash/BMW 1938 Folgende Seiten: (106) Horch 1938

(107) Horch 1938

(108) Maybach 1937

109

Maybach 1939

110

Hansa 1936 Folgende Seite: (111) Mercedes-Benz 1929

WUNSCHKIND DES JAHRHUNDERTS

1901 wurde der Markenname »Mercedes« geboren. Wen hat das damals interessiert . . .? Was also, wenn nicht das Auto, bewegte die Gemüter im ersten Jahr des neuen Jahrhunderts? Zar Nikolaus II. war bei den deutschen Flottenmanövern zugegen, was den Hurra-Patrioten vor Stolz die Brust anschwellen ließ, Wilhelm Röntgen erhielt den Nobelpreis für Physik, die Herren Berson und Süring erreichten mit einem offenen Freiballon 10800 Meter Höhe; und ein Jahr darauf boten die Gebrüder Lindauer ein Kleidungsstück an, das sie Büstenhalter nannten; in Berlin wurde die erste Teilstrecke der U-Bahn freigegeben; auf Helgoland wurde ein Leuchtturm mit 35 Kilometer Reichweite errichtet, und als der Vulkan Montagne Pelée auf Martinique ausbrach, gab es 26000 Tote. Was damals noch keiner spürte: Die geheimen Verführer der Automobilindustrie waren längst auf dem Vormarsch ins Unterbewußtsein.

DAS AUTO WIRD ERWACHSEN

Von 1886 bis 1901 entwickelte sich das Automobil bemerkenswert rasch vom Säuglingsstadium bis an die Schwelle der Reife, sozusagen zu einem stattlichen Jüngling. Ein solcher stattlicher Jüngling war der 35-PS-Mercedes aus dem Jahr 1901. Es ist aufschlußreich, ihn mit den Automobilen zu vergleichen, die ihm vorausgingen, und mit denen, die ihm folgten: Den Fahrzeugen der zwanziger Jahre, die sich von den motorgetriebenen Wagen des zu Ende gehenden 19. Jahrhunderts deutlich unterschieden, war dieser Mercedes schon recht ähnlich.

Das erste motorisierte Gefährt, das von dem späteren Kraftfahrzeughersteller Karl Benz 1886 vorgestellt wurde, war ein »Dreirad«, weil der Erfinder die Schwierigkeiten vermeiden wollte, die sich bei der Verwendung von zwei gelenkten Vorderrädern ergeben hätten. Damit hatte er zwangsläufig festgelegt, daß der Motor im Wagenheck untergebracht wurde. Verblüffenderweise wies der Urtyp bereits einige Lösungen auf, die allgemein erst Jahre später eingeführt wurden. Zu ihnen gehört vor allem die elektrische Zündanlage und das mechanisch betätigte Einlaßventil – das so ganz neu allerdings nicht war, da es sich um einen nach dem Prinzip der Dampfmaschine arbeitenden Schieber handelte. Bei den nachfolgenden vierrädrigen Benz-Fahrzeugen fand sich das seinerzeit weitverbreitete, allerdings nicht besonders wirksame »automatische« Einlaßventil, das von einer schwachen Feder geschlossen gehalten und durch die Saugwirkung des beim Ansaugtakt niedergehenden Kolbens geöffnet wurde. An der elektrischen Zündung dagegen hielt Benz auch bei den später gebauten Modellen fest, während zahlreiche Fabrikate weiterhin mit der vorsintflutlich anmutenden Glührohrzündung arbeiteten. Gemessen an unseren heutigen Vorstellungen scheinen der vom Fahrrad abgeleitete Rohrrahmen und die Drahtspeichenräder des Benz-Dreirads fortschrittlicher gewesen zu sein als Fahrgestell und Räder des ersten im Jahr 1886 in Cannstatt von dem Schwaben Gottlieb Daimler gebauten Fahrzeugs. Jener hatte lediglich ein Pferdefuhrwerk mit einem Motor ausgerüstet. Doch war Daimler, übrigens der Vater der Glührohrzündung, vor allem an Motoren interessiert und weniger an dem, was man mit ihnen bewegen konnte.

Sowohl der Benz- als auch der Daimler-Wagen besaßen ein Ausgleichsgetriebe, wie es schon Pecqueur 1828 in einen Dampfwagen eingebaut hatte. Doch während das Differential von Benz mit Zahnrädern arbeitete, bestand das von Daimler aus einer vergleichsweise recht primitiven Lederscheibenkonstruktion, bei der Scheiben gegeneinanderrutschten, wenn sich in einer Kurve das eine angetriebene Hinterrad rascher drehte als das andere.

Wie der Mercedes entstand

Benz verwendete einen unter dem Sitz liegenden Einzylindermotor, dessen Zylinderkopf nach vorn wies und damit im kühlenden Fahrtwind lag. Trotz des beachtlichen Hubraums von 1691 ccm (bei einem Verhältnis Bohrung/Hub von 116 zu 160 mm) ließ sich das Fahrzeug nicht aus dem Stand anfahren, so daß man es anschieben mußte. Die Kraft ging über einen einfachen Antriebsriemen zu einem Vorgelege, das zugleich als Differential diente, und von dort über Ketten an die beiden Hinterräder. Mithin stand nur ein »Gang« zur Verfügung, wegen des Riemenantriebs konnte man sich die Kupplung sparen. Vierrädrige Benz-Wagen aus der späteren Produktion hatten zwei Antriebsriemen und damit ebenso viele Geschwindigkeitsbereiche.

Die Konstruktion jenes stattlichen 35-PS-Jünglings aus dem Jahr 1901 stammt von Wilhelm Maybach, Daimlers langjährigem Freund und technischem Leiter. Er war von Daimler-Generalvertreter Emil Jellinek dazu angeregt worden, und dessen Tochter Mercedes gab ihren Namen für den neuen Typ her. Mercedes hießen seit jener Zeit alle im deutschen Daimler-Werk hergestellten Personenwagen.

Einige der Besonderheiten dieses Wagens kamen aus Frankreich; so wurde beispielsweise der Motor nun vorne am Fahrgestell angebracht. Emile Levassor, der die Lizenzen für die Herstellung von Daimler-Motoren in Frankreich besaß, hatte eine solche Maschine bei einem Panhard-Levassor-Fahrgestell versuchsweise hinten, in der Mitte und vorn eingebaut und sich 1891 schließlich für die letztgenannte Lösung entschieden. Damit gab er die Bauweise vor, die bei der Mehrheit der Kraftfahrzeughersteller noch heute üblich ist.

Hinter dem Motor befand sich ein vollständig freiliegendes Schieberadgetriebe (es wurde erst im Panhard des Jahres 1895 mit einem Gehäuse umgeben). Diese Art Getriebe verband erstmalig in einem Daimler des Jahres 1895 den am Heck befindlichen Motor mit den Rädern. Die Firma Panhard installierte zwischen dem Zweizylinder-V-Motor und dem Getriebe eine Konuskupplung, und die Kraft wurde mittels einer Welle vom Dreiganggetriebe zu einem Vorgelege mit Differential übertragen und von dort aus über seitlich ange-

brachte Ketten zu den Hinterrädern.
Das erste fortschrittliche Merkmal des Mercedes war der vorne liegende Wabenkühler, den Daimlers Sohn Paul eingeführt hatte. Er beeindruckte nicht nur optisch, sondern erfüllte auch seine eigentliche Funktion außerordentlich wirksam. Zuvor gebaute Wagen mit Wasserkühlung hatten entweder keinen Kühler, wie zum Beispiel der Benz, was einen unmäßig hohen Wasserverbrauch mit sich brachte, oder sie besaßen einen Schlangenrohrkühler, der seinem Namen entsprechend häßlich aussah und mit Rippen verkleidet vorn am Wagen angebracht wurde. Unterhalb des Mercedes-Kühlers saß eine Anlasserkurbel. Den Benz hingegen warf man an, indem man am hinten liegenden Motor den Rand der horizontal liegenden Schwungscheibe faßte und sie kräftig drehte.
Das Fahrgestell des Mercedes bestand aus Profilstahl und nicht, wie bei den früheren Fahrzeugen üblich, aus – häufig mit Metallplatten verstärktem – Holz. Zwar hatten die Räder noch Holzspeichen, sie waren aber bereits luftbereift. Die meisten Kraftwagen des vorausgegangenen Jahrzehnts hatten auf ihren Holzrädern entweder Eisen- oder Vollgummireifen. Von der Jahrhundertwende an setzten Luftreifen sich allgemein durch, obwohl sie zunächst zum einen teurer und zum anderen sehr pannenanfällig waren. Doch blieb bei schnellen Fahrzeugen gar keine andere Wahl, und der Mercedes erreichte immerhin eine Spitzengeschwindigkeit von über 80 km/h, während die frühen Benz-Fahrzeuge sich nicht einmal zu einem Tempo von 30 km/h hatten aufschwingen können.
Erstaunlicherweise waren die Räder nach wie vor fest mit den Achsen verbunden, so daß der Reifen zum Flicken abmontiert werden mußte. Erst später wurde die abnehmbare Felge erfunden, die sich an der Radnabe mit fertig montiertem Schlauch und Reifen anbringen ließ – diese Entwicklung half Szisz im Jahr 1906, mit seinem Renault den Grand Prix in Le Mans zu gewinnen, bei dem außer seinem Wagen lediglich die Fiat, Itala und Brasier mit vergleichbaren Felgen ausgerüstet waren.
Die Aufhängung des Mercedes bestand aus Halbelliptik-Blattfedern an allen vier Rädern, während frühere Fahrzeuge mit Dreiviertelelliptik-Federn ausgerüstet waren. Stoßdämpfer allerdings fehlten, obwohl der Franzose Emile Mors bereits 1899 Reibungsstoßdämpfer entwickelt hatte. Den bekanntesten Stoßdämpfer dieser Art präsentierte der Engländer Hartford im Jahr 1906. Zwei Jahre später brachte der Franzose Houdaille hydraulische Stoßdämpfer auf den Markt, und 1905 hatte Louis Renault einen hydraulischen Hebelstoßdämpfer erfunden. Halbelliptik-Federn an allen vier Rädern war die bei den meisten Fahrzeugen übliche Aufhängungsart, bis in den dreißiger Jahren die Einzelradaufhängung an der Vorderachse zur Regel wurde.

Die Einzelradaufhängung setzt sich durch

Eine Einzelradaufhängung mit Gleitführung und einer quer eingebauten Blattfeder tauchte zum erstenmal an einer französischen Voiturette von Decauville aus dem Jahr 1899 auf, und einige Zeit später arbeiteten auch Adler und Sizaire-Naudin mit einem ähnlichen System. Die letztgenannte Firma beteiligte sich mit leichten Wagen erfolgreich an Rennen, zuerst 1906 beim »Coupe de Voiturettes« in Rambouillet, das Georges Sizaire in einem Wagen mit einem Einzylindermotor von 1357 ccm gewann. Bei seiner vier Stunden langen Dauerfahrt erzielte er eine Durchschnittsgeschwindigkeit von 58 km/h.
Lancia in Italien versah als erster Serienhersteller seine Fahrzeuge mit einzeln aufgehängten Vorderrädern: Ab 1921 wurde das Modell Lambda mit Gleitführung und Schraubenfedern ausgestattet. Lancia führte auch, wiederum am Lambda (169), erstmalig die selbsttragende Karosserie in größerer Stückzahl ein, bei der Aufbau und Fahrgestell nicht mehr aus getrennten Konstruktionsteilen bestehen (man nennt dies Schalen- oder Monocoque-Bauweise).
Gewöhnlich fanden sich einzeln aufgehängte Vorderräder bei Fahrzeugen mit Frontantrieb. Die Firma Latil aus Marseille scheint um die Jahrhundertwende diese Antriebsweise erstmals eingesetzt zu haben.
Walter Christie baute in den Vereinigten Staaten zwischen 1904 und 1910 verschiedene Fahrzeuge mit Vorderradantrieb und quer eingebautem Motor sowie Einzelradaufhängung der Vorderräder mit Gleitführung, so unter anderem einen Grand-Prix-Wagen mit einem Hubraum von 7,7 Liter (1906) und einen 19,5-Liter-Boliden, den er – ohne Erfolg – 1907 im französischen Grand Prix von Dieppe steuerte. Eine ähnliche Art der Radaufhängung gab es bei den französischen Tracta-Wagen, die J. A. Grégoire ab 1926 herstellte. Serienfahrzeuge der britischen Marke Alvis waren von 1928 bis 1930 mit querliegenden Viertelelliptik-Blattfedern an der Vorderachse ausgerüstet, und auch die Hinterräder waren einzeln aufgehängt, obwohl in den Jahren vor 1931 bei Fronttrieblern Einzelradaufhängung hinten ungewöhnlich und bei Wagen mit angetriebenen Hinterrädern ausgesprochen selten war.
Die Bremsanlage des Mercedes war für die damalige Zeit eher herkömmlich: Die Hinterräder wurden über handhebelbetätigte Zahnräder gebremst, während die Fußbremse auf die Getriebewelle wirkte. Genaugenommen gab es zwei Getriebebremsen, die der Fahrer über getrennte Pedale betätigte.
Zu jener Zeit experimentierte Mercedes mit einer Druckluft-Bremsanlage an der Vorderachse, doch wur-

den Vorderradbremsen allgemein erst Mitte der zwanziger Jahre eingeführt. Bevor sich Asbestbeläge durchsetzen konnten, rieb bei den Bremsen noch häufig Metall auf Metall – es handelte sich um stählerne Bremsbacken mit gußeisernen Belägen. Wie sehr man auf gelenkte Vorderräder wirkenden Bremsen mißtraute, zeigt sich beispielhaft an dem 1922 vorgestellten Austin Seven, bei dem die Fußbremse auf die Hinterräder und die Handbremse auf die Vorderräder griff. (Inzwischen wissen wir, daß die Bremswirkung an den Vorderrädern stärker ist als an den Hinterrädern.) In den zwanziger Jahren bekamen dann weitverbreitete Fahrzeugtypen hydraulische Bremsanlagen, und zwar zuerst in den USA, wo Duesenberg und Chrysler sich verdient machten.

In Anlehnung an die bei Pferdefuhrwerken übliche Bauweise hatten die Autos des 19. Jahrhunderts vorn kleinere Räder als hinten, während sie beim Mercedes praktisch gleich groß waren, nur wurden die Hinterräder mit größeren Reifen bestückt. Weniger modern beim Mercedes war dagegen der Kettenantrieb. Er überlebte bei den meisten Fahrzeugen den Ersten Weltkrieg nicht, und an seine Stelle trat eine Antriebsart, die Louis Renault 1898 zusammen mit der direkten Übersetzung im großen Gang eingeführt hatte: eine Gelenkwelle, von der aus die Kraft über Kegel- oder Schneckenräder an die Hinterachse weitergeleitet wurde. Auf der anderen Seite markierte die Kulissenschaltung des Mercedes eine bedeutende Entwicklungsetappe, vergleicht man sie mit der zuvor verwendeten Segmentschaltung.

Ab 1890 entwickelten Daimler und Levassor gemeinsam die ersten Vierzylinder-Automotoren, und auch der Mercedes-Motor war ein Vierzylinder. Er hatte einen Hubraum von 5918 ccm bei einer Bohrung von 116 und einem Hub von 140 mm. Anläßlich der Schnellfahrversuche, die im März 1901 bei Nizza durchgeführt wurden, legte Wilhelm Werner mit dem 35-PS-Mercedes den fliegenden Kilometer mit 86,12 km/h zurück, das heißt in 41,8 Sekunden – die schnellste bis dahin von einem Wagen mit Benzinmotor gefahrene Zeit. Zwar hatte ein Serpollet-Dampfwagen bereits stolze 100,5 km/h erreicht, doch brauchte der Mercedes bei der 15,5 Kilometer langen Bergprüfung auf der Corniche nach La Turbie am folgenden Tag lediglich 18:6,5 im Vergleich zu den 24:11,6 Minuten des Serpollet. Der Hauptgrund dafür, daß Dampfwagen sich schließlich nicht durchsetzten, lag darin, daß bei ihnen der Fahrer sehr viel geschickter sein mußte als beim Benzinwagen, um die Höchstleistung aus dem Fahrzeug »herauszukitzeln«.

Von der konstanten zur regelbaren Drehzahl

Frühe Fahrzeugmotoren liefen mit gleichbleibender Drehzahl. Das lag hauptsächlich daran, daß die damaligen Vergaser nicht in der Lage waren, das Kraftstoff-Luft-Gemisch unterschiedlichen Drehzahlen anzupassen. Bei Fahrzeugen mit elektrischer Zündanlage hatte der Fahrer durchaus einen Einfluß auf die Motordrehzahl, indem er die Zündung in Richtung »früh« oder »spät« verstellte, doch bei der Glührohrzündung konnte er nur wenig verändern, wenn er mit dem dafür vorgesehenen Hebel die Luftzufuhr regelte. Auch automatische Einlaßventile standen großen Motor-Drehzahlspannen im Weg, weshalb unter bestimmten Bedingungen ein Regler selbsttätig das Auslaßventil (oder die Auslaßventile) schloß, um zu verhindern, daß die Drehzahl zu sehr anstieg.

Beim Mercedes wurden die stehenden Ventile über zwei im Kurbelgehäuse befindliche Nockenwellen gesteuert. Er verfügte aber nicht nur über mechanisch betätigte Einlaßventile, sondern auch über eine Drosselklappe, so daß der Fahrer die Drehzahl schon nahezu beliebig verändern konnte – das gilt allerdings noch nicht für die 35-PS-Ausführung des Jahres 1901. Hier begrenzte eine Verstelleinrichtung im Ventiltrieb die Drehzahl.

Außerdem besaß das Fahrzeug eine Niederspannungszündung. Die von Benz verwendete elektrische Zündanlage arbeitete mit einer Unterbrecherspule, in der ein nach dem Prinzip der elektrischen Klingel funktionierender Schwinger (Wagnerscher Hammer) einen konstanten Hochspannungsstrom zur Zündkerze induzierte. Daß im richtigen Augenblick ein Funke übersprang, wurde durch einen vom Motor gesteuerten Schalter oder Nocken erreicht. Trotz ihrer Unzuverlässigkeit hielten sich Unterbrecherspulen bis zur Mitte der zwanziger Jahre. Beispielsweise war beim Ford Modell T (87) jeder Zylinder mit einer solchen Spule bestückt. Jedenfalls gaben die Unterbrecherspulen bei frühen Fahrzeugen ein beruhigendes Summgeräusch von sich – solange sie arbeiteten!

Die Niederspannungszündung, mit der der Mercedes ausgerüstet war, hatte 1896 Robert Bosch eingeführt. Im Jahr 1903 hatte er dann seinen – ebenfalls über den Motor mit Strom versorgten – Hochspannungs-Zündmagneten entwickelt, der sich bis weit in die zwanziger Jahre hinein hielt, obwohl die Amerikaner bereits 1912 bei den Fahrzeugen der Marke Cadillac die Batteriezündung vorgestellt hatten. Verantwortlich dafür war Charles F. Kettering, und ihm gebührt auch das Verdienst, die Cadillacs des Baujahrs 1911 mit elektrischen Anlassern ausgerüstet zu haben. In den zwanziger Jahren erhielten zahlreiche amerikanische und auch einige europäische Autos eine Spulen-Batteriezündung, doch besaßen die meisten europäischen Sportwagen, mit Ausnahme des ab 1926 gebauten Alfa Romeo, weiterhin eine Magnetzündung.

Dem Motor des Mercedes wurde ein für die damalige Zeit ruhiger und weicher Lauf bescheinigt, jedoch erzielte Montagu Napier in England auf diesem Gebiet noch Verbesserungen mit seinem Sechszylinder, den er Ende 1903 vorstellte. Berühmt für seine Laufruhe wurde der Sechszylinder-Rolls-Royce Silver Ghost (156), den Henry Royce ab 1907 produzierte. Schon zwei Jahre zuvor hatten die Brüder Dufaux in der Schweiz einen Rennwagen mit Achtzylinder-Reihenmotor gebaut (86), es dauerte noch weitere acht Jahre, bis De Dion in Frankreich für den Handel bestimmte Wagen mit V-8-Motoren herstellte. Bereits 1903 aber hatten französische Wagen an der Fernfahrt Paris–Madrid teilgenommen, die dadurch zu V-8-Motoren gekommen waren, daß man jeweils zwei V-4-Maschinen aneinandersetzte. In den Vereinigten Staaten konstruierte Cadillac Fahrzeuge mit V-8-Motoren ab 1915, und im selben Jahr brachte Packard einen V-12 heraus. Erst 1930 wurde ein V-Motor mit 16 Zylindern präsentiert, den Cadillac entwickelt hatte.

Fortschritte des Motorbaus

Von 1903 bis 1912 wurde die Leistung von Rennwagen gesteigert, indem man ihren Hubraum immer mehr vergrößerte. Die Motoren waren seiten- oder kopfgesteuert – sei es über Stößelstangen oder über eine obenliegende Nockenwelle –, sofern sie nicht gar mit einem System arbeiteten, bei dem das Einlaßventil höher lag als das Auslaßventil.

Als 1912 der Schweizer Ernest Henry für Peugeot den ersten Motor der Welt herstellte, der über zwei obenliegende Nockenwellen verfügte, leitete er damit eine revolutionäre Entwicklung der Motorenkonstruktion ein, die bis auf den heutigen Tag bestimmt, wie Renn- und Hochleistungsmotoren gebaut werden. Im Jahr 1913 erreichte ein Auto mit einem Peugeot-3-Liter-Motor, welcher über vier Ventile pro Zylinder verfügte, eine Geschwindigkeit von über 150 km/h und war damit nur 8 km/h langsamer als ein 7,5-Liter-Grand-Prix-Wagen des Vorjahres.

Bis zum Ersten Weltkrieg wurden Kolben aus Gußeisen oder Stahl gefertigt, und obwohl die italienische Firma Aquila Italiana in von Giulio Cesare Cappa entworfene Wagen bereits 1906 Motoren mit Aluminiumkolben eingebaut hatte, führte erst der Einfluß der Flugzeug-Motorenentwicklung im Krieg dazu, daß sich Aluminiumkolben in Kraftfahrzeugmotoren allgemein durchsetzten. Der Flugzeugmotorenbau während des Ersten Weltkriegs hat übrigens den Kraftfahrzeugmotorenbau vor allem auf dem Gebiet der Metallurgie sowie der Fertigungsverfahren beeinflußt und weniger im Bereich der eigentlichen Motorkonstruktion. Nach dem Kriegsende wurden einige nicht mehr benötigte großvolumige Flugzeugmotoren in Vorkriegsfahrgestelle mit Kettenantrieb eingebaut und auf der englischen Brooklands-Rennstrecke eingesetzt.

Der Amerikaner Lee Chadwick gilt als Vater des Kompressormotors. Er hat 1907 als erster einen Pkw-Motor »aufgeladen«, weil er keine andere Möglichkeit sah, die Leistung eines Sechszylinders zu verbessern, bei dem die Gasführung wegen ungünstiger Gaswege im Krümmer und im Zylinderkopf sehr zu wünschen übrig ließ (62). Als erster Hersteller schickte Mercedes bei der Targa Florio 1922 Kompressorwagen an den Start, und Fiat ließ zum erstenmal 1923 Wagen mit aufgeladenen Motoren an Grand-Prix-Rennen teilnehmen, um die Leistung der hochdrehenden kleinen 2-Liter-Motoren, die zu produzieren durch Verbesserungen der Qualität der verwendeten Metalle und des Kraftstoffs möglich geworden war, noch zu steigern. In den zwanziger und dreißiger Jahren starteten dann bei Grand-Prix-Rennen fast durchweg Fahrzeuge mit aufgeladenen Motoren. Obwohl einige amerikanische Straßenfahrzeuge mit Radial-Ladegebläsen ausgestattet waren, die mit nur geringem Ladedruck arbeiteten, setzte sich die Aufladung bei Straßenfahrzeugen nie wirklich durch; allerdings war gegen Ende der zwanziger Jahre bei einigen europäischen Sportwagenfabrikanten die Aufladung durch Roots- oder Axialgebläse sehr beliebt. Die für Laufruhe und hohen Ölverbrauch gleichermaßen berühmten Motoren mit Schiebersteuerung erreichten gleichfalls in den zwanziger Jahren den Höhepunkt ihrer Verbreitung, verschwanden dann aber völlig. Sie fanden sich bei teuren europäischen Marken wie Daimler (ab 1908 in England), Panhard, Peugeot und Voisin, in den USA dagegen eher in preiswerteren Autos wie dem Willys-Knight.

Synchronisierte Getriebe nach dem System von Earl A. Thompson gab es erstmals in den Cadillacs des Baujahrs 1929, nachdem dem Vorwähl-Planetengetriebe ab 1928 kein großer Erfolg mehr beschieden war. Planetengetriebe verlangten vom Fahrer beim Schalten keine besondere Geschicklichkeit, und die 15 Millionen Exemplare der Ford-Baureihe T wurden von 1908 bis 1927 mit Getrieben dieser Bauweise ausgerüstet.

Ganz zu Anfang gab es an Autos für Nachtfahrten Kerzen, später Paraffin-, ab 1896 dann Azetylenlampen (die in großer Stückzahl die Firma des Kanalüberfliegers Louis Blériot auf den Markt brachte); ab etwa 1919 hielten dann die elektrischen Scheinwerfer ihren Einzug.

Erst in den zwanziger Jahren fanden Scheibenwischer allgemein Verbreitung, und über Scheibenwaschanlagen oder Richtungsanzeiger verfügten damals nur wenige Fahrzeuge. Sicherheitsgurte gar blieben weitere dreißig Jahre lang ausschließlich Flugzeuginsassen vorbehalten.

Peter Hull

DESIGN DER FRÜHEN JAHRE

Die ersten Autos wirkten wie Kutschen, altmodische Rollstühle oder wie Abkömmlinge des Fahrrads. Wegen ihrer schwachbrüstigen Motoren waren die Radstände kurz. Hugh Weguelin, ein früher englischer Autopionier, schrieb 1902: »Mit dem Rennen Paris–Amsterdam des Jahres 1898 verbesserte sich das Aussehen der Automobile, denn dort erblickte man zum erstenmal Fahrzeuge, die nicht an den scheußlichen ›pferdelosen Wagen‹ erinnerten, sondern sie waren, was sie eigentlich sein sollten – Fahrmaschinen.« Der Siegerwagen, ein 8-PS-Panhard, hatte den Motor vorn und das Getriebe in der Mitte; der Antrieb erfolgte über die Hinterräder. Nach diesem berühmt gewordenen Panhard-System bauten in den folgenden 35 Jahren fast alle Hersteller ihre Fahrzeuge. Der Konstrukteur des Panhard war Léon Auscher von der Wagenbaufirma Rheims & Auscher.

Léon Auscher war der erste, der den Autos Gesicht und Gestalt gab, und er übte zugleich den nachhaltigsten Einfluß aus. Er hatte seine besondere Begabung für kompakte und ausgewogene Formen bereits bewiesen, als er 1894 das »Dampfpferd« entwarf, mit dem Comte Albert de Dion bei der Prüfung Paris–Rouen das beste Ergebnis erzielte. Dieses Dampfpferd war eher einem Sportwagen ähnlich, und vielleicht hatte Camille Jenatzy es vor Augen, als er Auscher 1899 den Auftrag erteilte, für ihn »La Jamais Contente« zu konstruieren, den berühmten Torpedowagen mit Elektroantrieb, der als erstes Landfahrzeug eine Geschwindigkeit von mehr als 100 km/h erreichte. Auscher zeichnete gleichfalls für den Mors-»Dauphin« verantwortlich, der bei der Fernfahrt Paris–Madrid an den Start ging, ein stromlinienförmiges Fahrzeug, über das noch zu sprechen sein wird. Doch zuvor wollen wir uns ansehen, wie die Tourenwagen »gesitteter« wurden und längere Radstände bekamen, nachdem Motoren zur Verfügung standen, deren Leistung ausreichte, vier Personen zu transportieren.

Vom Zweisitzer zur Luxuskarosse

Die Schwierigkeit, einen viersitzigen Aufbau auf ein dafür zu kurzes Kettenantriebs-Fahrgestell zu setzen, löste Hugh Weguelin bei seinem ersten Panhard, der auf der Strecke Paris–Amsterdam eingesetzt wurde. »Dem Katalog einer Wagenbaufirma entnahm ich die vordere Hälfte eines Phaeton und die hintere einer Wagonette, dann schickte ich die Zeichnung an Léon Auscher«, dessen Firma inzwischen Rothschild et Cie. hieß. Alle Insassen saßen in Fahrtrichtung, und der Einstieg erfolgte durch eine Tür in der Mitte des Hecks. So entstand das Tonneau (80). Diese Bauweise wurde erst aufgegeben, als längere Radstände und Kardanantrieb genug Platz für seitlich angebrachte Türen ließen. An die Stelle des Tonneau trat dann der Doppelphaeton (83), ein Aufbau mit zwei Sitzreihen, bei dem die Vordersitze sich drehen oder kippen ließen. 1901 stellte Rothschild sogar ein Dreifachphaeton vor. Baron de Zuylen fuhr dieses Fahrzeug mit einem Radstand von drei Metern und einem 20-PS-Motor in der Kategorie »Tourenwagen« auf der Strecke Paris–Berlin. Auch Kaiser Wilhelm II. benutzte zumindest bis 1908 auf längeren Strecken und bei feierlichen Anlässen Mercedes-Fahrzeuge dieser Bauart.

Ein weiteres gekröntes Haupt unter den Automobilisten war Belgiens König Leopold II. Er beklagte ständig die Unbequemlichkeit seiner Autositze und ließ – auf Anraten seiner Freundin Cléo de Merode, in deren Salon ihm die Sessel sehr behagten – 1901 bei der Firma Rothschild eine Luxuskarosse mit vier sehr bequemen, an Arm- und Rückenlehnen gepolsterten Sesseln im Stil Louis XVI. bauen. Damit war der Karosseriestil »Roi des Belges« kreiert.

Bei der Entwicklung der offenen Fahrzeuge spielten die Rücksitzpassagiere eine bedeutendere Rolle als die auf den Vordersitzen, denn diese waren schon seit Jahrhunderten den Unbilden der Witterung ausgesetzt gewesen und hatten durch entsprechende Kleidung Vorsorge dagegen getroffen. Viele Jahre lang wollten begeisterte Autofahrer nichts von Windschutzscheiben und Türen wissen; ihre Fahrgäste hingegen verlangten dringlich nach beidem sowie nach einer Art wetterfestem Verdeck. Bald gab es für die offenen Tourenwagen-Aufbauten vom Typ Phaeton (88) ein Scheren- oder Klappverdeck aus Leinwand oder einen Baldachin und lose (aufsteckbare) Seitenteile. Autos mit abnehmbarem Baldachin, mit festen, auch verglasten, hinteren Seitenteilen, wurden später als »Limousinen« bekannt.

Als nach der Jahrhundertwende die inzwischen erstarkten Motoren lange Radstände möglich machten, bekamen die meisten Fahrzeuge einen Seiteneinstieg wie auch Trittbretter. Das Stellmacher- und Wagenbaugewerbe, das den Automobilen ursprünglich äußerst ablehnend gegenübergestanden hatte, bot jetzt offene und geschlossene Aufbauten in allen von der Kutsche her bekannten Ausführungen an: als Landauer, Halb-Landauer, Victoria, Berline und sogar als Hansom Cab, bei dem der

Fahrer im Freien erhöht hinter dem Fahrgastabteil saß. Sie hatten erkannt, daß Automobile häufiger neu angeschafft wurden, als das bei Kutschen je der Fall gewesen war. Da ihre Aufbauten oft altmodisch und zu schwer waren, beschäftigten sich bald interessierte Laien mit der Konstruktion geschlossener Fahrzeuge. Im Jahr 1905 berichteten Autohändler aus Paris: »Wir erleben jetzt das Jahr des großen geschlossenen Wagens.« Mit dieser Aufbauform war die Stunde der »Selbstfahrer« gekommen. Zwar waren die von ihnen gesteuerten Wagen schwerfällig und – wegen der hohen Herrenhüte und der Federhüte der Damen – hoch, sie eigneten sich jedoch sehr gut für den Betrieb in der Stadt und entsprachen den Bedürfnissen von Ärzten, Anwälten, Architekten usw.

Die Linien werden klarer und die Seitenflächen glatt

Inzwischen verloren auch offene Fahrzeuge, sogar auf den Vordersitzen, etwas von ihrer Rauhbeinigkeit. Daimler in Coventry verkleidete ab 1902 die Armaturentafel oben und an den Seiten, was den Regen teilweise abhielt; doch war dieser »hohle Armaturenträger« erst der Anfang. Im folgenden Jahr konstruierte Léon Auscher für die Fernfahrt Paris–Madrid den Mors-»Dauphin«, den Vorläufer aller Renn- und Sportwagenaufbauten mit vornliegendem Motor. Seine wie ein gekentertes Boot wirkende Motorhaube ging in einen Windlauf über, so daß Fahrer und Mechaniker vollständig geschützt saßen. Diese Verkleidung setzte sich seitlich der Sitze weiter nach hinten fort, wo sie in ein abgerundetes Heck auslief. Die glatte Linienführung des »Dauphin« trug möglicherweise dazu bei, daß Fernand Gabriel auf der Strecke von Paris nach Bordeaux eine durchschnittliche Geschwindigkeit von 105 km/h erreichte. Obwohl in der Industrie diese neuartige Bauweise vorerst noch bespöttelt wurde, verewigten Künstler den »Dauphin« in Porzellan (Emile Decœur) und Bronze (Paul Moreau-Vauthier).
Automobile gewannen plastische Gestalt; ihr Äußeres wurde einfacher, die hinteren Türen stiegen bis auf Ellenbogenhöhe an, und schließlich wurden vorn Türen angebracht, wenn sie auch zuerst nur knöchelhoch waren. Offene Wagen sahen immer noch aus wie übereinandergetürmte Treppenstufen auf Rädern, und von oben betrachtet wirkten ihre Flächen, mit den Worten eines Bewunderers gesagt, »wie Blütenblätter einer Rose«. Immerhin aber wiesen einige Fahrzeuge, die 1905 und 1906 an der Tourist Trophy teilnahmen, eine glatte Gürtellinie und glattflächige Seiten auf. Das beeindruckte vor allem deutsche Konstrukteure, und sie beeilten sich, die neuesten Erkenntnisse der Aerodynamik anzuwenden, als der autobegeisterte Bruder des Kaisers, Prinz Heinrich von Preußen, einen Wettbewerb ankündigte, der an die Stelle der Herkomer-Fahrten treten sollte.
Die von ihnen entwickelten Fahrzeuge stießen die Liebhaber herkömmlicher Wagen ebenso vor den Kopf, wie die Gemälde von Derain, Matisse und Picasso die Kunstwelt in den Grundfesten erschütterten. Diese Prinz-Heinrich-Fahrten, so hörte man sie murren, seien offensichtlich nicht für Tourenwagen mit Herren am Steuer gedacht, sondern ausschließlich für »Berufsfahrer in Rennwagen«. In der Tat waren die Mercedes (81), Benz, Opel und Austro-Daimler sehr klar gezeichnete, zweckentsprechende und leistungsfähige Fahrzeuge. Sie hinterließen auf dem Pariser Salon einen überwältigenden Eindruck. Auscher zeigte dort einen Rennphaeton, der »aussah, als habe man von einem modernen Torpedoboot die Bugpartie abgeschnitten und an ihre Stelle eine Motorhaube gesetzt«. Mit ihren geraden Linien, glatten Seitenflächen und auf funktionale Formen zurückgeführten Kotflügeln nahmen sie den Funktionalismus vorweg, der in den zwanziger und dreißiger Jahren die Architektur beherrschen sollte. Ihre Form ergab sich aus der Funktion, und sie beeindruckten durch diesen Zusammenhang ungeheuer.
Vier deutsche Architekten, deren Wirkung später unabschätzbar wurde, standen zu dieser Zeit gerade am Anfang ihrer Laufbahn: Bruno Taut war 28 Jahre alt, Walter Gropius 25, Ludwig Mies van der Rohe 22 und Erich Mendelsohn 21. Die geraden Linien und schnörkellosen Flächen der von ihnen ab 1910 und bis in die fünfziger Jahre errichteten Gebäude im »Internationalen Stil« gehorchen derselben Forderung des Funktionalismus, und bekanntlich hat Gropius, nachdem er das (von ihm gegründete) Bauhaus in Weimar 1928 verließ, 1930 eine Karosserie für den Adler Standard 8 entworfen. Dies dokumentiert, in welchem Umfang der Automobilbau das technische Konstruktionswesen insgesamt beeinflußt hat.
Zur Zeit der Prinz-Heinrich-Fahrten (1908 bis 1911) waren viele Autosportler zugleich auch Flieger, was sich stark auf den Kraftwagenbau auswirkte. Den prägnantesten Einfluß auf die Karosserieform der Autos hatte aber der Bootsbau, was möglicherweise auf Chevalier René de Knyff zurückzuführen war, der früher selber Rennen gefahren hatte und jetzt dem Automobilunternehmen Panhard & Levassor vorstand. Da der Chevalier sehr gern ruderte, forderte er Jean Henri Labourdette von der Pariser Wagenbaufirma auf, ihm einen Aufbau zu entwerfen, der wie ein Skiff aussah.
Im Jahr vor dem Ersten Weltkrieg trug der Pariser Salon sozusagen einen Matrosenanzug: Man fand Mahagoniplanken, von Motorbooten inspirierte Heckpartien, Schiffslüfter, Türgriffe, die wie Dollen aussahen. Dieser Regattastil hielt sich bis nach

Kriegsende. Allerdings paßte die riesige neue Motorhaube des Hispano-Suiza auch sehr gut zu einem Aufbau mit Bootsdeck.
Plötzlich entdeckten die feinen Leute, daß das Auto, mit dem sich bis dahin nur eine Minderheit beschäftigt hatte, chic war. In dem auf die Arts-Décoratifs-Ausstellung des Jahres 1925 folgenden Zeitraum wandte man dem Inneren des Automobils ebensoviel Aufmerksamkeit zu wie den Gemächern eines Filmstars. Es wurde mit neuen, kräftig gemusterten Stoffen ausgeschlagen, mit kleinen Chinalack-Vitrinen von Jean Dunand möbliert, mit Schmuckgläsern von René Lalique, mit Bronze- oder Silber-Schnurlinien in aufwendigem Furnier verziert oder passend in Silber, vergoldetem Silber, Email und Chagrinleder ausgekleidet. Bei der äußeren Erscheinung einer Karosserie war die Wahl mit ebensoviel Qual verbunden wie bei einem Kleid von Lanvin, Patou oder Chanel.
Der Maler Robert Delaunay entwarf ein Op-art-Kleid mit dazu passendem Wagen von Voisin, und Gabriel Voisin kreierte ein spezielles Schottenmuster. Das in der Vorkriegszeit beliebte imitierte Flechtwerk feierte Wiederauferstehung: Elfenbein auf Grün, Schwarz auf Beige und sogar Gold auf Flächen von knalligem Blutrot. Als die Damenwelt zwischen 1926 und 1928 Schuhe und Handtaschen aus Eidechsen- und Schlangenleder trug, konnten sich die Automobile dieser Mode nicht entziehen, und an die Stelle von Furnier und Verkleidungsstoff trat Schlangenleder. Karosserien, die als elegant gelten sollten, mußten glattflächig und kantig sein wie Passagierflugzeuge. In Deutschland flossen die Formvorstellungen des Bauhauses mit den sich verjüngenden konkaven Formen zusammen, die an die Prinz-Heinrich-Konstruktionen erinnerten. Die Linienführung von Sportwagen wirkte ungeheuer aggressiv, wie bei den von Ferdinand Porsche konstruierten Mercedes-Benz-Typen S und SS (17). Der Schwarze Freitag in Wall Street setzte allem Überschwang ein Ende. Als die Krise überwunden war, trat an die Stelle tändelnder Modetorheiten zurückhaltende Eleganz (das wird beispielsweise beim Vergleich eines Mercedes-Benz SS mit einem 540 K desselben Herstellers deutlich) oder die nüchterne Zweckmäßigkeit eines gutgeschnittenen Maßanzugs. Bei der Innenausstattung hieß fortan die Parole langweilige Gediegenheit, und es herrschten dunkle Stoffe vor wie auch Nußbaumholz und Leder. Die Proportionen änderten sich: Die Karosserien wurden breiter, die Motoren wanderten weiter nach vorn.
Man nahm sich aber auch wieder der Aerodynamik an, so zum Beispiel Andreau in Frankreich und Jaray in Deutschland, dessen Adler-Rennlimousine aus dem Jahr 1937 mit einem Motor von nur 40 Brems-PS eine Spitzengeschwindigkeit von fast 130 km/h erreichte. Mit ähnlichen Leistungen wartete das Fiat-Mille-Miglia-Coupé auf, dessen Motor über einen Hubraum von lediglich 1100 ccm verfügte. In scharfem Gegensatz dazu standen die großen Airflow-Limousinen der Firma Chrysler, deren Stromlinie trotz der in die Kotflügel eingezogenen Scheinwerfer und der verkleideten Räder eher von kaufmännischen als von technischen oder wissenschaftlichen Erkenntnissen diktiert wurde. Dennoch ging von diesem Modell ein starker Einfluß aus – auf dem Gebiet der Verpackung und der Präsentation, offenbar nach dem Motto: »Immer her mit der Stromlinienform, ob sich die Sache bewegt oder nicht.« Gerundete Formen waren Trumpf – ob bei Bussen, Milchkannen oder Zahnbürsten. – Im Zusammenhang damit feierte das aufgesetzte Ornament Triumphe, Chromleisten und sonstiger Zierat griffen vom Auto auf die Einrichtung der Wohnräume über – eine wahre Gegenbewegung zu jenen Idealen der Funktionalisten. Glücklicherweise wurden diese Formen und Ornamente später dadurch verdrängt, daß Autos nicht mehr nach solchen Erwägungen hergestellt wurden, sondern nach den Vorstellungen eines prägenden Stilwillens.

Offene Autos, kurze Haare

Ist es nicht faszinierend zu beobachten, wie sich die Formtrends auf dem Gebiet der Architektur, des Automobils und der Mode wechselseitig beeinflußt haben? Die ersten geschlossenen Wagen waren hoch, und ihre Sitze hatten dickgepolsterte Rückenlehnen, weil die Menschen breitrandige Hüte trugen. Schon 1907 konnte sich der Wagenradhut in der Damenmode nicht mehr durchsetzen, weil er für Autotüren zu breit war, und um 1914 hatten niedrige Coupés den Pariserinnen ihre Vorliebe für Federn auf den Hüten ausgetrieben. Nicht der Drang zur Emanzipation, sondern offene Autos veranlaßten in den zwanziger Jahren Frauen dazu, ihr Haar à la garçonne kurz zu tragen und es mit dem als Glocke bekannten Hut zu bedecken, ähnlich wie heute unsere niedrigen Autos die Hosenmode fördern.
Aber auch am Mann ist diese Entwicklung nicht spurlos vorübergegangen. Nach 1929 wurden Autodächer niedriger, auf den ersten Blick wegen des besseren Aussehens, in Wirklichkeit aber aus Gründen der Gewichts- und Materialeinsparung. Dadurch gewöhnten Männer es sich ab, Hüte zu tragen, und als später alle Autos serienmäßig mit Heizung ausgerüstet wurden, ließen sie auch den Mantel zu Hause. Da wir an niedrige Autos gewöhnt sind, finden wir auch nichts dabei, daß die Zimmerdecken in unseren Häusern niedriger wurden und rekeln uns wohlig auf Sesseln und Sofas in Bodennähe, die ebensogut für ein Automobil entworfen sein könnten wie für ein Wohnzimmer.

D. B. Tubbs

BUGATTI

(113) Bugatti 1937

(114) Bugatti 1932 Vorhergehende Seite: (112) Bugatti 1928

(115) Bugatti 1927 Folgende Seiten: (116) Bugatti 1929

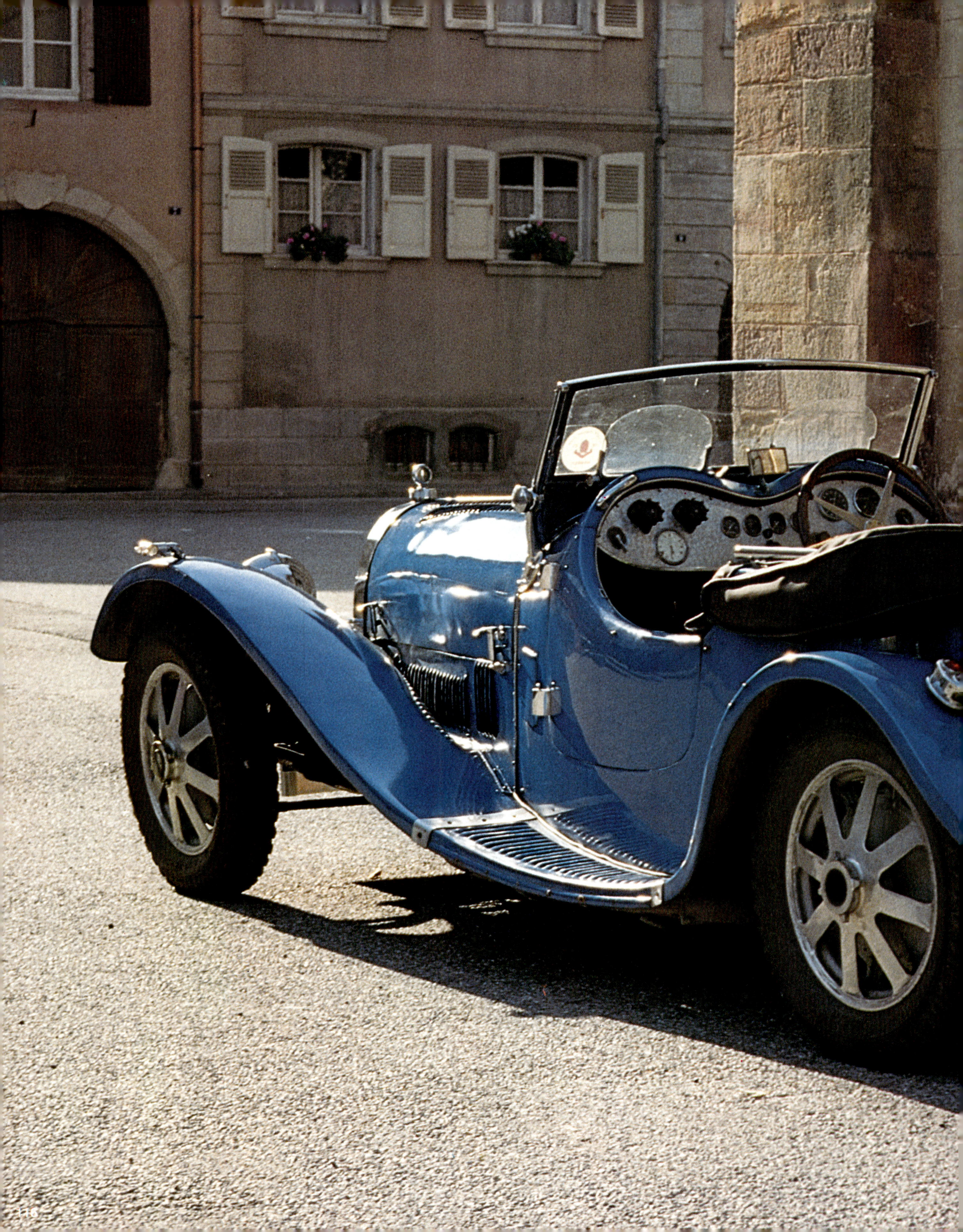

CS
ABM·71·13

(117) Bugatti 1930

(118) Bugatti 1929

(119) Bugatti 1927 bis 1930

(120) Bugatti 1926 bis 1930 Folgende Seite: (121) Bugatti 1921

BUGATTI
BUGATTI

LE PATRON

Das Elsaß als Eldorado der Feinschmecker, mit seinem berühmten Choucroute, einem in Weißwein geschmorten und mit verschiedenen Fleischsorten und Würstchen oder Fasan zubereiteten Sauerkrautgericht, mit seinem warmen Zwiebelkuchen, den mächtigen Pasteten und solch einer Delikatesse wie Hecht mit Klößchen oder in Rahmsauce – und, als Adagio lamentoso für den Magen, gegorener Weichkäse als Abschluß . . . dazu einen Chasselas oder einen Sylvaner, der frisch und spritzig ist . . . Da kann man einen Connoisseur wie Ettore Bugatti schon begreifen, daß er gerade in dieser Region seine »Pur-sang-Autos«, seine Vollblut-Autos, baute. Für ihn bedeutete diese für andere eher profane Tätigkeit, frei nach Ortega y Gasset, in Schönheit zu zeugen und Technik als Lustgewinn zu begreifen. Molsheim war Ettore Bugattis Shangri-La.

ETTORE BUGATTI - AUTOS NACH GUTSHERRENART

Am 1. September des Jahres 1907 betrat ein großer und eleganter junger Mann das Werksgelände der Gasmotorenfabrik Deutz AG in Köln-Deutz. »Wen darf ich melden?« fragte der Portier. »Ich heiße Bugatti und bin der neue Chefkonstrukteur.« Ettore Bugatti, am 15. September 1881 in Mailand geboren, sollte die »alte Tante Deutz« zu neuen Ufern führen. Deutz hatte sich zwar längst einen Namen als Geburtsstätte des Ottomotors und als Hersteller ortsfester Aggregate, später dann auch als Schlepper- und Lokomotivfabrik gemacht. Aber der Siegeszug des Automobils war verpaßt worden.

Über 500 Firmen bastelten in jenen Tagen weltweit an neuen Modellen. Allein in Deutschland wurden im Jahr 1907 rund 3500 Personenkraftwagen und fast 500 Lastwagen produziert. Damit konnten die deutschen Hersteller den Inlandsbedarf aber nicht decken. Da sprangen die Franzosen – in jenem Jahr noch Europas Autoland Nr. 1 – in die Bresche und führten Fahrzeuge im Wert von 15 Millionen Mark nach Deutschland ein. Die Geschäftsführung der Gasmotorenfabrik Deutz AG rechnete sich daher gute Absatzchancen mit einem eigenen Wagen im In-, aber auch im Ausland aus. Die nötigen Impulse sollten von dem 25jährigen Ettore Bugatti ausgehen, der damals schon als eine der größten Begabungen unter den Autokonstrukteuren galt. Er konnte auf spektakuläre Erfolge als Autobauer und Rennfahrer zurückblicken – ein Wunderkind mit überragendem Know how.

Als 17jähriger baute Bugatti sich aus einem unfertigen Wagen seiner Lehrfirma Prinetti e Stucchi einen Wettbewerbswagen und bestritt mit ihm am 24. Mai 1899 das Rennen Paris–Bordeaux. Ein halbes Jahr später siegte er mit einem De-Dion-Tricycle beim Rennen Nizza–Castellane. Weitere Siege auf Drei- und Vierrädern folgten. 1901 gewann er mit dem ersten eigenen Wagen auf der internationalen Motorschau in Mailand den Großen Preis des Französischen Automobilclubs. Es war ein 65 km/h schneller Vierzylinder, mit 90 mm Bohrung und 120 mm Hub, mit Kettenantrieb, vier Vorwärtsgängen und einem Rückwärtsgang. Die Serienproduktion scheiterte am Tod eines Sponsoren. Bugatti verkaufte die Lizenz und auch die für den Bau anderer Wagen an die Firma De Dietrich im Elsaß. Aber auch hier war das Glück nur von kurzer Dauer. 1904 schloß die Fabrik die Pforten ihrer elsässischen Dependance.

Ein genialer Wanderarbeiter unter den Konstrukteuren

Der »Wanderarbeiter unter den Konstrukteuren« trieb in dieser Zeit schon einen schwunghaften Handel mit Lizenzen und baute in Graffenstaden für Emil Mathis den »Hermes«-Rennwagen. Bugatti und Mathis trennten sich sehr bald – angeblich im Streit –, und Ettore gründete in Illkirch, zwei Kilometer von Graffenstaden entfernt, eine eigene Firma. 1907 war ein Prototyp produktionsreif. Der Wagen hatte etwa 50 PS, 150 mm Bohrung und 150 mm Hub, eine obenliegende Nockenwelle, Kettenantrieb und vier Gänge. Der Vierzylindermotor war in einem Stück gegossen. Mit diesem Modell im Gepäck trat er seinen Job bei Deutz an.

Dort genoß Bugatti zuerst einmal große Vorschußlorbeeren. Die Kölner schmückten sich mit diesem Paradiesvogel. Ein großzügiger Vertrag machte dem jungen Italiener das Joch eines Festangestellten zunächst schmackhaft, obwohl ein derartiges Vertragsverhältnis seinem Naturell eigentlich widersprach. Aber die vielen Enttäuschungen mit kleinen Bastlerfirmen hatten ihn zu diesem Entschluß bewogen. Ihn reizten die Effizienz und die kaufmännische Sicherheit dieser Kölner Weltfirma, die darüber hinaus finanziell gesund war.

Die unglückliche Deutzer Phase

Die Bindung des genialen Exzentrikers Bugatti an den Motorbau-Koloß Deutz war jedoch nicht von langer Dauer. Sie hielt gerade so lange, um zwei Deutz-Modelle zu konstruieren. Durch Welten voneinander getrennte Auffassungen vom Automobilbau prallten hier aufeinander: Bugatti wollte Autos nur um ihrer selbst willen bauen, die Deutzer aber dachten in kaufmännischen, profitorientierten Kategorien. Dabei war die Ausgangsbasis für die Zusammenarbeit außerordentlich gut. Den Bau der Karosserien hatte die Kölner Firma Utermöhle übernommen. Neue Vertreter waren eingestellt worden. Ernest Friderich und ein Deutz-Direktor waren nach Ostpreußen und Rußland gefahren, um den Wagen dort vorzustellen und Aufträge hereinzuholen. Motor und Fahrgestell des Deutz-Bugatti (59) bewährten sich, und die deutschen Autoliebhaber waren froh, daß es ein weiteres deutsches Fabrikat gab, das der Autolawine der Franzosen Paroli bieten konnte.

Weniger zufrieden war der Hersteller Deutz. Einer Aktennotiz ist zu entnehmen, daß der Deutzer Bugatti-Wagen für den Käufer zwar ein Gewinn, aber kaufmännisch gesehen für das Werk ein Verlustgeschäft war. In den Erinnerungen des Deutz-

Ingenieurs Dr. G. Goldbeck heißt es: »Der Königswellenantrieb war teuer und schwer herzustellen. Mit dem Getriebe waren gleichfalls beträchtliche Schwierigkeiten aufgetreten, die nur durch den Bezug eines anderen Getriebes gelöst werden konnten.« Techniker und Kaufleute hätten sich also zusammenraufen müssen. Aber Bugatti hat wahrscheinlich nicht eingesehen, daß er sich mit seinen Methoden auf die Denk- und Arbeitsweise einer in der Fabrikation erfahrenen Firma einstellen mußte! Er wird dazu nicht bereit gewesen sein, was übrigens auch in den Akten der Gasmotorenfabrik Deutz AG in schönstem Kaufmannsdeutsch nachzulesen ist. Dr. Goldbeck zitiert: »Bugatti erwies sich trotz der stärksten Einwirkung weder als befähigt noch geneigt, die Änderungen seiner Konstruktion im Sinne der Anpassung an die Fabrikation und damit an die nötige Verbilligung durchzuführen. Da ihm ferner das Gefühl für Geschäftsdisziplin und -logik abgeht, so gefährdet er geradezu das innere und äußere Geschäft.«
Starker Tobak für einen jungen Mann, der ausgezogen war, die Autowelt umzukrempeln. Kein Zweifel, daß diese unglückliche Deutzer Phase in der Karriere des Ettore Bugatti zum Wendepunkt seines Lebens wurde. Die Deutzer waren nicht kleinlich. Sie zahlten dem jungen Konstrukteur 20000 Mark als Schmerzensgeld für die Vertragsauflösung. Der Kontrakt hatte bis zum 31. August 1912 gelten sollen. Die Gasmotorenfabrik Deutz AG stellte 1912 den Bau von Autos ein; etwa 50 Stück waren bis dahin produziert worden.

Das Auto aus dem Keller

Die vielen Bugatti-Biographen erwähnen das Scheitern ihres Idols in Deutz mit kaum einem Wort. Und dabei hat doch im Grunde genommen der Meister hier am Rhein ein Husarenstück von besonderer Qualität vollbracht. Um seine Frustration über die Schwierigkeiten mit den Deutz-Wagen zu kompensieren, baute er in der Freizeit im Keller seiner Villa auf dem Werksgelände den ersten wirklich stilreinen, unverfälschten Bugatti-Wagen, »le pur sang« (»Vollblut«), wie die Insider ihn nennen. In der Bugatti-Typenreihe wird er als Nr. 10 eingestuft, ein Vierzylinder mit acht Ventilen, 62 mm Bohrung und 100 mm Hub und einem 1,3-Liter-Motor. Dieser Prototyp bildete die Basis für den späteren Bugatti 13. Damit beginnt die eigentliche Geschichte der legendären Bugatti-Renn- und Sportwagen.

Auf ins Elsaß!

Als sein Monteur und Freund Ernest Friderich vom Wehrdienst zurückkehrte, baute er den Wagen im Keller auseinander, schleppte seine Teile auf den Hof und setzte den Prototyp dort wieder zusammen. Als »Badewanne« wurde der kleine Bugatti auf Kölns Straßen sehr bald ein Begriff. Der französische Flugpionier Louis Blériot besuchte am 25. Juli 1909, nach seiner erfolgreichen Kanalüberquerung, seinen Freund Bugatti und beschwor ihn, mit diesem Prototyp nochmals ganz von vorn anzufangen. »Das ist deine große Chance!« Eines war dem jetzt 27jährigen Bugatti inzwischen klargeworden: Er würde nur einem Betrieb vorstehen können, der wie ein Maßanzug auf ihn zugeschneidert wäre.
Ende 1909 rollte Ettore Bugatti mit der »Badewanne« vor der Filiale der Darmstädter Bank in Straßburg vor und bat den Direktor de Vizcaya, sie zu besichtigen. Der autobegeisterte Bankier war sehr beeindruckt. Er gab Kredite, gute Ratschläge und besorgte auch im 21 Kilometer entfernten Molsheim eine Fabrik, für die Bugatti an ein Fräulein Geissner 5000 Mark pro Jahr zahlen mußte.
Ende Januar 1910 waren Mitarbeiterstab und Maschinenpark komplett, und die Produktion konnte beginnen. Der »Gouverneur«, wie Bugatti bald im idyllischen Elsaß-Städtchen Molsheim genannt wurde, konnte und wollte nicht mit technischen Sensationen aufwarten. Das Deutz-Trauma steckte ihm noch in den Gliedern. Grundsatz Nr. 1: Nicht im Strom der Konkurrenz mitschwimmen! Grundsatz Nr. 2: Auf Individualität setzen! Grundsatz Nr. 3: Fortschritt um jeden Preis darf nicht zum Dogma werden!
Wie sah zu jenem Zeitpunkt die Marktsituation aus? Die Firma Oldsmobile baute schon seit 1901 ihr Modell »Curved Dash« in Massenproduktion. Spyker aus den Niederlanden bot 1902 den ersten Wagen mit Vierradantrieb und Sechszylindermotor an. Im selben Jahr konstruierte C.G.V. in Paris den ersten Achtzylinder. Zwei Jahre später stellte Sturtevant in Boston, USA, den ersten Wagen mit Dreigangautomatik vor. 1907 kam Rolls-Royces Silver Ghost (156) auf den Markt, und Chadwick, USA, baute den ersten Kompressorwagen (62). 1908 startete Henry Ford sein Modell T (»Tin Lizzie«) (87) und verkaufte 19000 Stück davon im Jahr 1909. Im selben Jahr gründeten Wilhelm Maybach und Graf Zeppelin die Maybach Motoren GmbH, Isotta-Fraschini rüstete seine Wagen mit Vorderradbremsen aus, und der im Jahr 1908 entwickelte Blitzen Benz hatte als stärkste Maschine einen 22-Liter-Vierzylindermotor.
Die Bugatti-Historiker bezweifeln, daß das Genie aus Molsheim überhaupt wußte, was um ihn herum im Automobilbau passierte. Auf dem Autosalon 1910 in Paris verkaufte Bugatti fünf Exemplare des Typ 13 – das war die gesamte Jahresproduktion. Sein Ehrgeiz war nicht auf möglichst hohe Stückzahlen ausgerichtet. Er baute Autos nicht, damit man möglichst schnell von A nach B kommen konnte. Autobauen war für Ettore Bugatti eine Frage der Ästhetik,

eine Kunstform. In der Tat fühlte er sich in einer Reihe stehend mit seinen Zeitgenossen Auguste Rodin und Aristide Maillol. In dieser Beziehung war Ettore völlig der Sohn seines Vaters Carlo Bugatti (1856 bis 1940), einem exzentrischen Designer und Möbelbauer von hohen Graden und internationalem Ruf, der den Sohn ein Leben lang beeinflußte.

Vater Carlo

Carlo Bugatti lebte wie ein Renaissancefürst mit seiner Familie in Mailand und hielt sich für einen Leonardo da Vinci der Moderne. Sein Designtick trieb seltene Blüten und übte eine nachhaltige Wirkung auf seine Kinder Rembrandt, Ettore und Tochter Deanice aus. Als Kuriosität berühmt geworden ist Carlos weiträumige Flatterhose, deren Bund am Hals geschlossen wurde. Auf diese pragmatische Weise wollte der ständig Magenkranke den Druck auf die Magengegend vermeiden. Im Haus der Bugattis gingen Künstlerpersönlichkeiten wie Puccini, Leoncavallo und Tolstoi ein und aus. Carlo Bugatti hatte an den Kunstschulen von Mailand und Paris studiert, jedoch nie selber ein Haus gebaut. Er gab das Geld mit vollen Händen aus, eine Eigenschaft, die die Söhne gern von ihm übernahmen.
In Mailand und später in Paris entstanden in Carlos Studios hinreißend bizarre Entwürfe für viele überflüssige Accessoires. Die Hautevolee Italiens und Frankreichs war versessen auf Bugattis Möbel, Silbergeschirre, Stoffe, Gemälde. Seine Sitzmöbel waren aufreizende Monstren aus kühn kombinierten Materialien wie Ebenholz, Kupfer, Leder, Seidenquasten und verwirrenden Intarsien – und so unbequem, daß sie die Bandscheiben extrem belasteten. Bugattis Designorgien machten dem dahinsiechenden Jugendstil vollends den Garaus.
Carlo Bugatti und seine Familie lebten auf der Sonnenseite des Lebens, sie waren frei von jeglicher hektischen Fortschrittsgläubigkeit. Der heute in Vergessenheit geratene englische Philosoph und Sozialreformer John Ruskin (1819 bis 1900) war Carlo Bugattis geistiger Mentor. Ruskin trat in seinen Schriften für eine Art Ganzheitsmethode ein. Ein Künstler soll ein Material, bevor er es gestaltet, als Handwerker beherrschen. Er sah in äußerer Schönheit nur die Entsprechung der inneren.
Nach diesem Prinzip wurden die Bugatti-Söhne erzogen. Bei ihnen förderte der Vater besonders die Beobachtungsgabe und die Intuition. Von Akademien hielt Carlo Bugatti allerdings nichts. Er warf seine beiden »Wunderkinder« ins Wasser, und sie mußten schwimmen. Rembrandt wurde Bildhauer und zählte im Alter von 20 Jahren schon zur Bildhauer-Prominenz in Paris. Ettore begann seine Laufbahn als Autokonstrukteur mit 16 Jahren, mit 18 empfing er bereits seine erste Auszeichnung. Carlos Grundsatz: »Alles, was wir tun, hat Stil zu haben, alles, was wir leben, hat in sich zu stimmen«, hatte jedoch auch makabre Folgen. Rembrandt Bugatti inszenierte seinen Selbstmord im Jahr 1916 nach den vom Vater vorgegebenen Grundsätzen der Ästhetik. Zum Sterben zog er einen Frack sowie weiße Glacéhandschuhe an, kaufte riesige Blumensträuße für das Sterbezimmer und dichtete alle Fenster- und Türritzen ab, bevor er den Gashahn aufdrehte. Auch im Suizid ein Bugatti.
Ettore war härter im Nehmen. Die Ruskinsche Lehre übertrug er pragmatisch auf seine Konstruktionen. In Abwandlung einer Definition von Ortega y Gasset bedeutete Autobauen für ihn »in Schönheit zu zeugen«. Immer schneller, immer stärker, immer größer – diese Primitivmaxime der meisten Autokonstrukteure ließ er nicht gelten. Geschwindigkeit betrachtete er nicht als Triumph der Technik, sondern als Ausdruck eines Lebensgefühls. PS-Leistungen hatten erst dann einen Sinn, wenn sie von einer Maschine hervorgezaubert werden, die schön ist. Bugattis Motorblöcke waren so elegant und sauber, daß man auf ihnen »Ham and Eggs« braten konnte, wie ein englischer Kenner getestet hat.
Schönheit auch bis ins kleinste Detail: Simple Verbindungsstangen in seinem Wagen wurden dem Oberschenkel des Vorderbeins eines Pferdes nachempfunden. Ventilstößel in ihrem Design der Bananenform angepaßt. Die Sitze in den Renn- und Sportwagen Bugattis waren so gestylt, daß jeder Fahrer darin wie in einem Chorgestühl sitzen mußte.

»Kubistisch« oder sozial?

Zum Bugatti-Mythos (»Automobilbau als Kunstform«) Anfang der zwanziger Jahre trug nicht zuletzt der Trend des Molsheimer Designers bei, seinen Motoren eine klassisch schöne, kantige, fast quaderförmige Form zu geben. Fasziniert blickten die Jünger des in Mode gekommenen Kubismus auf Bugattis Motoren (114).
War er einer der Ihren? Sie luden ihn nach Paris ein – und Ettore zierte sich nicht. Im Gegenteil! Es wurde üppig und festlich getafelt, und er nahm kein Blatt vor den Mund. Der Meister las ihnen die Leviten und gab zu verstehen, daß er sie für nicht mehr als mittelmäßige Künstler hielt...
Alle Versuche, Bugattis angeblich »kubistisches« Design intellektuell zu überfrachten und kunsthistorisch aufzuwerten, müssen fehlschlagen, wenn man sich vergegenwärtigt, auf welche Weise es konzipiert wurde. Bugatti hatte aus der Not eine Tugend gemacht: Sein Motorendesign entwarf er im Sinn von John Ruskin, und das hieß, dem Handwerker nur jene Form vorzugeben und zuzumuten, die er mit den ihm eigenen Mitteln beherrscht. Er rekrutierte seine Arbeiter unter kleinen Bauern und Winzern aus der Umgebung von Molsheim, die einen Nebenverdienst

suchten – es waren also ungelernte Arbeiter. Ihnen brachte Bugatti die wichtigsten Grundbegriffe der Automechanik und des Formenbaus bei, und dann »mußten sie ran«. Bei dieser Produktionsweise bot sich die einfache und unkomplizierte Form des rechteckigen Motorblocks an, dessen glatte Flächen leicht sauber zu bearbeiten waren.

Hier zeigte sich die starke soziale Komponente in der Lehre John Ruskins – mit der sich Ettore identifizierte –, nach der jedes noch so anspruchsvolle Design nur dann einen Sinn hat, wenn es Arbeiter und Mechaniker mit ihren Mitteln verwirklichen können. Ein Glücksfall also, bei dem im Sozialen wie im Individuellen liegende Ursachen zu einer Formgebung führten, die in ihrer Schönheit bis heute nicht übertroffen worden ist. Der zweite Grund für die Quaderform des Motors ist im Kosten-Nutzen-Bereich zu suchen. Es war für Bugatti zum Trauma geworden, daß er einst bei Deutz gefeuert worden war. Der versteckte Vorwurf, er habe seine Träume mit anderer Leute Geld verwirklicht und dabei sei nicht einmal ein Profit übriggeblieben, saß ihm wie ein Stachel im Fleisch. Jetzt, in Molsheim, wo es um das eigene Geld ging, machte es auch ihn fuchsteufelswild, wenn Zeit und Material verschwendet wurden; hatte er seinen Arbeitern doch die einfachste Form an die Hand gegeben: glattflächig, ohne lästige Ecken, Vertiefungen und Kanten. Einfacher konnte er es ihnen nicht machen, gußeiserne Teile mit blankpoliertem glattem Aluminium zu verkleiden.

Um Bugattis soziale Einstellung ranken sich die schönsten Geschichten. Regelmäßig hielt er in seinem Büro Sprechstunden für seine Arbeiter ab, und nach der Pensionierung zahlte er ihnen freiwillig bis zu ihrem Tod ein Viertel ihres letzten Lohns weiter. All dieses geschah, weil er wünschte, in einer Atmosphäre leben und arbeiten zu können, in der alles »stimmig« war. Um so mehr traf es ihn, als 1936 – aufgestachelt durch die »Front populaire« – »seine« Arbeiter in den Streik traten wie Millionen andere Franzosen auch. Er hatte geglaubt, ihm, dem allseits verehrten »Patron«, könne das nicht passieren. »Sie gehören doch alle zu meiner Familie!« Er sollte sich irren. Die Arbeit wurde niedergelegt, rote Fahnen wurden geschwenkt, ein Sitzstreik lähmte die Produktion. Ettore fühlte sich beleidigt und verließ Molsheim. Er übergab seinem damals 25jährigen Sohn Jean die Betriebsführung, lebte überwiegend in Paris und tauchte nur noch sporadisch in dem idyllischen Städtchen auf.

Bugatti hatte sich in Molsheim ein beeindruckendes Ambiente geschaffen. Er hielt sich acht edle Rösser und 30 bis 40 Rasseterrier, die er eigens aus Yorkshire importiert hatte und für die ein Hundepfleger eingestellt wurde. Auf dem gestütähnlichen Molsheimer Fabrikgelände gab es einen Messingputzer, der vom Morgen bis zum Abend die blanken Beschläge an den schweren Eichentüren der Werkstätten polieren mußte. Außerdem waren ständig Fegekolonnen mit Reisigbesen unterwegs. Bugatti selber putzte sich heraus wie ein Geck, er kleidete sich in grelle Stoffe, trug einen braunen Bowler keck auf dem Cäsarenschädel. Seine Schuhe waren wie Handschuhe gearbeitet: jedem Zeh stand ein eigener Spielraum zur Verfügung.

Das »Flair von Molsheim«

Bugattis Tochter L'Ebé verdanken wir eine liebevolle Beschreibung des »Flair von Molsheim«. In ihrem Buch »The Bugatti Story« erwähnt sie unter anderem den Putzlappentick ihres Vaters; Ettore kultivierte zwar seinen Reinigungsfimmel, achtete dabei aber gleichzeitig peinlich genau darauf, daß die Lappenmenge stets von seinem Buchhalter Pracht kontrolliert wurde. Auch die Behörden hatten es nicht leicht mit dem Genie aus Italien. Als ihm eines Tages die Stromrechnung zu hoch zu sein schien und sie außerdem noch von einem barschen Behördenbrief begleitet wurde, empfahl er dem Betriebsleiter des staatlichen Elektrizitätswerks: »Kommen Sie mal in einem Jahr wieder. Dann kann ich Ihnen etwas sehr Interessantes zeigen!« Was war es? Ettore Bugatti hatte sich ein kleines Elektrizitätswerk zugelegt, dessen Räume natürlich genauso penibel saubergehalten wurden wie die Werkstätten.

Der gute Geist der Bugatti-Villa in Molsheim war seine Frau Barbara Mascherpa, geb. Bolzoni. Sie stammte aus einer vornehmen Mailänder Familie und hatte genau die richtige Antenne, um Ettores kreative Ausstrahlungen zu empfangen und zu verwirklichen. In der kleinen Hausbar lag ein Rezeptbuch für Cocktails aus, so daß jeder Gast seine speziellen Wünsche äußern konnte. Im großen Wintergarten stand eine riesige Palme, zwei gewaltige Kaktusbüsche waren an zwei Ecken des Glashauses aufgestellt. Blickte man durch die großflächigen Scheiben, konnte man die Aussicht auf die Vogesen genießen. Die Mitte des Wintergartens beherrschte ein Blumenbeet, gekrönt von einer Marmorstatue Rembrandt Bugattis. Kostbare Perserteppiche dämpften die Schritte auf dem Marmorfußboden. Im großen Raum waren bequeme Sitzmöbel verteilt. Der Keller des Hauses war in ein Kino umgebaut worden, in dem kuschelige Sessel einluden, zu verweilen und sich zu entspannen. Neben dem Projektorraum befanden sich Sitzgelegenheiten für die Arbeiter, die – allerdings durch eine Glaswand von der Bugatti-Familie getrennt – am kinematographischen Vergnügen des Patrons teilhaben durften. Ettore versuchte sich auch als Hotelier, wohl um seinen anreisenden Kunden auch beim Übernachten das Bugatti-Ambiente zu bieten.

Neben dem Dining-Room gab es eine Bar und vier Gästezimmer; das Bettenangebot reichte allerdings erst aus, als Ettore ehemalige Hühnerställe in zusätzliche Gästezimmer umbauen ließ! Hühnerställe hatte er errichten lassen, weil ihm eines Tages die verrückte Idee gekommen war, in der Eierversorgung autark zu werden. Daß sie nach den elitären Maßstäben des Autobauers, hervorragend geschützt gegen Sommerhitze und Winterkälte, konzipiert wurden, versteht sich von selbst. Als er von diesem Eierplan wieder Abstand nahm, wurden aus den Ställen Hotelzimmer, die wegen ihrer vorbildlichen Isolierung bei den Gästen sehr beliebt waren.
Sehr großen Eindruck hinterließ sein Faible für modischen Schnickschnack auch bei den Amerikanern, als er im Jahr 1914 seinen Bugatti Typ 19 »Garros« (78) zum Rennen nach Indianapolis begleitete. Die »Los Angeles Times« schrieb in ihrer Ausgabe vom 10. Mai 1914: »Bugatti ist in der ganzen Welt wegen seiner Modeideen bekannt... und hat ganz New York mit gewaltigen Ärmelaufschlägen an seinem Morgenmantel mit einem Durchmesser von 50 Zentimetern überrascht.«
Sein Ideenreichtum spiegelt sich auch in der Zahl der von ihm angemeldeten Patente wider: Einige Bugatti-Historiker sind auf tausend Erfindungen gekommen, darunter ein Sicherheits-Rasierapparat, ein Operationssaal mit steriler Belüftung, ein automatisches Segelboot, eine Maschine, die selbständig Hunde spazierenführt, ein Gerät zum Einrichten gebrochener Knochen...
Obwohl Bugatti nie Mathematik oder Technik studiert hatte, waren die flüchtigen Skizzen, die er auf kleinen Notizblättern entwarf, für seine hochqualifizierten Ingenieure die unumstößliche Ausgangsbasis für die faszinierenden Touren-, Sport- und Rennwagen aus Molsheim. Ettore hatte einen siebten Sinn für die »Innereien« eines Motors. Fehlerdiagnosen bei einem Auto stellte er durch Handauflegen. Er konnte wie mit Röntgenaugen durch Materialien hindurchsehen, war in der Lage, in Sekundenschnelle technische Störungen zu »visualisieren«. Bei Menschen funktionierte diese Begabung ebenfalls. Als er 1904 dem biederen Automechaniker Ernest Friderich begegnete, erkannte er auf Anhieb dessen Allroundkenntnisse als Techniker, Test- und Rennfahrer – sowie als loyaler Kompagnon in schlechten und guten Tagen. Bugatti ohne Friderich ist kaum denkbar.
Der Patron lebte in Molsheim wie auf einer Insel der Seligen. Was die Konkurrenz trieb, interessierte ihn wenig. Ein Freund verglich ihn einmal mit den Cap Horniers, die glaubten, das Zeitalter des Dampfantriebs ignorieren zu können. Bugatti dachte in vielen technischen Bereichen konservativ: Noch Anfang der dreißiger Jahre verwendete er die längst veralteten Seilzugbremsen, mit dem Kompressor freundete er sich relativ spät an. Erst beim Typ 35 B (119), dem Grand-Prix-Rennwagen, welcher von 1927 bis 1930 gebaut wurde, kam er zum Einsatz. Und »schön« wurden seine Karosserien ab dem Jahr 1927, als sich der 15jährige (!) Sohn Jean um ihr Design kümmerte, was dem Typ Bugatti 35 B gut bekommen ist.

Frontenwechsel

Der Ausbruch des Ersten Weltkriegs stellte den frankophilen Italiener Ettore Bugatti, der auf deutschem Reichsgebiet sein Geld verdiente, vor eine schwere Entscheidung. Sollte er im Elsaß bleiben? Er hat, wie man von seiner Tochter L'Ebé weiß, nicht lange gezögert. Am Tag der Mobilmachung, am 2. August 1914, entschied er sich für Frankreich, schloß seine Fabrik und verließ Molsheim. L'Ebé berichtet in ihren Erinnerungen, daß die Familie allen Besitz zurückließ. Mutter Bugatti raffte noch schnell ihre Ersparnisse zusammen, etwa 50000 Mark, und ein paar Juwelen. An die Bankkonten kamen die Bugattis nicht mehr heran; sie waren gesperrt. Die Reise sollte zunächst in Richtung Mailand gehen. Der letzte Zug nach Stuttgart fuhr in der Nacht zum 3. August 1914. Vater Bugatti hatte es so eilig, daß seinen Kindern nichts anderes übrigblieb, als sich die Mäntel über ihre Nachthemden zu streifen. Es entstanden Schwierigkeiten an der Schweizer Grenze; Graf Zeppelin half, und so fuhren die Bugattis von Friedrichshafen aus über den Bodensee, durch die Schweiz und weiter nach Mailand. Am 18. November 1914 schrieb Ettore einen Brief an seinen Freund Dr. Espanet und bedauert darin, daß er all seine Pferde zurücklassen mußte...

Wieder unterwegs

Wenn wir seiner Tochter L'Ebé glauben dürfen, kehrte ihr Vater im September 1914 noch einmal nach Molsheim zurück und grub drei Rennmotoren auf seinem Gelände ein, nachdem er sie sorgfältig eingefettet und verpackt hatte. Sie wurden während des Kriegs nicht entdeckt und konnten nach dessen Ende ohne große Schwierigkeiten wieder in Gang gesetzt werden. Abenteuerlich mutet L'Ebés Erzählung an, ihrem Vater sei es im September 1914 gelungen, zwei Rennwagen unter den schlechtesten Bedingungen von Molsheim nach Italien zu bringen.
Die deutschen Bugatti-Historiker Monika und Uwe Hucke berichten in ihrem Buch »Die Geschichte der Bugatti-Automobile«, daß Ettore während seines Aufenthalts in Italien zu Beginn des Ersten Weltkriegs dem Kriegsministerium zwei neue Erfindungen anbot: eine Brandbombe und eine Schnellfeuerkanone. Aber die Regierung zeigte kein Interesse.
Im November 1914 machten sich die Bugattis wieder auf die Reise – dieses

Mal in Richtung Paris. Als Italien im Mai 1915 in den Krieg eintrat, wurde Ettore zur luftfahrttechnischen Abteilung in Paris einberufen. Während der »Pariser Jahre« bewies er, wie schnell er sich auf neue Situationen und ungewöhnliche technische Herausforderungen einstellen konnte: Im Auftrag der französischen Regierung entwickelte er einen 16-Zylinder - Doppelreihen - Flugzeugmotor, mit einer durch den Propeller feuernden 37-mm-Kanone. Auch die Amerikaner interessierten sich für Bugattis Flugzeugmotoren und nahmen Verbindung mit ihm auf, wie wir an anderer Stelle darstellen.

Der Erste Weltkrieg hatte die Weiterentwicklung der Bugatti-Baureihe beim Typ 23, einer Variante des Bugatti 13, gestoppt. Glanzstück in dieser Baufolge war der Bugatti 19, der einzige Wagen mit Kettenantrieb, der, wie schon erwähnt, auch »Garros« genannt wurde, was auf den bekannten französischen Jagdflieger Roland Garros zurückgeht, der diesen Wagen 1912 kaufte. Über diesen wohl besten Freund Ettore Bugattis muß noch einiges gesagt werden. Garros gewann den ersten Grand Prix des Französischen Aeroclubs, der auf dem Dreieckskurs Angers–Cholet–Saumur am 17. Juni 1912 bei stürmischem Wetter ausgetragen wurde. Garros war auch der erste Pilot, der es wagte, mit einem Flugzeug das Mittelmeer zu überqueren. Am 13. September 1913 flog er von St. Raphael nach Bizerta in einem Morane Monoplan, was sicherlich genauso mutig war wie 14 Jahre später Lindberghs Flug über den Atlantik. Bugatti holte sich bei Roland Garros Rat, als er eine Kanone entwickeln wollte, die »durch« den Propeller eines Jagdflugzeugs feuern konnte. Das Problem lag darin, daß es darauf ankam, die Geschoßfolge mit den Umdrehungen des Propellers zu synchronisieren. Was Bugatti zu jener Zeit nicht wußte: Marc Birkigt hatte sich dieses System bereits patentieren lassen. Von Todesahnungen geplagt, hatte Garros bereits 1915 sein Haus bestellt und seinen Freund als Erben eingesetzt. L'Ebé Bugatti erinnert sich, wie das vor sich ging; Garros soll gesagt haben: »Ich habe 200 000 Franc auf der Bank. Du hilfst auf deine Weise mit, den Krieg zu gewinnen, ich auf meine. Und ich kenne deine Schwierigkeiten. Du hast eine Frau und drei Kinder, während ich Junggeselle bin und eines Tages vielleicht an der Front sterben muß. Hier ist mein Scheckbuch. Alle Schecks sind bereits unterzeichnet. Wenn ich fallen sollte, hol' dir das Geld.« Im Februar 1918 stürzte Garros an der Westfront ab und kam ums Leben. Der Flieger war nicht der einzige prominente Fan des Bugatti 19. So hat sich 1912 beispielsweise Herzog Ludwig von Bayern ein Exemplar dieses Modells höchstpersönlich in Molsheim abgeholt.

Bugatti 35 – ein großer Wurf

Für den Großen Preis von Indianapolis am 30. Mai 1914 baute Ettore eine »amerikanische« Version des 5-Liter-Typs. Der Hub wurde von 160 auf 180 mm verlängert und an die Stelle der kettengetriebenen trat eine herkömmliche Hinterachse. Ernest Friderich mußte wegen eines technischen Defekts, an dritter Stelle liegend, aufgeben. Der Bugatti 19 war der erste deutsche Wagen, der im »Nudeltopf« von Indianapolis startete. »Der dritte 19« gehört heute Mr. Nigel Arnold-Forster. Er hat die Geschichte seines Prachtstücks zurückverfolgt und ist davon überzeugt, daß der Motor bereits in Köln von Ettore Bugatti gebaut wurde, und zwar schon im Jahr 1908, und daß er seinen Probelauf in einem Deutz-Chassis absolvierte. Bugatti habe diesen Motor, so Mr. Arnold-Forster, in seinem Gepäck gehabt, als er 1909 Köln-Deutz in Richtung Straßburg verließ.

Bugatti finanzierte seinen Neubeginn nach dem Krieg vor allem, indem er Lizenzen an Unternehmen wie Diatto, Italien, Rabag, Deutschland, und Crossley, England, vergab. Die zwanziger Jahre wurden für ihn im wahrsten Sinn des Wortes die »Goldenen Zwanziger«. Er legte die Serie der 35er-Bugattis auf (118). Mit dem Bugatti-35-B-Kompressorwagen (2,3 Liter, Achtzylinder-Reihenmotor, 2 Blöcke, 140 PS bei 5000 U/min.) hat er einen der wichtigsten Meilensteine in der Geschichte des Automobildesigns gesetzt. Der englische Bugatti-Historiker Hugh Conway schreibt in seinem Buch »Le Pur-Sang des Automobiles« über diesen Typ: »Mit dem Typ 35 begann eine Periode von sechs oder sieben Jahren, in denen Bugatti im Motorsport dominierte wie keiner vor ihm und auch wohl keiner nach ihm... Für viele war der Bugatti 35 das ästhetischste Autodesign, das es je gegeben hatte.«

Als Ettore im Jahr 1924 die ersten »35« (mit den verschiedenen Modellvarianten) auslieferte, standen die Herrenfahrer mit dicken Scheckbüchern Schlange in Molsheim. So war es auch gedacht: Mit den Bugatti 35 sollte ein Sport- und Rennwagen angeboten werden, den man durchaus in einem Automobilgeschäft kaufen konnte. Aber Ettore selektierte die Käufer. In wilden Testfahrten auf den Serpentinenstraßen der Vogesen wurde geprüft, ob der 35-Aspirant den berühmten »Bugatti-Hintern« hatte, jenes untrügliche Gefühl für das Leben zu zweit mit diesen legendärsten Rennern in der Geschichte des Automobilbaus. Die Begeisterung für einen Bugatti 35 B hatte auch sicherlich eine erotische Komponente. Sigmund Freud hätte seine Freude an diesem Auto gehabt. Die Sporterfolge, die mit Wagen aus der 35er-Serie erzielt wurden, sind kaum noch zu zählen. Bugatti selber kam für das Jahr 1927 auf über 2000 Siege. Allein im Jahr 1926 hatte er zwölf Grand Prix mit seinen Wagen, darunter die Targa Florio und den Großen

Preis von Monza, gewonnen. Mit dem Bugatti 35 war der »Gouverneur« aus Molsheim ins Pantheon des Autozeitalters eingezogen, nicht nur als Konstrukteur hinreißend sinnlicher Boliden, sondern auch als einer der bedeutendsten Schrittmacher in der Geschichte des technischen Designs. Die rund 7500 Autos, die der Patron in seinem Leben produziert hat, sind – strenggenommen – l'art pour l'art. Daneben hatte Ettore aber durchaus auch Sinn fürs Praktische und Profane. So baute er die 12,5-Liter-Motoren (mit 300 PS) seines Luxuswagens »Royal« auch in Triebwagen ein, die er im Auftrag der französischen Eisenbahnen konstruiert und hergestellt hatte. Jedes dieser Schienenfahrzeuge wurde von vier »Royal«-Motoren angetrieben!

Tod und Verklärung

Bugattis Erfolgs- und Lebenskurve neigte sich schon vor dem Zweiten Weltkrieg. Mit dem Auftauchen der deutschen »Silberpfeile« von Mercedes-Benz und Auto-Union auf den Rennstrecken wurden seine veralteten Rennwagen zunehmend weniger konkurrenzfähig. Sohn Jean verunglückte am 11. August 1939 tödlich auf einer Testfahrt in der Nähe von Molsheim. Diesen Schicksalsschlag hat Vater Ettore nie verwunden.
Sein ältester Sohn war nicht nur ab Beginn der dreißiger Jahre als Betriebsleiter von Molsheim unentbehrlich geworden, sondern er hatte auch die kreative Potenz seines Vaters geerbt. Jean kam zwar nicht gegen die dominierende Persönlichkeit seines Vaters an, worunter er zweifellos litt, aber er war im konstruktiven Bereich der kongeniale Partner des egozentrischen Älteren. Mit Ettores Sohn begann in der Bugatti-Zeitrechnung die Doppelnockenwellen-Phase, zunächst mit dem 225 PS starken Modell 50 – dessen Motor aus dem des 46S entwickelt worden war – und dann mit dem Typ 51, den Monika und Uwe Hucke in ihrem Buch als den Höhepunkt des Bugatti-Rennwagenbaus bezeichnen. Es war ein 2,3-Liter-Wagen, dessen Kompressormotor aus acht Zylindern 190 PS bei 5200 U/min. herausholte (114). Vom legendären 35 B unterscheidet er sich nur durch die schräg im Zylinderblock hängenden Ventile und die zwei obenliegenden Nockenwellen. Den Typ 51 haben die Molsheimer nach Art des Hauses meisterhaft variiert; so gab es beispielsweise im Jahr 1933 eine 2,8-Liter-Version.
Um Jeans Tod ranken sich – zum Bedauern der Bugatti-Verehrer – im stillen einige Gerüchte. Sein Tod bei dieser Testfahrt sei in Wirklichkeit ein Selbstmord gewesen, denn mit der bei Jeans Exitus fälligen hohen Versicherungssumme hätten die finanziell notleidenden Werke saniert werden können ... Aber es scheint unter den vielen Bugatti-Chronisten ein stilles Übereinkommen zu bestehen, diesen Fragen nicht weiter nachzugehen.
Während des Zweiten Weltkriegs verlagerte Ettore seine Firma auf eigene Kosten nach Bordeaux, und in Molsheim bauten die Deutschen Schwimmwagen für die Wehrmacht. Nach Kriegsende wurde Bugatti der Prozeß wegen angeblicher Kollaboration mit den Nazis gemacht. Er kämpfte sich durch alle Instanzen und siegte schließlich 1947. Er starb im selben Jahr am 21. August.
Geblieben ist der Bugatti-Kult, der faszinierende Blüten treibt. Auf zwei Kultstätten dieser legendären Automarke spielen sich im wesentlichen die Aktivitäten ab: auf der Rennstrecke Prescott Hill in den Cotswolds, nahe Cheltenham, und in Molsheim. Prescott Hill gehört dem B.O.C., dem Bugatti Owners Club. Eingebettet in saftige grüne Wiesen, zwischen Apfelbäumen und Ginsterbüschen, ist dieser Bergkurs sicherlich die idyllischste Rennstrecke der Welt. Hier jagen die Clubmitglieder ihre Bugattis die kurvenreiche Piste hinauf, als wollten sie die »Roaring Twenties« wieder aufleben lassen. »Roaring« im wahrsten Sinn des Wortes: Wer den kreischenden und sägenden Sound der Bugatti-Kompressorwagen zum erstenmal hört und erlebt, wie in der Pardon-Haarnadelkurve ein 35 B in den zweiten Gang heruntergeschaltet wird, der wird diese Kakophonie sein Leben lang nicht vergessen. Kein Wunder, daß manche Bugatti-Fans in Prescott Hill mit geschlossenen Augen an der Rennstrecke stehen und mit Kassettenrecordern den unnachahmlichen Bugatti-Klang in Stereo aufnehmen. Sagte einer ganz verzückt: »Für mich gibt's in der Musik nur die beiden großen Bs – Bach und Bugatti . . .!«

Das Kompressor-Tedeum

Einmal im Jahr erholen sich die Bugatti-Fahrer von ihrem schweißtreibenden und teuren Hobby in Molsheim. Dann kommen aus den umliegenden Vogesen-Dörfern die alten ehemaligen Mechaniker angereist, die stolz die Nadel mit der »Bugatti-Pflaume« am Revers tragen. Urahnen erklären ihren Enkeln und Urenkeln obenliegende Nockenwellen, Radaufhängungen oder die Schaltkulisse des Bugatti 35. Viel »Kamerad-weißt-du-noch«-Stimmung und Wehmut kommen bei diesen Treffen auf. Gibt es doch nur noch etwa 1600 Bugatti weltweit – davon in der Bundesrepublik etwa 60.
Die Bugatti-Fahrer versäumen bei diesem Anlaß nie, Ettores Grab in Dörlisheim zu schmücken. Der riesige Kranz ist auf einem Wagendach festgezurrt, einige Bugatti-Fahrer sind à la mode des Baujahres ihres Oldtimers gekleidet. Nachdem die Kavalkade, aus blankgeputzten Auspuffrohren röhrend, die kleinen Elsaß-Dörfer passiert hat, gibt es nach einigen Minuten des Gedenkens am Grab des großen Meisters ein Kompressor-Tedeum – für einen Unsterblichen des Automobilbaus.

(123) Rolls-Royce 1928 bis 1935

(124) Rolls-Royce 1934 Vorhergehende Seite: (122) Rolls-Royce 1907

125

Rolls-Royce 1935 Folgende Seiten: (126) Delage 1935

(127) Rolls-Royce 1925 bis 1929

(128) Rolls-Royce 1931

129

Rolls-Royce 1933

130

Rolls-Royce 1910 und 1914 Folgende Seiten: (131) Métallurgique 1907

(132) Riley 1929

(133) Ford 1934

(134) Sunbeam 1913

(135) Lagonda 1936 Folgende Seiten: (136) Bentley 1930

GJ 3811

(137) Humber 1914

(138) Bentley 1923

M.G. 1930

Bentley 1929 Folgende Seite: (141) Birkin-Bentley 1929

BENTLEY

GENIES IM SCHATTEN

Das Lebenswerk der Pioniere aus der Gründerzeit des Automobils wäre ohne ihr Alter ego nie möglich gewesen. Viele der großen Konstrukteure und Macher haben ihre Kraft aus einer von Loyalität getragenen Partnerschaft geschöpft. Oft waren es die Menschen im zweiten Glied, die zum Durchhalten ermutigten, die Zweifel beseitigten, die die Grübler unter den Vätern des Benzinwagens an die Realität heranführten. Berta und Karl Benz, Clara und Henry Ford, Louise und Emile Levassor, Henry M. Leland und sein Sohn Wilfred, Gottlieb Daimler und Wilhelm Maybach – diese Tandems haben die Geschichte des Autos entscheidend geprägt. Über Rangordnungen, wer als Flaggschiff, wer als zweites Ich fungiere, gab es nie Streit. Ettore Bugattis Lebenswerk wäre ohne seinen Freund Ernest Friderich nicht denkbar. Und doch hat »Le Patron« schon früh die Pflöcke eingerammt: Als er und sein späterer Mechaniker Friderich sich 1904 erstmals begegneten, ritt Bugatti bereits hoch zu Roß zur Arbeit in die Firma Mathis, und Friderich nahm die Straßenbahn.

CLAUDE JOHNSON - DER BINDESTRICH ZWISCHEN ROLLS UND ROYCE

Wie kam denn nun der Rolls zum Royce? Die Vorgeschichte der vornehmsten Automobilmarke der Welt hat zwei grundverschiedene Wurzeln, eine bürgerliche und eine aristokratische. Beginnen wir mit dem »bürgerlichen« Ursprung. Im Jahr 1884 gründete der ehemalige Eisenbahnerlehrling und Elektroingenieur F. H. Royce im Alter von 21 Jahren eine Elektrofirma in Cooke Street, Manchester. Sein Partner war A. E. Claremont. Die beiden jungen Unternehmer waren mit Lampenhaltern sowie elektrischen Klingeln rasch erfolgreich und gingen bald dazu über, Dynamos und Lastkräne zu bauen. Der Ingenieur Royce war an der Entwicklung des Automobils sehr interessiert und kaufte sich im Jahr 1903 einen gebrauchten Decauville (80) mit einem 10-PS-Motor. Von Anfang an war der kleine französische Wagen störanfällig, vor allen Dingen aber zu laut und überhaupt nicht elegant.

All diese Schwachpunkte störten den Vollbluttechniker und Perfektionisten Royce, und er beschloß, selber ein Auto zu bauen. Was gut war an seinem Decauville, übernahm er, was schlecht war (Elektrik, Vergaser, Schaltung), verbesserte er. Am 1. April 1904 startete der erste Royce zur Jungfernfahrt. Sein Zweizylindermotor hatte einen Hubraum von 1800 ccm, der bei 1000 U/min. etwa 12 PS leistete. Die Probefahrt verlief ohne Zwischenfälle. Royce baute für seinen Partner A. E. Claremont und seinen Direktor Henry Edmunds noch zwei weitere »Prototypen«. Henry Edmunds wurde nun zu einem der wichtigsten »Hochzeitsbitter« in der Geschichte des Automobils, denn er war nicht nur 1904 bereits ein erfahrener Automobilist, so daß er auf Anhieb die Qualitäten des Royce erkannte, sondern er war auch mit The Hon. C. S. Rolls befreundet. Und damit wären wir beim »aristokratischen« Ursprung der Marke Rolls-Royce.

Rolls, 1877 geboren, war der dritte Sohn des Lord Llangattock. Er zählte zu jenen fortschrittlichen Mitgliedern des englischen Adels, die sich sehr früh mit dem neuen, revolutionären Fortbewegungsmittel Automobil beschäftigten und anfreundeten. Rolls erkannte sehr schnell auch die kaufmännischen Perspektiven des allmählich einsetzenden Autobooms. Er importierte bereits Autos vom Kontinent, darunter Wagen der Marken Panhard & Levassor, Minerva, Whitlock, Aster, Mors wie auch Gardner-Serpollet-Dampfwagen.

Das Geschäft entwickelte sich so gut, daß er einen verläßlichen und sachkundigen Partner suchte. Er fand ihn in dem Sekretär des Automobilklubs von Großbritannien und Irland, Claude Goodman Johnson. Und damit lernen wir den dritten, vielleicht wichtigsten Mann in der Firmengeschichte von Rolls-Royce kennen. Rolls und Johnson gründeten im Jahr 1904 eine Handelsgesellschaft und bezogen bereits ein Jahr später elegante Geschäftsräume in der Londoner Conduit Street, wo sie sich heute noch befinden.

Wer fährt zu wem?

Henry Edmunds und Claude Johnson gelang es, die charakterlich so gegensätzlichen Herren Rolls und Royce zu einem Gespräch an einen Tisch zu bringen – was gar nicht so einfach war, denn: Wer fährt zu wem? Royce war kontaktarm und introvertiert und gab Bescheid, daß er auf keinen Fall nach London fahren würde. Also reiste der souveränere Rolls nach Manchester. Im Mai 1904 trafen sich die beiden in Gegenwart von Edmunds. Nach dem Lunch wurde der Royce getestet. Rolls war von der Laufruhe des Zweizylinders begeistert. Nachdem auch Johnson eine Probefahrt gemacht hatte, wurde man schnell einig. Am 23. Dezember 1904 wurde ein Vertrag zwischen C. S. Rolls & Co. und der Royce Ltd. geschlossen.

Rolls & Co. übernahmen den Vertrieb aller von Royce produzierten Autos, die ab sofort Rolls-Royce hießen. Royce verpflichtete sich, vier Modelle zu produzieren: einen 10-PS-Zweizylinder (Preis 395 Pfund), einen 15-PS-Dreizylinder (500 Pfund), einen 20-PS-Vierzylinder (650 Pfund) und einen 30-PS-Sechszylinder (890 Pfund). Johnson und Rolls begannen, die neue Marke und die Wagen profimäßig zu vermarkten. Mit spektakulären Sporterfolgen sollte die Öffentlichkeit, »der Markt«, auf die Marke Rolls-Royce aufmerksam gemacht werden. Sie meldeten zwei 20-PS-Wagen für die Isle-of-Man-Tourist-Trophy 1905. Beide Wagen hatten ein Vierganggetriebe, bei dem der vierte Gang als Overdrive ausgelegt war. C. S. Rolls mußte mit Getriebeschaden ausscheiden, aber der zweite Rolls-Royce unter Percy Northey wurde zweiter.

Johnson riet bald, die Firma umzuorganisieren, um für die notwendige Expansion gewappnet zu sein. Am 16. März 1906 kam es zur Neugründung mit der Firmenbezeichnung Rolls-Royce Ltd. mit einem Stammkapital von 60 000 Pfund. A. E. Claremont wurde Vorsitzender der Geschäftsführung, F. H. Royce, C. G. Johnson und A. H. Biggs fungierten als Direktoren. Johnson und Royce waren nun frei, um eine marktorientierte Modellpolitik zu entwickeln.

Ab 1906 geht es in der Firmengeschichte von Rolls-Royce Schlag auf Schlag: Rolls stellt den 20-PS-Wagen in den USA bei einigen Rennen vor, die Produktionsstätten werden von Manchester nach Derby verlegt, und die Firma geht mit einem Stammkapital von 200 000 Pfund an die Börse. All diese Aktivitäten wurden von Johnson konzipiert und koordiniert. Auf diese Weise hatte Rolls Zeit genug fürs Verkaufen, und Royce konnte in aller Ruhe den neuen Wagen entwickeln, denn zu dieser Zeit war in der Automobilindustrie »The Battle of the Cylinders« (Die Zylinderschlacht) voll im Gang. Pro oder contra sechs Zylinder – das war die Frage. Und Rolls und Royce wollten mitmischen: Im Dezember 1907 stellten sie den Typ 40/50 vor, der allein schon der jungen Firma einen Ehrenplatz im Olymp der Autobauer gesichert hätte.

Silver Ghost als Statussymbol

Dieser Typ, der werbewirksam Silver Ghost (156) genannt wurde, dessen Sechszylindermotor zunächst 50 PS bei 1200 U/min. leistete, war für eine von Johnson mit Fingerspitzengefühl ausgemachte Zielgruppe gedacht: Angehörige des Hochadels, Neureiche aus der Gründerzeit, indische Nabobs, Mitglieder von Herrscherhäusern... Das britische Weltreich stand im Zenit seiner Macht, die Strenge des viktorianischen Zeitalters hatte man abgeschüttelt, und endlich konnte man wieder nach der Devise leben: »Let's enjoy our life!« Dazu gehörte außer einer Loge auf Lebenszeit in Ascot, einer Stadtvilla in Mayfair, einer Entenjagd in Schottland und einer Yacht an der Riviera nunmehr auch ein Silver Ghost als Statussymbol. Johnsons Modelltiming war goldrichtig und zeugte von einem sicheren Gespür für das richtige Marketing. Er setzte sich auch in der Firmenführung mit seiner Modellpolitik durch: Rolls-Royce baute ab 1907 bis zum Beginn der zwanziger Jahre nur ein Modell, den Silver Ghost, der allerdings ständig Verbesserungen unterworfen wurde. So wurde 1909 der Hubraum von 7036 ccm auf 7428 ccm vergrößert und ab 1913 ein Vierganggetriebe installiert, um bei sportlichen Veranstaltungen besser mithalten zu können. Prompt gewann Carlos Salamanca auf einem Silver Ghost noch im selben Jahr den ersten Grand Prix von Spanien. Mit ihrem Modell 40/50 zählte Rolls-Royce nun endgültig zu den Arrivierten der internationalen Automobilindustrie.

Doch Rolls und Royce konnten ihre Erfolge nicht ungetrübt genießen. Rolls hatte sich dem Flugsport und dem Ballonfahren als Hobbys zugewandt und stürzte 1910 mit einem Biplane von Wright über dem Seebad Bournemouth tödlich ab, und Royce erkrankte 1911 so schwer, daß er fortan auf intensive Pflege angewiesen war. In dieser schweren Zeit für die Firma Rolls-Royce wuchs Johnson über sich hinaus. Er war es, der eine praktikable Lösung fand, um Royce zu schonen und dennoch nicht auf dessen technischen Sachverstand verzichten zu müssen. Er baute ihm an der Riviera in Le Canadel eine Villa mit angeschlossenen Büroräumen, in denen Royce und einige Ingenieure ungestört arbeiten konnten.

Fortan gab es einen ununterbrochenen Strom von Notizen, Zeichnungen, Briefen, Memoranden und Statements zwischen Le Canadel und den Werken in Derby. Im Ersten Weltkrieg residierte Royce in einem Landhaus in Kent. Abgesehen von der kontinuierlichen Weiterentwicklung des Silver Ghost drängte Johnson dazu, Flugzeugmotoren zu bauen. Der Erste Weltkrieg bestätigte seine Weitsicht. Rolls-Royce wurde aufgefordert, Flugzeugmotoren zu entwickeln. Erfolgreichstes Aggregat war der Eagle-Motor, der – laufend verbessert – im Februar 1918 360 PS leistete (bei 2000 U/min. mit zwölf Zylindern in V-Form und einem Zylinderinhalt von 20,32 Liter).

Das von Rolls-Royce errichtete Flugzeugmotorenwerk war während des Ersten Weltkriegs größer als die Automobilfabrik. Auch der Silver Ghost hatte sich den Erfordernissen des Krieges anzupassen. So mußte sein Chassis Panzer- und Geländewagen tragen (69).

Rolls-Royce-Johnson

Nach dem Ersten Weltkrieg wurde es Johnson und Royce bewußt, daß sich die Ära des Silver Ghost allmählich ihrem Ende näherte. (Bis zur Produktionseinstellung im Jahr 1926 waren 6173 Wagen des Typs produziert worden.) Johnson und Royce legten ab 1922 ein zweites Rolls-Royce-Modell auf, den Twenty, einen »Volks-Rolls-Royce«. 1925 begann der Bau des Phantom I – mit einem Sechszylindermotor, einem Hubraum von 7,6 Liter und einer Höchstleistung von 105 PS (4).

Am 11. April 1926 starb Claude Goodman Johnson. Zu diesem Zeitpunkt waren der Typ 20/25, eine Art Mittelklassewagen, und der Phantom II auf dem Reißbrett fertig (3). Viele Rolls-Royce-Historiker meinen, daß die Firma eigentlich Rolls-Royce-Johnson hätte heißen müssen – so hoch schätzen sie die Bedeutung des Unternehmers Johnson für die britische Nobelfirma und insgesamt für die britische Automobilindustrie ein. Aber es blieb bei dem Ehrentitel »Mr. Hyphen« – »Bindestrich« zwischen Rolls und Royce. Sein von ihm verehrter Freund und Partner, Sir Frederick Henry Royce, dem er durch kluge Arbeitsteilung und Organisation wahrscheinlich das Leben gerettet hatte, überlebte Johnson um sieben Jahre. Royce starb im April 1933. Er hat noch erleben dürfen, daß sich eine andere britische Nobelfirma, Bentley, unter die schützenden Fittiche von Rolls-Royce flüchtete, um einen Konkurs zu vermeiden.

WILHELM MAYBACH - DAS ZWEITE ICH DES GOTTLIEB DAIMLER

Ohne Wilhelm Maybach hätte es möglicherweise nie einen Mercedes gegeben. Die Geschichte dieses legendären Markennamens begann kurz vor der Jahrhundertwende an der Riviera. Nizza hatte seine große Zeit. Fast 40 Jahre genossen die Menschen nun schon die wiedergewonnene Zugehörigkeit zu Frankreich. Die Stadt putzte sich Jahr für Jahr immer mehr heraus. Im Hafen Lympia dümpelten die Dampf- und Segelyachten der Reichen Europas, und auf den Uferstraßen hin bis Cannes und Monte Carlo ratterten und fauchten schon viele Automobile. Einige wenige Mutige wagten sich mit ihren Motorwagen bereits bis zum Col de Turini, andere preschten die Serpentinen zum Bergdorf La Turbie hinauf.

Einer der eifrigsten und kühnsten Autler im Nizza der Jahrhundertwende war Emil Jellinek, ein bunter Paradiesvogel unter den Reichen und Superreichen an der Côte d'Azur. Jellinek war österreichischer Generalkonsul, Großkaufmann und Generalvertreter der Daimler-Motorengesellschaft. Zu alldem war er noch ein Verkaufsgenie mit einem siebten Sinn für die geheimen Wünsche seiner Kunden, von denen manche ihren Motorwagen mehr Liebe schenkten als ihren Frauen. Jellinek kannte sich schon damals aus unter den »geheimen Verführern«: »Ein Auto muß einen Frauennamen tragen, zum Gernhaben und Verwöhnen« – und er startete in der »Woche von Nizza«, einem großen Automobilwettbewerb, einen Versuchsballon.

In den Meldelisten für diverse Rennen tauchte ein »Herr Mercedes« auf. Unter diesem Pseudonym meldete er den soeben fertiggestellten Daimler »Phoenix«, einen 24-PS-Wagen aus dem schwäbischen Cannstatt. Jellinek-Töchterchen Mercedes hatte ihrem Vater erlaubt, ihren Namen zu benutzen, sie wollte ihm nicht den Spaß verderben. Jellinek siegte mit dem Daimler am 21. März 1899 in der Tourenfahrt von Nizza. Auf diese Weise erregte der spanische Mädchenname Mercedes in den Motorsportseiten der Nizzaer Zeitungen zum erstenmal Aufsehen. Jellinek rieb sich zufrieden die Hände: »Mercedes« müßte der neue Markenname der Wagen aus Cannstatt heißen. Das wäre eine feine Sache. Es war ein leichtes für Jellinek, den beiden engsten Mitarbeitern des am 6. März 1900 verstorbenen Gottlieb Daimler, Wilhelm Maybach und Daimler-Sohn Paul, den neuen Markennamen schmackhaft zu machen. Bei dieser Gelegenheit brachte er das Gespräch auch auf einen stärkeren Daimler-Motor.

Beide vertrauten den verkaufspsychologischen Überlegungen des Emil Jellinek. Der Siegeszug der Marke Mercedes konnte beginnen.

Ein Name macht Autogeschichte

Jellinek bekam zudem einen stärkeren Rennwagen. Kurz nach Daimlers Tod begann Maybach mit dem Bau eines Mercedes. Das Auto wies ganz neue Konturen auf: langgestreckter, niedriger, gepreßter Stahlrahmen, vorneliegender vierzylindriger Motor mit Wabenkühler, hinter Motor und Kupplung installiertes Mehrgang-Zahnradgetriebe mit Kulissenschaltung, gleiche Abmessungen der Vorder- und Hinterräder. Gegenüber dem »Phoenix« von 1899 mit 24 PS, 1800 kg Gesamtgewicht und einer Höchstgeschwindigkeit von ungefähr 60 km/h leistete der Vierzylindermotor des ersten Mercedes bei einem Hubraum von 5,9 Liter 35 PS. Der Wagen wog nur 1000 kg und kam auf eine Spitze von 90 km/h. Die Fachwelt überraschte vor allem das günstige Leistungsgewicht des Motors von 6,8 kg/PS, das neue Kühlsystem, die Achskonstruktion, das Getriebe und das Bremssystem, bei dem eine mit einem Fußhebel betätigte Backenbremse auf die Vorgelegewelle wirkte. Zwei mit einem Handhebel zu bedienende Innenhandbremsen waren mit den Hinterrädern gekoppelt. Wilhelms Maybachs Mercedes ließ die Konkurrenz weit hinter sich und galt nun als die Krönung des bisherigen Automobilbaus. Die von ihm formulierte Maxime von »höchster Leistung auf kleinstem Raum« war optimal verwirklicht worden. Mit Recht wurde Wilhelm Maybach im Jahr 1902 auf dem Pariser Autosalon von den Franzosen zum »König der Konstrukteure« ernannt.

Bei der Geschwindigkeitswoche von Nizza im Jahr 1901 besiegte Wilhelm Werner mit dem Mercedes 35 alle Konkurrenten über den »fliegenden Kilometer« und gewann auch das Rennen Nizza–Salon–Nizza und das Bergrennen von La Turbie. Die zahlreichen Sporterfolge ermutigten die Cannstatter Autobauer, die Leistung des Wagens (nun »Simplex« genannt) zu erhöhen, zunächst auf 40 PS bei einem Hubraum von 6,8 Liter. 1903 kam die 60-PS-Maschine mit 9,2 Liter Hubraum (84). Camille Jenatzy gewann mit einem solchen Mercedes 60 das Gordon-Bennett-Rennen. Im folgenden Jahr verpaßte Maybach seinem Erfolgsmodell noch einmal eine Kraftspritze – 90 PS aus nahezu 12 Liter Hubraum. Vom Mercedes ließen sich auch andere Autofirmen inspirieren, so Fiat in Italien, Rochet-Schneider in Frankreich, Star in England und Locomobile in den Vereinigten Staaten.

Aber selbst der »alte« Mercedes 60 fuhr weiter von Erfolg zu Erfolg. So wurde Vincenzo Florio unter anderem dritter in der Coppa Florio. Wilhelm Maybach konnte zufrieden sein. Er hatte das Lebenswerk seines verstorbenen Freundes, Partners und Mentors zu neuen Höhen geführt. In Cannstatt wurde nunmehr nach dem Grundsatz gearbeitet: »Der Rennwagen von heute ist der Tourenwagen von morgen.«

Gottlieb Daimler und Wilhelm Maybach hatten sich 1865 in Reutlingen kennengelernt. Der damals 31jährige Daimler leitete die Maschinenfabrik des dortigen »Bruderhauses«, der 19jährige Maybach war Zögling und Lehrling in dem wegen seiner hohen moralischen Ansprüche gerühmten Heim. Im »Bruderhaus« Reutlingen wurden junge Menschen, darunter viele Waisen, im christlichen Glauben erzogen und durch einfühlsame Pädagogen an die handwerkliche Praxis der verschiedensten Berufe herangeführt. Als der arrivierte Daimler dem jungen Wilhelm Maybach begegnete, war dieser schon ein tüchtiger technischer Zeichner. Dem erfahrenen Gottlieb Daimler fiel sofort die hohe Begabung des 19jährigen auf, und er holte ihn nach, als man ihn 1869 zum Werkstättenvorstand der Maschinenbau-Gesellschaft Karlsruhe ernannt hatte.

Jetzt begann eine Partnerschaft, die einem ganzen technischen Zeitalter ihren Stempel aufgedrückt hat. Auf der einen Seite der unternehmerisch denkende, organisatorisch talentierte, aber auch oft zu Selbstzweifeln neigende Gottlieb Daimler, auf der anderen der geniale Techniker Wilhelm Maybach. In seinem Buch »Gottlieb Daimler zum Gedächtnis« schreibt der Autor Paul Siebertz über die Zusammenarbeit der beiden Männer: »Was Daimler zu verwirklichen vorschwebte, bekam unter Maybachs Hand am Zeichenbrett die technisch zweckvolle Form.« Es war eine Partnerschaft, die von gegenseitiger Loyalität, Fairness wie auch von menschlichem Anstand getragen wurde.

Ein Schlüsselerlebnis für beide war sicherlich die Begegnung mit Nikolaus Otto und Eugen Langen 1872 in Köln-Deutz – ein Treffen der »Titanen«. Die vier bedeutendsten Motorentechniker ihrer Zeit vereinbarten eine Zusammenarbeit in der Gasmotoren-Fabrik Deutz (heute Klöckner-Humboldt-Deutz). Der im Jahr 1876 patentierte stationäre Viertaktmotor von Nikolaus Otto wurde die Basis für Daimlers und Maybachs genialer Entwicklungsarbeit.

Daimler und Maybach kümmerten sich insbesondere darum, wie das Aggregat auf breiter Basis genutzt werden konnte. Der Ottomotor wandelte sich im Verlauf der Zeit von einer stehenden Arbeitsmaschine zu einer Antriebsquelle für Fahrzeuge – deren Verwendbarkeit kaum Grenzen gesetzt waren. Den Ottomotor praktikabel und industriereif gemacht zu haben ist das große Verdienst Daimlers und Maybachs.

Im Jahr 1882 verlassen beide die Gasmotoren-Fabrik Deutz nach langwierigen und deprimierenden Auseinandersetzungen, wie ja übrigens 30 Jahre später auch Ettore Bugatti ... So wurde die Kölner Firma für die Dickschädel Daimler, Maybach und Bugatti zur unfreiwilligen Startrampe zum Weltruhm.

Wilhelm Maybach hat seine Rolle als »zweites Ich des Gottlieb Daimler« mit bewundernswerter Geradlinigkeit und Konsequenz gelebt. Er hat über einen Zeitraum von 35 Jahren einem großen Mann, dessen Ideen und dessen Erbe »gedient« – im schönsten und kreativsten Sinn dieses aus der Mode gekommenen Begriffs. L. J. K. Setright lenkt in seinem Buch »The Designers« die Aufmerksamkeit auf ein Denkmal in der englischen Stadt Derby, das Sir Frederic Henry Royce gewidmet ist und das die schlichte Inschrift trägt: »Henry Royce, Mechanic«. »Mechaniker«, nicht mehr und nicht weniger, und Setright meint, dieser Ehrentitel gebühre auch Wilhelm Maybach, vielleicht noch Henry Ford, den Duesenbergs, Marc Birkigt, Vittorio Jano und dem immer unterschätzten amerikanischen Konstrukteur Henry Martyn Leland (Oldsmobile, Dodge, Cadillac).

Dies sind Männer, die »an der Basis«, in der Praxis die Weichen im Automobilbau stellten. Gemeint ist damit weniger der große Entwurf oder das unternehmerische »Vordenken« als vielmehr die Beschäftigung mit kleinen, aber wichtigen technischen Details, die sie mit äußerster Akribie betrieben. So präsentierte Wilhelm Maybach 1893 der Fachwelt den Spritzdüsenvergaser, womit das Problem der Kraftstoffaufbereitung bei leichtflüchtigen Stoffen grundsätzlich gelöst war. Auf der Vernebelung des Kraftstoffs mit Hilfe der Düse beruht heute noch fast jeder Vergaser. Allein diese technische Entwicklungsarbeit hätte Maybach einen Platz in der Ruhmeshalle der Autopioniere gesichert.

1907 brach Wilhelm Maybach doch noch einmal zu neuen Ufern auf. Er verließ nach unerfreulichen Auseinandersetzungen mit der Geschäftsführung die Daimler-Motorengesellschaft und nahm Graf Zeppelins Angebot zu einer engen Zusammenarbeit an. Sie gründeten in Friedrichshafen die Luftfahrzeug-Motorenbau GmbH. Maybachs Sohn wurde zum Geschäftsführer ernannt. Mit ihren leichten, leistungsstarken Maybach-Motoren machten Maybach, Vater und Sohn, auch in der Zeppelinluftfahrt Furore. Sohn Karl baute in den zwanziger und dreißiger Jahren hochwertige Luxusautos (101), welche auch »die deutschen Rolls-Royce« genannt wurden. Bis zu seinem Tod am 29. Dezember 1929 nahm Wilhelm Maybach noch regen Anteil an der stürmischen Aufwärtsentwicklung des Maybachschen Automobil- und Motorenbaus.

VITTORIO JANO - FERRARIS TIP FÜR ALFA ROMEO

Die ruhmreiche italienische Automobilfirma ist in den nunmehr 71 Jahren ihrer Geschichte nie so recht aus den Turbulenzen herausgekommen. Ihr Auf und Ab ist eines der faszinierendsten Kapitel in der Historie des Automobils. Es war immer verknüpft mit den Namen bedeutender Automobilpioniere und -konstrukteure, zu denen auch Alexandre Darracq zählte. Als die Firma Alfa (Anonima Lombarda Fabbrica Automobili) im Jahr 1910 in Portello Autos zu produzieren begann, konnte sie auf dessen Arbeit aufbauen.

Die Benzinkutschen des französischen Automobilkonstrukteurs fuhren um die Jahrhundertwende auf fast allen westeuropäischen Straßen, zum Teil unter anderen Markennamen, darunter auch Opel. Darracqs Italien-Abenteuer hatte im Februar 1906 mit einem kapitalen Fehler begonnen: Er gründete die Firma Società Italiana Automobili Darracq (Siad) ausgerechnet in Neapel.

Wegen unüberwindbarer logistischer Probleme wurden die Produktionsstätten am Vesuv sehr bald wieder verkauft und ein neues Werk in dem Mailänder Vorort Portello errichtet. Doch auch hier kamen die Italo-Darracq nicht auf Touren. Die eigenwilligen Italiener »nahmen« sie nicht an. 1909 verließen nur 61 Fahrzeuge das Firmengelände. Die Siad-Arbeiter spürten, daß ihre Arbeitsplätze in Gefahr gerieten, wenn Darracq die Segel streichen sollte.

Alfa Romeo wird geboren

In dieser prekären Lage entschied Siad-Direktor Ugo Stella, daß ein neuer Konstrukteur angeworben werden mußte. Er konnte Giuseppe Merosi für Alfa interessieren und ihn auch als Faustpfand bei den Banken benutzen, die er um Kredite bat. Die Mailänder Landwirtschaftsbank investierte 500 000 Lire, und am 24. Juni 1910 wurde die Firma Alfa gegründet. Das Unternehmen kam bis zum Ausbruch des Ersten Weltkriegs ganz gut über die Runden. Immerhin konnte noch 1913 ein erster Rennwagen mit 60 PS aus 6 Liter Hubraum hergestellt werden. Graf Ricotti erreichte mit ihm auf Testfahrten 130 km/h.

Aber 1915 schied der letzte Anteilseigner mit dem Namen Darracq aus der Firma aus, indem er seine Alfa-Anteile an ein Bankhaus verkaufte. Nun war die finanzielle Decke bei Alfa wieder so dünn geworden, daß ein neuer Geldgeber gesucht werden mußte. Nicola Romeo wurde angesprochen, ein Mann, der immer auf der Suche nach profitablen Gewinnanlagen für seine Millionen war, die er in der Bergwerkindustrie erworben hatte. So kam Romeo zu Alfa – und Alfa Romeo war geboren.

Im Ersten Weltkrieg konzentrierte sich die Firma auf Eisenbahnen, Traktoren und Flugzeugmotoren. Aber die Dauerkrise in Portello nahm auch in dieser Zeit kein Ende. Während sich überall in Westeuropa die Autoproduktion immer stärker auf die Bedürfnisse des Marktes einstellte, glaubte man bei Alfa Romeo immer noch, das Image vor allem durch sportliche Erfolge verbessern zu können. Nachdem 1920 ein gewisser Enzo Ferrari als Ingenieur in die Firma Alfa Romeo eingetreten war, wehte allerdings bald ein schärferer Wind in den Werkshallen.

Enzo Ferrari war ein Praktiker, der auch brillant Rennen zu fahren verstand und sich in jenen Kämpfen gut auskannte, die hinter den Kulissen des Rennwagenbaus stattfanden. Das war schon damals so: Hatte eine Firma einen neuen Grand-Prix-Wagen entworfen, dann setzten die Konkurrenten alle Hebel in Bewegung, um an die Entwürfe heranzukommen. Und wie geschieht das am besten? Die Konstrukteure werden von der Konkurrenz abgeworben.

Vittorio Jano geht zu Alfa Romeo

Nicola Romeo bekam Wind von diesem Wechselt-das-Bäumchen-Spiel und fragte: »Können wir da nicht mitmischen?« Er wollte einen Grand-Prix-Rennwagen haben, der allen anderen Konstruktionen haushoch überlegen sein würde. Seine Fahrer Ascari, Ferrari und Campari bestärkten ihn in dieser Absicht. So bekam Enzo Ferrari den Auftrag, den von ihm empfohlenen Vittorio Jano bei Fiat abzuwerben.

Den Namen Jano kannten nur wenige Insider in der Branche. Die Familie stammt ursprünglich aus Ungarn, wo sie noch Janos geheißen hatte. Vater Jano unterstand das größte Waffenarsenal in Turin, und obendrein war er noch technisch hochbegabt. Diese Begabung hatte Vittorio von seinem Vater geerbt. Er war einer der besten Schüler an Turins Istituto Professionale Operaio gewesen, bevor er 1909, im Alter von 18 Jahren, als technischer Zeichner zu Giovanni Ceirano ging, der in seinem Rapid-Werk Rennwagen baute. Zwei Jahre später wechselte Jano zu Fiat, wo er 1917 Chefkonstrukteur und 1923 auch Rennleiter wurde.

Im Winter 1923 kam es zu ersten Gesprächen zwischen Ferrari und dem zunächst skeptischen Jano. Letzterer bestand darauf, daß Nicola Romeo persönlich bei ihm vorstellig werde. Romeo schickte dann seinen Vertrauten Giorgio Rimini, und es kam zum Vertragsabschluß.

Es war nicht das höhere Gehalt, das Jano reizte; in erster Linie ging es ihm um die Möglichkeit, endlich einen Grand-Prix-Rennwagen nach eigenem Geschmack bauen und gleichzeitig das Produktionsteam anführen zu können. Innerhalb weniger Tage war der Umzug abgewickelt. Jano, Frau Rosina und der zwei Jahre alte Sohn Francesco bezogen eine Wohnung im ersten Stock des Hauses 71 im Corso Sempione in Mailand. Janos Wechsel von Fiat zu Alfa Romeo hat damals viel Staub aufgewirbelt. Es handle sich um einen krassen Fall von Industriespionage, so konnte man in Kreisen der italienischen Automobilindustrie vernehmen. Und Jano habe seine Arbeit bei Alfa Romeo mit vielen bei Fiat entwickelten Konstruktionen unter dem Arm angetreten ...

Typ P 2

Der Chefkonstrukteur begann bei Alfa Romeo sogleich mit einem Paukenschlag, dem Rennwagen P 2. Es gilt heute als sicher, daß dieser P 2, vor allem aber sein Vorgänger P 1, vom Fiat Typ 804-404 »abgekupfert« worden ist, einem Doppelnockenwellen-Sechszylinder, was bezüglich des oben Gesagten nicht verwunderlich ist. Der Fiat Typ 804-404 war der erfolgreichste Grand-Prix-Rennwagen des Jahres 1922, seine Konstruktion nutzte die Möglichkeiten der ab 1922 geltenden 2-Liter-Formel optimal aus. Vorgeschrieben waren dabei 650 kg Mindestgewicht und 120 kg Belastung durch zwei Insassen.
Jano hatte sich das Ziel gesetzt, daß seine Arbeit im Jahr 1924 ihre Früchte tragen sollte. Er ging bei der Entwicklung des Fiat-ähnlichen P 2 vom P 1 aus, der 1923 wegen eines tödlichen Unfalls beim Großen Preis von Monza aus dem Verkehr gezogen worden war. Der Alfa-Romeo-Fahrer Ugo Sivocci war in der schnellen Curva Viallone von der Strecke abgekommen und tödlich verunglückt. Am 10. Oktober 1923 waren die Entwicklungsarbeiten am P 2 beendet, »nach einer Arbeit, geprägt von militärischer Exaktheit«, wie Enzo Ferrari amüsiert feststellte. Ende Mai 1924 gab Jano den Wagen nach vielen erfolgreichen Tests schließlich für Rennen frei. Gegenüber dem P 1 hatte Janos erster Alfa-Romeo-Wagen einen kürzeren Hub und eine vergrößerte Bohrung, um eine niedrigere Kolbengeschwindigkeit zu erzielen.
Beim Großen Preis von Frankreich, der 1924 auf dem Lyon-Kurs ausgetragen wurde, belegte Giuseppe Campari auf einem P 2 den ersten Platz. Er führte seinen Sieg auch auf die neuen Ballonreifen der Firma Firestone zurück, mit denen der Wagen bestückt worden war. Eine andere technische Delikatesse war die Bremshilfehydraulik, die mit dem Getriebeöl arbeitete. Am P 2 zeigte sich die glückliche Hand, die Jano bei Kompressormotoren mit geringem Zylinderinhalt hatte. Wagen des Typs Alfa Romeo P 2, in all ihren Variationen, mischten nun bis 1930 mit, wobei sie vor allem von der von 1928 bis 1933 gültigen »Formula libre« profitierten. (Die Formula libre legte den Konstrukteuren keinerlei Beschränkungen hinsichtlich der Motorengröße auf. Es gab vage Beschränkungen, so wurde zum Beispiel im Jahr 1928 das zulässige Gewicht auf 550 bis 750 kg limitiert; im Jahr 1931 war dann vorgeschrieben, daß die Grand-Prix-Rennen mindestens zehn Stunden zu dauern hätten.)

Grundtyp 6C

Janos zweiter Geniestreich bei Alfa Romeo war der Grundtyp 6C, der von 1926 bis 1933 mit all seinen faszinierenden Modellvarianten gebaut wurde (6C steht für sechs Zylinder). Vor allem der 6C 1750, den er 1929 aus dem 6C 1500 entwickelte, hat zu seinem Ruhm beigetragen. Jano hatte ja nicht nur ein Faible für leistungsfähige Rennwagen à la P 2, sondern er wußte auch, daß die Kunden nach einem Sportwagen suchten, den sie ebensogut im normalen Straßenverkehr benutzen konnten. Von 1929 bis 1933 gab es vier verschiedene Typen des 1750: insgesamt wurden 2579 Wagen gebaut. Die »heißeste« Version brachte immerhin stolze 108 PS an die Räder. Die sportliche Bilanz des 6C 1750 ist imponierend. Die zweite Mille Miglia im Jahr 1928 wurde von Campari und Ramponi in einem Typ 6C 1500 gewonnen. Wagen des Typs 6C 1750 brachten es auf mehr als 200 Siege, darunter die 24 Stunden von Spa in den Jahren 1929 und 1930 und die Ulster Tourist Trophy 1930. Der ehemalige Rennfahrer Phil Hill hat die vielgerühmten Eigenschaften des 6C 1750 wie folgt beschrieben: »Er verkörperte zu seiner Zeit die idealste Kombination von geschmackvollem Styling, günstigem Leistungsgewicht und gutem ›handling‹.«
Vittorio Jano genoß es, auf der Klaviatur der vielen Modellvarianten souverän spielen zu können. Die Basis war vorgegeben: Bei einem Alfa Romeo waren Doppelnockenwellen-Motor und ein hervorragendes Fahrwerk selbstverständlich – und serienmäßig. So war es ein leichtes, auf die Typen 6C 1500 und 6C 1750 im Jahr 1932 den 8C 2300 folgen zu lassen, in den Modellvarianten »kurz«, »lang«, »Le Mans« und der Grand-Prix-Version »Monza« (149).

Typ »Monza«

Vor allem der »Monza« nimmt in der Ruhmeshalle des Motorsports einen ebenso prominenten Platz ein wie der Bugatti 35. Der »Monza« wurde zur Zeit der Formula libre als Grand-Prix-Wagen eingesetzt. Man würde es sich zu einfach machen, den 8C 2300 als einen schlichten 6C 1750 mit zwei zusätzlichen Zylindern zu bezeichnen (was in einigen Kompendien bis zum heutigen Tag geschieht). Der Achtzylindermotor setzt sich aus zwei Vierzylinder-Leichtmetallblöcken mit Stahllaufbüchsen für die Kolben zusammen. Das Fahrwerk ist mit Starrachsen an Längsblattfedern auf herkömmliche Weise konstruiert.

Dem »Monza« sah man zwar schon an, daß er eines Tages in eine andere Güteklasse aufwachsen könnte, nämlich in die des P 3 (10), aber er war natürlich noch kein Monoposto. Zwei relativ bequeme Sitze luden zum Rennduett in der abgespeckten Karosserie ein. Der 2,336-Liter-Motor mit Kompressor schaffte 1931 165 PS bei 5400 U/min., 1932 170 PS bei gleicher Drehzahl. Der Wagen wog 920 kg und erreichte 210 km/h. Das Thema 8C 2300 hat Jano wie üblich genial variiert; ihm half Enzo Ferrari, der 1929 Alfa Romeo verlassen hatte, um die »Scuderia Ferrari« zu gründen, einen privaten Rennstall. Alfa Romeo sah Ferrari mit einem lachenden und einem weinenden Auge scheiden: Jetzt wurden die Alfa-Romeo-Rennwagen optimal betreut, andererseits vermißte Jano die guten Ideen des Tüftlers Ferrari, der zum Beispiel für seine Scuderia einen 8C 2300 für die Mille Miglia 1934 auf 2,6 Liter aufbohren ließ.

Berühmte Rennfahrer wie beispielsweise Nuvolari gewannen viele Rennen mit dem »Monza«, unter anderem den belgischen Grand Prix 1931, die Mille Miglia 1932, die Targa Florio, die 24-Stunden-Rennen von Le Mans und Spa 1932, die Mille Miglia, den Grand Prix von Tunis, Targa Florio, Grand Prix von Tripoli, das Eifelrennen und wieder Le Mans und Spa, alles 1933. Auch Rudolf Caracciola fuhr 1932 einen »Monza«, nachdem er bei Mercedes-Benz wegen der Wirtschaftskrise keinen Vertrag bekommen hatte.

Beim Großen Preis von Monza 1931, dem Rennen, das übrigens dem Alfa Romeo »Monza« seinen Namen gab, experimentierte Vittorio Jano mit seinem Monoposto, der von zwei nebeneinander liegenden Sechszylindermotoren angetrieben wurde, die insgesamt 3504 ccm Hubraum hatten und 230 PS bei 5000 U/min. leisteten. Mit seinen zwei Kardanwellen und zwei Getriebekästen war er ein Unikum. Die beiden Dreiganggetriebe wurden über einen einzigen Schalthebel bedient.

Typ A

Der Typ A sollte den Bugatti- und Maserati-Rennwagen als den einzigen ernst zu nehmenden Konkurrenten das Leben schwer machen. Aber das blieb ein Wunschtraum. Denn Ettore Bugattis Rennwagen der Typen 35 und 35 C siegten in der Zeit zwischen 1926 und 1930 in vielen großen Sportwagen- und Grand-Prix-Rennen. Im Jahr 1931 präsentierte der Motorzauberer aus Molsheim seinen Typ 51, einen 2,3-Liter-Kompressorwagen. Mit ihm gewann noch im selben Jahr Louis Chiron den Großen Preis von Monaco. Maserati brillierte unter anderen mit dem »Sedici Cilindri«, einem 16-Zylinder-Wagen, dessen Motor einen Hubraum von 3958 ccm hatte und der es auf 300 PS Leistung brachte. Gleich beim ersten Training für den Großen Preis von Monza 1931 verunglückte der Italiener Arcangeli in einem Typ A tödlich. Campari und Nuvolari belegten mit dem Wagen bei der Coppa Acerbo 1931 in Pescara den ersten und den dritten Platz.

Typ P 3

Als Versuchswagen für die Entwicklung des legendären Alfa-Romeo-Grand-Prix-Rennwagens Tipo B (P 3) leistete der Typ A gute Dienste. Der Motor des P 3 hatte einen Hubraum von 2654 ccm und bestand aus zwei Vierzylinderblöcken in Reihe mit je einem Kompressor. Die zwei obenliegenden Nockenwellen waren bei Jano selbstverständlich. Der Motor leistete 215 PS bei 5600 U/min. Kurios waren die Pedale und der Schalthebel angeordnet. Die Schaltkulisse befand sich zwischen den Beinen des Fahrers, der Schalthebel war aus Bequemlichkeitsgründen nach links gekrümmt, das Kupplungspedal lag links vom Getriebegehäuse und das Gas- rechts vom Bremspedal.

Vittorio Jano übernahm für den P 3 das Prinzip der zwei Kardanwellen. Vom Differential hinter dem Getriebe führten zwei Wellen zur Hinterachse; zwischen diesen beiden Wellen war beim P 3 das Cockpit eingebettet. Jano modifizierte den P 3 mehrere Male. Der Hubraum wurde auf 2,9 Liter, danach auf 3,2 Liter und schließlich auf 3,8 Liter vergrößert, was eine Motorleistung von 330 PS erbrachte. Die starre Vorderachse wurde durch eine Einzelradfederung mit Torsionsstäben ersetzt, wodurch der Wagen eine bessere Straßenlage erhielt. 1932 war für den P 3 ein großes Jahr. Er gewann nicht nur die meisten Grand-Prix-Rennen, darunter den italienischen und, mit Rudolf Caracciola am Steuer, auf dem Nürburgring den deutschen Großen Preis, sondern auch viele Sportwagenrennen, wie die Mille Miglia.

So erfolgreich die Saison 1932 für Alfa Romeo auch war – es gab wieder finanzielle Engpässe, die sechs P 3 wurden zurückgezogen und Enzo Ferrari übergeben, der sie ab 1933 betreute und sie gegen die Maseratis und Bugattis einsetzte.

Als die deutschen »Silberpfeile« von Auto-Union und Mercedes ab 1934 ihren Siegeszug auf allen Grand-Prix-Pisten der Welt antraten, war die jahrelange Vorherrschaft von Alfa Romeo, Bugatti und Maserati gebrochen. Jano ließ sich jedoch nicht entmutigen und entwarf und baute bis 1938 immer neue Renn- und Sportwagen, so das Modell 12C im Jahr 1937, einen Grand-Prix-Rennwagen mit 4495 ccm Hubraum auf zwölf Zylinder in V-Form verteilt. Der Alfa Romeo 12C war der letzte Wagen und auch der Höhepunkt einer 14jährigen Schaffensperiode, durch die Alfa Romeo weltberühmt wurde. Sie ist untrennbar mit dem Namen von Vittorio Jano, der 1965 starb, verbunden.

(143) Sunbeam 1929

(144) De Soto 1928 Vorhergehende Seite: (142) Métallurgique 1907

Invicta 1930

Delage 1929 Folgende Seiten: (147) Duesenberg 1929

(148) Alvis 1932

(149) Alfa Romeo 1931

150

Lagonda 1930

151

Alfa Romeo 1934 Folgende Seiten: (152) Sunbeam 1926

SUNBEAM

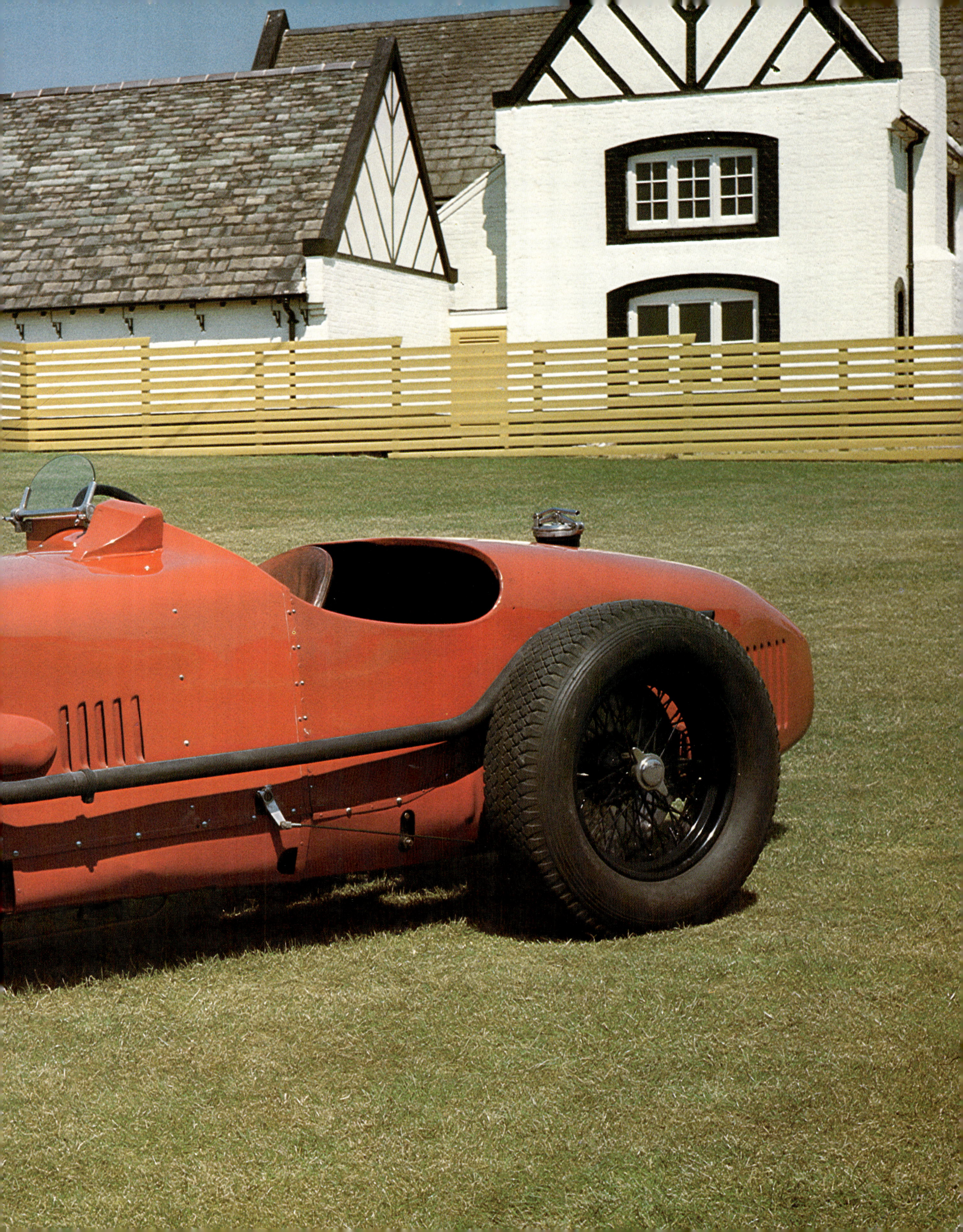

(153) Hotchkiss 1932

(154) Hispano-Suiza 1919

155

C.G.V. 1904 Folgende Seiten: (156) Rolls-Royce 1907

AX 201

157

(157) Grégoire 1910

158

(158) Renault 1910

159

(159) Panhard-Levassor 1911

160

(160) Turicum 1911 Folgende Seite: (161) Opel 1914

MAGNETO
AIR
MILES
BOSCH

SCHNELLE FRAUEN TOLLE KERLE

Fast acht Jahrzehnte lang zählt das Auto mit all seinen Begleit- und Folgeerscheinungen zum Herrschaftsbereich des Mannes. Wenn couragierte Frauen es wagen, sich da einzumischen, gelten sie als Exotinnen. Wie muß dem Baron Campbell von Laurentz zumute gewesen sein, als er Anfang unseres Jahrhunderts neben seiner autobesessenen Frau über Europas staubige Straßen geschüttelt wurde, wo er es doch vorzog, mit der bequemen Eisenbahn vorauszufahren, um den Torturen einer Autoreise zu entgehen! Und dabei war der Herr Baron beileibe kein Weichling. Immerhin hatte ihn Ernst II., Herzog von Sachsen-Coburg-Gotha, wegen seiner Verdienste im Deutsch-Französischen Krieg 1870/71 geadelt. Auch die Bewohner Washingtons fanden es gar nicht komisch, daß Alice Roosevelt, Tochter des amerikanischen Präsidenten Theodore Roosevelt (1901 bis 1909), mit ihrem White-Dampfwagen die Hauptstadt der USA unsicher machte. Wenn sie zu ihrer alltäglichen Rundfahrt aufbrach, mußten die Droschkenkutscher ihre Gäule fest an die Kandare nehmen.

FRAUEN, VIERTAKT UND VIEL TEMPO

Die erste Rennfahrerin in der Geschichte des Autosports soll eine Madame Laumaillé gewesen sein. Sie belegte 1898 mit einem De-Dion-Dreiradwagen beim Zweitagerennen Marseille–Nizza den vierten Platz im Gesamtklassement. Fakten dieser Art entdeckt man leider nur in verstaubten, jahrzehntealten Unterlagen. Frauen im Automobilsport – das ist bis heute ein bei Männern unbeliebtes Thema. Arrogant verteidigen die Herren der Schöpfung ihre vermeintliche Alleinkompetenz in Sachen Auto wie potente Platzhirsche ihr Revier. Dabei konnten wir in diesem Buch bereits lesen, daß Frauen in den Anfängen der Autohistorie eine bedeutende Rolle gespielt haben, wie beispielsweise Louise Sarazin in Frankreich und Berta Benz (12) in Deutschland.
Zugegeben – eine Frau, die sich um die Jahrhundertwende für Autos interessierte, sie gar steuerte, und somit vorgegebene männliche Verhaltensriten nachahmte, hatte es nicht leicht. Queen Victoria, die Zuchtmeisterin des nach ihr benannten Zeitalters, schleuderte ihren Bannfluch gegen das Auto, als sie von den ersten tödlich verunglückten englischen Autofahrern hörte. Aber es half nichts – couragierte Frauen setzten sich über alle bürgerlichen Konventionen hinweg und befaßten sich mit den Benzinwagen und den in ihnen steckenden Möglichkeiten. Obersuffragette Emmeline Pankhurst aus England, die 1903 ihre militante »Women's Social and Political Union« gegründet hatte und verschiedene Male eingesperrt wurde, machte vielen Frauen Mut. Die eigentliche Ursache für das Interesse am Auto lag aber oft doch wohl eher in der weiblichen Neugier. Als im Jahr 1901 Eduard VII. den britischen Thron bestieg, entkrampfte sich das viktorianische Klima. Der neue Potentat wurde zum Vorbild für Mode und Sport. England entschloß sich, aus seiner Splendid isolation herauszutreten. Politik und Kultur gerieten in Bewegung. Eduard VII. hatte nichts gegen im Winde flatternde Röcke der Autlerinnen. Jetzt wurde es sogar gesellschaftsfähig, daß Frauen sich für Technik interessierten. Vorausgesetzt, sie hatten Geld, um sich ein Auto zu leisten. Infolgedessen stammen die ersten Fahrerinnen aus begüterten Kreisen, wie zum Beispiel die britische Baronin Campbell von Laurentz. Sie hatte schon ab 1900 Tausende von Kilometern mit einem enervierten Gatten an ihrer Seite in Dampfwagen der Marken Locomobile und Serpollet zurückgelegt, bevor sie sich entschloß, auf Benzinwagen umzusteigen, und zwar zunächst auf einen deutschen Dixi aus Eisenach. Wenn es Schwierigkeiten mit ihrem Auto gab, wußte die Baronin immer Rat. Als ihr nach etlichen Reifenpannen die Schläuche ausgegangen waren, stopfte sie die Reifen mit Heu aus – und weiter ging's! Als sie selbst mit dem ersten Gang ihres Dixi einen steilen Berg in den Cotswolds nicht mehr bewältigen konnte, wendete sie und erklomm die Steigung im Rückwärtsgang.
Die Baronin hatte auch einen Sinn für praktisches Zubehör. Sie entwickelte ein Set abnehmbarer Autokoffer für die Garderobe eines autofahrenden Ehepaares mit Butler, Kammerzofe oder Chauffeur, und eigens angefertigte Ledertäschchen boten Ablagemöglichkeiten für im Auto herumfliegende Utensilien aller Art. Das Problem ist uns heute noch wohl vertraut.
Die Baronin Campbell von Laurentz kaufte sich 1907 einen stärkeren Wagen, einen Sechszylinder-Minerva, der ihren Langstreckenambitionen mehr entgegenkam. Den europäischen Kontinent erfuhr sie im wahrsten Sinn des Wortes. 1912 beklagte sie sich nach einem Trip ans Mittelmeer über die »überfüllte Riviera«, wo nun wirklich kein Platz mehr sei fürs Autofahren... Mit einem Rolls-Royce Silver Ghost (156) legte sie 1911 2400 Kilometer auf nordafrikanischem Boden zurück. Die autobegeisterte Baronin hat auch minuziös über ihre Erfahrungen hinter dem Volant geschrieben und wurde mit ihrem Buch »My Motor Milestones« eine der ersten Motor- und Reiseschriftstellerinnen überhaupt.

Blut, Schweiß und Tränen – die Fahrten der Fürstin Borghese

Eine andere englische Autopionierin, Dorothy Levitt, gab in ihrem Buch »The Woman and the Car« ihren autofahrenden Kolleginnen einige skurrile Ratschläge. So empfahl sie, auf die Fahrt einen Revolver mitzunehmen, und meinte, ein Spiegel sei nicht nur für das Make-up nach einer Fahrt über staubige Landstraßen nützlich, sondern auch dann, wenn man beobachten wolle, was hinter dem Rücken auf der Straße so alles passiere. Mit diesem Vorschlag war Dorothy Levitt ihrer Zeit weit voraus, denn die ersten festmontierten Rückspiegel kamen erst 1914 auf.
Diese wohlgemeinten Ratschläge hätten der italienischen Fürstin Anna-Maria Borghese, auch wenn sie ihr bekannt gewesen wären, wenig geholfen; denn dort, wo sie ihrer Autoleidenschaft frönte, gab es nur Blut, Schweiß und Tränen. Bereits zur Jahrhundertwende hatten die Borgheses halsbrecherische Autofahrten durch Kleinasien riskiert. 1907 half sie ihrem Mann, dem Fürsten Scipio

Borghese, bei den Vorbereitungen zur Fernfahrt Peking–Paris, die er auf einem Itala gewann, wie wir an anderer Stelle schildern.
Die ölverschmierten zarten Hände der Fürstin Anna-Maria Borghese und die Leichtigkeit, mit der ihr auf den Partys des italienischen Hochadels das Autofahrerlatein von der Zunge ging, machten großen Eindruck auf ihre Geschlechtsgenossinnen. Diese Liaison zwischen grobem Werkzeug, penetrantem Benzingeruch, fraulichem Charme, Diamantencolliers und Zobelpelz hatte fraglos ihren Reiz.
Das muß auch Anfang der zwanziger Jahre die junge Baronessa Maria Antonietta d'Avanzo empfunden haben. Sie war eine Trumpfkarte im Alfa-Romeo-Rennteam, in dem sie einen Vierzylinder-Sportwagen vom Typ ES 20 (65) pilotierte. In der »Geschwindigkeitswoche von Brescia« im Jahr 1921 wurde sie im Gesamtklassement einiger Trials dritte hinter Graf Masetti, der einen Mercedes GP (66) aus dem Jahr 1914 fuhr, und dem Grafen Caselli, der den gleichen Typ wie die Rennfahrerin steuerte. Baronessa d'Avanzo wagte sich auch an Geschwindigkeitsrekorde heran. Mit einem Packard-Zwölfzylinder-Rennwagen, der ehemals dem amerikanischen Rennfahrer Ralph de Palma gehört hatte, griff sie auf der Insel Fanø einige Bestmarken an, blieb dabei allerdings erfolglos.
In Brescia wurde ein Rennen angesetzt, dessen Bezeichnung für die wagemutige Italienerin ein Affront war: der Gran Premio Gentlemen, ein 25-Runden-Wettbewerb auf dem 17,6 Kilometer langen Kurs. Diese frauenfeindliche Veranstaltung ließ Rennfahrerinnen von vornherein keine Chance, nicht mal zum Start – so schien es mindestens. Aber Maria Antoinetta d'Avanzo störte sich nicht an der Taktlosigkeit der Organisatoren und trug sich in die Teilnehmerliste ein. Hinter Masettis Mercedes und einem Ceirano belegte sie in ihrem Alfa Romeo den dritten Platz. Die blaublütige Autlerin hat viele ihrer Sportkameradinnen am Volant ermutigt, sich von den männlichen Konkurrenten nicht kleinkriegen zu lassen.
Ein Trend kam ihnen dabei zugute, denn »The Roaring Twenties« machten ihrem Namen alle Ehre. In unzähligen nationalen und internationalen Wettbewerben röhrten, knallten und bellten die Sport- und Rennwagen, kreischten die Kompressormotoren. Es waren hauptsächlich englische Fahrerinnen, alle Amateure reinsten Wassers, die sich unter die männlichen Starter mischten. Vor allem auf Brooklands mit der dieser Piste eigenen charmanten Country-Club-Atmosphäre fühlten sich die Rennfrauen sehr wohl. Hier kam ihnen das gesamte Ambiente entgegen: keine Hektik, Zeit für Smalltalks und den High tea, ein überschaubares Ausmaß des Rennstresses, so daß die Fahrerinnen auch in ihrer Kleidung kaum Konzessionen an das Milieu machen mußten. Vielleicht Lederkappe, Brille, Lederhandschuhe – aber um den Hals einen Schal aus dem Hause Chanel und nach dem Rennen ein Nerzjäckchen, welches ein besorgter Begleiter um die zarten Schultern legte.

Schnelle Damen gehen auf Weltrekordjagd

Eigens nach den Rennfahrerinnen wurde auf Brooklands der sogenannte Ladies Outer-circuit benannt, auf dem 1928 Mrs. E. M. Thomas auf Bugatti eine Geschwindigkeit von 194,495 km/h erreicht hatte. Nachdem sieben Jahre später Gwenda Stewart auf einem Derby-Miller-Kompressorwagen sogar einen Schnitt von 217,52 km/h gefahren war und Kay Petre (47) einen 10,5-Liter-Delage tollkühn über den »Cement« gejagt hatte, wurde dieser so gefährliche Streckenabschnitt für solche Unternehmen nicht mehr freigegeben.
Ein anderes Eldorado für Amateur-Rennfahrerinnen war das Motodrom von Montlhéry bei Paris. Wer auf diesem schnellen Rundkurs erfolgreich war, konnte schöne Trophäen mit nach Hause nehmen. 1929 wurden einige Geschwindigkeitsrekordhalter ausgezeichnet, unter ihnen auch Gwenda Stewart, Mrs. Victor Bruce und Violet Cordery. Anfang 1929 hatte Mrs. Bruce einen bemerkenswerten Rekord aufgestellt: Am Steuer eines 4,5-Liter-Bentley war sie 24 Stunden lang ohne Ablösung gefahren und hatte 3439,488 Kilometer zurückgelegt (Durchschnittsgeschwindigkeit: 143,32 km/h). Bei aller Rekordsucht ging es noch recht menschlich zu. Die aus technischen Gründen erforderlichen Boxenstopps der Fahrerin wurden so gelegt, daß sie »mit der Erledigung ihrer persönlichen Bedürfnisse zusammenfielen«, wie es im »Guinness Book of Car« dezent heißt.
Was damals als eine der weiblichen Natur zuwiderlaufende Strapaze gegolten haben mag, ist heutzutage keine Seltenheit mehr. Die sportlichen Höchstleistungen vieler Frauen beweisen es. Dennoch – die Südfranzösin Violette Morris vollbrachte 1927 beim Bol-d'Or-24-Stunden-Rennen auf ihrem 1100-ccm-BNC eine Leistung, die uns bis zum heutigen Tag veranlaßt, respektvoll den Hut vor dieser Dame zu ziehen. Sie fuhr nicht nur gegen die Uhr, sondern auch gegen ihre zahlreiche männliche Konkurrenz, die die von der Sportpresse reichlich ungalant als maskulin beschriebene Fahrerin auf dem Kurs von Fontainebleau nach 309 Runden schließlich samt und sonders geschlagen hatte (Renndistanz: 1619,64 km; eine Runde: 5,241 km). Auch bei der Coppa Florio 1927, die in jenem Jahr ausnahmsweise in Frankreich ausgetragen wurde, konnte sich Violette Morris gut plazieren.
In den goldenen zwanziger Jahren, die D. B. Tubbs in seinem Buch »Art and Automobile« auch »The Jazz

Age« nennt, erblickte ein Sportwagen das Licht der Öffentlichkeit, dessen Typenbezeichnung allein schon Kennern einen Schauer der Bewunderung den Rücken herunterjagt: die Mercedes-Benz-S-Klasse mit ihren Modellvarianten SS, SSK (95) und SSKL (96). Dr. Ferdinand Porsche, der im Jahr 1923 in die Daimler-Motorengesellschaft eingetreten war, hatte sie entwickelt. Nach der Fusion von Daimler und Benz im Jahr 1926 wurden diese Mercedes-Benz-Modelle zum Inbegriff des Sportwagens schlechthin. Der berühmte amerikanische Architekt Frank Lloyd Wright bezeichnete sie als die Verwirklichung seiner Maxime, daß die »Form der Funktion zu gehorchen habe«. Verglichen mit den filigranen Bugattis, vor allem dem Molsheimer Modell 35 B (118), wirken die S-Typen wie ins Gigantische gewachsene Schlachtrösser.

Schwerstarbeit für eine junge Frau

Kaum vorzustellen, daß ausgerechnet am Steuer eines solchen schweren Wagens eine rennsportbegeisterte junge Dame aus Darmstadt ihre größten Erfolge erzielte: Ernes Merck (17). Am 4. September 1926 titulierte sie das »Darmstädter Tageblatt« als »Deutschlands hervorragendste Autolenkerin«. In die Bredouille gerieten die Kollegen von damals allerdings, als sie sich über das Rollenverständnis der Motorsport betreibenden Frauen ausließen. In der schon zitierten Ausgabe des »Darmstädter Tageblatts« heißt es dazu: »Die Frau am Steuer eines Autos ist ein besonders anziehendes Kapitel. Mit Ausnahmen selbstverständlich. Da es sich um Damen handelt, ist es naturnotwendig, sich auch mit Dingen der Äußerlichkeit zu beschäftigen, die bei männlichen Sportlern nicht ins Gewicht fallen . . . Die Dame hat auch auf dem Gebiet des Sports weitgehend Rücksicht zu nehmen. Sie wird nie ganz ausschließlich das Ziel ihrer sportlichen Betätigung auf den sportlichen Erfolg einstellen; sie wird auch im schärfsten Sportkampf Dame bleiben mit all ihrem Geschlecht angeborenen Schwächen und Stärken . . .«
Dieses vorsichtige Lavieren mit ungewohnten und wohl auch ungeliebten Entwicklungen im Leistungssport zeugt davon, wie schwer viele sich damals taten, das Kapitel Frau und Auto in ihrer Vorstellungswelt unterzubringen. Ernes Merck hat es ihnen nicht leicht gemacht, denn sie war in der Tat eine exzellente Autosportlerin. Ihr Gatte, der Darmstädter Pharmaziefabrikant Wilhelm Merck, unterstützte ihre sportlichen Ambitionen konsequent. Die ersten Erfahrungen mit einem Auto machte sie auf einem 30-PS-NSU. Danach benutzte sie Modelle der Marken Wanderer, Opel, Adler, Minerva und Steiger. Als es 1922 Ernst wurde und sie daranging, ihren sportlichen Ehrgeiz zu befriedigen, entschied sie sich zunächst für »Benz«, wurde zweite beim Feldberg-Rennen und belegte 1923 neben vielen anderen Erfolgen den dritten Platz beim Solitude-Rennen. Auf einem Mercedes nahm sie noch im selben Jahr am Krähbergrennen teil, 1924 errang sie bei der Berg- und Flachprüfung des Hessischen AC den Ersten Damenpreis und den vierten Rang im Königstuhl-Bergrennen. 1927 übernahm sie ihren ersten Mercedes-Benz S und steuerte auch diesen Koloß erfolgreich; so plazierte sie sich als zweite im Internationalen Klausenpaß-Rennen. Noch im nachhinein bleibt viel Bewunderung für die junge Fahrerin, die mit so großer Souveränität die tonnenschweren »S« über die Rennstrecken jagte. Das war schon für durchtrainierte Rennfahrer eine harte Knochenarbeit. Rudolf Caracciola und Otto Merz haben davon manch Lied gesungen. Zeitgenossen rühmten Ernes Mercks großes technisches Verständnis und ihr untrügliches Gefühl für die Möglichkeiten und Grenzen des Motors sowie den sicheren Instinkt, mit dem sie auf das Handling ihrer Sportwagen einging. Sie starb im Dezember 1927 im Alter von 29 Jahren.
Man darf sicher sein, daß Frau Merck sich mit großem Vergnügen dem Autorennsport gewidmet hat. Alles andere als vergnüglich war es, was sich die fast gleichaltrige Clärenore Stinnes 1927 in den Kopf setzte. Die deutsche Industriellentochter wollte mit dem Auto die Welt umrunden! Es erscheint zwar wie heller Wahnsinn, doch sie machte das eigentlich Unmögliche möglich. Clärenore Stinnes legte mit ihrem dreiköpfigen Team von 1927 bis 1929 in 25 Monaten 46 758 Kilometer zurück.
Geld aus der Familienschatulle der Stinnes stand nicht zur Verfügung. Als ihr Vater 1924 starb, zogen die nervös gewordenen Banken alle Kredite zurück, und der Stinnes-Konzern war am Ende. Brüder und Mutter lehnten es überdies ab, die verrückten Pläne des Sprößlings zu finanzieren. Zwar hatte sich Clärenore Stinnes bereits als Rallyefahrerin einen Namen gemacht und 1925 bei der Internationalen Rallye von Leningrad über Tiflis nach Moskau vor 52 Männern gesiegt – aber eine Weltumrundung mit dem Auto, das war damit nicht zu vergleichen, diese Form automobilistischer Selbstkasteiung hatte es noch nicht gegeben. Clärenore Stinnes trieb vornehmlich bei Zubehörfirmen 100 000 Mark auf, die Firma Adler stellte ihr einen Standard 6 sowie einen Lastwagen des Typs L9 zur Verfügung. Die mutige Reisemannschaft bestand aus der 26jährigen Expeditionsleiterin, ihrem späteren Gatten, dem schwedischen Kameramann Carl-Axel Söderström, und zwei Mechanikern. Das von Michael Kuball und Clärenore Stinnes herausgegebene Buch »Söderströms Phototagebuch« über die zweijährige Tour ist die Chronik eines schier unglaublichen Unternehmens mit masochistischen Zügen.

Am 25. Mai 1927 begann die Quälerei. Über Tausende von Kilometern gab es keine Autostraßen, und weite Strecken mußten ohne gültige Landkarten zurückgelegt werden. In Sibirien fiel das Thermometer bis auf 52 Grad unter Null. Wollten die Motoren bei dieser Kälte nicht anspringen, dann wurde ein Feuer unter der Ölwanne entzündet, heißes Wasser in den Kühler gefüllt, und die Zündkerzen erhitzten sie im Backofen. Unter großem Risiko überquerten sie den zugefrorenen Baikalsee. In Südamerika bewältigte Clärenore Stinnes mit ihrem Team als erster Autofahrer die Anden. Oft bahnten sie sich mit Spitzhacke und Dynamit den Weg – in einer Rallye auf Leben und Tod, die am 21. Juni 1929 in Berlin endete. Frau Clärenore Stinnes schreibt heute in einem kleinen Haus an der Mosel ihre Memoiren.

Signora Elizabetta, bravissimo

Fast zur gleichen Zeit, als die Fabrikantentochter in Richtung Osten aufbrach, ging 2000 Kilometer weiter südlich eine ebenfalls noch sehr junge Frau daran, das Schicksal herauszufordern. Im April 1927 wunderten sich die sizilianischen Schafhirten auf den staubigen Straßen östlich Palermos über ein sportlich-elegantes Paar, das, mit Schreibblock, Metermaß und Feldstecher bewaffnet, Straßenbreite, Kurven, Gefälle, Steigungen und Ortsdurchfahrten penibel genau vermaß. Es waren der Bankier Vinzenz Junek und seine Frau Elisabeth. Fünf Tage lang waren sie von morgens bis abends zu Fuß unterwegs, um den Streckenverlauf der Targa Florio Meter für Meter zu registrieren. Sie schafften jeden Tag etwa 20 Kilometer und kehrten in der Dämmerung nach Polizzi, jenem berühmt-berüchtigten Mafia-Hauptquartier, zurück. Die zierliche und charmante Frau galt 1927 im internationalen Rennfahrerclan bereits als Berühmtheit, und das nicht ohne Grund – sie war eine der besten unter den Frauen und Männern, die Sport- und Rennwagen zu ihrer Leidenschaft gemacht hatten. 1921 hatte sie das Fahren gelernt, drei Jahre später begann sie, an Rennen teilzunehmen, fast ausschließlich in Wagen der Marke Bugatti. Im europäischen Rennzirkus hatte sie ihre Karriere mit einer harten Ochsentour eingeleitet, angefangen bei heimischen »Bauernrennen« bis hin zu zahllosen Bergrennen [19], unter ihnen auch das auf dem Klausenpaß in der Schweiz.

Die Targa Florio 1927 war das erste Rundstreckenrennen, das Elisabeth Junek bestritt. Es sollte den Durchbruch bringen. Dieses strapaziöse Abenteuer auf Sizilien war schon in den zwanziger Jahren der Oldtimer unter den klassischen Rundstreckenrennen auf öffentlichen Straßen. Den Wettbewerb hatte sich Vincenzo Florio (1883 bis 1958) ausgedacht, um seine Heimat für ein breites Publikum attraktiv zu machen.

1906 wurde das erste Rennen auf dem Straßenkurs gestartet, der nach dem die Region beherrschenden Bergzug die »Große Madonie« genannt wird. Die Strecke war 148,82 Kilometer lang und mußte insgesamt dreimal durchfahren werden. Alessandro Cagno auf einem Itala war der erste der Targa-Florio-Sieger (Zeit: 9:32:23 Stunden, Durchschnittsgeschwindigkeit: 46,78 km/h). Als Elisabeth Junek am 24. April 1927 mit ihrem Bugatti 35 B [118] an den Start zur Targa Florio rollte, wußte sie genau, was auf sie zukam: fünf Runden von je 108 Kilometern Länge – wieder einmal hatte Florio den Streckenverlauf geändert. Das bedeutete 540 Kilometer staubige Pisten, enge Ortsdurchfahrten, steile Abgründe, 1000 Kurven – Hunderte von Ziegen, Mauleseln, Hunden und noch mehr Federvieh auf der Strecke. Aber es war weder ein Huhn noch eine Ziege, sondern der Pannenteufel, der Elisabeth Juneks Ambitionen den Garaus machte. Wegen eines Schadens an der Lenkung kollidierte sie in der zweiten Runde, als sie das Rennen anführte, mit einem Felsbrocken und mußte aufgeben.

Sie hielt sich kurz danach auf dem Nürburgring schadlos, als sie im Großen Preis von Deutschland mit ihrem Bugatti 35 B in der Gruppe II (Sportwagen bis 3000 ccm) siegte (Renndistanz: 508,752 km, Durchschnittsgeschwindigkeit: 89,74 km/h).

1928 kam Elisabeth Junek mit zwei Bugattis zur Targa Florio, wobei einer der Wagen, ein 1,5-Liter-Bugatti Typ 37 [115], als Trainingswagen diente und auch die Ersatzteile transportiert hatte. Den Kurs hatte Florio verbessern lassen, und einige Kurven waren entschärft worden. Auch der Straßenbelag staubte nicht mehr so ekelhaft. Im harten Training drehte die Pragerin 47 Runden und verschliß dabei 51 Reifen. Außer ihr ging noch eine andere Bugatti-Fahrerin an den Start, die deutsche Gräfin von Einsiedel, die einen 1,5-Liter-Wagen aus Molsheim steuerte.

Im Rennen selbst lag Elisabeth Junek in den ersten vier Runden mit in der Spitzengruppe, mußte dann aber ab der fünften Runde wegen eines Schadens an der Wasserpumpe und einer Reifenpanne das Tempo drosseln. Dennoch reichte es für den fünften Platz, wobei sie so renommierte Fahrer wie Minoia, Dreyfus, Lepori, Foresti und Maserati hinter sich ließ. Gräfin von Einsiedel beendete das Rennen als zwölfte. Elisabeth Junek wurde Sieger in der Klasse der Privatfahrer und errang den Damenpreis. Die Italiener jubelten ihr zu und riefen: »Elizabetta, Signora Elizabetta, bravissimo!«

Sie hat ihre glanzvolle Karriere als Rennfahrerin auf eigenen Wunsch beendet, als ihr 34jähriger Mann 1928 beim Großen Preis von Deutschland auf dem Nürburgring mit seinem Bugatti 35 B tödlich verunglückte. Elisabeth Junek lebt heute, 83jährig, in Prag. Sie ist die erfolgreichste Grand-Prix-Fahrerin aller Zeiten.

DIE HERRENFAHRER - OFT KOPIERT, NIE ERREICHT

Das waren noch Zeiten, als der deutsche Rennfahrer Otto Merz 1927 auf dem Nürburgring bei einem Boxenaufenthalt seinen 33 Zentner schweren Mercedes-Benz S (22) mit den Armen hochhievte, damit die Reifen schneller gewechselt werden konnten . . . Das brachte entscheidende Sekunden! Merz gewann dann auch mit seinem 6,8-Liter-Kompressorwagen den Großen Preis von Deutschland. Englische Journalisten notierten voller Staunen, daß Merz bei der Tourist Trophy 1929 in Ulster einen beschädigten Kotflügel mit seinen Bärenpranken abriß wie andere ein Kalenderblatt. Die Kraft dieses Mannes war legendär: So erzählte man sich in Rennfahrerkreisen, daß Otto Merz einen Vier-Zoll-Nagel mit der bloßen Hand in ein Brett treiben konnte, daß, nachdem er die Frau eines Rennfahrerkollegen begrüßt hatte, deren Ehering mit einer Kneifzange vom Finger gezogen werden mußte . . . Das waren noch Kerle! Otto Merz war Zeuge des Attentats auf Erzherzog Franz Ferdinand am 28. Juni 1914 in Sarajewo. Er steuerte damals den Wagen des Grafen Boos-Waldeck, der Ehrenadjutant des Erzherzogs war. Merz trug den tödlich verwundeten Thronfolger die Stufen zum Palais des Landespräsidenten hinauf. Dort starb Franz Ferdinand in seinen Armen.

Solche Kraftprotze waren in den ersten drei Jahrzehnten unseres Jahrhunderts geradezu prädestiniert für den Autorennsport, der in jenen Jahren harte, schweißtreibende Muskelarbeit war. Die Boliden entwickelten oft ein urgewaltiges Eigenleben, wie der Peugeot, den Frankreichs Renn-As Georges Boillot im Grand Prix von Lyon 1914 steuerte. Das Lenkrad vibrierte dermaßen stark, daß sich Boillot den linken Unterarm mit einem Seil am Steuer festbinden ließ. Fahrertypen wie Merz und Boillot gingen mit ihren Fahrzeugen eine Symbiose ein, eine Art Schicksalsgemeinschaft, in der Kraftentfaltung und Technik der Rennwagen das fahrerische Können und die Physis der Piloten bis an die äußerste Grenze strapazierten.

Da sah das Verhältnis der sogenannten Herrenfahrer zu ihren Sport- und Rennwagen ganz anders aus. Es stand unter dem Motto »Let's have fun« – »Seht doch nicht alles so verbissen!« Gewiß – auch sie waren »tolle Kerle«, aber eben immer »on the sunny side of the street«. Da Herrenfahrer eine ausgestorbene Spezies sind, muß die Begriffsbestimmung auf viel Nostalgisches zurückgreifen. Ein Herrenfahrer war ein Mann, der seinen Sport- oder Rennwagen (mit und ohne Kompressor) so innig liebte, verehrte und verwöhnte wie seine Frau oder Konkubine. Mit ihm assoziierte man Juchtenleder, »Jeuen« in Monte, vielleicht eine Yacht in Funchal auf Madeira, eine Schnepfenjagd und eine Klitsche in Schottland und die Flasche Champagner immer neben dem Ölkanister. Ein Herrenfahrer war reich, sonst hätte er sich den teuren Sport mit seinem schicken Ambiente auch gar nicht leisten können. Über Geld sprach man nicht, man hatte es. Herrenfahrer bevorzugten die feinsten und die schnellsten Autos. Gab es das gewünschte Gefährt nicht auf dem Markt, so baute man es sich selber, wie Graf Louis Zborowski, über dessen Chitty-Chitty-Bang-Bang I (54), II und III wir an anderer Stelle berichten.

Goldene Manschettenknöpfe waren sein Schicksal

Zborowski war geradezu der Prototyp des Herrenfahrers. Selbst in seinen Giganten saß er mit Vorliebe im Flanell-Maßanzug aus der Savile Row. Auf seinem Landsitz Higham in der Nähe von Canterbury hielt er sich einen Chefingenieur, Clive Gallop, der ihm die Boliden um die schlanke Figur schneiderte. 1923 wollte er Indianapolis erobern und verschiffte zu diesem Zweck eine ganze Flottille von Bugatti 30 (61) auf die Backsteinpiste. Er konnte aber keinen Blumentopf gewinnen und kaufte sich zum Trost an Ort und Stelle einen 2-Liter-Achtzylinder der Marke Miller, den er erfolglos auf Brooklands einsetzte. Als Zborowski Geschmack an Straßenrennen fand, gab er der Firma Aston Martin eine kräftige Finanzspritze, damit sie ihm geeignete Sportwagen baute. Seinen Ingenieur ließ er 1,5-Liter-Motoren mit doppelter Nockenwelle und einem 16-Ventile-Zylinderkopf entwikkeln, um den Aston Martins Beine zu machen.

Die Spanier nannten den Grafen »el eterno segundo«, weil er bei vielen Rennen auf der Iberischen Halbinsel immer wieder den zweiten Platz belegte. Zborowski, Amateur reinsten Wassers, galt als ein so guter Fahrer, daß ihn Mercedes 1924 in seine Werksmannschaft aufnahm.

In Monza ereilte ihn das Rennfahrerschicksal. Aus zunächst unerklärlichen Gründen schoß sein 2-Liter-Achtzylinder in der berüchtigten Lesmo-Kurve von der Strecke und zerschellte an einem Baum. Der Graf erlag unmittelbar danach seinen tödlichen Verletzungen. Zborowskis mitfahrender Mechaniker wurde schwer verletzt. Um die Unfallursache ranken sich viele Legenden. Die Chronisten haben sich auf die folgende dramatische Version geeinigt: Zborowskis goldene Manschettenknöpfe verhedderten sich am Gashebel des Lenkrads (damals wurde noch mit der Hand Gas gegeben), rissen diesen auf die Position »Vollgas«, und der Mercedes geriet außer Kontrolle. Tragische Duplizität der Ereignisse:

Graf Zborowskis Vater Eliot kam 1903 beim La-Turbie-Bergrennen ums Leben, weil sich sein Ärmel im Gashebel verfing und diesen auch auf Vollgas schob . . .
Herrenfahrer sind also durchaus ein hohes Risiko eingegangen. Das gilt in jedem Fall für die beiden Brüder Sir Algernon Lee und Kenelm Lee Guinness. Sie waren finanziell gut gepolstert, da sie dem bekannten irischen Bierbrauer-Clan angehörten. Algernon Lee erregte schon im ersten Jahrzehnt unseres Jahrhunderts mit verschiedenen Typen der Marke Darracq Aufsehen, so beispielsweise in der Tourist Trophy, in der er 1906 den dritten und 1908 sogar den zweiten Platz errang. Mit einem furchteinflößenden Darracq, dessen V-8-Motor 200 PS an die Räder brachte, tobte er über den Strand von Ostende und auf Saltburn Sands in der Grafschaft Yorkshire. Der Wagen sah eher wie ein vordatierter Dragster aus: ein nacktes Chassis, zwei kümmerliche Kübelsitze und mitten drin die 22518-ccm-Maschine.

Zündkerzen der Marke Eigenbau und eine verrückte Wette

Sir Algernon Lee Guinness nahm vor und nach dem Ersten Weltkrieg an unzähligen Geschwindigkeits-Rekordversuchen teil. 1922 gewann er in einem 1,5-Liter-Talbot-Darracq – einem 16-Ventiler – die Tourist Trophy auf der Isle of Man (Renndistanz: 363,7 km, Durchschnittsgeschwindigkeit: 85,78 km/h). Bruder »Bill« Kenelm Lee Guinness, der vor dem Krieg sein »riding mechanic« gewesen war, steuerte 1914 – nun selber als Fahrer – einen 3,3-Liter-Sunbeam bei der über 960 Kilometer führenden Tourist Trophy auf der Isle of Man zum Sieg.
Nach dem Krieg beteiligte er sich an zahllosen Voiturettes-Rennen, Kenelm Lee Guiness bevorzugte dabei Rennfahrzeuge der Marken Sunbeam und Talbot-Darracq.
Was »Bill« aber unter seinesgleichen berühmt gemacht hat, waren seine KLG-Zündkerzen. Er war ein Mann, der sich – millionenschwer – für sein Geld scheinbar alles kaufen konnte, aber er verzweifelte an der miserablen Qualität der handelsüblichen Zündkerzen. Diese waren – vor allem wegen ihrer schlechten Isolierung – immer noch die Schwachstelle der Autotechnik. Bill beschloß, sich seine Zündkerzen nun selber herzustellen, wozu er als Werkstatt zunächst einen Keller in London mietete. Der Eigenbau genoß sehr bald unter den Rennfahrern einen so guten Ruf, daß der Bierbrauer-Sprößling zur industriellen Fertigung überging. Abgesehen von diesem Beispiel unternehmerischer Weitsicht konzentrierten sich die Guinness-Brüder darauf, ihre Spleens zu kultivieren.
Es war die Zeit, in der der Polizei der Automobilrennsport über den Kopf wuchs. So unternahmen die Guinness eines Tages auf der Landebahn eines stillgelegten Flugplatzes private Geschwindigkeitsrekordversuche. Mit Mehl markierten sie den zu durchfahrenden Streckenabschnitt. Freunde blockierten mittlerweile mit ihren Autos die Zufahrtsstrecken, so daß der wuchtige Darracq mit seinen 22,5 Liter Hubraum ungestört an den Start rollen konnte. Als der Achtzylindermotor aufbrüllte, geriet in weitem Umkreis das Vieh in Panik. Die Polizisten im nahe gelegenen Camberley schwangen sich auf ihre Fahrräder, um den Tatort ausfindig zu machen. Als sie den Flugplatz erreichten, zuckelte der Darracq längst wieder im Schlepptau eines anderen Wagens. Man hatte seinen Spaß gehabt, und das war schließlich die Hauptsache. Immer wieder gern wird auch jene Geschichte erzählt, in der sich »Bill« Kenelm Lee Guinness, der nie ohne sein Wollkäppi an den Start rollte, für barsche Worte und harte Griffe der Absperrmannschaften bei einem französischen Grand Prix rächte. Als die Marseillaise gespielt wurde und alles Haltung annahm, ließ er seinen Motor an, und die Musik ging im infernalischen Lärm unter.
Sein Snobismus reichte so weit, daß er Rennwagen und die dazugehörigen Mechaniker auf seine Yacht »Ocean River« verlud, wenn weiter entfernte Rennstrecken erreicht werden mußten. Kenelm Lee Guinness war auch Weltrekordhalter: 1922 durchfuhr er auf Brooklands in einem V-12-Sunbeam mit 350 PS Leistung die Distanz von einem Kilometer mit einer Geschwindigkeit von 215,18 km/h.

Die »Bentley-Boys«

Beim Großen Preis von San Sebastian 1924 verunglückte er mit dem Sunbeam. Er verletzte sich schwer, sein Mechaniker starb. Von diesem Unfall hat sich »Bill« nie wieder erholt. Er starb 1937, sein Bruder Sir Algernon Lee Guinness im Jahr 1954.
Waren die Guinness-Brüder doch wohl mehr Einzelgänger, so handelte es sich bei den berühmten »Bentley-Boys« um eine verschworene Gemeinschaft von Freunden, alle smarte, wohlhabende und sportbegeisterte Amateur-Rennfahrer, bei denen vor allem Teamgeist und Fairneß großgeschrieben wurden. Diesem »Bentley-Ritterorden« ist es in erster Linie zu verdanken, daß die gleichnamige große Sportwagenmarke weltberühmt wurde und der jahrelang immer wieder drohende Zusammenbruch der Firma lange abgewendet werden konnte.
Zu den Bentley-Boys gehörten mehrere Sieger des 24-Stunden-Rennens von Le Mans: Frank Clement, zusammen mit Kopilot Duff (1924), Dr. J. D. Benjafield und S.C.H. »Sammy« Davis (1927) sowie Woolf Barnato, der mit den Beifahrern Rubin, Henry »Tim« Birkin und Glen Kidstone in den Jahren 1928 bis 1930 gleich dreimal hintereinander als erster die Ziellinie überfuhr. Der dreifache Le-

Mans-Sieger Woolf Barnato war Multimillionär, das Vermögen hatte sein Vater bei der südafrikanischen Diamantenschürferei angehäuft. Kein Wunder, daß dem Sohn die Scheine locker saßen und er mit ruhigem Gewissen enorme Summen in sein Hobby stecken konnte. Er war es auch, der 1926 Walter Owen Bentley mit viel Geld unter die Arme griff, als dessen Werk am Ende war. Barnato wurde Chairman der Bentley-Werke, reihte sich aber zugleich diszipliniert in das Werksteam ein. Er galt in jenen Jahren als der beste englische Rennfahrer, der »nie einen Fehler machte«, wie W. O. Bentley immer wieder betont hat.

Woolf Barnato war geradezu ein Paradebeispiel für den heute längst ausgestorbenen Typ des Gentleman, der Sportler, Finanzier und Playboy in einem war. Und er war ein Lebeschön mit Stil und mit Spaß an skurrilen Wetten. So zum Beispiel, als er am 13. März 1930 in Cannes einen Freund verabschiedete, der mit dem »Blue Train«, dem »Blauen Zug«, nach London zurückfahren wollte.

Aus einer Flachserei wurde eine verrückte Wette. Barnato: »Ich wette 100 Pfund, daß ich mit meinem 6,5-Liter-Bentley (186) früher in London bin als du auf dem Schienenweg!« Der Freund schlug ein, und Barnato begann mit seiner Hetzjagd durch Frankreich, bei der er die beachtliche Durchschnittsgeschwindigkeit von 70 km/h erreichte. Damals gab es noch keine Autobahnen. Unzählige Ortsdurchfahrten auf der 1100 Kilometer langen Strecke von Cannes bis Boulogne vereitelten einen noch höheren Schnitt. Woolf Barnato hatte Glück: Die Fährverbindung klappte reibungslos, und er war mit seinem Bentley schon in London, als der »Blue Train« erst Calais Maritime passierte. Barnato nahm ein kräftiges Frühstück im »Reform Club« ein und machte dort ein Nickerchen, bevor sein Freund vier Stunden später ankam und die Niederlage eingestehen mußte. Als Modus und Ausgang dieser Wette in Frankreich bekannt wurden, entwickelten sich dort wütende Proteste. Die französischen Spielverderber hatten für Scherze solcher Art kein Verständnis, und die Vereinigung der französischen Automobilhersteller wollte die Bentley-Werke zu einer Geldbuße von 150 Pfund verdonnern lassen. Sie argumentierte, daß die Strafe deswegen verhängt werden müsse, weil der Chairman der Bentley-Werke auf französischen Straßen ein Rennen veranstaltet habe, ohne vorher die entsprechende Erlaubnis eingeholt zu haben. Nun mußten sich sogar Politiker auf beiden Seiten des Kanals einschalten. Die Franzosen wurmte es, daß Woolf Barnatos erfolgreiche Hetzjagd durch Frankreich eine tolle Publicity für die Marke Bentley war, und die französische Staatseisenbahn war beleidigt, weil sie sich nachsagen lassen mußte, ein englischer Sportwagen habe ihren berühmten »Train Bleu« geschlagen!

Übrigens: Das Bußgeld von 150 Pfund ist bis heute nicht bezahlt worden.

Die Massenkarambolage in Le Mans

Bei der Animosität der Franzosen gegenüber der Marke Bentley und ihrem Finanzier und Fahrer Woolf Barnato spielte auch das Le-Mans-Trauma eine große Rolle. Seit dem ersten 24-Stunden-Rennen von Le Mans im Jahr 1923 hatten nur noch dreimal französische Marken gewinnen können: Im Jahr 1923 war es ein Chénard-Walcker, 1925 und 1926 jeweils ein Lorraine-Dietrich. In den Jahren 1924, 1927, 1928, 1929 waren dann die Bentley-Boys am Zug gewesen. Und es kam ja noch viel schlimmer, als schließlich besagter Bentley-Boy Woolf Barnato auch noch 1930 gewann...

Die 24 Stunden von Le Mans im Jahr 1927 gingen in die ruhmreiche Geschichte dieses Motorsport-Spektakels wegen der Massenkarambolage am »Weißen Haus« ein. Der Franzose Tabourin auf seinem Théophile Schneider kam ins Schleudern und blockierte die Straße, das gleiche passierte dem 4,5-Liter-Bentley des Bentley-Boys L. G. Canningham. Weitere Wagen krachten in die beiden liegengebliebenen Havaristen: ein Ariès, ein zweiter Théophile Schneider und zwei Bentleys – einen steuerte »Sammy« Davis. Keiner der Fahrer kam zu Schaden, aber Davis' 3-Liter-Bentley war übel zugerichtet worden. Die Vorderachse war verbogen, die Scheinwerfer zerschlagen, das rechte Trittbrett mit der Batterie hatte sich gelöst, und der vordere rechte Kotflügel war abgerissen. Der beschädigte Wagen erreichte nur mit Mühe das Depot, in dem die notwendigsten Reparaturen durchgeführt wurden. Die größte Sorge bereitete den Fahrern Dr. Benjafield und Davis das angeknackste Chassis und die verbogene Vorderachse. Anyway – die Bentley-Boys riskierten das Weiterfahren, und sie gewannen! Offiziell trug der Siegerwagen die Nr. 3, aber in den privaten Chroniken hat er die Nr. 7, die noch vom Vorjahresrennen herstammte, und weil Sieben in Frankreich die heilige Zahl ist...

Die Siegesfeier im pompösen Londoner Savoy Hotel hatte Stil: Die Bentley-Boys in Frack und Smoking, jede Menge Champagner, und Lord Iliffe brachte die Toasts auf die Sieger aus. Am Ende seiner launigen Worte verkündete er, daß sich draußen eine Dame befände, die hereingelassen zu werden wünsche. Man öffnete die Flügeltüren des Bankettsaals – und herein rollte der siegreiche 3-Liter-Bentley, den Mechaniker die Treppen hochgewuchtet hatten, um den Boys eine Freude zu machen.

Wenn man bedenkt, wie freudlos, streng reglementiert und verkrampft heutzutage Autorennsport betrieben wird, möchte man nostalgisch in das Lied einstimmen: »Where have all the good times gone?«

(163) Aston Martin 1922

(164) Aston Martin 1935 Vorhergehende Seite: (162) Salmson 1925

165

Aston Martin 1928 Folgende Seiten: (166) Calthorpe 1921

(167) Alvis 1924

(168) »Babs« Thomas Special 1921

Lancia 1925

Austin 1934   Folgende Seiten: (171) E.R.A. 1934

ERA

(172) Multi Union 1932 bis 1937

(173) Bédélia 1910

(174) Chénard-Walcker 1924 Folgende Seiten: (175) Delage 1922

(176) E.R.A. 1936

(177) Renault 1926

Amilcar 1923

A.C. 1930 Folgende Seite: (180) Bugatti 1929

HÄTTEN SIE DAS GEWUSST?

Autofahrerlatein ist noch facetten- und phantasiereicher als Anglerlatein. Es wäre für Sigmund Freud eine ergiebige Quelle der Forschung gewesen. Zum Beispiel herauszufinden, warum Autofahrer Heilung von ihren Neurosen suchen, indem sie sich am Steuer abreagieren, und Lichthupen-Jagden auf der linken Autobahnspur zum Libido-Ausdruck werden können. Doch das ist ein weites Feld – um mit Theodor Fontane zu sprechen. 1895 erschien dessen Roman »Effi Briest«, und im selben Jahr ereignete sich der erste Unfall in der Geschichte des Autorennsports: Beim Rennen Paris–Bordeaux–Paris stieß der Panhard-Fahrer Prévost mit einem Hund zusammen und mußte mit Radbruch aufgeben. Hätte der ehemalige Reporter Fontane von diesem Unfall gehört, er wäre von dessen Dramatik fasziniert gewesen. Wie überhaupt die Automobilhistorie immer Neues zutage bringt. Wußten Sie, daß Papst Pius X. 1909 einen Itala geschenkt bekam und er sich weigerte, ihn zu benutzen?

AEG UND SIEMENS - AUTOS ALS ZUBROT

Rathenau ist auch nicht mehr der alte. Die Klarheit beginnt ihm zu schwinden. Er schwärmt für das Auto und seine Zukunft, sieht alle Straßen mit Autos bedeckt und die Pferde von den Lastwagen und Pflügen abgespannt. Kurz, er ist konfus geworden.« Das mußte sich Emil Rathenau, Gründer der Allgemeinen Elektricitäts-Gesellschaft (AEG), nachsagen lassen, als er seinen Entschluß verkündet hatte, auch in der jungen Automobilindustrie aktiv werden zu wollen.
Auf eine Eigenentwicklung wollte man sich jedoch nicht einlassen, sondern schaute sich nach einer fertigen Konstruktion um. Und die fand man bei der Allgemeinen Automobil-Gesellschaft (AAG) in Berlin, die schon wegen ihres ähnlich klingenden Namens zur Partnerschaft einlud. Sie hatte ihren Geschäftsbetrieb damit begonnen, die Elektromobile der Elektrizitätsgesellschaft Schuckert in Nürnberg (damals noch nicht mit Siemens verbunden) zu vertreten. Danach nahm sie die Produktion eines kleinen Wagens mit Benzinmotor in eigener Regie auf. Die Konstruktion dieses Wagens stammt von Professor Klingenberg von der Technischen Hochschule in Charlottenburg. Ende 1901 kam das Geschäft mit der AAG zustande, deren Namen man dann in Neue Automobil-Gesellschaft (N.A.G.) änderte. In dem Kabelwerk Oberspree der AEG wurden die Produktionseinrichtungen installiert.
Ein Jahr später wurde auch noch die Automobilabteilung der Firma Kühlstein Wagenbau angegliedert, deren Ursprung noch in der Kutschenzeit lag. Bei diesem Geschäft übernahm man auch einen fähigen Konstrukteur, Joseph Vollmer, der für die Entwicklungen der nächsten Jahre verantwortlich war und dazu beitrug, daß sich die Erzeugnisse der N.A.G. einen guten Ruf erwarben. Als Taxen waren sie in Berlin ein gewohnter Anblick, und auch die Doppeldecker-Omnibusse der N.A.G. wurden für das Berliner Stadtbild signifikant. Die Herstellung von Personenwagen und Nutzfahrzeugen wurde von der N.A.G. gleichermaßen gepflegt, und die Erzeugnisse standen sich in Qualität und Verbreitung in nichts nach. Ein 40-PS-Wagen wurde in den kaiserlichen Marstall eingestellt und von der Kaiserin in besonderem Maße bevorzugt. Und es entstanden auch Flugmotoren, die zuerst in die Luftschiffe von August von Parseval eingebaut wurden. Ihrem Ruf als Unternehmen der Elektroindustrie meinte die AEG es wohl schuldig zu sein, auch auf dem Sektor der Elektromobile tätig werden zu müssen, mit denen man sich als Taxen und Lieferwagen für den Stadtverkehr gute Chancen ausrechnete. Auf der Berliner Automobilausstellung 1907 wurden die ersten N.A.G.-Elektromobile gezeigt. Parallel dazu gründete man eine eigene Taxen-Betriebsgesellschaft für die Fahrzeuge aus dem eigenen Hause.

N.A.G. – eine Marke entsteht

Im Ersten Weltkrieg erfolgte eine Firmen-Umbenennung; dem N.A.G. blieb man treu, aber es las sich jetzt »Nationale Automobil-Gesellschaft«. Nach Kriegsende vollzog sich die Abkehr von der früheren Typenvielfalt. Auf der ersten Nachkriegsausstellung in Berlin im Jahr 1921 wurde als Neuentwicklung der Typ C4 mit einem 10/30-PS-Vierzylindermotor mit 2536 ccm vorgestellt, mit dem die N.A.G. auch erstmals ernsthaft im Motorsport aktiv wurde. Das gleichzeitig mit der Ausstellung stattfindende erste Avus-Rennen (damals Grunewald-Rennen genannt) sah diesen Typ am Start und mit seinem Konstrukteur Christian Riecken als Klassensieger im Ziel.
Beim Internationalen 24-Stunden-Rennen für Tourenwagen in Monza im Jahr 1924 errang N.A.G. mit einem modifizierten Typ C4b den Sieg. Er hatte am Ziel 2583 km zurückgelegt, was einer durchschnittlichen Geschwindigkeit von 107,5 km/h entspricht. Bei ihrer Rückkehr nach Berlin wurde der N.A.G.-Mannschaft ein triumphaler Empfang bereitet, und als besondere Auszeichnung wurde ihr genehmigt, daß sie das Mittelportal des Brandenburger Tors durchfahren durfte. Den größten sportlichen Erfolg jedoch konnte N.A.G. mit Riecken als Fahrer beim ersten Großen Preis von Deutschland 1926 auf der Avus verbuchen. Nach Caracciola auf einem Mercedes errang N.A.G. den zweiten Platz.
Als ab Mitte der zwanziger Jahre die Situation auf dem Markt zusehends schwieriger wurde, tat N.A.G. ebenfalls, was zahlreiche Wettbewerber taten. Man folgte dem Trend zu großvolumigen Sechs- und Achtzylindern. Wie sich herausstellen sollte, war es ein Schritt in die falsche Richtung, denn der Interessentenkreis war zu klein und entschied sich häufiger für billigere Angebote aus dem Land der unbegrenzten Möglichkeiten.
N.A.G. konnte zwar den Ruhm für sich in Anspruch nehmen, den ersten deutschen Wagen mit einem V-8-Zylinder-Motor gebaut zu haben, der 1931 vorgestellt wurde, aber Käufer fanden sich dafür nicht. Nicht unerwähnt bleiben sollte auch das »Ei des Kolumbus«, wie eine deutsche Fachzeitschrift den von N.A.G. entwickelten Kupplungsautomaten nannte, der nach dem Prinzip der Fliehkraft-

kupplung arbeitete. Als Werbegag ließ man einen Wagen ohne zu kuppeln und zu schalten von Berlin nach Frankfurt fahren.
Erst 1933 besann man sich wieder auf die Realitäten und zeigte einen kleineren Wagen, den Typ »Voran« mit Vorderradantrieb, gebläsegekühltem 1,5-Liter-Boxermotor, Einzelradaufhängung und selbsttragender Karosserie. Aber auch dieser Typ konnte das Schicksal nicht mehr wenden. 1934 stellte die N.A.G. die Automobilproduktion ein.
Der Name N.A.G. lebte in der Kombination mit Büssing bis 1949 weiter, an die man die Nutzfahrzeugproduktion schon 1931 abgegeben hatte. Interessant ist die Feststellung, daß die MAN wiederum als Nachfolger von Büssing noch heute die Doppeldeck-Omnibusse für Berlin liefert, somit also eine Kontinuität über rund 75 Jahre besteht.

Siemens und die Protos-Wagen

Die Keimzelle für den Automobilbau bei einem anderen bedeutenden Unternehmen der Elektroindustrie – Siemens – lag in Nürnberg. Hier baute seit 1899 die Elektrizitätsgesellschaft vorm. Schuckert AG Elektromobile, in Kutschenform für Personen und als Lieferdreiräder für die bayerische Post. 1903 übernahm Siemens das Unternehmen, und als Siemens-Schuckert baute man in Berlin das Automobilwerk Nonnendamm, aus dem 1906 die ersten Elektrofahrzeuge rollten. Aber schon ein Jahr später waren es Benzinmotoren, und wiederum ein Jahr darauf wurde die Motorenfabik Protos erworben.
Der Begründer dieses Unternehmens, Dr. Alfred Sternberg, hatte mit dem Bau von Motoren begonnen und brachte ab 1900 auch komplette Wagen auf den Markt, die sich bald eines ausgezeichneten Rufs erfreuten. Auch im Motorsport war Protos aktiv, nicht zuletzt durch die Frau des Firmeninhabers, die zahlreiche der damals üblichen Tourenwagen-Wettbewerbe aktiv bestritt. Übrigens war es ein Protos, der als einziger deutscher Wagen an der Fernfahrt New York–Paris im Jahre 1908 teilnahm (71), einer Fahrt, die sechs Monate dauerte, wie wir an anderer Stelle ausführlich berichten. Die deutsche Mannschaft unter Oberleutnant Koeppen traf zwar als erste in Paris ein, die Siegestrophäe jedoch nahm die amerikanische Mannschaft mit nach Hause. Für die Fahrt durch den amerikanischen Kontinent hatte man der Protos-Mannschaft Strafpunkte zudiktiert wegen angeblicher Unregelmäßigkeiten, an denen aber wohl eher mangelnde Organisation schuld war. Der Leistung und der Qualität des Fahrzeugs konnte dies allerdings keinen Abbruch tun.
Große sportliche Ambitionen entwikkelte man sonst nicht. Abgesehen vom »Pflichtbeitrag« zum Kaiserpreis-Rennen 1907 im Taunus – ein Protos belegte den 21. (und letzten) Platz – fand man den Namen sonst nur in den Teilnehmerlisten der Herkomer- und Prinz-Heinrich-Fahrten. Frau Lili Sternberg, Gattin des Protos-Gründers, gehörte zu den eifrigsten Teilnehmern solcher Wettbewerbe, natürlich auf der Hausmarke.
Das Typenprogramm umfaßte kleine bis große Modelle. Der deutsche Kronprinz Wilhelm fuhr ausschließlich Wagen von Protos, ein nicht zu unterschätzendes Werbeargument in der damaligen Zeit. Auch auf dem Nutzfahrzeugsektor betätigte sich Protos sowohl mit Elektro- als auch mit Benzinfahrzeugen. Man bot auch den sogenannten gemischten Antrieb an, ein System, das erst in der letzten Zeit wieder an erhöhter Bedeutung gewann. Hierbei speiste ein Benzinmotor einen Generator, der die Energie für die Elektro-Fahrmotoren lieferte. Überschußenergie wurde an eine Batterie abgegeben, die bei höherem Stromverbrauch, zum Beispiel bei Bergfahrten, zusätzliche Energie lieferte.
Nach dem Ersten Weltkrieg konzentrierte man sich auch bei Protos auf einen Typ, den »C« mit 10/30-PS-Motor mit 2614 ccm Hubraum. Er galt als absolutes Qualitätserzeugnis und wurde von vielen Karosseriefirmen für Spezialaufbauten herangezogen. Kommunalverwaltungen und die Post bezogen größere Kontingente mit entsprechenden Aufbauten für den jeweiligen Verwendungszweck. Mitte der zwanziger Jahre lag die Produktion bei Protos bei 130 bis 150 Wagen pro Tag, was eine beachtliche Leistung darstellte.
Aber bei Siemens erkannte man, daß eine Autofabrik innerhalb eines Elektrokonzerns auf Dauer doch ein Fremdkörper bleiben mußte. Als es um die Bereitstellung erheblicher Investitionsmittel ging, um den auf den deutschen Markt drängenden Importen – vor allem aus den USA – wirksam begegnen zu können, entschloß man sich zum Verkauf des Automobilwerks. Als Käufer fand sich die N.A.G., womit sich der Kreis um die automobilbauenden deutschen Elektrokonzerne schloß. Am 1. Juli 1927 lief der letzte Protos-Wagen vom Band.

Er trug ein Plakat mit dem Text:

»In der Blüte Deiner Jahre,
In der Fülle Deiner Kraft,
Wurdest Du, der Vielbegehrte,
Von der Zeit dahingerafft.
In des Protos Ruhmesblättern,
Eingezeichnet seiner Zeit,
Steht mit großen goldnen
Lettern
Seine Zuverlässigkeit!
Protos lief durch viele Hände,
Denn die Konstruktion war gut,
Doch was nützt es – jetzt am Ende
Schlägt man Dich zu Schrott
kaputt.
Als den ›Letzten‹ – unvergessen –
Werden wir Dich scheiden sehn.
Die Dich oft und gern besessen,
Glauben an Dein Auferstehn.«

Hans-Otto Neubauer

SCHNELLER, STÄRKER, GRÖSSER, BESSER

Vor der Einführung des elektrischen Anlassers erfreuten sich druckluftbetätigte »Selbststarter« einer gewissen Beliebtheit. Eingebaut wurden sie von der einstmals sehr bekannten amerikanischen Firma Winton, einem Pionier auf dem Gebiet, aber auch von Delaunay-Belleville in Frankreich, Minerva in Belgien und Wolseley in Großbritannien.

Äußerst unterschiedlich waren die Bedienungselemente früher Automobile. So hatten die zuverlässigen und beliebten riemengetriebenen Benz-Fahrzeuge der 90er Jahre (je nach Modell) sieben oder acht handbetätigte Bedienungseinrichtungen, hingegen nur ein Pedal, während es bei einigen späteren Automobilen, unter ihnen verschiedene Modelle von Mercedes, Delaunay-Belleville und Gobron-Brillié, vier Pedale gab, was den Fahrer durchaus verwirren konnte. Das Modell Ford T (»Tin Lizzie«) (87) hatte keinen Schalthebel für das Wechselgetriebe, da die Gänge über Pedal geschaltet wurden.

Schon in den 90er Jahren des vorigen Jahrhunderts wurde Aluminium für Kurbelgehäuse und andere mechanische Bauteile verwendet, und auch die Karosseriehersteller verfielen bald auf diesen Werkstoff. Die Pariser Karosseriefirma Rothschild et Cie. verwendete ab 1932 Aluminiumbleche für die Fahrzeugaußenhaut, und die ersten in größerer Stückzahl gefertigten Automobile der Marke Lanchester (1895 bis 1954) hatten eine vom Hersteller selbst produzierte Karosserie, bei der die Kotflügel und andere Teile aus Aluminium bestanden und an einem teils aus Stahl und teils aus Aluminium gefertigten Fahrgestell angebracht waren.

Die Ganzstahlkarosserie (ohne Holzrahmen) wurde 1912 bei einem Kleinwagen der Marke B.S.A. eingeführt, und auch das von der Detroiter Hupp Motor Car Corp. 1913 vorgestellte Hupmobile verfügte über eine Stahlkarosserie. Die wahren Pioniere dieses modernen Verfahrens zur Herstellung von Autokarosserien aus Stahlblech-Preßteilen waren die Gebrüder Dodge.

Bremsbeläge aus geklebtem oder gewebtem Asbest wurden von Herbert Frood aus Chapel-en-le Frith entwickelt (darauf geht die Handelsmarke »Ferodo« zurück), aber erst nach 1905 fanden sie ihren Weg in die Öffentlichkeit. Bis dahin hatte man sich mit Bremsbelägen aus Leder, Holz, Preßfasern oder Kamelhaargewebe beholfen. Diese Werkstoffe erfüllten durchaus ihren Zweck, doch waren sie wenig standfest und hatten keine besonders hohe Lebensdauer. Bei vielen Fahrzeugbremsen rieb Metall auf Metall; zwar waren sie langlebig und standfest, doch entwickelten sie häufig laute Geräusche und neigten dazu, bei starker Erwärmung zu brechen.

Üblicherweise wirkte bei einer Bremsanlage bis 1914 die fußbetätigte Bremse auf eine mit der Antriebswelle umlaufende Trommel und die (häufig über einen außen am Fahrzeug liegenden Hebel betätigte) Handbremse unmittelbar auf die Bremstrommeln der Hinterräder. Normalerweise benutzte die Mehrzahl der Kraftfahrer die Handbremse und hielt die Fußbremse für Notfälle in Reserve, denn diese verzögerte das Fahrzeug zwar besser als die erstgenannte, belastete zugleich aber auch die Zahnräder des Endantriebs, Halbwellen usw. übermäßig.

Vierradbremsen wurden erst um die Mitte der 20er Jahre allgemein üblich, doch hatten schon zahlreiche Firmen recht früh Versuche mit auf alle vier Räder wirkende Bremsen unternommen. Bei einigen Mercedes-Modellen des Jahres 1903 waren sie auf Wunsch erhältlich – es ist aber zu bezweifeln, ob sie wirklich jemand bestellte. Das einstmals wohlbekannte schottische Unternehmen Arrol-Johnston baute sie 1909 als Serienausrüstung in sein 15,9-PS-Modell ein, doch da die Mehrzahl der »Experten« sich gegen dieses Prinzip aussprach, gab die Firma die Vierradbremse nach nur achtzehnmonatiger Produktionsdauer wieder auf.

Motoren mit gegenläufigen Kolben, bei denen in einem Zylinder jeweils zwei Kolben von einem in der Mitte liegenden Brennraum aus arbeiteten, baute von 1898 bis 1906 die schottische Firma Arrol-Johnston in ihre Fahrzeuge ein, wie auch der französische Hersteller Gobron-Brillié zwischen 1898 und 1914. Ein Gobron-Brillié-Vierzylinder-Achtkolbenmotor mit 110 PS erreichte 1904 eine offiziell ermittelte Geschwindigkeit von 166,63 km/h, und 1905 gewann ein Arrol-Johnston mit einem Zweizylinder-Vierkolben-Motor von 18 PS die Tourist Trophy.

Plattfüße« brachten in den frühen Jahren viel Ärger und hohe Kosten mit sich. Man ging 1902 davon aus, daß ein mit der gebotenen Zurückhaltung und einer Geschwindigkeit von etwa 40 km/h gefahrenes leichtes Automobil aus einem Satz Reifen etwa 3000 km »herausholen« konnte, während schwere, schnelle Wagen vielleicht auf weniger als die Hälfte kamen. So betrug 1901 die Reifenrechnung eines gewissen Alfred Harmsworth für vier Fahrzeuge, von denen jedes weniger als 5000 Kilometer zurücklegte, nach dem Stand von 1976 etwa DM 20 000 und als George Lanchester einen an den Schriftsteller Rudyard Kipling zu liefernden Wagen von Birmingham nach Rottingdean überführte, hatte er auf der gut 300 km langen Strecke immerhin 21 Reifenpannen.

Abnehmbare oder auswechselbare Räder oder Felgen gibt es erst seit 1905. Bis dahin mußten die Automobilisten ihre Reifenschäden unterwegs reparieren, wobei das Rad am Wagen blieb. Eine erste Erleichterung brachte die Reservefelge von Stepney, die neben der Felge des beschädigten Reifens angebracht wurde, so daß man in langsamer Fahrt seinen Weg ein Stück weit fortsetzen konnte. Später folgten die Captain- und die Warland-Felge sowie verschiedene andere Ausführungen abnehmbarer Felgen, bis schließlich 1908 das berühmte abnehmbare Rudge-Rad mit Zentralverschluß auf den Markt kam. Das heute übliche, mit Bolzen befestigte Scheibenrad wurde 1910 von der Sankey Co. entwickelt.

Als erste europäische Grand-Prix-Wagen wurden 1922 der Bugatti und 1922/23 der Rolland Pilain mit einer hydraulischen Bremse ausgerüstet, die bei beiden Fahrzeugen auf die Vorderräder wirkte. Eine hydraulische Vierradbremse bekam erstmals der Maserati des Jahres 1933 – zwölf Jahre nachdem der Sieger des französischen Grand Prix von 1922, der amerikanische Duesenberg, damit ausgerüstet worden war.

Gabriel Voisin baute die ersten Grand-Prix-Wagen in Schalenbauweise (»Monocoque«). Sie gingen 1923 beim französischen Grand Prix an den Start. Geht man von der später verwendeten Terminologie aus, dann müßten sie eigentlich als »Halb-Monocoque« bezeichnet werden, doch nahmen sie zumindest dem Grundsatz nach die eigentliche Monocoque-Bauweise im Grand-Prix-Sport um 39 Jahre vorweg.

Das erste Grand-Prix-Fahrzeug, bei dem der Motor hinter dem Fahrer lag und Getriebe sowie Differential mit dem Fahrgestell verbunden – und damit Teil der gefederten Massen – waren, war der Tropfenwagen von Benz.

François Lecot bestritt das längste bekannt gewordene Automobilmarathon der Welt mit einem Citroën 11 CV in Frankreich, wo er zwischen dem 23. Juli 1935 und dem 22. Juli 1936 400 000 Kilometer mit einer Durchschnittsgeschwindigkeit von 65 km/h zurücklegte. Er fuhr jeweils 19 Stunden täglich und beteiligte sich im Verlauf seines Unternehmens auch an der Rallye Monte Carlo.

Beinahe genauso alt wie die Automobilindustrie ist die Linkslenkung, denn es gab sie schon an Benz-Fahrzeugen um die Jahrhundertwende. Bis 1914 war die Mehrheit der amerikanischen Marken auf diese Linie eingeschwenkt, und 1918 verfügten lediglich der Pierce-Arrow und (in seinem letzten Produktionsjahr) der in Amerika montierte Fiat über Rechtslenkung. Die Firma Pierce-Arrow verteidigte ihre konservative Haltung damit, daß diese Anordnung für Chauffeure günstiger sei. Sie folgte erst 1920 dem Beispiel der übrigen Anbieter. Auch frühe, in Springfield (Massachusetts) gebaute Fahrzeuge der Marke Rolls-Royce (das heißt 1921 bis 1923) hatten Rechtslenkung. Packard-Fahrzeuge der Jahre 1913 bis 1917 wiesen eine sehr eigentümliche Kombination aus Linkslenkung und einem links vom Fahrer angeordneten Schalthebel auf. Kleinwagen der Marke Horstman aus den Jahren 1913 bis 1926 verfügten über mechanische Tretanlasser (Kickstarter), die vom Fahrersitz aus bedient wurden und nach dem Prinzip der archimedischen Schraube arbeiteten. Sie wurden auch dann noch beibehalten, als das Unternehmen elektrische Anlasser einbaute.

Obwohl um 1929 praktisch alle in größerer Stückzahl auf dem europäischen Kontinent hergestellten Fahrzeuge mit Linkslenkung ausgeliefert wurden, gab es bei den kostspieligeren Marken bis weit in die fünfziger Jahre noch Rechtslenkung. Kein einziger Bugatti wurde mit Linkslenkung gebaut, und auch Lancia ging 1956 lediglich deshalb auf die allgemein übliche Bauweise über, weil das Unternehmen sich stärker im Export nach Amerika engagieren wollte.

Erstmals bekannt wurde die Verwendung einer Öldruck-Warnleuchte am Fiat 509 des Jahres 1925.

Mechanisch betätigte Scheibenwischer fanden sich erstmals 1916 in geschlossenen Fahrzeugen in Amerika. Eine der frühesten Marken, die diese Einrichtung übernahm, war Willys-Knight.

Als erster Hersteller baute die britische Firma Triumph ab 1935 Scheibenwaschanlagen serienmäßig ein. Studebaker tat 1937 als erster amerikanischer Hersteller desgleichen.

Die fußbetätigte Feststellbremse gilt allgemein als Begleiterscheinung des Automatikgetriebes, doch gab es am Chevrolet 490 aus dem Jahr 1916 keine Handbremse; statt dessen ließ sich über eine in den Pedalmechanismus integrierte Sperrklinke die Fußbremse als Feststellbremse arretieren. Die neuzeitliche Ausführung der fußbetätigten Feststellbremse wurde von Buick 1943 in die Serie übernommen, sechs Jahre bevor das Unternehmen ein Automatikgetriebe auf dem Markt anbot.

Um 1920 fanden sich nahezu an allen britischen und kontinentaleuropäischen Fahrzeugen leicht abnehmbare Räder, während in Nordamerika das fest mit dem Fahrzeug verbundene Holzspeichenrad mit abnehmbarer Felge bei vielen Marken noch bis 1932 fortlebte. Die Begründung dafür lautete, eine Frau könne mit dieser Art Rad bei einem Reifenschaden eher fertig werden. Letztmalig wurden Holzspeichenräder in der industriellen Produktion beim Mercedes-Benz-Typ »Nürburg« des Jahres 1939 verwendet.

Schlauchlose Reifen wurden (ohne großen Erfolg) in den neunziger Jahren des vorigen Jahrhunderts bei Motorrädern und leichten amerikanischen Automobilen verwendet und dann 1948 vom amerikanischen Unternehmen Goodrich »neu erfunden«. Als erstes britisches Unternehmen schloß sich dann 1953 Dunlop dieser Entwicklung an.

In Amerika wurden Ballonreifen von Firestone 1923 auf den Markt gebracht und später im selben Jahr erstmals von der Autofirma Cole angeboten. Das erste konstruktiv für die Verwendung von Ballonreifen ausgelegte Kraftfahrzeug war der Chrysler 70 des Jahres 1924.

Wolseley führte 1933 beleuchtete Markenzeichen am Kühlergrill ein, jedoch hatte bereits das amerikanische Luxusfahrzeug Fageol des Jahres 1917 (das allerdings nicht in Serie ging) ein solches Emblem – aus Elfenbein.

Das erste mit einem Rückfahrscheinwerfer ausgerüstete Fahrzeug war der Wills-Sainte Claire aus den Vereinigten Staaten im Jahr 1921.

Bis ins Fahrzeugdach reichende Türausschnitte zeigte eine nach Kundenwünschen speziell angefertigte Karosserie auf einem Fahrgestell des Duesenberg-Modells J (147), die die Firma Murphy aus Pasadena 1930 vorstellte. Die erste Serienkarosserie mit solchen Türen war die für das Baujahr 1933 vorgestellte Riley-Falcon-Limousine.

Zu Beginn des Jahrhunderts waren abnehmbare feste Kabrioverdekke (Hardtop), die aus offenen Fahrzeugen geschlossene machten, weit verbreitet, zum Beispiel bei Lanchester (1901) und bei Cadillac (1903). Ähnliche Ausführungen einer »Ganzjahres«-Karosserie fanden sich auch in den Katalogen zahlreicher amerikanischer Hersteller während des Ersten Weltkriegs und unmittelbar danach, doch das erste so ausgerüstete europäische Serienfahrzeug der neueren Epoche war der Lancia Lambda von 1922 (169). Allerdings vermochte niemand zu sagen, wo man dies klobige Zubehörteil aufbewahren konnte, wenn man es gerade nicht benötigte!

Die erste Serienkarosserie, bei der das Reserverad unsichtbar im Heck untergebracht wurde, hatte der Tourenwagen Austin Twenty aus dem Jahr 1919.

Sitze, die man in eine Liegestätte verwandeln konnte, fanden sich bei der amerikanischen Automarke Pan 1921.

Gebogene Windschutzscheiben wurden von Kissel 1914 in Fahrzeuge mit fabrikmäßig hergestellten Karosserien eingebaut. In Großbritannien fanden sie sich erstmals bei den Arrol-Johnston-Modellen des Baujahrs 1922. Die erste nicht in der Mitte geteilte gebogene Windschutzscheibe fand sich an den Spitzenmodellen der Baureihe Chrysler Airflow des Jahres 1934; es handelte sich dabei um den Imperial (Typ CW).

Schonbezüge mit Schottenkaromuster werden weithin verwendet, aber mindestens zwei Hersteller benutzten Textilmaterial mit Schottenmuster außen an ihren Fahrzeugen: Voisin bei einem Innenlenker des Jahres 1922, den er »conduite intérieure écossaise« nannte, und Willys-Knight bei einem Roadster des Jahres 1930, der als »Plaidside« auf den Markt kam.

Elektrische Kraftstoffpumpen wurden erstmals bei dem Wills-Sainte Claire des Jahres 1924 eingesetzt. Das erste britische Fahrzeug mit dieser Art von Kraftstoffpumpe war der 2-Liter-Arab von 1927.

Als Serienausstattung ab Werk fand sich Sicherheitsglas zum ersten Mal 1926 bei den Wagen von Stutz und Rickenbacker.

Eine Lichthupe hatte als erstes Automobil der Fiat 1500 aus dem Jahr 1935.

Die als »Smith-Jackall« bezeichneten fest mit dem Fahrzeug verbundenen Vierradwagenheber wurden 1929 eingeführt und erstmals 1931 ab Werk in Automobile der Marke Star eingebaut.

Ein »Parkmobil« von 1928 bot eine raffinierte Lösung des leidigen Parkplatz-Problems, eine Art vierrädrigen »einziehbaren Fahrwerks«, das sich ausfahren ließ, so daß sich das Fahrzeug mit seiner Hilfe seitwärts bewegen ließ. Ein inzwischen der Vergessenheit anheimgefallenes amerikanisches Automobil der damaligen Zeit, das »New York Six«, war damit ausgerüstet.

Wagenheizungen sind fast genauso alt wie das Automobil, wenn man die im ersten Jahrzehnt unseres Jahrhunderts weitverbreiteten »Auto-Wärmflaschen« einbezieht (die mit einem zur Innenausstattung passenden Textilmaterial überzogen waren). Wagenheizungen, die nach dem Wärmetauscher-Prinzip dem Kühlwasser Wärme entziehen, kamen in Amerika erstmals 1926 auf den Markt – allerdings hatten auch Daimler-Fahrzeuge aus Cannstatter Produktion der Jahre 1897 bis 1900 einen nach diesem Prinzip arbeitenden Fußwärmer. Windschutzscheiben-Defroster sah man bereits um die Mitte der dreißiger Jahre als erforderliche Einrichtung an.

Klimaanlagen für Personenkraftwagen bot als erste die Firma Nash an – 1938.

Die erste für den öffentlichen Verkehr freigegebene Autobahn war der 21 Kilometer lange Abschnitt der Autostrada zwischen Mailand und Varese in Norditalien. Die Vorarbeiten daran begannen im Juni 1923, dem Verkehr übergeben wurde der Abschnitt 1924. Die erste deutsche Autobahn verband Frankfurt mit Darmstadt. Sie wurde im Mai 1935 für den Verkehr freigegeben.

Mit Automobil-Veteranen beschäftigte sich als erster Automobilklub der Welt der Veteran Car Club of Great Britain. Er wurde im November 1930 im Anschluß an das alljährliche Veteranenrennen von London nach Brighton anläßlich einer Zusammenkunft im Ship Hotel in Brighton gegründet. Seine drei »Gründerväter« waren S. C. H. Davis, J. A. Masters und J. A. Wylie.

Mit dem Ziel, für den Einsatz von bis Ende 1930 hergestellten Sportwagen zu werben, wurde der Vintage Sports Car Club gegründet. Er ist gegenwärtig mit rund 5800 zahlenden Mitgliedern der größte britische Automobilveteranen-Club.

Der größte nach 1918 für einen Pkw hergestellte Sechszylindermotor war der des Stoewer D7 von 1919 mit 11 160 ccm. Er ging auf einen Flugzeugmotor aus dem Ersten Weltkrieg zurück.

Im Tatra des Jahres 1937 war der größte nach 1918 in einen Heckmotorwagen serienmäßig eingebaute Motor, ein luftgekühlter 3,4-Liter-V-8. Nur einer der britischen Burney Wagen (1930 bis 1933) hatte den noch größeren Lycoming Achtzylinder-Reihenmotor, und die amerikanischen Fahrzeuge Stout Scarab und Tucker Torpedo wurden nie in größerer Stückzahl hergestellt. Der größte nach 1908 in ein fabrikmäßig hergestelltes Auto eingebaute luftgekühlte Motor war der 6,4-Liter-Zwölfzylinder im Franklin von 1923.

Den größten Vierzylinder in einem nach 1918 gebauten Pkw hatte der belgische Pipe von 1921. Bohrung und Hub betrugen 120 bzw. 200 mm, was einen Hubraum von knapp über neun Liter ergab. Zwar ging das Fahrzeug nie in Serie, doch wurde mindestens eines exportiert.

Acht betrug die größte Anzahl von Vorwärtsgängen in einem für den normalen Straßenbetrieb vorgesehenen Pkw. Dabei handelte es sich um das von Maybach 1931 bis 1939 eingebaute Getriebe eigener Fertigung mit Doppelschnellgang. Dieses Getriebe ermöglichte vier Rückwärtsgänge; es war in Großbritannien bei den 3-Liter-Lagondas des Modelljahres 1932 nur auf Wunsch erhältlich.

Im Jahr 1932 hatten amerikanische Interessenten, die einen Wagen mit Zwölfzylindermotor haben wollten, die Wahl zwischen sechs verschiedenen Marken: Auburn, Cadillac, Franklin, Lincoln, Packard und Pierce-Arrow. Im selben Jahr gab es in Frankreich zwei Zwölfzylinder (Hispano-Suiza, Voisin), wie auch in Deutschland (Horch und Maybach (101)) sowie in der Tschechoslowakei (Tatra, Walter). Die britische Automobilindustrie bot nur ein Modell an (Daimler) und Italien keines – allerdings kamen von dort 1976 zwei der fünf auf der ganzen Welt verzeichneten Zwölfzylindermodelle jenes Baujahres (Ferrari und Lamborghini).

Der erste in Serie hergestellte Tourenwagen, dessen Motor über zwei obenliegende Nockenwellen verfügte, war der Salmson Typ D von 1922. Der im Jahr 1921 eingeführte Ballot 2LS war dagegen ein in sehr geringer Stückzahl hergestellter Super-Sportwagen.

Einen Reihen-Achtzylindermotor hatte als erster Serienwagen der Welt der Isotta-Fraschini Typ 8 von 1919, der gegen Ende 1920 an die Kundschaft ausgeliefert wurde. Zu etwa der gleichen Zeit gab es in Amerika den Kenworthy Line-O-Eight von 1920, es ist aber zu bezweifeln, daß jemals ein Fahrzeug dieses Typs im Handel verkauft wurde.

In Serienfertigung hergestellt wurde als erster Zwölfzylinderwagen der Welt der Packard Twin-Six (das heißt mit zweimal sechs Zylindern), der 1916 eingeführt und bis 1923 hergestellt wurde.

Der erste in Serienproduktion gefertigte Sechszylindermotor mit einem Hubraum von weniger als 1,5 Liter war der Mathis vom Typ PS, der 1922 auf den Markt kam; er hatte einen Hubraum von 1140 ccm.

Als erstes Fahrzeug wurde der Cadillac des Jahres 1929 mit synchronisiertem Getriebe angeboten. Die ersten britischen Hersteller, die auf die Synchronisierung der Getriebegänge übergingen, waren Vauxhall und Rolls-Royce, beide 1932.

Das erste vollsynchronisierte Getriebe wurde 1931 von der Zahnradfabrik Friedrichshafen (Markenname ZF) angekündigt, doch als erstes Fahrzeug serienmäßig mit einem solchen Getriebe ausgerüstet wurde der britische Alvis Speed Twenty im Oktober 1933. Das erste deutsche Serienfahrzeug mit diesem Getriebe war der Adler Diplomat des Baujahrs 1935 (mit 3-Liter-Motor).

Hinterachsen, die zusätzlich zum hinter dem Motor angeordneten Getriebe noch über zwei Gänge verfügen, gab es erstmals am britischen Zweitakt-Cooper von 1909, später dann an einem Austin genannten amerikanischen Fahrzeug von 1913 und bei Cadillacs des Baujahrs 1914. Voisin entdeckte diese Bauweise 1928 wieder, und Auburn führte sie 1932 erneut in Amerika ein.

An Packards des Jahres 1927 fanden sich die ersten Hinterachsen mit Hypoidkegelrädern. Erstmals in Europa wurden sie 1928 bei Fahrzeugen der Marke Mathis eingesetzt.

Das erste in Serie hergestellte Fahrzeug mit einer Pendelachs-Hinterradaufhängung war der Heckmotorwagen des Herstellers Rumpler aus dem Jahre 1921.

Mit Vollgummireifen erhältlich war als letzter Pkw der Trojan XL von 1929.

Der letzte Pkw, dessen Motor über eine doppelte Walzenschiebersteuerung verfügte, war der Sechszylinder-Panhard von 1939. Die letzten Modelle mit einfacher Walzenschiebersteuerung waren die in Schottland gebauten Typen Argyll und Arrol-Aster, deren Produktion 1931 eingestellt wurde. Motoren mit Schiebersteuerung wurden von Imperia in Belgien noch bis zum Jahr 1934 eingebaut.

Frederick und George Lanchester unternahmen 1922/23 an Prototypen Versuche mit einer ausschließlich auf Holz basierenden selbsttragenden Bauweise, die 1923 auch Marks-Moir in Australien erprobte.

Vorwählgetriebe sind weder eine Erfindung der zwanziger noch der dreißiger Jahre, auch wenn sie zu jener Zeit überaus weit verbreitet und beliebt waren. Lanchester arbeitete bereits im Jahr 1900 mit diesem System, und die De-Dion-Bouton-Fahrzeuge des Jahres 1902 mit Dreiganggetriebe verfügten gleichfalls über eine – wenn auch primitive – Vorwählschaltung. Das Wilson-Getriebe (das bekannteste aller Vorwählsysteme) wurde versuchsweise 1927 von Vauxhall in Großbritannien produziert und erschien 1929 für die Armstrong-Siddeley-Baureihe erstmals als Sonderwunsch in den Listen. Es hatte allerdings einen Vorgänger im ZF-Soden-Getriebe, das schon 1923 in Fahrzeuge verschiedener Marken (Fadag, Lindcar, Szawe) eingebaut wurde.

Für hydraulische Vierradbremsen setzte sich Duesenberg 1921 mit seinem Modell A (mit Achtzylinder-Reihenmotor) ein. Als erstes Großserienfahrzeug wurde 1924 der Chrysler 70 damit ausgerüstet, und die ersten britischen Autos mit diesem Bremssystem waren die Modelle von Horstman und Triumph, die im Jahr 1925 gebaut wurden.

Mit kreuzförmigen Verstärkungen versehene Fahrzeugrahmen gab es erstmals am 6,6-Liter-Sechszylinder von Hotchkiss des Jahres 1921, einem Prototyp, der nicht in Serienfertigung ging.

Nach dem Ende des Ersten Weltkriegs ging manch eine Automobilmarke in den Besitz einer anderen Nation über. Als Elsaß-Lothringen erneut an Frankreich fiel, wurden die ursprünglich deutschen Unternehmen Bugatti und Mathis französisch, und der neugebildete Staat Tschechoslowakei übernahm aus der untergegangenen Donaumonarchie Österreich-Ungarn drei Marken – Nesselsdorf (Tatra), Praga sowie Laurin-Klement (später Şkoda).

In mehr als vierzig Produktionsjahren brachte Ettore Bugatti kein einziges Fahrzeug mit Sechszylindermotor heraus. Weitere Traditionsunternehmen, bei denen es sich ebenso verhält, sind unter anderen Bianchi, Cadillac und Isotta-Fraschini.

Auf die Lebensdauer der Zylinderbohrungen bezog sich die möglicherweise ungewöhnlichste von der Kraftfahrzeugindustrie jemals gewährte Garantie, die zwei britische Hersteller in den dreißiger Jahren gaben. Bei den Fahrzeugen der Marke Salmson der Baujahre 1934 bis 1939 wurde für die Bohrungen eine Lebensdauer von rund 65 000 km garantiert und bei Singer-Fahrzeugen des Baujahrs 1939 eine solche von 40 000 km.

Der 1931 auf dem Pariser Automobilsalon ausgestellte Bucciali Double-Huit, der allerdings nie auf den Markt kam, hatte ein aus zwei nebeneinander angeordneten Achtzylinder-Reihenmotoren bestehendes Triebwerk von 16 Zylindern, das die Vorderräder antrieb. Die Kühlung erfolgte bei diesem Fahrzeug über Zwillingskühler.

Gewöhnlich sind Sechsrad-Pkw aus Nutz- oder Militärfahrzeugen abgeleitet, doch zeigte Crossley beim Londoner Automobilsalon des Jahres 1930 eine sechsrädrige Limousine mit einem Sechszylindermotor von 3,8 Liter Hubraum; aber dieses Fahrzeug ging nicht in Serie. Um dieselbe Zeit stellte die Firma Morris Commercial Cars in Birmingham in geringer Stückzahl Luxuslimousinen mit sechs Rädern her, von denen vier angetrieben wurden. Es wurde davon ausgegangen, daß diese Fahrzeuge nur von Chauffeuren gefahren wurden und nicht den Besitzern.

Alle Franklin-Fahrzeuge hatten bis zum Ende des Baujahrs 1927 Fahrgestelle aus Holz, die sich auch noch bei bestimmten Modellen des Baujahrs 1928 fanden.

Zwei kleine französische Unternehmen boten in den zwanziger Jahren Automobile mit Luftschrauben-Antrieb an: Leyat von 1920 bis 1921 und La Traction Aérienne von 1921 bis 1926.

Beim Stichwort »Autos per Postkarte« denkt man gewöhnlich an die vom amerikanischen Versandhaus für den gehobenen Bedarf, Sears Roebuck, 1908 bis 1912 angebotenen leichten Kraftfahrzeuge, doch haben auch andere nordamerikanische Unternehmen sich in diesem Geschäft versucht. So wurden von 1916 bis 1924 zwei in Chicago hergestellte Marken (Birch und Bush) ausschließlich nach Katalog verkauft, und Sears Roebuck selbst unternahm 1952 mit seinem »Allstate«, einer Sonderausführung des kleineren Modells von Kaiser, einen erneuten Anlauf, der jedoch nach zwei Jahren als gescheitert aufgegeben wurde.

Im Jahr 1932 konnte man drei grundverschiedene Wagen von drei verschiedenen Autofabriken kaufen, die allesamt von einem Konstrukteur stammten: von Dr. Fritz Fiedler. Es handelte sich um Reihenachtzylinder von Stoewer und Horch und um einen kleinen Vierzylinder von BMW.

Eine Reihe von deutschen Autokonstrukteuren wechselte relativ oft die Firma. Den Rekord aber hielt Paul Henze, der 1903 für Cudell, 1907 für Imperia, 1910 für R.A.F., 1920 für Steiger, 1922 für Simson und 1929 für N.A.G. arbeitete. Im Gegensatz zu Ferdinand Porsche unterhielt er kein eigenes Konstruktionsbüro.

Aus dem Guinness Book of Car, Facts & Feats

UU 5871

(183) Lagonda 1934

(184) Bentley 1926 Vorhergehende Seiten: (181) Bugatti 1929, (182) Birkin-Bentley 1929

185 Bentley 1931

186 Bentley 1930 Folgende Seiten: 187 Rolls-Royce 1935, 188 Dufaux 1905

CLU 76

EI 976

WORTHINGTON'S
INDIA PALE ALE
TO HIS MAJESTY THE KING
TRADE MARK
BURTON-ON-TRENT
THIS LABEL IS ISSUED ONLY BY WORTHINGTON & CO LTD
WORTHINGTON
WHITE SHIELD

Bass Worthington
WHITE SHIELD

(191) LANCIA Astura 1947

(192) Auburn Speedster 1935

Vorangehende Seiten (189) Opel GP 1914, (190) Daimler 19

(193) Packard Super Eight Roadster 1933

(194) Adler TJ Cabrio 1939

Folgende Doppelseite (195) Duesenberg SSJ Speedster 1936

(196) Opel Olympia 1947

(197) Cadillac Eldorado Special 1955

(198) Bugatti Atlantic 57 SC 1938

(199) Jaguar XK 120 1952

Folgende Doppelseite (200) Opel Olympia Record 1953

Rekord

OPEL
GG-D 370

(201) Porsche 356 B/Cabrio 1959

(202) Zündapp Janus 1957

203

(203) Borgward Isabella Coupé 1957

204

(204) Maserati 250 S 1957

Folgende Seite (205) Cadillac Serie 62 1959, Heckpartie

ANHANG

ZEITTAFEL

Frühe Vorläufer

Etwa 3500 v. Chr. Erster Beleg für die Verwendung des Rades an Streitwagen der Sumerer.
Etwa 500 v. Chr. Die Römer beleuchten ihre Häuser mittels »sizilianischen Petroleums« (Erdöl).
308 v. Chr. Der Grieche Demetrios konstruiert einen geschlossenen »Kriegswagen« für zwei Männer, von denen der eine lenkt und der andere mit den Füßen ein Rad in Umdrehung setzt, das die Hinterräder antreibt.
1420 Giovanni Fontana baut in Italien eine einsitzige vierrädrige »Limousine«, zu deren Antrieb ihr Insasse kontinuierlich an einem endlosen Seil zieht, das eine Trommel und Zahnräder in Umdrehung versetzt.
1649–1663 Hans Hautsch konstruiert pferdelose »Wunderkutschen«, die über von in ihnen verborgenen Männern betätigte Tretkurbeln bewegt werden.
1673 Christiaan Huygens aus Holland demonstriert die Möglichkeiten der Verbrennungsmaschine, indem er in einem Zylinder Schießpulver zur Explosion bringt. Die Explosion treibt den Kolben aufwärts und erzeugt einen Unterdruck, woraufhin der atmosphärische Druck den Kolben abwärts schiebt und die Kraft zum Heben eines Gewichts liefert.
1689 Stefan Farffler aus Altdorf baut ein mit den Händen anzutreibendes Dreiradfahrzeug, damit er, der Beinlose, »zur Kirche gehen kann«.
1694 Der Franzose Elie Richard schlägt eine Kutsche vor, deren Antrieb über Tretkurbeln erfolgen soll, die ein hinter den Fahrgästen sitzender Lakai betätigt.
1771 Nicolas Cugnot aus Lothringen baut eine funktionierende dreirädrige Kanonenzugmaschine, deren Antriebsenergie eine Hochdruckdampfmaschine liefert.
1784 Der Brite James Watt läßt sich die Konstruktion eines dampfgetriebenen Straßenfahrzeugs mit einer Kraftübertragung patentieren, die drei unterschiedliche Geschwindigkeiten ermöglicht.
1784 Der Brite William Murdoch baut ein funktionierendes Modell eines dampfgetriebenen Fahrzeugs.
1787 Oliver Evans läßt sich in den Vereinigten Staaten einen Dampfwagen mit Antrieb durch eine Hochdruckdampfmaschine patentieren.
1788 Bei einem von Robert Fourness konstruierten Dampfmotor werden erstmals Kolben mit drehbar angelenkten Pleuelstangen erwähnt.
1791 Nathan Read plant in den Vereinigten Staaten einen mit zwei Dampfmaschinen betriebenen Wagen, der über eine Zahnstange angetrieben wird.
1801 Der Brite Richard Trevithick baut ein funktionierendes Straßenfahrzeug mit Hochdruckdampfmaschine.
1803 Der Franzose Charles Dallery läßt sich einen vierrädrigen Dampfwagen mit Wechselgetriebe patentieren.
1807 Der Schweizer Isaac de Rivaz stellt ein funktionstüchtiges Fahrzeug her, für dessen Antrieb in einem Zylinder Gas auf elektrischem Wege gezündet wird.
1815 In Böhmen baut Josef Bozek ein Vierradfahrzeug mit einer Niederdruckdampfmaschine nach James Watt.
1823 Der Brite Samuel Brown »bezwingt« in einem zweizylindrigen Vierradfahrzeug mit »Gas-Unterdruck-Antrieb« Shooter's Hill in London.
1825 – etwa 1840 Die erste Dampfwagenepoche mit praxistauglichen Fahrzeugen von Gurney, Burstall & Hill, Hancock, Nasmyth, Napier, James, Fraser, Ogle & Summers, Heaton, Macerone, Scott Russel und weiteren britischen Herstellern sowie von v. a. Dietz (Frankreich), Bordino (Italien), Fisher (USA).
1828 Dem Franzosen Onésiphore Pecqueur wird ein Patent auf einen vierrädrigen Dampfwagen mit Antrieb über Differential erteilt.
1858 Der Brite Thomas Rickett baut die erste von mehreren leichten Dampfkutschen; mit einer von ihnen bereist der Earl of Caithness das schottische Hochland.
1863 In Luxemburg baut und betreibt J. J. Etienne Lenoir ein leuchtgasbetriebenes Dreiradfahrzeug.
1873 Der Franzose Amédée Bollée d. Ä. stellt »L'Obéissante« fertig; es ist seine erste funktionstüchtige Dampfkutsche, mit der er zwei Jahre später ohne mechanische Störung rund 220 Kilometer fährt.
1858–1885 Die zweite Dampfkutschenära mit Fahrzeugen von Yarrow, Cooke, Tangye, Thompson, Carrett & Marshall, Inshaw, Prew, Mackenzie, Todd, Blackburn, Grenville und weiteren britischen Herstellern; Dudgeon, Roper, Reed, War, Carhart, Copeland und anderen aus den USA; Ravel, Bollée, De Dion-Bouton sowie Trépardoux aus Frankreich und Nussberger aus Schweden.
1876 Nikolaus Otto erhält ein Patent auf das Viertaktprinzip, es wird ihm aber zehn Jahre darauf entzogen, weil der Franzose Alphonse Beau de Rochas das Prinzip bereits 1862 vorgestellt hatte.
1881 Der Franzose Jeantaud baut und betreibt einen von 21 (Fulmen-) Batterien betriebenen Elektrowagen.

1885–1904 Die Ära der Veteranen

1885 Benz konstruiert das erste funktionstüchtige benzinbetriebene Dreiradfahrzeug mit einem Zylinder und einer Geschwindigkeitsstufe; Antrieb über Riemen.
1886 Daimler baut das erste vierrädrige Benzinfahrzeug mit schnellaufenden Einzylindermotor, zwei Geschwindigkeiten und Antrieb über Riemen und Zahnräder.
1888 Frau Berta Benz legt die erste längere Strecke mit einem Motorfahrzeug zurück (200 km).
1889 Daimler bringt einen Zweizylindermotor und ein Viergang-Schubradgetriebe heraus.
Panhard und Levassor erwerben die Lizenz für die Herstellung von Daimler-Motoren.
1890 Die ersten Fahrzeuge von Peugeot und Panhard-Levassor, beide mit Daimler-Motoren.
1891 Ein Fahrzeug der Firma Peugeot bewältigt auf der Route des Zweiradrennens Paris–Brest und zurück eine Strecke von gut 2000 Kilometern.
1892 Panhard-Levassor stellt das erste Automobil mit vorneliegendem Motor vor.
Wilhelm Maybach von der Firma Daimler entwickelt den Düsenvergaser, bei dem durch einen Schwimmer der Benzinstand stets gleich ist.
1893 Benz stellt das erste vierrädrige Fahrzeug vor: »Viktoria«.
1894 Panhard-Levassor und Peugeot gewinnen auf der Strecke Paris –Rouen bei der ersten Automobilwettfahrt der Welt gemeinsam den ersten Preis.
Panhard führt das Schieberadgetriebe ein.
Frank und Charles Duryea gründen in Peoria, Illinois, das erste amerikanische Unternehmen zur Herstellung von Automobilen.
1895 Emile Levassor gewinnt in einem Panhard-Levassor, der von einem 1,2-Liter-Daimler-Zweizylinder-Reihenmotor vom Typ »Phénix« angetrieben wird und dessen Getriebe von einem Gehäuse umgeben ist, das erste Automobilrennen der Welt, das von Paris nach Bordeaux und zurück über knapp 1200 Kilometer führt.
Die Gebrüder Michelin verwenden erstmals Luftreifen an einem Automobil.
Der Schweizer Rudolf Egg entwikkelt ein über einen Schalthebel betätigtes Stufengetriebe, das ohne Zahnräder funktioniert.
1896 De Dion-Bouton bringt luftgekühlte Einzylindermotoren mit einer Drehzahl von 1500/min. und einer Leistung von 1 PS aufwärts auf den Markt, die in leichte zwei-, drei- und vierrädrige Fahrzeuge eingebaut werden können.
Daimler baut den ersten Vierzylindermotor für Panhard-Levassor. In Coventry wird die British Daimler Motor Company gegründet. Ford baut sein erstes Versuchsfahrzeug.
1897 F. W. Lanchester stellt das erste benzinbetriebene Automobil mit einem Zweigang-Planetengetriebe und einem auf die Antriebsachse wirkenden Wellen-Endantrieb her.
Mors aus Paris produziert einen mit Luft und Wasser gekühlten V-4-Zylinder-Motor, dessen Zylinderreihen im Winkel von 45 Grad zueinander stehen. Er verfügt über eine Niederspannungs-Spulenzündung und eine Lichtmaschine.
Gräf und Stift in Wien bauen unter Verwendung eines De-Dion-Motors das erste Auto mit Frontantrieb.
Benz stellt den Zweizylinder-Boxermotor »Kontra« mit 5 PS vor.
1898 Louis Renault baut als Prototyp einen Kleinwagen mit vorn eingebautem De-Dion-Motor, direkt übersetztem höchstem Gang und Endantrieb über eine Gelenkwelle.
Die »Voiturelle« von Decauville verfügt über an einer Querblattfeder einzeln aufgehängte Vorderräder.
In einem für Fernfahrten eingesetzten Panhard-Levassor wird ein von Daimler konstruierter Vierzylindermotor verwendet.
1899 Der in Deutschland gebaute Daimler »Phoenix« mit Vierzylindermotor verfügt über einen Wabenkühler, Preßstahlrahmen und eine Kulissenschaltung.
Amédée Bollée d. J. stellt den ersten Vierzylindermotor vor, bei dem ein Zylinderblock alle vier Zylinder umschließt (Monobloc).
Hiram Maxim und Packard in den Vereinigten Staaten verwenden eine automatische Zündverstellung nach »früh« und »spät«.
1900 Zusätzlich zu Öl- und Kerosinlampen kommen Azetylen- (resp. Karbid-) Lampen auf.
1901 Daimlers erstes Fahrzeug des Typs »Mercedes« verfügt über einen Motor, dessen Drehzahl über

die Drosselklappe geregelt wird, einen verbesserten Wabenkühler, zwei seitlich liegende Nockenwellen zur Steuerung der Ein- und Auslaßventile sowie Kulissenschaltung.
Das erste amerikanische Fahrzeug, das in großer Stückzahl hergestellt wird, ist der Typ »Curved Dash« von Oldsmobile.
1902 Bosch führt die Hochspannungs-Magnetzündung ein.
C.G.V. aus Paris baut den ersten Achtzylinder-Reihenmotor (zwei aneinandergefügte Vierzylinder) mit einem einstufigen Getriebe.
Truffault aus Paris führt den Reibungsstoßdämpfer ein.
F. W. Lanchester aus Großbritannien läßt sich die Scheibenbremse patentieren.
Maudslay in Großbritannien bringt einen Motor mit einer einzelnen obenliegenden Nockenwelle und Druckschmierung auf den Markt.
1903 Ader aus Paris baut einen Wagen mit Achtzylinder-V-Motor.
1904 Napier aus Großbritannien bringt den ersten erfolgreichen Sechszylinderwagen auf den Markt.
Sturtevant aus Boston, USA, bringt das erste Automobil mit Dreigang-Automatikgetriebe heraus.
Bei den französischen Fahrzeugen der Marke Motobloc und den amerikanischen Fahrzeugen der Marke Stevens-Duryea sind Motor und Getriebe in einer Einheit zusammengefaßt.
Die Firma Riley aus dem britischen Coventry führt Speichenräder mit Nabenverriegelung ein.
Schrader stellt das Nadelventil für Luftschläuche vor.

1905–1918
Die Jahre des Übergangs

1905 Moseley aus Großbritannien stellt abnehmbare Felgen zur Erleichterung des Reifenwechsels her.
Dem französischen Unternehmen Renault wird ein hydraulischer Stoßdämpfer patentiert.
Pipe aus Belgien stellt einen Motor mit zwei hochliegenden Nockenwellen her, bei dem die obenliegenden Ventile geneigt eingebaut sind.
Der erste Rolls-Royce mit einem Zweizylinder-Reihenmotor von 10 PS kommt auf den Markt.
Das erste von der Firma Rover in Coventry hergestellte Automobil verfügt über einen Zentralrohrrahmen aus Aluminiumguß, der auch den Motor, das Kupplungsgehäuse und das Getriebe aufnimmt.
Das Fahrzeug von Simms-Welbeck wird mit pneumatisch wirkenden vorderen Stoßfängern aus Gummi ausgerüstet.
1906 Versuchsweise werden an einem Mercedes Vorderradbremsen eingebaut.
Michelin führt den aufsteckbaren Luftdruckprüfer ein. Die Firma Rudge-Whitworth bringt ihr abnehmbares Speichenrad (mit Schnellverschluß) auf den Markt.
1907 Rolls-Royce geht mit der Vorstellung des 40/50-Sechszylinderwagens »Silver Ghost« dazu über, nur jeweils ein Modell herzustellen.
Die Firma Chadwick aus Pittsburgh in den Vereinigten Staaten stellt einen Sportwagen mit aufgeladenem Motor vor.
1908 Ford stellt sein Modell T vor.
Delco in den Vereinigten Staaten führt erstmals eine Zündanlage ein, die mit Zündspule und Verteiler arbeitet.
Schebler aus den Vereinigten Staaten stellt den ersten Zwölfzylinder-V-Motor vor.
Wagenheizung durch Nutzung der Abgaswärme (USA).
Zusammenschluß verschiedener Firmen zu General Motors, USA, dem ersten Automobilgiganten der Welt.
In Großbritannien bringt Sankey das stählerne Artillerierad auf den Markt.
1909 Aquila-Italiana führt bei Sportwagen Aluminiumkolben ein.
Bei Isotta-Fraschini werden Vorderradbremsen serienmäßig eingebaut.
Christie aus den Vereinigten Staaten stellt ein Taxi mit vorne quer eingebautem Motor und Vorderradantrieb sowie Einzelaufhängung der Vorderräder her (dieselbe Bauweise, die sich später beim britischen »Mini« wiederfindet).
Blériot in Frankreich führt die erste Abblendeinrichtung für Karbidlampen ein.
1910 Amédée Bollée d. J. läßt sich Hydraulikstößel patentieren.
1911 De Dion bringt ein Automobil mit Achtzylinder-V-Motor auf den Markt.
Delahaye bringt ein Automobil mit Sechszylinder-V-Motor auf den Markt.
1912 Das amerikanische Unternehmen Cadillac liefert serienmäßig Spulenzündung, elektrischen Anlasser und elektrische Beleuchtungsanlage.
Hupmobile und Oakland (USA) stellen Ganzstahlkarosserien her.
1913 Der (später als Lord Nuffield geadelte) William Morris bringt den Morris »Oxford« auf den Markt, mit einem Motor und anderen wichtigen Bauteilen aus eigener Produktion.
Reo aus den Vereinigten Staaten verlegt den Schalthebel zwischen die Vordersitze.
Lagonda aus Großbritannien baut selbsttragende Karosserien.
In den Vereinigten Staaten werden seilzugbetätigte Richtungsanzeiger eingeführt.
1914 Loughead aus den Vereinigten Staaten (später Lockheed) entwickelt eine hydraulische Bremsanlage (»Öldruckbremse«).
In Frankreich und den Vereinigten Staaten werden einstellbare Fahrersitze angeboten.
1915 Cadillac bringt den ersten in Serie hergestellten amerikanischen Achtzylinder-V-Motor auf den Markt.
Packard aus den Vereinigten Staaten bringt das erste in größerer Stückzahl hergestellte Automobil mit Zwölfzylinder-V-Motor, den »Twin-Six«, auf den Markt.
In den Vereinigten Staaten werden abblendbare Scheinwerfer und unterdruckbetätigte Scheibenwischer eingeführt.
1916 In den Vereinigten Staaten werden Bremsleuchten eingeführt.
1917 Am spanischen Automobil Diaz-y-Grillo werden erstmals Torsionsstäbe für die Aufhängung verwendet.

1919–1930 Die Ära der Klassiker

1919 Hispano-Suiza, ein in Frankreich und Spanien beheimatetes Unternehmen, stellt als erstes mit servounterstützten Vierradbremsen ausgerüstete Fahrzeuge vor.
Isotta-Fraschini aus Italien bringt das erste Fahrzeug der Welt mit einem Achtzylinder-Reihenmotor auf den Markt.
Citroën aus Frankreich führt in Europa die Massenproduktion nach amerikanischem Vorbild ein.
1920 Duesenberg aus den Vereinigten Staaten baut hydraulisch betätigte Vierradbremsen ein.
Das britische Unternehmen Leyland Motors kündigt ein neues Luxusmodell mit einem Achtzylinder-Reihenmotor von 7,2 Liter Hubraum an.
1922 Der Lambda der italienischen Firma Lancia verfügt über eine selbsttragende Karosserie in Integralbauweise, Einzelaufhängung der Vorderräder mit stehenden Schraubenfedern und einen Vierzylinder-V-Motor mit kleinem Winkel zwischen den in Monobloc-Bauweise ausgeführten Zylinderreihen.
Am britischen Prototyp von North-Lucas sind alle vier Räder durch Schwingarme, Schraubenfedern und koaxial wirkende Hydraulikstoßdämpfer einzeln aufgehängt.
Der erste britische Kleinwagen mit vier Zylindern, vier Sitzen und Vierradbremse, der Austin Seven, wird eingeführt.
Mercedes bringt den ersten europäischen Sportwagen mit aufgeladenem Motor auf den Markt.
1923 In den Vereinigten Staaten wird Pratts verbleiter »Äthyl«-Kraftstoff eingeführt, um das Verbrennungsklopfen im Motor zu verringern.
1924 Japan nimmt die Automobilproduktion mit dem luftgekühlten 10-PS-Kleinwagen »Lila« auf.
Der vom Morris »Oxford« abgeleitete erste MG-Sportwagen wird in Großbritannien auf den Markt gebracht.
Goodyear aus den Vereinigten Staaten führt den Niederdruck-Ballonreifen ein.
1925 Bosch bringt elektrisch betätigte Fahrtrichtungsanzeiger auf den Markt.
In den Vereinigten Staaten werden Stoßstangen vorn und hinten allgemein eingeführt.
1926 Zwei bedeutende deutsche Marken, Mercedes und Benz, schließen sich zur Firma Mercedes-Benz zusammen.
Gummibuchsen, die nicht geölt zu werden brauchen (»Silentblock«) werden in den USA eingeführt.
1927 Nach 19 Produktionsjahren ersetzt Ford USA das Modell T durch das Modell A.
Das größte fabrikmäßig hergestellte und für den Verkehr auf der Straße bestimmte Automobil der Welt, der Bugatti »Royal«, mit einem 12,8-Liter-Motor, einem Radstand von 4,32 Metern und einem Gewicht von nahezu 2300 Kilogramm, wird angekündigt.
Wilson aus Großbritannien entwickelt zur Erleichterung des Schaltens sein Planeten-Vorwählgetriebe.
Die Firma Tracta aus Frankreich bringt einen Sportwagen mit Vorderradantrieb und einem Motor von 1100 ccm auf den Markt.
1928 Hersteller in den Vereinigten Staaten gehen weithin dazu über, Blankteile nicht mehr aus Nickel zu fertigen, sondern zu verchromen.
Cadillac baut Synchrongetriebe ein.
In Großbritannien wird ein neuer Kleinwagen angekündigt, der Morris Minor, dessen Motor über eine obenliegende Nockenwelle verfügt.
Der erste M.G. Midget, ein kleiner Sportwagen mit dem Motor des Morris Minor, wird eingeführt.
In den Vereinigten Staaten wird der Fuß-Abblendschalter eingeführt.
1929 In den Vereinigten Staaten werden als Sonderwunsch Autoradios angeboten.
1930 Rasch auswechselbare, dünnwandige Schalen für Motorlager werden von der Firma Cleveland Graphite in den USA entwickelt.
Cadillac aus den Vereinigten Staaten stellt den ersten in größerer Stückzahl gefertigten Wagen mit V-16-Zylinder-Motor vor.
Daimler aus Großbritannien baut eine hydraulische Kupplung und ein Planetengetriebe ein.
Der Wolseley Hornet »Light 6« wird angekündigt, er verfügt über die Karosserie des Morris Minor.
Burney, der Konstrukteur des britischen Luftschiffs R 101, entwickelt ein Stromlinienautomobil mit Heckantrieb und Einzelradaufhängung aller vier Räder.
Das erste für 100 Pfund Sterling erhältliche Großserienfahrzeug Großbritanniens, der Morris Minor, kommt auf den Markt.

Bis hierher erstellt von Cyril Posthumus

Aus: »The Story of Veteran & Vintage Cars«

1932 Gründung der Auto-Union.
1933 Die deutsche Reifenfirma Metzler stellt brauchbare Autoreifen aus dem neuen synthetischen Kautschuk »Buna« anstelle von Naturgummi vor.
1934 Die Großglockner-Hochalpenstraße wird nach vierjähriger Bauzeit eingeweiht. Mercedes-Benz und Auto-Union bauen neu konzipierte Rennwagen für den Grand-Prix-Sport.
1935 Einführung der selbsttragenden Karosserie im Personenwagen-Großserienbau (Opel Olympia). Die ersten VW-Prototypen werden gebaut.
1936 Der Fiat 500, kleinster Personenwagen der Welt, geht in den Großserienbau. Erster Diesel-PKW der Welt (Mercedes Benz).
1938 Grundsteinlegung für das Volkswagen-Werk in Wolfsburg.
1939 Chrysler macht im Autobau den ersten Schritt in Richtung automatisches Getriebe mit dem sogenannten Fluid-Drive-System.
1940 Produktionsbeginn des Jeep in den USA.
1945 Die ersten Volkswagen werden in Wolfsburg zusammengebaut.
1946 Der Fahrzeughersteller Piaggio (I) stellt den Prototyp des Motorrollers (Vespa) vor.
1947 Die britische Firma Rover stellt ein vierradgetriebenes Geländefahrzeug vor, das nur wenig größer als ein Personenwagen ist, den Landrover.
1948 Die erste »Ente«, der Citroën 2CV, wird gebaut. In Großbritannien wird das erste Auto mit Gasturbinenantrieb produziert.
1949 Mercedes-Benz stellt seine erste Nachkriegs-Entwicklung vor, den Typ Mercedes-Benz S.
1952 Einführung der Benzineinspritzung bei Sport- und Rennwagen, z.B. beim Mercedes-Benz 300 SL.
1953 Kleinst-Autos beleben den Automarkt, zum Beispiel der »Leukoplast-Bomber« Lloyd LS 300.
1954 Fiat entwickelt den ersten Turbinenwagen auf dem europäischen Kontinent.
1955 In der Bundesrepublik werden erstmals schlauchlose Reifen montiert.
1956 Bei einigen Autos (Citroën Triumph, Jensen) löst die Scheibenbremse die Trommelbremse ab.
1957 Felix Wankel stellt der Fachwelt den ersten Drehkolbenmotor vor.
1959 Die Produktion des Mini wird aufgenommen. Erste Serienlimousine (Mercedes-Benz 180) nach dem »Knautschzonen«-Patent von Béla Barényi.
1964 Erster Personenwagen der Welt mit Wankelmotor (NSU Spider).
1967 Zweischeiben-Wankelmotor im NSU RO 80. Die Benzineinspritzung wird optimiert (VW verwendet die sogenannte D-Jetronic).
1972 VW überrundet stückzahlmäßig die Produktion des Fort-T-Modells.
1974 Porsche stellt den 911 Turbo (Typ 930) vor, den ersten Seriensportwagen der Welt mit Turboaufladung.
Mercedes-Benz und andere Mitkonkurrenten nehmen die Entwicklung von Elektroautos auf. Die erste Ölkrise war der Impuls für diese Reaktion.
1977 Der neue Gotthard-Straßentunnel, der längste der Welt, wird in Betrieb genommen.
1985 ABS (Antiblockiersystem) wird von Bosch vorgestellt. Nach siebenjähriger Bauzeit geht im Daimler-Benz-Werk in Berlin-Marienfelde der modernste Fahrzeugsimulator der Welt in Betrieb. In Europa kommen die ersten Autos mit Abgaskatalysatoren auf den Markt.
1996 Der Fiat Palio ist das erste Weltauto aus Italien. Konzept, Technik und Produktionsformen sollen Vorbild werden für Fiat-Fabriken auf vier Kontinenten.
Renault bietet ein Flüssiggas-Auto an, als Alternative zum Elektrofahrzeug. Die Fahrzeuge werden mit zwei Tanks ausgestattet, einer für Benzin und einer für das GPL genannte Flüssiggas.
1997 Auf dem strategisch wichtigen chinesischen Markt ist Volkswagen mit einem Anteil von 52,7% Marktführer.
Unter der Bezeichnung »NECAR 3« (New Electric Car) wird das auf Basis der A-Klasse aufgebaute weltweit erste Brennstoffzellen-Fahrzeug mit bordeigener Wasserstofferzeugung von Daimler-Benz vorgestellt.
1998 Die Daimler-Benz AG und die US-amerikanische Chrysler Corporation unterzeichnen einen Vertrag zum Unternehmenszusammenschluß.
Der 18.000.000ste VW Golf läuft in der vierten Modell-Generation vom Band.
1999 Das erste alltagstaugliche Fahrzeug mit Brennstoffzellenantrieb – der Versuchsträger Necar 4 auf Basis A-Klasse – wird von den Vorständen Bob Eaton (Chrysler) und Jürgen Schrempp (Daimler-Benz) in den USA vorgestellt.

ERLÄUTERUNGEN ZU DEN ABBILDUNGEN

Die Bildziffern sind halbfett gesetzt.

179 A.C. (Großbritannien 1930)

ADLER (Deutschland)
194 *Typ: TJ Cabrio* (1939)
988 ccm Hubraum, 25 PS
Karmann-Karosserie

ALFA ROMEO (Italien)
149 *Typ: 8C 2300 »Monza«* (1931)
Achtzylinder-Reihenmotor
2336 ccm Hubraum
Bohrung: 65 mm, Hub: 88 mm
Kompressor, 155 PS bei 5200 U/min.
151 *Typ: 8C 2300 »Monza«* (1934)
Achtzylinder-Reihenmotor
Bohrung: 68 mm, Hub: 88 mm
2,6 Liter Hubraum, 180 PS

ALVIS (Großbritannien)
148 *Typ: 12/60 »Beetle Back«* (1932)
Vierzyliner-Reihenmotor
1645 ccm Hubraum, 52 PS
Bohrung: 69 mm, Hub: 110 mm
167 *Typ: 12/50* (1924)
Vierzylindermotor
Bohrung: 68 mm, Hub: 103 mm
1496 ccm Hubraum, 50 PS

AMILCAR (Frankreich)
178 *Typ: CS* (1923)
Vierzylindermotor
1,1 Liter Hubraum, 23 PS

ASTON MARTIN (Großbritannien)
163 *Typ: »Green Pea«* (»Grüne Erbse«) (1922)
Vierzylindermotor
1484 ccm Hubraum, 45 PS
Ursprünglich ein Motor mit doppelter obenliegender Nockenwelle. Die »Green Pea« genannte Replica-Version von 1924 wurde mit einem Motor ausgerüstet, dessen Ventile seitengesteuert waren.
164 *Typ: »Ulster«* (1935)
Vierzylindermotor
1495 ccm Hubraum,
Doppelvergaser
80 PS bei 5250 U/min.
165 (1929)
Vierzylindermotor
1449 ccm Hubraum, 56 PS

AUBURN (USA)
192 *Typ: Speedster, boat tail* (1935)
Achtzylinder, 150 PS
mit Kompressor

AUSTIN (Großbritannien)
170 *Typ: »Side valve«* (1934)
Vierzylindermotor, 747 ccm Hubraum
Kompressor, 69 PS bei 6500 U/min.

AUSTRO-DAIMLER (Österreich)
103, 104 *Typ: »Sascha«* (1922)
Vierzylinder-Reihenmotor
Bohrung: 79,5 mm, Hub: 75 mm
1489 ccm Hubraum, 25 PS
Zwei obenliegende Nockenwellen
Gewicht: 450 Kilogramm

AUSTRO-TATRA (Österreich)
100 *Typ: 57* (etwa 1938)
1,2-Liter-Motor

168 »BABS« THOMAS SPECIAL (Großbritannien 1921)
Zwölfzylinder-Liberty-Flugzeugmotor
27 Liter Hubraum, 400 PS

BÉDÉLIA (Frankreich)
173 *Typ: »Cyclecar«* (1910)
Zweizylindermotor
1,1 Liter Hubraum, etwa 10 PS

BENTLEY (Großbritannien)
136, 186 *Typ: »Speed Six«* (1930)
Sechszylindermotor
6597 ccm Hubraum
Bohrung: 100 mm, Hub: 140 mm
180 PS bei 3500 U/min.
Karosserie: Gurney Nutting
138 *Typ: Long Standard, »Blue Label«* (1923)
Vierzylindermotor
Bohrung: 80 mm, Hub: 149 mm
2996 ccm Hubraum, etwa 80 PS
140 *Typ: 4,5* (1929)
Vierzylindermotor
4257 ccm Hubraum
Bohrung: 88,9 mm, Hub: 114,3 mm
etwa 100 PS bei 3500 U/min.
184 *Typ: Standard, »Blue Label«,* Long Chassis (1926)
Vierzylindermotor
Bohrung: 80 mm, Hub: 149 mm
2996 ccm Hubraum, etwa 80 PS
185 *Typ: 4,5 Liter,* Kompressor-version (1931)
Vierzylindermoto
4,5 Liter Hubraum
Bohrung: 100 mm, Hub: 140 mm
etwa 150 PS

BENZ (Deutschland)
74 *Typ: Velo* (1898)
Einzylindermotor
3,5 PS
75 (1893)
Kenner begegnen diesem Wagen mit großer Skepsis, weil seine Historie dubios ist und die Echtheit vieler Teile angezweifelt wird.
Die technischen Daten des Benz (1893):
Einzylindermotor
2 Liter Hubraum
Bohrung: 130 mm, Hub: 150 mm

BIRKIN-BENTLEY (Großbritannien)
182 *Typ: »The Birkin-Bentley Single Seater«* (1929)
Vierzylindermotor
4,5 Liter Hubraum
Kompressor, 240 PS
141 Motor mit Villiers-Kompressor (1929)

BMW (Deutschland)
102 *Typ: 328 »Mille Miglia«* (1940)
Sechszylinder-Reihenmotor
1971 ccm Hubraum
Bohrung: 66 mm, Hub: 96 mm
80 PS

203 Borgward Isabella Coupé (1957)
2,5 Liter Hubraum, 75 PS

BUGATTI (Frankreich)
2 *Typ: 57 SC »Atlantic«* (1938)
Achtzylinder-Reihenmotor
3257 ccm Hubraum
Bohrung: 72 mm, Hub: 100 mm
Kompressor
Zwei obenliegende Nockenwellen
210 PS
198 *Typ: Atlantic 57 SC* (1938)
Achtzylindermotor m. Kompressor, 3257 ccm, ca. 200 PS
78 *Typ: 19* (1912)
Vierzylinder-Reihenmotor
5027 ccm Hubraum
Bohrung: 100 mm, Hub: 160 mm
Obenliegende Nockenwelle
100 PS bei 2800 U/min.
Einziger Bugatti mit Kettenantrieb.
Die Gepäckablage vor dem Kühler ist original!
113 *Typ: 57 C* (1937)
Kompressorversion des Typs 57
Achtzylinder-Reihenmotor
3257 ccm Hubraum, 160 PS
Bohrung: 72 mm, Hub: 100 mm
114 *Typ: 51* (1932) Motor
Grand-Prix-Kompressor-Wagen
Achtzylindermotor
2261 ccm Hubraum
Bohrung: 60 mm, Hub: 100 mm
190 PS bei 5200 U/min.
115 *Typ: 37* (1927)
Vierzylinder-Reihenmotor
1496 ccm Hubraum, 70 PS
Bohrung: 69 mm, Hub: 100 mm
116 *Typ: 43,* Ex-Junek-Wagen mit Typ-49-Motor (1929)
Achtzylinder-Reihenmotor
3257 ccm Hubraum
Bohrung: 72 mm, Hub: 100 mm
90 PS bei 400 U/min.
118 *Typ: 35 B* (1929)
119 *Typ: 35 B* (etwa 1930)
Grand-Prix-Kompressor-Rennwagen
Achtzylinder-Reihenmotor
2261 ccm Hubraum
Bohrung: 60 mm, Hub: 100 mm
140 PS bei 5000 U/min
112 Karosseriedetail (1927)
180 Linkes Vorderrad (1929)
Vierzylinder-Reihenmotor
1496 ccm Hubraum, 45 PS
Bohrung: 69 mm, Hub: 100 mm
Die Aluminium-Speichenräder gehören nicht zum Originaldesign.
Typ: 23 (1923)
121 Kühlerthermometer
Vierzylindermotor
1453 ccm Hubraum
Bohrung: 68 mm, Hub: 100 mm

CADILLAC (USA)
197 *Typ: Eldorado Special* (1955)
V8-Motor, 270 PS,
5,5 Liter Hubraum
205 *Typ: Serie 62* (1959)
Heckpartie

CALTHORPE (Großbritannien)
166 *Typ: Sporting Four* (1921)
Vierzylindermotor
1260 ccm Hubraum, etwa 20 PS
Bohrung: 65 mm, Hub: 95 mm

C.G.V. (Frankreich)
155 *(1904)*
Vierzylindermotor
6,2 Liter Hubraum
Bohrung: 115 mm, Hub: 150 mm
C.G.V.: Charron, Girardot et Voigt

CHÉNARD-WALCKER (Frankreich)
174 *(1924)*
Vierzylindermotor
2 Liter Hubraum
Ein modifizierter, auf drei Liter Hubraum aufgebohrter Wagen dieses Typs gewann 1923 das erste 24-Stunden-Rennen von Le Mans.

CHEVROLET (USA)
Titelfoto, *Typ: „Corvette“*

CLÉMENT-PANHARD (Frankreich)
88 *Typ: Phaeton* (1900)
Einzylindermotor
850 ccm Hubraum, 5 PS
Bohrung: 95 mm, Hub: 120 mm

COLIBRI (Deutschland)
98 *(1908)*
Zweizylindermotor
950 ccm Hubraum, 3,5 PS

DAIMLER (Großbritannien)
190 *„Reklame-Auto“* (1924)
1,5-Liter-Sechszylinder, 35 PS

DECAUVILLE (Frankreich)
80 *Typ: Tonneau* (1901)
Zweizylindermotor, 10 PS

DE DION-BOUTON (Frankreich)
83 *Typ: Doppel-Phaeton* (1902)
Einzylindermotor, 8 PS
Schon mit der berühmten, 1895 patentierten De-Dion-Hinterachse.

DELAGE (Frankreich)
126 *Typ: D6.65* (1935)
Sechszylindermotor
2678 ccm Hubraum, etwa 90 PS
Bohrung: 79,25 mm, Hub: 90,5 mm
146 *Typ: D8S* (1929)
Achtzylindermotor
4050 ccm Hubraum
Bohrung: 77 mm, Hub: 109 mm
120 PS bei 4000 U/min.
175 *Typ: CO 2* (1922)
Sechszylindermotor
Bohrung: 80 mm, Hub: 150 mm
4,5 Liter Hubraum, 88 PS

DE SOTO (USA)
144 *Roadster* (1928)
Sechszylindermotor
3,2 Liter Hubraum

DUESENBERG (USA)
147 *Typ: J* (1929)
Dual Cowl Phaeton
Achtzylinder-Reihenmotor
6878 ccm Hubraum
Bohrung: 95,25 mm, Hub: 120,6 mm
265 PS bei 4250 U/min.
195 *Typ: SSJ Speedster* (1936)
Für Gary Grant gebaut, 320 PS
8-Zylinder-Kompressormotor,

DUFAUX (Schweiz)
86 *Typ: Gordon-Bennett-Rennwagen* (1905)
Achtzylinder-Reihenmotor
12761 ccm Hubraum
Bohrung: 125 mm, Hub: 130 mm
80 PS bei 1300 U/min.
Der Wagen steht im Verkehrshaus Luzern.
1 Brems- und Schaltgestänge
8 Von rechts nach links: Hebel mit abgewinkeltem Griff für den Rück-

wärtsgang, Schalthebel für die drei Vorwärtsgänge, Bremshebel, eine der beiden Rollenketten, die die Kraft auf die Hinterräder übertragen.
89 Rechtes Hinterrad mit Antriebskette
91, 188 Motorblock mit acht Zylindern, die von Kühlwassermänteln umgeben sind.

E.R.A. (Großbritannien)
171 *Typ: B* (1934)
English Racing Automobiles
Sechszylindermotor (Riley)
1496 ccm Hubraum
Kompressor
150 PS bei 6500 U/min.
176 *(1936)*
Sechszylindermotor (Riley)
2 Liter Hubraum
Kompressor, 150 PS
2-Liter-E.R.A.-Wagen mit Zoller-Kompressor brachten es auf bis zu 340 PS Leistung.

FORD (USA)
87 *Modell T (»Tin Lizzie«)* (1909)
Vierzylindermotor
2892 ccm Hubraum, 20 PS
Bohrung: 95 mm, Hub: 102 mm
133 *Modell 33/34 Roadster* (1934)
Achtzylindermotor
3,6 Liter Hubraum, 75 PS

FRAZER-NASH / BMW
(Großbritannien/Deutschland)
105 *Typ: 328* (1938)
Sechszylinder-Reihenmotor
1971 ccm Hubraum
Bohrung: 66 mm, Hub: 96 mm
80 PS
Die britischen BMW-Konzessionäre AFN importierten ab 1934 Wagen dieser deutschen Marke und nannten sie Frazer-Nash/BMW.

GLADIATOR (Frankreich)
92 *Typ: Vis-à-Vis* (1895)
Zweizylindermotor, 2,5 PS

GLÉGOIRE (Frankreich)
157 *(1910)*
Vierzylindermotor, 20 PS

HANSA (Deutschland)
110 *(1936)*
Sechszylindermotor
1700 ccm Hubraum
40 PS bei 3800 U/min.

HISPANO-SUIZA (Frankreich)
154 *Typ: H6B* (1919)
Sechszylinder-Reihenmotor
6597 ccm Hubraum
Bohrung: 100 mm, Hub: 140 mm
135 PS bei 3000 U/min.

HORCH (Deutschland)
106, 107 *Typ: 853 A* (1938)
Achtzylindermotor
4944 ccm Hubraum
120 PS bei 3300 U/min.

HOTCHKISS (Frankreich)
153 *Typ: AM 80S* (1932)
Sechszylindermotor
3485 ccm Hubraum
Bohrung: 86 mm, Hub: 100 mm
115 PS bei 3500 U/min.

HUMBER (Großbritannien)
137 *Tourist-Trophy-Wagen* (1914)
Vierzylindermotor
3,3 Liter Hubraum
Doppelte obenliegende Nockenwelle
110 PS bei 3600 U/min.

INVICTA (Großbritannien)
145 *Typ: S* (1930)
Sechszylindermotor (Meadows)
4,5 Liter Hubraum, 102 PS
Bohrung: 88,5 mm, Hub: 120 mm

ITALA (Italien)
85 *(1907)*
Vierzylindermotor
14432 ccm Hubraum
120 PS bei 1100 U/min.

JAGUAR (Großbritannien)
199 *Typ: XK 120* (1952)
Sechszylinder, 3,5 Liter Hubraum
162 PS

LAGONDA (Großbritannien)
135 *Typ: Rapide* (1936)
Sechszylinder-Reihenmotor (Meadows)
Bohrung: 88,5 mm, Hub: 120,6 mm
4453 ccm Hubraum, 105 PS
150 *Typ: 3 Liter* (etwa 1929)
Sechszylindermotor
3 Liter Hubraum, etwa 85 PS
183 *Typ: 16/80* (1934)
Sechszylindermotor (Crossley)
3 Liter Hubraum

LANCIA (Italien)
169 *Typ: »Lambda« Torpedo Tourer* (1925)
Vierzylindermotor
2120 ccm Hubraum
Bohrung: 75 mm, Hub: 120 mm
50 PS bei 3000 U/min.
Revolutionierend am »Lambda«: das aus Preßstahl hergestellte Fahrgestell, wodurch die Karosserie »selbsttragend« wurde, sowie die vordere Einzelradaufhängung an Schraubenfedern.
191 *Typ: Astura* (1947)
Karosserie von Stabilimenti Farina

MASERATI (Italien)
204 *Typ: 250 S* (1957)
2,5 Liter Hubraum, Vierzylinder, 235 PS

MAYBACH (Deutschland)
101 *Typ: DS 8 »Zeppelin«* (1933)
12 Zylinder in 2 Reihen und V-Form
7922 ccm Hubraum
Bohrung: 92 mm, Hub: 100 mm
200 PS bei 3000 U/min.
Karosserie: Spohn, Ravensburg
Typ: SW 38
108 mit Reuter-Karosserie (1937)
109 mit Gläser-Karosserie (1939)
Sechszylindermotor
3,8 Liter Hubraum
Bohrung: 90 mm, Hub: 100 mm
140 PS bei 4000 U/min.

MERCEDES (Deutschland)
81 *Typ: 22/50 PS »Prinz Heinrich«* (1914)
Vierzylindermotor, Zylinder paarweise, 5720 ccm Hubraum
50 PS bei 1300 U/min.
Kardanantrieb

79 Teilansicht des Armaturenbereichs.
Unterer Bildrand: Fuß- bzw. Handschalter für Kolbenpumpe der Patent-Friedmann-Schmierung für Kardanwelle und Lenkung.
Kasten: Ampère-Meter, rechts Schalter für Magnet- und Batteriezündung.
84 *Typ: »Simplex«* (1903)
Vierzylindermotor
9236 ccm Hubraum
Bohrung: 140 mm, Hub: 150 mm
60 PS, Kettenantrieb

MERCEDES-BENZ
(Deutschland)
95 *Typ: SSK (?)* (1929)
Die Stilreinheit dieses optisch attraktiven Modells wird von Fachleuten in Frage gestellt.
Die technischen Daten des SSK:
Sechszylindermotor
7069 ccm Hubraum
Bohrung: 100 mm, Hub: 100 mm
225 PS bei zugeschaltetem Kompressor
96 *Typ: SSKL (?)* (1929)
Die Stilechtheit dieses von einem Londoner Händler vor einigen Jahren für 400 000 Mark angebotenen »totally rebuilt« Wagens – von ihm als SSKL bezeichnet –, dessen Karosserie an ein Design des Karosserieherstellers Saoutchik angelehnt sein soll, wird ovn Kennern skeptisch beurteilt, denn: Der Typ SSKL wurde erst ab 1931 gebaut.
Die technischen Daten des SSKL:
Sechszylindermotor
7069 ccm Hubraum
Bohrung: 100 mm, Hub: 100 mm
300 PS bei zugeschaltetem Kompressor
93 Vorderrad
94 Direkt von der Nockenwelle angetriebener Kühlerventilator
111 Motor
93 *Typ: 500 K* (1935)
Achtzylinder-Reihenmotor
5019 ccm Hubraum
Zuschaltbarer Kompressor, 160 PS

MÉTALLURGIGQUE (Belgien)
82 (1907)
Sechszylindermotor (Maybach-Zeppelin-Austauschmotor 1910, 1914 eingebaut)
21 Liter Hubraum
Bohrung: 160 mm, Hub: 170 mm
etwa 200 PS bei 1350 U/min.
131 Motoransicht. Links unten: Lenksäule, auf den Zylindern je zwei Zündkerzen und Hähne für die Zylinderkopfentwässerung; Mitte: Nachträglich vom heutigen Besitzer an dieser Stelle angebrachter Vergaser;darunter, nach rechts versetzt, die beiden Zündmagneten.
142 Lenkrad, Brems- und Schaltgestänge

M. G. (Großbritannien)
139 *Typ: 18/80* (1930)
Sechszylinder-Reihenmotor
2468 ccm Hubraum
Bohrung: 69 mm, Hub: 110 mm
60 PS bei 3200 U/min.

172 MULTIUNION 1932/1937
(Italien/Großbritannien)
Spezialkonstruktion auf der Basis eines Alfa romeo P 3 aus dem Jahr 1932 mit 255 PS aus 8 Zylindern.
1937 umgebaut: der Kompressormotor wurde modifiziert und seine Leistung auf 340 PS bei 6500 U/min. gesteigert.
Die Karosserie wurde den »Silberpfeilen« nachempfunden.

N. A. G. (Deutschland)
76 *Typ: Speedster* (1912)
Vierzylindermotor
2,6 Liter Hubraum, 30 PS

NAPIER (Großbritannien)
77 *Typ: Landaulette* (1907)
Sechszylindermotor
40 PS, Kardanantrieb

OPEL (Deutschland)
161 Armaturenbrett
189 *Typ: Grand-Prix-Wagen* (1914)
Vierzylindermotor
4440 ccm Hubraum, 110 PS
Bohrung: 94 mm, Hub: 160 mm
196 *Typ: Olympia* (1947)
1,5 Liter Hubraum, 37 PS
200 *Typ: Olympia Rekord* (1953)
1,5 Liter Hubraum, 40 PS

PACKARD (USA)
193 *Typ: Super Eight, Roadster* (1933)
6,3 Liter Hubraum, 160 PS

PANHARD-LEVASSOR
(Frankreich)
90 *Taxi-Version* (1910)
Vierzylindermotor
etwa 2,4 Liter Hubraum, 13 PS
159 *(1911)*
Vierzylindermotor, 12 PS

PORSCHE (Deutschland)
201 *Typ 356 B Cabrio* (1959)
Vierzylindermotor,
1,6 Liter Hubraum, 75 PS

RENAULT (Frankreich)
158 *Typ: AX* (etwa 1909)
Zweizylindermotor
1100 ccm Hubraum, 8 PS
177 *Typ: 40 CV (Replica,* 1926)
Sechszylindermotor
9123 ccm Hubraum, 238 PS

RILEY (Großbritannien)
132 *Typ: »Brooklands Nine«* (1929)
Vierzylinder, 1087 ccm Hubraum
Bohrung: 60,3 mm, Hub: 95,2 mm
32 bzw. 50 PS

ROLLS-ROYCE (Großbritannien)
Typ: 40/50 Silver Ghost (Baujahre: 1907–1925)
Sechszylindermotor
Bohrung: 114,3 mm, Hub: 114,3 mm
7063 ccm Hubraum, etwa 50 PS
122 Zusatzscheinwerfer (1907)
130 Torpedo Tourer; Karosserie: Barker (1910), links
130 Tourer, London–Edinburgh-Typ (1914), rechts
156 Roi-des-Belges-Tourer; Karosserie: Barker (1907), AX 201
Typ: Phantom I (Baujahre: 1925 bis 1929)
Sechszylindermotor

7668 ccm Hubraum
Bohrung: 107,9 mm, Hub: 139,7 mm
4 (1929); Karosserie: Barker, Sedanca De Ville
127 Open Tourer; Karosserie: Barker Sedanca De Ville
6, 123 *Typ: Phantom II* (Baujahre: 1929 bis 1935)
Sechszylindermotor
7668 ccm Hubraum
Bohrung: 107,9 mm, Hub: 139,7 mm
3 (1933); Karosserie: Cabriolet de Ville
124 Cabriolet (1934), Karosserie: Thrupp & Maberly
128 Tourer (1931), Karosserie: Freestone & Webb
Typ: 20/25
125 (1935), Owner Driver Saloon, Karosserie: Barker
187 Fixed Head Coupé (1935), Karosserie: Freestone & Webb
Sechszylindermotor
3699 ccm Hubraum
Bohrung: etwa 92,46 mm, Hub: etwa 114,3 mm
5 *Typ: 25/30* (Baujahre: 1936 bis 1938)
Sechszylindermotor
4257 ccm Hubraum

SALMSON (Frankreich)
Typ: Grand Prix Special (1925)
162 Vierzylindermotor
1087 ccm Hubraum
Bohrung: 62 mm, Hub: 90 mm
70 PS
Doppelte obenliegende Nockenwelle

7 S. S. 100 (Großbritannien 1938)
Sechszylinder-Reihenmotor
3485 ccm Hubraum
Bohrung: 82 mm, Hub: 110 mm
125 PS bei 4250 U/min.

STEYR (Österreich)
99 *Typ: XII, Tourer* (1930)
Sechszylindermotor
1560 ccm Hubraum, 30 PS
Unabhängige Hinterradaufhängung

SUNBEAM (Großbritannien)
134 *Typ: 25/30* (1913)
Sechszylindermotor
6,1 Liter Hubraum, etwa 30 PS
143 *Typ: 16* (1929)
Sechszylindermotor
2 Liter Hubraum
152 *Typ: »Tiger«* (1926)
Zwölfzylindermotor
4 Liter Hubraum
Kompressor
296 PS bei 5000 U/min.
Henry Segrave-Weltrekordwagen

TURICUM (Schweiz)
160 *Typ: »Torpedo«* (1911)
Vierzylindermotor
1943 ccm Hubraum
16 PS bei 1800 U/min.

ZÜNDAPP (Deutschland)
202 *Typ: Janus* (1957)
Zweitakter, Einzylinder
248 ccm Hubraum, 14 PS

GLOSSAR

Achse

Als Achse wird die Verbindung zwischen zwei in Fahrtrichtung nebeneinander liegenden Rädern bezeichnet (Vorder-, Hinter-, Antriebsachse), auch dann, wenn sie nicht, wie bei der **Starrachse,** einen gemeinsamen Achskörper haben, sondern im Fall der **Einzelradaufhängung** einzeln so angebracht sind, daß keine unmittelbare Verbindung zwischen ihnen besteht.
Die **De-Dion-Achse** ist der Sonderfall einer Starrachse. Sie verbindet die Vorteile der starren Radverbindung (gleichbleibender Abstand und gleiche Lage der Räder zueinander) mit denen der Einzelradaufhängung (geringe ungefederte Massen). Die beiden Antriebskörper verbindet ein leichter Achskörper, das schwere Differential ist an einem Rahmen oder an der Karosserie befestigt. Den sehr guten Fahreigenschaften steht ein hoher technischer Aufwand gegenüber, so daß sich diese Achse meist nur bei teuren Fahrzeugen findet.

Anlasser

Ursprünglich wurden Fahrzeugmotoren angeworfen, indem man die Kurbelwelle mit einer Handkurbel drehte, ein Verfahren, das Kraft, Geschick und häufig Geduld beanspruchte. Eine Weiterentwicklung war der **mechanische Tretanlasser,** der wie der Kickstarter eines Motorrads die Kurbelwelle über eine Zahnradübersetzung in Bewegung brachte, wenn man »darauf trat«. Der heute überall übliche **elektrische Anlasser** ist ein Elektromotor, der mit Strom von der Batterie die Kurbelwelle in Umdrehung versetzt, bis durch eine Zündung der Motor selbst für die weiteren Umdrehungen sorgt.

Antrieb

Der **Kettenantrieb,** der heute keine Rolle mehr spielt, liefert ein Beispiel für eine indirekt angetriebene Hinterachse.
Das Drehmoment geht vom Motor über die Kupplung zum Getriebe, an dessen Ausgang eine Übersetzung die Antriebsrichtung um 90 Grad umkehrt. Wie bei einer normal angetriebenen Hinterachse ist dort auch das Ausgleichsgetriebe untergebracht. Von hier geht der Kraftstrang durch zwei links und rechts vom Differential angeordnete Wellen, die an ihren äußeren Enden kleine Kettenräder tragen. Von ihnen verlaufen die Antriebsketten zu den großen Kettenrädern auf der dahinter liegenden Hinterachse. Diese Kettenräder sind fest mit den Laufrädern verbunden.
Der **Riemenantrieb** funktioniert im Prinzip genauso, nur daß statt der (formschlüssigen) Ketten (kraftschlüssige) Riemen verwendet werden.
Reibradgetriebe bestehen in ihrer einfachsten Form aus zwei Scheiben, die als ruckfrei arbeitende Kupplung dienen und zugleich eine stufenlose Regelung der Fahrgeschwindigkeit bewirken. Eine im rechten Winkel zum Motorschwungrad liegende Reibscheibe drückt gegen dessen hintere Fläche und wird dabei von ihm mitgenommen. Durch Verschieben der Reibscheibe vom äußeren Rand des Schwungrads zur Mitte hin werden die verschiedenen Geschwindigkeiten erzielt, und je mehr sich die Auflagefläche der Reibscheibe dem Schwungradmittelpunkt nähert, desto stärker verringert sich ihre Umdrehungszahl und damit die Geschwindigkeit des Fahrzeugs.
Sobald der Mittelpunkt überschritten ist und die Reibscheibe sich zu dem gegenüberliegenden Rand des Schwungrads bewegt, kehrt sich ihre Drehrichtung um, und das Fahrzeug fährt rückwärts – theoretisch ebenso schnell wie vorwärts.
Daß diese sehr einfache Getriebeart nur in der Frühzeit des Automobils und auch damals nur vereinzelt (und fast immer in Verbindung mit einer Kraftübertragung durch Ketten auf die Antriebsräder) Anwendung fand, liegt daran, daß sie nur unter ganz bestimmten und auch damals schon selten anzutreffenden Voraussetzungen einen hinreichend hohen Wirkungsgrad bei der Kraftübertragung ermöglichte.
Erwähnt sei als Sonderform dieses Antriebs noch das Reibradsystem von Erdmann, das lediglich beim Anfahren und bei Bergauffahrt eingreift, während die Reibscheibe bei normaler Fahrt ausgeschaltet bleibt, was den Verschleiß auf ein Mindestmaß beschränkt.
Zu diesem System gehört im weitesten Sinne auch die Variomatic, ein in den fünfziger Jahren entwickeltes und heute noch in bestimmten Fahrzeugen gebräuchliches vollständig stufenloses Automatikgetriebe.

Aufladung

Die Aufladung ist ein Mittel zur Leistungssteigerung bei Verbrennungsmotoren. **Lader** ist der Sammelbegriff für Zusatzeinrichtungen, die den Zylindern das Kraftstoff-Luft-Gemisch oder die Verbrennungsluft unter Überdruck (ewa 0,6 bis 1,2 bar) zuführen. Weil sich dabei die Dichte der Verbrennungsluft und die für die Verbrennung nutzbare Luftmenge erhöht, verbessert sich die Füllung des Motors und damit seine spezifische Leistung.
Aufladen kann man einen Motor mit einer Ladepumpe, einem Kompressor oder einem Abgasturbolader.
Ladepumpen wurden früher häufig bei Zweitakt-Rennmotoren eingesetzt. Sie werden mechanisch von der Kurbelwelle mit angetrieben und arbeiten im Gegentakt zum Motorkolben, was dazu führt, daß mehr Kraftstoff-Luft-Gemisch angesaugt, dieses stärker als sonst vorverdichtet wird und mit höherer Intensität in den Motorzylinder strömt.
Der **Kompressor** ist ein mechanisch (z. B. über Keilriemen) von der Kurbelwelle des Motors mit angetriebenes Gebläse, in dessen Gehäuse rotierende Läufer ineinandergreifen (allerdings gibt es auch Schleudergebläse), die Luft dabei verdichten und zum Motor drücken. Er erfordert einen hohen technischen Aufwand und war daher seinerzeit Hochleistungs- und Rennfahrzeugen vorbehalten.
Eine Sonderform ist das **Roots-Gebläse**. In diesem Gebläse wälzen sich Drehkolben so gegeneinander ab, daß sie sich gegenseitig sowie das umgebende Gehäuse spaltfrei abdichten. Dabei erfolgt die Druckerhöhung der Luft in den veränderlichen Kammern zwischen Drehkolben und Gehäuse.
Das **Wittig-Axialgebläse,** ein einstufiger Verdichter, ist mechanisch mit der Kurbelwelle gekoppelt und verdichtet die Ansaugluft durch die Umdrehung seiner kurzen Laufradflügel. Dies Gebläse gehört zu den frühesten Kompressorausführungen und wurde beispielsweise 1918 am Mercedes-Daimler-Höhenflugmotor D III a erprobt.
Der vorwiegend bei Rennmotoren eingesetzte **Zoller**-Drehkolben-Verdichter folgte dem gleichen Prinzip, hatte aber keine Einzelflügel wie andere Kompressorbauarten, sondern vier paarweise miteinander verbundene Plattenschieber. Durch diese Bauweise und die gegenüber anderen Ladern geringere Zahl an Einzelteilen war er mechanisch höher belastbar und gewährleistete somit eine höhere Betriebssicherheit. Sein Konstruktionsprinzip ermöglichte die Verwendung von Aluminium für alle Bauteile, die sich folglich bei allen Temperaturen in gleicher Weise verhielten, was wiederum zu einer höheren thermischen Belastbarkeit führte.
Einfacher ist der heute übliche **Abgasturbolader.** Bei ihm treiben die ausströmenden Gase eine Turbine, die auf einer Welle mit einem Verdichter (Turbokompressor) sitzt. Dieser saugt Frischgas an und führt es verdichtet den Zylindern zu.
Diese erst durch moderne Fertigungstechniken und Werkstoffe ermöglichte Lösung (die Turbine dreht sich mit über 100 000 U/min. – ein Hochleistungsmotor erreicht kaum mehr als ein Zwanzigstel davon) ist einfacher als die früheren Systeme und arbeitet mit einem höheren Wirkungsgrad als diese: es

geht weder Motorleistung für den Antrieb des Laders verloren, noch verpufft wie sonst die Abgasenergie ungenutzt.

Bremsen

Im Vergleich zu den heutigen Hochleistungsbremsen waren Fahrzeugbremsen früher eine gemütliche Angelegenheit: bei dem einen Auto ließ sich die Getriebewelle – und damit mittelbar die Räder – abbremsen, bei einem anderen wirkte eine über einen Handhebel betätigte Bremse auf die Hinterräder (an den Vorderrädern ist die Bremswirkung höher), die Kraft wurde durch Seilzüge übertragen, was zum Schiefziehen der Bremse führen konnte, oder durch Gestänge.
Ein großer Fortschritt nach der mechanischen Vierradbremse war die **hydraulisch betätigte Vierradbremse.** Seilzüge wurden nur noch für die **handbetätigte Feststellbremse** (Handbremse) verwendet. Mit zunehmenden Ansprüchen zeigte sich aber, daß die **Trommelbremse,** bei der sich durch den Druck vom Hydraulikzylinder Reibbeläge gegen die Innenseite der am Rad befindlichen Bremstrommel pressen, mitunter in ihrer Wirkung nachließ. Der heutige Stand der Technik sieht zumindest an der Vorderachse **Scheibenbremsen** vor, die sehr viel belastbarer sind. Dabei umfaßt eine mit Reibbelägen bestückte Zange eine mit der Nabe des Rades verbundene Stahlscheibe und bremst die Räder so ab.
Doch hatte die Trommelbremse gegenüber der Scheibenbremse einen Vorzug: sie wirkte selbstverstärkend, sofern sie so konstruiert war, daß die vom Bremszylinder am Rad betätigte Bremsbacke sich nicht gegen ein Widerlager abstützte, sondern gegen die gegenüberliegende Bremsbacke. Diese Servowirkung kommt ohne Zuhilfenahme eines **Bremskraftverstärkers** zustande, den Scheibenbremsen wegen dieser fehlenden Servowirkung auch brauchen. Ein Bremskraftverstärker (volkstümlich als »Servo« bezeichnet) vermindert zum Beispiel durch Ausnutzen des Druckgefälles zwischen dem atmosphärischen Außendruck und dem Unterdruck im Ansaugrohr des Ottomotors die aufzubringende Fußkraft. Bei Diesel- und Wankelmotoren braucht man dazu eine Vakuumpumpe.

Differential

Zum Ausgleich der bei Kurvenfahrt oder durch die Geländebeschaffenheit auftretenden Weg- resp. Drehzahlunterschiede zwischen den Antriebsrädern muß in der Antriebsachse ein Ausgleichgetriebe (Differential) installiert werden. Es verhindert nicht nur ein Verspannen der Antriebswellen und übermäßigen Schlupf der Reifen, sondern es verteilt auch das Antriebsdrehmoment gleichmäßig auf beide Räder. Da jeweils nur so viel Drehmoment auf den Boden übertragen werden kann, wie das Rad mit der geringsten Haftung zuläßt, kann im Extremfall das Anfahren oder die Weiterfahrt unmöglich werden (bei Glätte, auf Sand, in Schlammlöchern usw.). Das Rad hat dann keine Bodenhaftung, sondern 100 Prozent Schlupf und »dreht durch«.
Fahrzeuge, die häufig unter solchen Bedingungen eingesetzt werden, haben daher Vorrichtungen, die das Differential sperren, d. h. den Ausgleich aufheben – entweder (automatisch) zum Teil oder (auf mechanischem Wege) vollständig. In letzterem Fall wird alles verfügbare Antriebsdrehmoment übertragen; man bezeichnet das als »starren Durchtrieb vom Motor zum Antriebsrad«.

Drehmoment

Die Wirkung einer Kraft, die um einen Drehpunkt an einem Hebelarm angreift (beim Fahrrad z. B. greift die Beinkraft um den Drehpunkt der Tretlagerachse an der Tretkurbel an). Das Drehmoment bestimmt zusammen mit der Drehzahl, wie gut das Auto »zieht«, also beschleunigt und Steigungen überwindet. Das Drehmoment ist weitgehend vom Hubraum abhängig: einem großen Hubraum entspricht ein hohes Drehmoment.

Fahrwerk

Als Fahrwerk wird die Gesamtheit aller Teile und Baugruppen eines Autos angesehen, die zur Führung, Federung und zum Abbremsen der Räder sowie zu ihrer Verbindung mit der Karosserie erforderlich sind. Dazu gehören Vorder- und Hinterachse, Federungssystem mit Stoßdämpfern, Lenkung, Bremsen sowie die Räder selbst. Vom Fahrwerk hängen Fahreigenschaften (»Straßenlage«) und Fahrkomfort ab. Anfänglich hatte das Fahrwerk einen eigenen tragenden Rahmen, ein **Chassis,** mit **starrer Vorder-** und **Hinterachse,** heute sind die **Einzelradaufhängungen** unmittelbar mit der Karosserie verbunden.
Bei modernen Autos werden Fahrbahnunebenheiten mit Hilfe von Schraubenfedern oder Torsionsstäben ausgeglichen. Frühere Fahrzeuge hatten häufig Blattfedern, die aus einzelnen Lagen oder aus zu Paketen zusammengefaßten mehreren Lagen Federstahl bestanden. Je nach Einbaulage bezeichnet man sie als **Quer-** oder **Längsblattfeder** und je nach der Form des Federpakets als **Viertel-, Halb-, Dreiviertel-** oder **Vollelliptikfedern.**
Eine andere Aufgabe haben die meist **Stoßdämpfer** genannten **Schwingungsdämpfer:** sie sollen dafür sorgen, daß die Räder Bodenkontakt behalten und nicht »springen«, sind also ein für die Fahrsicherheit wichtiges Bauteil. Früher verwendete man lamellenförmige mechanische **Reibungsstoßdämpfer** und später **hydraulische Hebelstoßdämpfer.** Erstere waren nicht besonders wirksam, und letztere verschlissen sehr rasch, daher finden sich heute praktisch überall **Teleskopstoßdämpfer.** Bei ihnen wird (wie auch bei den hydraulischen Hebelstoßdämpfern) die Schwingungsenergie durch den Strömungswiderstand einer Ölfüllung in Wärme umgewandelt.
Der Abstand von Mitte Vorderachse bis Mitte Hinterachse ist der **Rad-** oder **Achsabstand.** Fahreigenschaften (und Platzverhältnisse) hängen stark vom Radstand ab. Faustregel: Langer Radstand bedeutet komfortables und sicheres Fahren (besserer Geradeauslauf).
Wenn sich auch seit den Tagen der Pioniere manches an der **Lenkung** geändert hat, so ist das Funktionsprinzip für den Laien doch dasselbe geblieben. Nur eines ist neu: mit Hilfe einer vom Motor angetriebenen Ölpumpe kann man die Lenkkräfte so gering halten, daß die Lenkung sich sogar im Stand mit einem Finger drehen läßt. Diese Lenkhilfe heißt **Servolenkung.**

Formschluß

Bei einer formschlüssigen Verbindung greifen die kraftübertragenden Teile ohne Schlupf ineinander (Zahnräder).

Hub und Bohrung

Die Kennmaße eines Motorzylinders sind der **Hub** (der Weg, den der Kolben im Zylinder zurücklegt) und die **Bohrung** (der Durchmesser des Zylinders). Da das **Drehmoment** (also die ›Kraft‹ des Motors) von **Hubraum** und **Drehzahl** abhängt, die Drehzahl bei frühen Autos aber aus vielen Gründen vergleichsweise niedrig war und sich nicht steigern ließ, und da der Hub nicht ohne weiteres veränderbar ist, lag es nahe, zur Leistungssteigerung die **Bohrung** zu vergrößern, soweit der Motorblock dazu Platz ließ. Diesen Vorgang bezeichnet man als **Aufbohren.**
Ein Verhältnis zwischen Hub und Bohrung von 1:1 nennt man »quadratisch«. Bei den meisten neueren Automotoren ist der Hub kleiner als die Bohrung (unterquadratisch), während in der Frühzeit des Automobils ein sehr langer Hub im Verhältnis zur Bohrung die Regel war (überquadratisch). Der Vorteil des Langhubmotors ist hohe Leistungsabgabe bei geringen Drehzahlen, während der kurze Kolbenweg (und damit niedrige Kolbengeschwindigkeit) beim Kurzhubmotor höhere Drehzahlen ermöglicht.

Karosserie (Fahrwerksaufbau)

Als Autos noch ein **Chassis,** also Fahrwerksrahmen hatten, mußte die Karosserie nicht mittragen. So wurden die Aufbauten getrennt angefertigt und aufgesetzt. Zahlreiche Hersteller boten speziell nach den Kundenwünschen angefertigte Karosserien an. Holz war ein ebenso wichtiges Material wie Blech. Neben den auch bei uns noch üblichen klassischen Formen Limousine, Coupé, Cabriolet und Roadster (der Kombi und seine Spielarten Schrägheck-Kombilimousine und Kombicoupé sind neueren Datums) gab es noch zahlreiche andere, häufig aus dem Kutschenbau übernommene Varianten: Landau, Landaulet, Voiturette usw. Um die Mitte der dreißiger Jahre wurde die **selbsttragende Ganzstahlkarosserie** eingeführt, bei der das Fahrwerk (besser: Tragwerk) mit der Karosserie zu einer Einheit verschweißt ist. Vorteile dieser Bauweise sind hohe Formfestigkeit und Verwindungssteifigkeit sowie die Möglichkeit, aufprallsichere »Fahrgastzellen« zu konstruieren. Da die getrennte Anfertigung von Tragwerk und Aufbau sehr kostspielig war, muß die Ganzstahlkarosserie als wichtiger Schritt zum Auto als preisgünstigem Großserienprodukt angesehen werden.

Königswelle

Gewöhnlich werden obenliegende Nockenwellen über Ketten oder Zahnriemen angetrieben. Bei bestimmten Motoren fand (und findet, ein Beispiel sind Rennmotoren) eine Königswelle Anwendung. Bei dieser Anordnung treibt die Kurbelwelle über ein unteres Kegelradpaar eine Zwischenwelle und ein oberes Kegelradpaar die Nockenwelle an. Diese elegante und teure Lösung spart Platz und ermöglicht hohe Drehzahlen.

Kraftschluß

Bei einer kraftschlüssigen Verbindung drücken die kraftübertragenden Teile gegeneinander (Rad des Autos auf der Straße, Reibräder). Dabei tritt Schlupf auf, d. h. beim Bremsen dreht sich das Rad weniger häufig, als es der zurückgelegten Strecke entspricht, beim scharfen Beschleunigen hingegen häufiger.

Kraftübertragung

Da ein Verbrennungsmotor im Gegensatz zur Dampfmaschine und zum Elektromotor nutzbare Leistung erst bei vergleichsweise hoher Drehzahl abgibt (einer der

Gründe für die frühen Versuche mit Dampf- und Elektroantrieb), muß die Drehzahl der Kurbelwelle auf dem Weg zu den Antriebsrädern auf etwa ein Drittel vermindert werden. Bei einem Fahrzeug in Standardbauweise erfolgt diese Grundübersetzung im Hinterachsgetriebe, das zugleich noch die Aufgabe des Differentials übernimmt.
Darüber hinaus werden weitere Übersetzungsmöglichkeiten benötigt, damit man das vom Motor kommende Drehmoment den unterschiedlichen Fahrbedingungen und dem unterschiedlichen Leistungsbedarf (Anfahren, Beschleunigen, bergab fahren, schnell fahren, Anhänger ziehen) anpassen kann. Dazu verfügt das Auto über ein entweder von Hand geschaltetes oder automatisch wirkendes Wechselgetriebe.
Im **Wechselgetriebe** laufen drei Wellen: die vom Motor über die Kupplung kommende Antriebswelle mit fest aufgepreßtem Antriebszahnrad, eine Vorgelegewelle mit mehreren Zahnrädern, deren größtes mit dem der Antriebswelle formschlüssig verbunden ist, so daß die Vorgelegewelle sich mit ihren Zahnrädern ständig dreht, und eine parallel zur Antriebswelle liegende Abtriebswelle, die auch als Getriebehauptwelle bezeichnet wird. Die auf dieser Welle lose angebrachten Zahnräder werden beim Schalten verschoben und drehfest mit der Welle verbunden, womit die unterschiedlichen Übersetzungsverhältnisse hergestellt werden.
Das **Automatikgetriebe** erleichtert durch selbsttätiges Kuppeln und Schalten das Autofahren. Die häufigste Ausführung eines automatischen Getriebes besteht aus einem Drehmomentwandler (der die Funktion der Flüssigkeitskupplung übernimmt) und einem nachgeschalteten Dreigang-Planetengetriebe. Bei diesem sind sämtliche Zahnräder ständig im Eingriff. Es heißt **Planetengetriebe**, weil drei auf einem Planetenträger angebrachte Planetenräder eine Umlaufbewegung gegenüber einem in der Mitte stillstehenden Sonnenrad oder einem sie umgebenden gleichfalls stillstehenden Hohlrad ausführen. Die verschiedenen Übersetzungsstufen schaltet man dadurch, daß einzelne oder mehrere der drei Getriebeteile (Sonnenrad, Planetenradträger und Hohlrad) festgehalten oder freigegeben werden.
Ein notwendiges Zwischenglied der Kraftübertragung ist die (Trenn-) **Kupplung.** Bei der mechanischen Kupplung unterbricht der Fahrer den Kraftfluß (er tritt auf das Pedal und kuppelt aus) und läßt zum Herstellen des Kraftflusses das Pedal »kommen«, er kuppelt ein. Der Drehzahlunterschied zwischen laufendem Motor und entweder stillstehendem oder mit abweichender Drehzahl laufendem Getriebe wird kraftschlüssig über eine Reibscheibe ausgeglichen.
Es gibt auch **automatische Kupplungen.** Diese auch Strömungs- oder hydraulische Kupplung genannte **Flüssigkeitskupplung** ermöglicht ein automatisches und ruckfreies Anfahren und ist nahezu völlig verschleißfrei. Sie wird bei halb- und vollautomatischen Getrieben als Element der Kraftübertragung eingesetzt und besteht aus einem Pumpen- und einem Turbinenrad (Antriebsrad und Abtriebsrad). Wenn das Pumpenrad Öl durch Kanäle drückt, nimmt das Öl allmählich das Turbinenrad mit, bis Motor- und Getriebewelle durch das Medium Öl kraftschlüssig miteinander verbunden sind.
Während heute der Schalthebel im Fahrzeuginneren liegt und durch Ganggassen geführt wird, so daß sich niemand auf das Schalten konzentrieren muß, lag er ursprünglich nicht nur außen, sondern mußte durch Schlitze geführt werden, die in eine Platte gefräst waren, damit die richtigen Gänge eingelegt wurden **(Kulissenschaltung).**
Am Getriebeausgang ist die Abtriebswelle fest mit einer Welle verbunden, die das Drehmoment vom Wechselgetriebe zur Antriebsachse weiterleitet. Bei Autos in Standardbauweise mit vorneliegendem Motor und angetriebener Hinterachse ist dazu ein Übertragungsglied erforderlich, das in der Lage ist, die Bewegungen mitzumachen, die Motor und Getriebe sowie – bei Starrachsen – die federnde Hinterachse ausführen. Dazu bedient man sich einer **Kardan-** oder **Gelenkwelle** mit je einem Kreuzgelenk an beiden Enden sowie einem Schiebestück, das die (beim Einfedern auftretenden) Längenänderungen ausgleicht. Je nach Bauweise können statt der metallenen Kreuzgelenke auch Gelenkscheiben aus Gummi Verwendung finden.
Die Kardanwelle überträgt die Kraft auf die Hinterachsgetriebe, wo die Drehzahl untersetzt und die Drehrichtung um 90 Grad geändert wird, damit das Drehmoment auf die Radachsen übertragen werden kann. In der »Hinterachse« befindet sich auch das Ausgleichgetriebe (Differential).
Man hat schon recht bald Versuche unternommen, die aufwendige Standardbauweise überflüssig zu machen: einmal mit Hilfe des **Heckmotors,** zum anderen mit Hilfe des **Front-** oder **Vorderradantriebs.** Während bei der Heckmotorbauweise auf die Dauer die Nachteile (schlechte Straßenlage) überwogen, gehen immer mehr Hersteller zum vorteilhaften Frontantrieb über. Seit die dafür benötigten Gleichlaufgelenke aus hochwertigen Werkstoffen mit hoher Fertigungspräzision hergestellt und einwandfrei abgedichtet werden können, kommen auch größere und stärkere Fahrzeuge mit dieser Antriebsart auf den Markt.

Kühlung

Alle Verbrennungsmotoren werden mit Luft gekühlt, auch die **»wassergekühlten«.** Bei ihnen dient das Wasser lediglich als Transportmittel zur Abfuhr der überschüssigen Wärme an den eigentlichen Kühler, der sie an die Außenluft abgibt, was bei **»luftgekühlten«** Motoren unmittelbar über ein vom Motor angetriebenes ständig mitlaufendes Kühlgebläse geschieht. Bei frühen, leistungsschwachen Motoren genügte oft die **Thermosyphonwirkung,** durch die das erwärmte Wasser aus dem Motor zum noch nicht erwärmten im Kühler strömte, der selbst häufig aus einem einfachen **Schlangenrohr** bestand. Da die Menge der abgeführten Kühlluft von der Umlaufgeschwindigkeit des Kühlmittels, von der Menge der abgegebenen Luft sowie davon abhängt, wie rasch sie nach außen abgegeben wird, haben heutige Motoren eine vom Motor mit angetriebene Wasserpumpe, einen stark verrippten Kühler zur Vergrößerung der kühlenden Oberfläche und ein ebenfalls vom Motor angetriebenes Kühlgebläse, das sich in vielen Fahrzeugen (z. B. über einen Thermostaten) selbsttätig abschaltet, wenn eine Kühlluftzufuhr nicht erforderlich ist – das spart Motorleistung.
Beim **Wabenkühler,** der von vorn aussieht wie eine große Bienenwabe, sind die neben- und übereinander liegenden Sechsecke die aufgeweiteten Öffnungen waagerecht liegender vorn und hinten offener Röhrchen. Die durch sie streichende Kühlluft entzieht dem sie umgebenden Kühlmittel Wärme. An die Stelle solcher Luftröhrenkühler sind längst Wasserröhrenkühler getreten. Bei ihnen durchdringen vom Kühlmittel durchströmte senkrecht stehende Röhrchen eine große Anzahl waagerecht und liegend angeordneter Bleche, an denen die Kühlluft vorüberstreicht.

Kurbelwelle

Im Verbrennungsmotor eine unterhalb der Kolben drehbar gelagerte Welle, die die geradlinige Bewegung der Kolben in eine Drehbewegung umwandelt. An ihrem hinteren Ende sitzt das Schwungrad, in dessen Verzahnung der Anlasser eingreift, um sie beim Anlaßvorgang drehen zu können, und die Kupplung, die zum Trennen des Kraftflusses zwischen Motor und Getriebe erforderlich ist.

Motor

Die Antriebsleistung eines Kraftfahrzeugs liefern heute stets Verbrennungsmotoren. Das ist keineswegs selbstverständlich; es hatte gute Gründe, daß man in den Kindertagen des Autos, als dieses seinen späteren Entwicklungsstand noch nicht erreicht hatte, mit Dampfmaschinen, Gasmotoren, Elektromotoren und sogar mit atmosphärischen Maschinen (Dampfkolbenmaschinen) als Antriebsaggregaten experimentierte.
Unterscheiden kann man Verbrennungsmotoren nach ihrem Arbeitsprinzip (Diesel- oder Ottomotor), nach ihrer Arbeitsweise (Zwei- oder Viertaktmotor), nach ihrer Bauweise (Reihenmotor, V-Motor, Boxermotor) und nach der Art der Gemischzuführung (Saugmotor, aufgeladener Motor, Vergasermotor, Einspritzmotor), außerdem nach der Anordnung der beweglichen Teile: Hubkolbenmotor, Kreiskolbenmotor (»Wankelmotor«), Sterlingmotor usw.
Verbrennungsmotoren bestehen aus dem Motorblock mit den als »Zylinder« bezeichneten Bohrungen, dem meist mit dem Block zusammengegossenen Kurbelgehäuse und dem mit dem Block verschraubten Zylinderkopf. Dieser nimmt die Zündkerzen (oder Einspritzdüsen) und Ventile auf und meist auch die Brennräume, in denen das Kraftstoff-Luft-Gemisch entzündet wird. Bei neueren Motoren sind diese allerdings auch gelegentlich in den Kolben eingearbeitet. Den unteren Abschluß bildet die Ölwanne, die das zur Schmierung und Kühlung der beweglichen Motorteile erforderliche Öl aufnimmt (Ölsumpf).
Der **Ottomotor** ist einfach gesagt ein Benzinmotor. Verbrennungsmotoren arbeiten nach zwei Prinzipien: entweder bekommen sie ein Kraftstoff-Luft-Gemisch zugeführt, das von außen gezündet werden muß (Ottomotor), oder der Kraftstoff wird so hoch verdichtet, daß er sich durch die dabei entstehende Temperatur selbst entzündet (Dieselmotor, auch Selbstzünder genannt). Zwar braucht der Dieselmotor keine Zündanlage, dafür aber eine aufwendige Einspritzanlage, während der Ottomotor mit einem einfacher und billiger herzustellenden sowie unanfälligeren Vergaser arbeiten kann.
Beim **Reihenmotor** sind die Zylinder in einer Reihe hintereinander angeordnet. Er ist wegen seines einfachen Aufbaus der gebräuchlichste Motor und wird heute nur noch als Vier- oder Sechszylindermotor hergestellt. Man baut ihn längs oder quer, senkrecht stehend und geneigt, in Lkws und Bussen als Unterflurmotor auch flach liegend.
Beim **Boxermotor** liegen sich zwei Zylinder oder Zylinderreihen in einer Ebene gegenüber. Die Kolben wirken dabei gegenläufig (›boxen‹ gegeneinander).
Beim **V-Motor** stehen sich zwei Zy-

linderreihen in einem Winkel geneigt gegenüber, die Kolben wirken auf eine für beide Reihen gemeinsame Kurbelwelle.
Einen Motor, der sich das Kraftstoff-Luft-Gemisch durch den Unterdruck, der beim Herabgehen des Kolbens entsteht, »selbst holt«, nennt man **Saugmotor,** im Unterschied zum **aufgeladenen Motor,** dem es »eingepustet« wird.
Da der Zweitaktmotor heute im Pkw-Bau keine Rolle mehr spielt, ist »Verbrennungsmotor« in diesem Zusammenhang identisch mit dem **Viertaktmotor.** So heißt er, weil ein Arbeitszyklus aus vier Abschnitten besteht. Das Kraftstoff-Luft-Gemisch wird

1. angesaugt
2. verdichtet
3. gezündet (Arbeitstakt), dann wird das Abgas
4. ausgestoßen.

Gesteuert werden diese Vorgänge beim Zweitaktmotor meist durch vom Kolben beim Auf- und Abgehen abwechselnd verdeckte und freigegebene Schlitze, beim Viertaktmotor hingegen durch **Ventile,** die über eine **Nockenwelle** abhängig von den Kurbelwellenumdrehungen geöffnet werden und sich durch Federdruck wieder schließen. Während es früher Ventile gab, die von unten nach oben arbeiteten – **stehende Ventile** –, geschieht das inzwischen ausschließlich von oben nach unten, also durch **hängende Ventile** (ohv). Bei manchen Motoren liegt die Nockenwelle so tief unten im Block, daß die Ventile über Stößelstangen mittelbar gehoben werden müssen. In diesem Zusammenhang hört man gelegentlich auch »Stoßstange« und **»Stoßstangenmotor«.** Bei modernen Motoren ist die Nockenwelle oben im Zylinderkopf untergebracht. Entweder liegt eine für alle Ventile zwischen den Ventilreihen (ohc), oder je eine für die Einlaß- und Auslaßventile über jenen (dohc). In diesem Fall spricht man von einem **Doppelnockenwellenmotor.**

Vergaser

Ottomotoren, denen der Kraftstoff nicht eingespritzt wird, brauchen für die Herstellung des Kraftstoff-Luft-Gemischs einen Vergaser. Im Prinzip erfolgt diese Gemischherstellung durch Injektorwirkung. Der vom Motor angesaugte Luftstrom reißt aus einer Düse Kraftstoff heraus, zerstäubt ihn und vermischt ihn mit der Luft. Allerdings ist das lediglich eine Vorstufe der Vergasung, eine Vernebelung. Das Gas entsteht erst in der warmen Ansaugleitung und im heißen Brennraum des Motors.
Vergaser können sehr einfach ausgeführt sein, wie sie das anfangs auch waren (was geringen Wirkungsgrad und hohen Verbrauch bedeutete) oder sehr kompliziert mit Sondereinrichtungen für alle Betriebsbedingungen: Starteinrichtung (Choke) für den Kaltstart, Leerlaufeinrichtung (in Wirklichkeit ein kleiner Hilfsvergaser), Beschleunigungseinrichtung, die den Kraftstoff ins System spritzt, weil beim Beschleunigen das Hauptdüsensystem mit einer gewissen Verzögerung reagiert usw.

Zündung

Beim Ottomotor muß sichergestellt sein, daß ein Zündfunke das zündfähig verdichtete Kraftstoff-Luft-Gemisch explodieren läßt, damit der dabei entstehende Druck den Kolben abwärtstreiben kann.
Bei der ursprünglich benutzten **Glührohrzündung** ragte ein Glührohr in den Brennraum des Zylinders, an dem sich das Gemisch entzündete, sobald es hinreichend verdichtet war. Bald aber mußte man nach Wegen suchen, wie man zu einem genau bestimmten Zeitpunkt an der Zündkerze einen Funken überspringen lassen konnte. Da frühe Fahrzeuge weder Batterie noch Lichtmaschine hatten, erfolgte die Zündung über einen **Magnetzünder.** Dabei erzeugte ein über Zahnräder von der Kurbelwelle angetriebener Generator den erforderlichen Zündstrom.
Als später die Autos Lichtanlagen hatten, brauchten sie zwar noch keine Batterie (Anlassen mit Handkurbel), aber eine Lichtmaschine. In solchen Fällen wurde sie und der zur Erzeugung des Zündstroms benötigte Generator häufig in einer **Schwunglicht-Magnetzündanlage** zusammengefaßt.
Autos mit Batterien haben auch bei Motorstillstand Strom – das macht den **elektrischen Anlasser** möglich, aber auch die Batteriezündung. Der von der Batterie gelieferte Strom (früher 6, heute 12 V, bei größeren Nutzfahrzeugen 24 V) wird in der Zündspule auf die erforderliche Spannung von mehreren tausend Volt gebracht. Gelegentlich fand sich früher auch die **Kondensatorzündung,** die zur Erzeugung des Hochspannungsfunkens die Energie eines aufgeladenen Speicherkondensators nutzte. Die Verteilung des Zündstroms auf die Zündkerzen erfolgte jahrzehntelang auf mechanischem Wege durch Unterbrecherkontakte, heute finden sich vielfach **kontaktlose Zündanlagen,** die mit optischen oder induktiven Gebern gesteuert werden.

Erstellt von Karl A. Klewer

(Das Glossar spiegelt den Standard der Technik der in diesem Buch beschriebenen und abgebildeten Autos wider).

PERSONENREGISTER

Die Bildziffern sind halbfett gesetzt.

SACHREGISTER

Die Bildziffern sind halbfett gesetzt.

LITERATUR-AUSWAHL

J. Bentley, F. Porsche: Porsche – Ein Traum wird Wirklichkeit. Ein Auto macht Geschichte, Düsseldorf und Wien 1978
Anthony Bird, Ian Hallows: The Rolls-Royce Motor Car, London 1972
Griffith Borgeson: Bugatti – The Dynamics of Mythology, London 1981
L'Ebé Bugatti: The Bugatti Story, London 1967
Donald Clarke (Hg.): The Encyclopedia of Transport, London 1976
H. G. Conway: Bugatti – Le pur-sang des automobiles, Sparkford 1979
Richard Crabb: Birth of a Giant, Philadelphia 1969
John Day: The Bosch Book of the Motor Car, London/Glasgow 1975
Eugen Diesel, Gustav Goldbeck, Friedrich Schildberger: Vom Motor zum Auto – Fünf Männer und ihr Werk, Stuttgart 1968
Erik Eckermann: Vom Dampfwagen zum Auto – Motorisierung des Verkehrs, Reinbek bei Hamburg 1981
Raymond Flower, Michael Wynn Jones: One Hundred Years of Motoring, Maidenhead 1981
Richard v. Frankenberg, Marco Matteucci: Geschichte des Automobils, Künzelsau 1973
Luigi Fusi: Alfa Romeo – Tutte le vetture dal 1910, Milano 1978
G. N. Georgano: A History of Sports Cars, London, New York, Sydney, Toronto 1970
– (Hg.) The Encyclopaedia of Motor Sport, London 1971
– (Hg.) The Complete Encyclopaedia of Motor Cars – 1885 to the present, London 1971
Anthony Harding: The Batsford Colour Book of Historic Racing Cars, London and Sydney 1975
Richard Hough, Michael Frostick: A History of the World's Racing
Anthony Harding (Hg.): The Guinness Book of Car – Facts & Feats, Enfield 1980
August Horch: Ich baute Autos, Berlin 1937
Thora Hornung: 50 Jahre Nürburgring – Kurvenlabyrinth für Könner, Koblenz o.J.
Cars, London 1965
Monika und Uwe Hucke: Die Geschichte der Bugatti-Automobile, Nettelstedt o.J.
Peter Hull: Alfa Romeo, Sparkford 1975
Judith Jackson: Eine Jahrhundertliebe – Menschen und Automobile, München 1979
Dennis Jenkinson, Peter Verstappen: The Schlumpf Obsession, London 1977
Brad King: All Colour Book of Racing Cars, London 1973
Richard Kitschigen: Rennen, Reifen und Rekorde – die AVUS-Story, Stuttgart 1972
Michael Kuball, Clärenore Stinnes (Hg.): Söderströms Photo-Tagebuch 1927–1929, Die erste Autofahrt einer Frau um die Welt, Frankfurt am Main 1981
Lord Montagu of Beaulieu, F. Wilson McComb: Behind the Wheel – The Magic and Manners of early Motoring, New York und London 1977
Giovanni Lurani: A History of Motor Racing, London, Sydney, New York, Toronto 1972
Peter Müller: Ferdinand Porsche – Ein Genie unserer Zeit, Graz und Stuttgart 1965
L. C. Munro: Motor Cars – A Picture History, London 1970
Alfred Neubauer, Harvey T. Row: Männer, Frauen und Motoren, Stuttgart 1970
T. R. Nicholson: Sports Cars 1928–1939, London 1969
T. R. Nicholson: Racing Cars and Record Breakers – 1898–1921, London 1971
– Sports Cars Book Two, 1907–1927, London 1970
Werner Oswald: Alle Audi-Automobile, Stuttgart 1979
– Alle Horch-Automobile, Stuttgart 1979
Juraj Porázik: Oldtimer-Autos aus den Jahren 1885–1940, Hanau 1981
Cyril Posthumus: The Story of Veteran & Vintage Cars, London, New York, Sydney, Toronto 1977
Peter Roberts: Racing Cars and the History of Motor Sport, London 1973
Graham Robson: The Encyclopedia of the World's Classic Cars, London 1982
L. T. C. Rolt: Motoring – A Pictorial History of the first 150 years, New York 1974
L. J. K. Setright: The Designers, London 1976
Ernest Schmid: Schweizer Autos, Lausanne 1978
Halwart Schrader: Die Automobile der Gebrüder Schlumpf, München 1977
– Oldtimer-Lexikon, München, Bern, Wien 1976
Louis William Steinwedel: The Mercedes-Benz-Story, Radnor 1975
Hans Stuck: Sekunden erobern die Welt, Berlin 1939
Erwin Tragatsch: Die großen Rennjahre 1919–1939, Bern 1973
D. B. Tubbs: Art and the Automobile, Guildford and London 1978
David Burgess Wise: Classic of the Road, London 1981

Fachzeitschriften

Thoroughbred & Classic Cars, Sutton (Surrey)
Automobile Quarterly, New York
Automobil + Motorrad-Chronik, München

FOTONACHWEIS

Umschlagseite:
Chevrolet Corvette, 1959, V8-Motor, 294 PS, seit 1953 mehr als 1,2 Millionen mal gebaut (Ingo Seiff)
Umschlagrückseite:
Mercedes Benz 500 K, 1935 (Ingo Seiff)

Vor- und Nachsatz:
Bugatti 35
Foto: Peter Albers

Sämtliche Farbfotos von Ingo Seiff, außer:
automobile quarterly 195
Auto + Technik Museum Sinsheim 79, 81
Reinhard Lintelmann 202
National Motor Museum 177
Adam Opel AG 196, 200
Tony Stone 2, 87, 102, 147

Schwarzweißfotos von
Alfa Romeo 40, 65
BBC Hulton Picture Library 10, 25, 26, 32, 34, 37, 38, 44, 47, 49, 51, 66, 67, 73
H.G. Conway 61
Daimler Benz 16, 28, 29, 45
Fiat 27, 50
Ford-Pressedienst 55, 56, 57
Indianapolis Motor Speedway Corp. 46, 58
Louis Klemantaski 18, 24, 33
Klöckner-Humboldt-Deutz 59
Mercksches Familienarchiv 17
National Motor Museum 9, 12, 18, 23, 30, 35, 36, 41, 43, 52, 53, 54, 62, 64
Archiv Neubauer 39, 71
Opel 15
Peugeot 11
Porsche-Archiv 48, 63
Cyril Posthumus 20, 70
Renault 42, 60, 68, 72
Rolls Royce 69
Schweizerisches PTT-Museum Bern 14
Tragatsch Collection 19
Ullstein Bilderdienst 21, 22, 31

BUGATTI